普通高等教育规划教材

化工过程开发与设计

黄 英 王艳丽 编

化学工业出版社

·北京·

化工过程开发是从立项开始，经过研究、设计、建设，直到一项新产品、新工艺或新技术投入生产的整个过程。本书主要介绍在化工过程开发与设计中涉及的共性问题，即有关化工过程开发的若干基本概念、选题和立项原则、市场调研、实验方案安排和数据处理、工艺流程设计、化工过程放大、技术经济评价等内容，教学内容以化工过程开发与设计为主线，注重学生综合能力的培养与提高，并结合实例介绍化工过程开发与设计的基本方法、计算机辅助设计方法。

　　本书可作为高等学校化学及化工类专业本科生的教材，也可供石油、材料、环境、轻工等行业从事开发工作的工程技术人员、研究人员及教师参考。

图书在版编目（CIP）数据

　　化工过程开发与设计/黄英，王艳丽编. —北京：化学工业出版社，2008.5（2025.2重印）
　　普通高等教育规划教材
　　ISBN 978-7-122-02702-3

　　Ⅰ. 化… Ⅱ.①黄…②王… Ⅲ. 化工过程-高等学校-教材 Ⅳ.TQ02

　　中国版本图书馆 CIP 数据核字（2008）第 057972 号

责任编辑：何　丽　徐雅妮　　　　　　文字编辑：丁建华
责任校对：凌亚男　　　　　　　　　　装帧设计：韩　飞

出版发行：化学工业出版社（北京市东城区青年湖南街 13 号　邮政编码 100011）
印　　装：北京科印技术咨询服务有限公司数码印刷分部
787mm×1092mm　1/16　印张 20½　字数 542 千字　　2025 年 2 月北京第 1 版第 11 次印刷

购书咨询：010-64518888　　售后服务：010-64518899
网　　址：http://www.cip.com.cn
凡购买本书，如有缺损质量问题，本社销售中心负责调换。

定　　价：59.00 元

前　言

　　化工行业是国民经济发展的重要原材料产业，同时，也是资源密集型的高耗能产业，在生产过程中可能会对环境造成污染。"十一五"期间，我国化学工业将继续保持快速发展的态势，但仍面临资源、能源紧张及价格上涨的压力。因此，以科学发展观为指导，调整产业结构，优化产业布局，提高自主创新能力，大力发展循环经济，努力突破一批重大、关键性技术，提高产业技术水平和产品档次，降低能源、资源消耗和污染物排放，是实现化学工业可持续、健康发展的迫切任务。从化工行业本身的特点和我国化学工业面临的问题来看，化学工业在未来的经济发展中不仅最有条件、最具潜力，而且也迫切需要对化工过程进行合理的开发与设计。

　　化工过程技术开发的内容主要有以下几个方面：选题、小型试验、模型试验、中间试验、示范工厂，以及各个阶段的技术经济评价、市场研究和开发、概念设计、基础设计、建设、试车投产。这些活动可按顺序进行，也可以根据需要只做其中几项工作。不论采用何种研究开发方法，从技术和经济结合上，探索并实施合理的化工过程开发系统程序，对企业新工艺开发或对原有工艺的改造是十分必要的。对于化工过程完整的开发程序而言，不仅应追求技术上的合理先进、工程上的安全可靠和易于实施，而且在过程的运行成本和投资成本上也应具有综合优势，从而实现化工过程开发技术和经济上的目标统一。

　　目前，随着我国经济体制改革和科学技术体制改革的深入发展，社会对于人才素质的要求也正在发生深刻变化。促进国民经济高速发展所需要的不单纯是知识型人才，还应是能够理论联系实际，分析问题和解决问题的技能型人才，并使他们在社会主义建设事业中早日发挥作用。在这种形势下，高等学校培养人才的知识结构必然也要发生明显的变化。作为未来的化学、化工科学工作者，所应具备的能力是多方面的。不仅应具备扎实的基础知识，良好的自学能力及分析、解决问题的能力，还应具备很强的综合能力和创新能力。根据我们多年的教学与科研实践，本书在编写过程中，在学时有限的情况下，使学生了解化工过程开发与设计中涉及的选题、立项、市场调研、实验设计与数据处理、工艺流程设计与有关计算、化工过程放大、技术经济评价等多方面的问题，并结合上述有关问题介绍流程模拟、计算机在化工开发与设计中的应用。

　　本教材较系统地阐述了现代化工过程工程学的核心内容——化工过程开发与

设计、技术经济评价的基本原理、基本程序与方法。

全书共分11章。第1章概述了化工过程开发与工艺设计的基本内容与程序；第2章和第3章介绍了化工过程开发中的市场调研与预测的方法、选题和立项问题；第4章讨论了化工过程开发实验中的实验设计与数据处理，着重讨论了正交实验设计的方法；第5章和第6章介绍了化工设计的基本运算——物料衡算与能量衡算的各种方法，对计算机辅助运算方法做了较详细的论述；第7章为工艺流程设计，说明了化工工艺流程的基本特征和基本要素，并介绍了计算机辅助流程设计；第8章化工过程放大，对化工过程放大的基本方法、反应器选型等有关内容进行了讨论；第9章计算机在化工过程开发与设计中的应用，对计算机在化工过程开发与设计中的应用与发展进行了介绍；第10章技术经济评价，讨论了优化设计方案所需的技术经济分析与评价问题；第11章化工过程开发与技术转让中的相关问题，介绍了化工过程开发中涉及的专利与知识产权等问题。

本书由西北工业大学黄英、王艳丽编，黄英编写前言、绪论、第1～8章、第10章、附录和负责全书的统稿；王艳丽编写第9章、第11章。

按21世纪人才培养的综合要求，本书在内容上有所创新，注重拓宽基础与学生能力的培养。但由于作者对一些问题的认识水平有限，不妥之处，请广大读者予以指正。

编　者

2008年元月于西安

目　录

绪 论

化学工业是最传统、典型的过程工业，是过程工业中的一个十分重要的分支，它对过程工业的发展起了巨大的推动作用，而化学工业的发展也对化学工程学科不断提出新挑战和新课题。早在 20 世纪初，英国 Davis 及美国 Walker，Lewis 等提出"化学工程学"，从原理上研究各种化学工业生产中的物理变化过程，使化学工业不断得到飞跃发展。20 世纪 50 年代，美国 Bird 教授等从动量、热量、质量的传递角度（三传）研究化学工业中的物理变化过程。差不多在同一时间，荷兰的 van Krevelen 教授在前人基础上提出"化学反应工程学"（一反），来研究化工过程中带有化学反应时的变化过程，这使化学工程学成为更全面的一门学科，称为"三传一反"过程。目前，有学者提出必须关注结构、界面和多尺度问题，研究多尺度结构、界面的量化预测理论和优化调控方法，建立多尺度结构、界面与"三传一反"的关系模型，并与当代先进的计算方法、计算流体力学和计算机模拟相结合，以解决化工过程与设备的优化调控与放大的难题。

目前化学工程的服务对象已由化学工业扩展到冶金、材料、能源、环境、生物等诸多进行物质转化的过程工业，使化学工程学上升为过程工程学。化学工程学科本身也在不断扩大其科学内涵，向着更广泛的研究物质在化学、物理和生物转化过程中的运动、传递和反应及其相互关系的过程工程学科转移。现代化工过程的特征包括以下几方面。

（1）计算化学工程发展迅速 近 20 年来，计算流体力学（computational fluid dynamics，CFD）及其相关学科的发展使得对复杂多相流动比较准确的量化描述成为可能。CFD 模拟的目的是帮助理解流体流动，建立理论和模拟的数学模型，在工程上支持设计过程和做出决断。与传统的应用领域相比，化学工程领域主要面对的是复杂多相流体系统及流动、传递和反应相耦合的过程。在这样一个涵盖从分子、纳微、单元（颗粒、液滴、气泡）、聚团、设备、工厂直至生态过程等不同尺度与层次的化学工程学科与产业链条上，各个环节之间的关系错综复杂，纯粹依靠理论分析或实验的经验积累进行研究和开发比较困难，而基于前期的实验积累和计算机技术的迅速发展可对过程工业设备内的流动细节如流速分布等参数进行研究，进而计算多相流及反应过程，计算传质过程，进行过程的分析、模拟、优化、集成等，故采用计算流体力学方法研究过程工业设备内的多相流体力学行为被认为是解决过程放大效应问题的有力手段。

（2）认识时空多尺度结构及其效应 现代化工最重要的特征之一是时空尺度的迅速扩展，从原子尺度下的原子、分子自组装过程，到考虑全球环境变化的生态过程，其时空跨度达十余个数量级。20 世纪 50～60 年代形成的"三传一反"原理是化学工程的基石，但其科学内涵限于宏观现象的数学和物理归纳。随着化学工程向生物、医药、纳米颗粒、材料、环境等复杂体系和过程转移，以及传统化学工业提出的过程调控、放大和优化等复杂问题，使得从分子尺度到宏观过程尺度的多尺度关联势在必行。这就对传统的"三传一反"提出了新的挑战，必须从新的角度来认识化学工程的现象和规律。不均匀时空多尺度结构作为化学工程中众多现象突出的特征，已逐步引起关注。

为适应化学工程发展的新要求，研究方法和手段也将出现新的变化，以满足建立纳、微尺度分子结构与设备尺度的过程之间关系的需求。这些变化主要包括：不同尺度的模拟方法

（如分子尺度的计算化学、介观尺度的结构模拟和计算流体力学、设备尺度的动态过程模拟等）；无接触式测量技术和高性能计算能力等。除上述方法、概念和研究手段方面的变化外，以下几方面被认为是应当关注的方向，它们都与多变的时空多尺度结构相关，如：为提高选择性和转化率实施多尺度的调控；采用新的原理和操作方式的过程强化和微化工系统；高值和精细产品设计及相应的过程放大；多尺度多学科交叉的计算等。这些趋势得到很多学者的关注。

（3）与产品工程的联系日趋紧密　化学工程技术学科经历了百年发展，对过程工业的技术进步做出了巨大的贡献，为社会提供了丰富多彩的化学品。随着人类利用自然资源的深入，化学工业由初级加工向深度加工发展，由大批量连续化的基础化学品生产逐步向多品种小批量的专用化学品的生产发展。随着市场竞争的加剧，化学工业的发展正面临着重要变化。以产品需求为导向开发满足最终使用性能的化学品成为一个重要领域。化学工程研究开始寻求新的概念、理论和工具，以解决新形势下所面对的复杂问题。

化学产品工程是以产品为导向的化学工程科学理论，它以化工产品结构和性质的关系为中心研究内容，要求进行微观层次上的模型、模拟和定量分析；要求设计和控制产品质量，实现从分子尺度到过程尺度的跨越。目前所研究的化学产品工程的共性科学技术问题有：研究化学产品的开发、设计、制造和配送中的共性规律和个性特征。创新、改善与实施化学供应链的决策过程。在微观尺度上，从分子水平和微观尺度，揭示化学产品结构特征、建立模型、预测性能，发现和设计新的分子结构；在中观尺度，调控产品结构和产品性能、加速过程开发、优化工艺条件；在宏观尺度，通过全生命周期设计和评价，集成化学供应链，优化和协调化学产品与环境友好相容的整个生命周期。

（4）绿色化学工程与工业生态园区建设成为化工研发的前沿　资源与环境问题为密切相关的可持续发展两大基本问题。20世纪90年代形成的全球环境发展战略，即是把环境问题的解决与资源利用-经济生产模式的优化关联统一起来，提出建立与环境相容的清洁生产-生态经济新模式。绿色过程工程正是研究与自然环境相容的资源高效-洁净-合理利用的物质转化过程的工程科学，它涵盖了进行大规模资源加工、伴有化学和物理变化的过程工业的重新审视、提升和绿色化更新。

从化工、冶金、能源、石化、轻工等典型过程工业来看，我国资源加工技术已不能再延续十几年前形成的传统工艺，以免造成生产消耗指数高、资源利用率低、大量未被充分利用的资源变成废弃物排放到环境中、效益低下和严重的环境污染。开发过程工业物质转化的高效-洁净-合理利用资源的绿色新过程与工程化实施是急切的社会需求。生产企业再难以承受投入巨大、收效甚微的末端治理重负，急需立足于发展增效，同时实现减污的清洁生产高新技术。绿色过程清洁生产技术的工程化将极大地提高我国工业的总体水平。

过程工业绿色化是综合利用环境与资源、材料、能源、生化工程与计算信息学等多学科的知识，研究物质转化过程绿色化的综合性科学与工程。过程工业绿色化的主要内容包括以下几点。

① 建立资源-环境保护新体系的思想方法论与实施策略、源头污染控制与资源-环境同一论的清洁生产策略与生态工业系统。

② 原子经济性化学反应处于绿色过程的核心地位，理想的绿色化学反应，即原料中的原子100％地转变为产物，不产生副产物或废弃物，实现废弃物的零排放。

③ 运用环境-经济综合评价体系，建立过程工业的物质流程-能量流程-信息流程综合优化与过程集成。

④ 发展生物转化技术、洁净能源和可再生资源替代技术。

⑤ 模拟自然界物种共生、互生、能量与元素传递循环网络，建立物质分层多级循环优

化利用的生态化产业体系。

应指出的是"绿色"的提法是动态的概念，当一个相对于传统过程的绿色过程已被广泛接受，纳入正常生产的成熟阶段之后，就成为常规技术，又要去追求更理想的绿色新过程。

依据环境-经济两种尺度对过程进行综合优化，包括反应-分离等多序列的综合、物质集成与能量集成，通过质量、热量交换网络等多种综合优化方法-废物最小化的模拟设计来实现。绿色过程更注重追求废物最小化的物质流优化。国外已发展了多种优化方法，国内的系统工程研究也开始进入该领域，但由于没有具体的工程依托，尚限于定性分析阶段。

生态工业园是依据循环经济理念和工业生态学原理而设计建立的一种区域型新型工业组织形式，是绿色化工产业区域建设的体现，是实现世界可持续发展的园区模式，是生态社会建设的理想境界。通过模拟自然系统建立产业系统中"生产者-消费者-分解者"的循环途径，尽可能实现物质闭路循环和能量多级利用。即生态园内企业模拟自然界生态系统，相互之间存在协同和共生关系，将最大限度地利用资源和减少负面环境影响，最后达到工业可持续发展的目标。

第 1 章　化工过程开发与设计概述

化工工艺是以化学方法为主，以改变物质组成与物质结构合成新物质为目的的生产过程和技术。其涉及的范畴很广，一般包括原料的选择和预处理；生产方法的选择及方法原理；设备的作用、结构和操作；催化剂的选择和使用；其他物料的影响；操作条件的影响和选定；流程组织；生产控制；产品规格和副产物的分离与利用；能量的回收和利用；对不同工艺路线和流程的技术经济评价等。在化学品的生产过程中，化工过程内在的科学规律是客观存在的，只是在开发之前尚未被人们认识。任何一个新的化工过程都是创造性的工作，它利用化学工程的基本原理和方法与化学工艺有机结合，将分子设计、概念设计的原理与系统工程相结合，将工艺小试与工程放大作为一个系统有机地结合起来，研究过程的特性和规律，研究放大判据和放大规律，解决工程实际问题。

1.1　化工过程开发及工艺路线选择

1.1.1　化工过程开发程序

化工过程以化学工程的理论为依据，借助若干相互关联的化工单元操作，利用相关设备组成一个完整的工业体系，以完成化学品的生产过程。化工生产过程通常由预处理、化学反应或物理化学加工等生产环节所组成。其中预处理主要由机械操作和传热过程等组成，反应过程需要维持一定的温度与压力，后处理一般包括传质过程、相分离操作等部分。

任何一个新的化工过程都是具有创造性的。但其内在的科学规律，则是客观存在的，只不过以前尚未被认识。化工过程开发是指由实验室研究成果（新工艺、新产品）到实现工业化的科学技术活动。化学工业具有原料、产品、工艺、技术多方案性的基本特征，即不同原料经过不同的加工工艺可以得到相同产品；同一原料经过不同加工工艺可以得到不同产品；同一原料经过不同加工工艺可以得到相同产品。这种多方案性源于科学技术，深刻地蕴含着经济的盈亏、社会效益的大小与环境保护的优劣。而开发研究就是在基础应用研究及各种科技信息的基础上，开展新技术的工艺条件、技术规范、工程放大、技术经济评价等方面的研究，以取得化工生产装置的设计、建设等所需数据与资料，为实现新技术在工业中的应用提供技术服务。开发研究的最终成果是基础设计，而基础设计是工程设计的主要依据。

化工过程开发是从立项开始，经过研究、设计、建设，直到一项新产品、新工艺或新技术投入生产的整个过程。一般是在基础研究（探索研究）和收集技术经济资料的基础上，深入开展工艺条件和工程放大研究，以及技术经济评价等方面工作，以取得设计和建立生产装置，进行生产以及销售经营所需要的数据和资料。

化工过程开发的步骤，并没有固定的模式。化学工业新产品开发的基本步骤可用图 1-1 表示。

由图 1-1 可见，有三次可行性研究将开发的全过程分割成四个阶段。第一阶段的内容是商品信息研究和实验性研究。第二阶段的内容包括小试和概念设计。第三阶段包括模型试

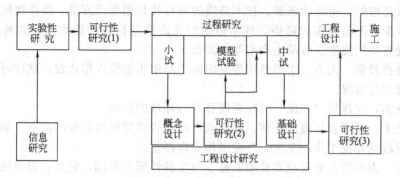

图 1-1　化学工业新产品开发的基本步骤

验、中试和基础设计等内容。第四阶段的内容为工程设计和施工。

（1）信息研究　其主内容是市场对开发产品的需求量，开发产品与国民经济其他部门的关系，市场前景，收益估算，社会效益以及环境污染情况等。除了经济方面的调研外，还要评估科研水平、社会条件及完成该项目的可能性。

在技术上，首先要搜集评价各种已工业化的生产方法的资料及新方法的专利文献资料，研究各种生产方法的技术特点，分析和研究得到的资料中的数据是否可靠、完整以及存在什么问题。对于化工过程，一般需要的资料和数据大致是生产过程、流程、主副反应方程式、反应条件（如原料要求、比例、反应温度、压力、催化剂、时间、热效应、环境要求、pH值等）、反应产率（如转化率、选择性、主副产品收率）、产品及副产品规格、主要设备类型、反应动力学及有关的相平衡数据。

其次，对所需要的主副产品、原料及中间产品的基本物化和热力学数据进行收集、计算、整理，力求关键数据准确。这些数据大致包括相对分子质量、密度、熔点、沸点、蒸气压、溶解度、比热容、蒸发热等。

信息研究是开发产品的第一步，若通过信息研究认为所开发的技术能带来显著的经济效益或重大的社会效益，才值得投资进行研究与开发，否则即可就此终止。

（2）实验性研究　实验性研究包括五个内容：第一是对工艺方法进行研究，如原料路线和生产路线等的研究；第二是对工艺条件进行研究，如转化率、选择性、主副反应的特点、催化剂、反应条件、产品分离方式等；第三是物料平衡、能量平衡和生产成本估算；第四是对原料、半成品和产品的质量进行研究；第五是产品用途及应用产品质量的研究等。这五个方面内容不是逐一完成的，而是交叉进行的。

实验性研究的目的是对可能的若干方案进行初步筛选，力求用最少的原料以经济的手段获得最多的合格产品，以能明确地提出一个较理想的流程，同时获得必要的物性数据。

实验研究时，通过热力学和动力学的理论考察，利用实验设计和分析手段，参照技术经济要求，可以得到开发所需要的基本工艺数据。但实验室的研究结果只能表明该工艺的可能性，其是否在工业生产中实用必须经过后续的有关工作来证明。

通过实验性研究可以确定原料路线，探索反应的可行性，了解副产物的种类、数量及其可利用性；掌握物料对设备结构材料的腐蚀情况、"三废"的排放及其数量、物料的爆炸极限和有关操作中的注意事项等。

（3）第一次可行性研究　为在信息研究与实验研究的基础上对技术、经济、环境综合的可行性研究。

技术主要指原料路线和技术路线的可行性、可靠性和先进性。原料路线的可行性和可靠性是很重要的，因为在过程工业中原料费约占生产费用的2/3。为了降低生产成本，只要技术上可行，经济上合理，一般都采用粗原料或劣质原料。当然不论采用哪一种原料（包括能源）都必须有足够的、可靠的来源。技术路线的可行性是指生产安全、操作简便、操作弹性大、生产环节少、不易出现故障等。技术路线的先进性是指各种技术指标如转化率、选择性、能耗、设备生产强度、劳动生产率等的高低。

经济主要指投资、人力、生产费用等支出同产品销售的收入作比较，估计可能获得的经济效益和投资回收情况。

在环境方面，应评估"三废"治理程度及其对环境的影响。

通过对技术、经济及环境的评估，做出该产品是否值得继续开发的决定。如果值得，便可进行下一阶段的开发工作；反之，开发工作立即停止。

（4）小试　为小型工业模拟实验的简称。与实验性研究不同，它是在设想流程通过初步技术经济评价，研究工作正式立项后的系统工作。在工艺条件上，通过小试，要求研究得更加细致和具体；在规模上，小试比实验室的规模大一些；在原料上，应当使用生产时所采用的粗原料（如有必要，应进行化学反应前的预处理）；在反应器的选型上，应根据实验室研究结果，使用生产时所采用的反应器类型。小试应尽可能采用连续操作方式，模拟化工单元操作。

小试应完成如下任务。

① 验证开发方案的可行性和完整性，确定影响因素。明确过程原料路线，认识所涉及化学反应的特性和影响因素，确定工艺过程，单元操作和工艺条件，完成催化剂的筛选和表征。确定产物分离和精制方案，以及在此基础上完成物料衡算和热量衡算。

② 测定和收集需要的各种物理化学数据。

③ 建立产品分析方法和过程监测方法。

④ 对生产过程中排放的"三废"提出治理的初步方案。

（5）概念设计　概念设计又称方案设计，设计人员把自己的工作经验与小试结果结合起来，进行生产规模的原则流程设计。

概念设计包括两层含义。其一是依据小试结果和有关文献资料，提出工业化的规模和方案，故亦称预设计。其二是再将预设计规模缩小到一定程度，制定中试方案和进行中试设计、模型研究，形成"预放大-缩小-放大"的开发放大程度。

在概念设计的过程中，要检验小试研究的完整性和可靠性。因此，概念设计往往还会对小试工作提出进一步要求，使小试在早期就尽可能实现工艺与工程的结合，从而保证小试研究质量。

概念设计的主要内容如下。

① 以投产两年后市场需求为依据，提出建立工业化规模生产的方案。包括原料和产品规格、工艺流程、工艺条件、流程叙述、物料衡算、热量衡算、消耗定额、设备清单、生产控制、"三废"处理、人员组成、投资以及成本估算等工作。

② 讨论实现工业化的可能性。对可进入中试研究的项目，确定中试规模，提出中试方案。

③ 提出对将来进行基础设计的意见。

尽管包括这么多内容，概念设计仍是不完整的，仍只是一种放大方案，不足以作为工程设计和建设的依据。

（6）第二次可行性研究　第二次可行性研究有时称作方案论证。其内容与第一次可行性研究差不多。在此之前由于有了概念设计、物料衡算和能量衡算，对技术、经济的分析就比较准确。可进一步估算工厂规模、投资费用、成本及经济效益等。

第二次可行性研究也要做出开发应该中止或继续的决定。若继续进行，还应对下阶段的工艺和过程的研究提出指导性意见。例如哪些环节可以采用现有的成熟技术，哪些环节需要引进或购买专利，哪些环节只需作粗略的研究，哪些环节需要作深入细致的研究等。有了这些指导性的意见后，就可以对下阶段的研究拟定具体的计划。

第二次可行性研究可以作为同有关部门签订合同的依据。

(7) 模型试验　模型试验一般都是对工业生产中的某些重要过程作放大的工业模拟试验。在模型设备中进行研究的主要内容有：考察化工过程运行的最佳条件；考察设备内传热、传质、物料流动与混合等工程因素对化工过程的影响；观察设备放大后出现的放大效应，寻找产生放大效应的原因；测定放大所需的有关数据或判据等。模型试验分冷模试验和热模试验两种。

冷模试验只研究过程的物理规律，不研究化学反应。它可以采用物理性质与实际工业生产物料相近的惰性物质进行试验。

热模试验是用实际生产物料并按实际操作条件进行的试验，属于综合性试验考察。

(8) 中试　中试是中间试验的简称，所谓中间试验是介于小试和生产之间的试验。当某些开发项目不能采用数学模型法放大，或其中有若干研究课题无法在小试中进行，一定要通过相应规模的装置才能取得数据或经验时需进行中试。

中试是在小试完成并通过技术经济评价后，在概念设计基础上进行的放大试验工作。其规模介于实验室规模和工业装置规模之间，但具体规模没有明确规定。对于精细化工产品，中试资料按千克已足矣，而对许多基本化工产品扩试研究所建中试工厂规模都相当可观，甚至达到年产数千吨生产能力。

中试工作必须按工业化条件，其主要任务是：

① 建立一定规模的放大装置，对开发过程进行全面模拟考察，明确运转条件及操作、控制方法，并解决长期连续稳定运转的可靠性等工程问题，其中，包括对原料和产品的处置方法、必要的回收循环工艺，以及对反应器等设备的结构和材质的考察；

② 验证小试条件，收集更完整、更可靠的各种数据，解决放大问题，提供基础设计所需全部资料；

③ 考察可达到的生产指标，在可信程度较大的条件下计算各项经济指标，以供对工业化装置进行最终评价；

④ 研究"三废"处理、生产安全性等问题；

⑤ 示范操作，培训技术工人，研究开停车和事故处理方案，获得生产专门技能和经验；

⑥ 提供一定量产品（大样），供市场开发工作所需（反应器的选型和放大以及随之而来的反应状况的研究，是中试研究的基础）；

⑦ 提出物料综合利用和"三废"治理措施；

⑧ 提出带控制点的工艺流程图、工艺参数、物料衡算和能量衡算的数据等。

化工过程开发中的若干问题往往不可能都在小试阶段充分暴露，只有留在中试时加以研究和解决。例如，在管式反应器上进行的反应，小试因设备尺寸所限，不可能对喷嘴之类结构进行详细研究，设备放大后就要认真解决这类关键问题。又如，对气固催化反应催化剂的筛选工作，一般在小型固定床反应器上进行，中试才可能研究流化床反应器，进一步考察反应器结构、材质、散热等一系列问题。

(9) 基础设计　基础设计有时称作初步设计或扩（大）初（步）设计。它是根据中试结果而进行的生产规模的全面设计，是工程研究的终结，也是开发研究成果的表现形式。

有关基础设计的内容原化学工业部已有相关规定。

① 装置说明：设计依据、技术来源、生产规模、原材料规格、辅助材料要求、产品规格及环境条件。

② 生产工艺流程说明：详细说明工艺生产流程的过程，主要工艺特点、反应原理、操

作工艺参数和操作条件等。

③ 物料流程图及物料衡算表。

④ 热量衡算结果及设备热负荷。

⑤ 水电汽（气）的技术规格。

⑥ 带控制点流程图：包括带控制点流程图及控制方案，特殊管线的等级和公称直径要求。

⑦ 设备名称表和设备结构简图：含设备名称表和台数；非标设备简图、控制性数据、设备的操作温度及压力。建设性意见及材料选择要求；关键及特殊设备详细的结构说明、结构图、设备条件及防腐要求等。

⑧ 对工程设计的要求：含对土建的要求；主物料管道、特殊管道及阀门的材质、设备安装要求；以及工程设计的一些特殊要求。

⑨ 设备布置建议图（主要设备相对位置图）。

⑩ 装置的操作说明：含开停车过程说明；操作原理及故障排除方法；分析方法及说明。

⑪ 装置的"三废"排放点、排放量、主要成分及处理方法（必要时可对"三废"处理单独提出基础设计）。

⑫ 对工业卫生、生产安全的要求。

⑬ 仪表（包括过程控制计算）的说明：介绍流程中主要控制方案的原则、控制要求、控制点数据一览表、主要仪表选型及特殊仪表技术条件说明。

⑭ 消耗定额。

⑮ 有关技术资料、物性数据等。

(10) 第三次可行性研究　第三次可行性研究有时称作初步设计或扩（大）初（步）设计审定。因为它是在基础设计之后进行的，与前两次可行性研究比较，具有高度的准确性和可靠性。第三次可行性研究，应在中试总结报告的基础上进行，着重在工程投资和经济效益方面做出详细评价。如有可能，还应对该产品在未来的若干年内的发展趋势做出科学的预测。第三次可行性研究除了科研人员和行政领导参加外，凡是与工程审批有关的部门（如投资部门、安全部门等）都应参与审定。审定以后，工程项目被批准，然后转入工程设计。

(11) 工程设计　工程设计是工业项目立项后，依据基础设计等技术文件，参照国家建设标准，进行的施工设计。

工程设计应包括：

① 设计依据和说明；

② 工艺流程；

③ 设备、零部件明细表，非标设备制作施工图，设备布置图，管路图；

④ 消耗定额；

⑤ 投资概算等；

⑥ 电路、控制线路施工设计。

工程设计所完成的图纸，是指导建厂施工的最终技术依据。

工程设计已属于工程范畴，应由科研、设计、制造、生产单位和工程技术人员统筹负责进行。

(12) 施工　经过工程设计，得到一系列设计成品，可以进行施工前的准备工作（如购置定型设备、联系非定型设备的加工单位、订购各种材料、联系施工单位等）。接着是厂房施工，机器设备就位，工艺配管，水、电、汽（气）等工程安装。经过全面施工后，生产系统已经建成。然后经试车、试生产及正式投入生产等步骤，产品的开发工作即告结束。

1.1.2 工艺路线选择

在化工生产中，同一产品，有时可以用不同的原料加工而成，如乙醇可以用发酵法制取，也可以用乙烯水合法制取；一氯甲烷可以用甲烷（天然气）氯化的方法获得，也可以用甲醇和 HCl 制取。同一种原料，经过不同的加工，又可以得到不同的产品。即使采用同一种原料和相同的工艺过程，而工艺条件不同，也可以得到不同的产品。原料路线、工艺路线和产品品种的多样性使得工艺路线的选择与设计方案的确定需要考虑多方面的因素。在选择化工产品的工艺路线时应考虑下面几方面的问题。

（1）技术上可行，经济上合理 技术上可行是指通过文献调研与分析确定了合理的工艺路线，且项目建设投资后，能生产出产品，能源消耗水平低，且质量指标、产量、运转的可靠性及安全性等既先进又符合国家标准。

经济上合理指生产的产品具有经济效益，这样工厂才能正常运转，对有些特殊的产品，为了国家需要和人民的利益，主要考虑社会效益或环境效益，而经济效益相对较少，这种项目也需要建设，但其只能占工厂建设的一定比例，是工厂可以承受的，不影响工厂整个生产。

（2）原料路线 原料是化工产品生产的基础，原料既直接影响到产品的合成工艺路线，又会带来有关原料的资源、储存、运输、供应、价格、毒性、安全生产等一系列相关问题。采用不同的原料与规格直接影响到产物的生产能力、技术水平、质量、成本、反应条件与反应装置、资金的投入与回收等问题。

在化工产品的总成本中，因为原料费用所占的比率较大（国内一般占 60%～70%），所以选择合理的原料路线十分重要。选择原料路线一般应考虑供需的可能性、原料符合技术要求、副产物的生成与分离的可行性、经济上合理、与时代的发展同这几方面的问题。同时应考虑原辅料及产品价格等都将随着市场而变，因而构成不确定因素，正是由于这些不确定因素的存在，且具有不可预测性，在工艺路线选择中，对各类风险（包括技术风险、市场风险、自然灾害风险等）都应充分估计认识，才不至于陷入被动。

（3）环境保护 环境保护是建设化工厂必须重点审查的一项内容，化工厂容易产生"三废"，我国目前对环境保护十分重视，设计时应防止新建的化工厂对周围环境产生污染，给国家和人民造成重大的经济损失，并影响人民的身体健康，为此对"三废"污染严重的工艺路线应避免采用。工厂排放物必须达到国家规定的相应标准，符合环境保护的规定。

（4）公用工程中的水源及电力供应 水源与电源是建厂的必要条件，在西北有些缺水的地区建设化工厂时，尤其要注意保证建厂后正常生产用水。

（5）安全生产 安全生产是化工厂生产管理的重要内容。化学工业是一个易发生火灾和爆炸的行业，因此从设备上、技术上、管理上对安全予以保证，严格制订规章制度、对工作人员进行安全培训是安全生产的重要措施。同样，对有毒化工产品或化工生产中产生的有毒气体、液体或固体，应采用相应的措施避免外溢，达到安全生产的目的。

1.1.3 可行性研究

1.1.3.1 可行性研究报告的基本要求

（1）化工建设项目可行性研究报告的基本要求 工程项目的可行性研究是一项根据国民经济长期发展计划、地区发展规划和行业发展规划的要求，对拟建项目在技术、工程和经济上是否合理进行全面分析、系统论证、多方案比较和综合评价，为编制和审批计划任务书提供可靠依据的工作。

可行性研究报告由项目法人委托有资格的设计单位或工程咨询单位编制。可行性研究报告应根据国家或主管部门对项目建议书的审批文件进行编制。应按国民经济和社会发展长远规划，行业、地区发展规划及国家的产业政策、技术政策的要求，对化工建设项目的技术、工程、环境保护和经济，在项目建议书的基础上进一步论证。

（2）可行性研究报告编写中应注意的问题

① 加强前期发展规划研究。中长期发展规划和工程项目前期规划是编制可行性研究的重要依据之一。要认真做好前期规划研究工作，把握好工程近期与远期的结合，为确定工程项目的建设时机创造好条件。

② 进一步规范可研报告编制的委托工作。选择可行性研究报告编制单位时，除对编制单位的资质、业绩、专长进行审查外，还要对编制单位能否抽出技术骨干或能否采取横向联合及时承担编制任务进行分析，要结合项目内容和性质优选编制单位。对重大项目可行性研究报告的编制单位要进行招标确定；对可行性研究报告阶段编制不认真而影响可行性研究报告质量水平及进度的编制单位，不能在下一阶段继续使用；建议在初步设计阶段以竞标的形式重新选择设计单位。

③ 编制可行性研究报告要在科学、公正、公平、实事求是的原则下进行。编制可行性研究报告是一项政策性、技术性很强的综合性智力服务工作，要在科学、公正、公平、实事求是的原则下进行。业主委托单位要给编制单位合理的工期和费用。同时，业主要积极配合编制单位，及时提供真实、必要的资料、数据，并保证数据的可靠性。对重大工程的环境影响评价、安全预评价、地震安全评价、水土保持评价、地质灾害评估要与可研报告同等对待，要保证上述评价成果的质量和科学有效性。这些是支持可研报告达到相应深度的重要依据。

自2004年国家实行项目审批备案制以后，要求建设项目满足行业和地区发展总体规划的要求。在可行性研究报告编制中，应注意与地方政府的沟通与协调，做好必要的宣传和汇报，取得支持和理解，为可行性研究报告编制工作奠定有力基础并提高工作效率。

④ 可研报告编制单位要建立健全有效、适用的质量保证体系。可行性研究报告编制单位要牢固树立"百年大计、质量第一"的思想，建立健全有效、适用的质量保证体系。认真贯彻ISO 9000精神理念，突出过程控制，以超越用户的要求来保证咨询成果质量水平的理念，完成项目可行性研究工作。在可行性研究报告的编制中，要注意对资源与市场的可靠性、项目建设的必要性、建设规模的合理性、工艺技术方案及配套条件的可行性、投资及经济评价的合理性等重大问题进行多方案论证。要高度重视现场调查研究，真正掌握现场第一手资料。对资源、产品市场的分析预测；对现场总图布局、关键性控制工程、内外部依托条件和衔接关系要了如指掌，并落实好有关用地、用水、用电、消防、交通、通信等协议文件。特别要强化工程技术经济多方案的比选工作，方案比选要针对工程实际，定性与定量比选相结合，用翔实的数据使可研报告推荐的技术方案具有科学性、可信性、可靠性、合理性，真正成为决策科学依据和工程初步设计的指导性文件，并经得起时间和生产的检验。

⑤ 对重大工程项目可研报告编制，要有计划地组织专家研讨、论证，提升方案论证的水平；特别是对重大的技术问题或控制性工程难点应召开专题研讨会进行论证。按照"健康、安全、环境"（HSE）的设计理念和"安全、环保、效益"的原则，特别要注意对项目的主要潜在风险因素及风险程度进行分析，并提出防范和降低风险的对策。

⑥ 可行性研究报告的编制人员要有较强的政策水平和专业技术水平，要熟悉有关标准、规范、政策法规，要站在大局和公正性的立场上，看问题要有独立性或独到性。

1.1.3.2　化工建设项目可行性研究报告的内容

根据《化工建设项目可行性研究报告内容和深度的规定》，以及国内一些著名的咨询机构对"可行性研究报告"的内容和深度的具体要求。"可行性研究报告"内容如下。

① 总论。内容包括项目名称、主办单位名称、企业性质及法人，可行性研究报告编制的依据和原则，项目提出的背景，投资的必要性和经济意义，研究范围，研究的主要过程，研究的简要综合结论，存在的主要问题和建议，并附主要技术经济指标表，详见表1-1。

表 1-1　主要技术经济指标

序号	项 目 名 称	单 位	数量	备注(子项目①)
一	生产规模	万吨/a 或万套/a		
二	产品方案			可有多个方案
三	年操作日	天		
四	主要原材料、燃料用量	实物量/a		可有多种
五	公用动力消耗量			
1	供水(新鲜水)	m³/h		最大、平均用水量
2	供电	kW		设备容量、计算负荷、年耗用量(万千瓦·时)
3	供汽	t/h		最大、平均用汽量
4	冷冻	kJ/h		最大、平均用冷负荷
六	"三废"排放量			废水(m³/h)、废气(m³/h)、废渣(t/h)
七	运输量	t/a		运入量、运出量
八	全厂定员	人		生产工人、管理人员
九	总占地面积	万平方米		厂区、渣场、生活区、其他占地面积
十	全厂建筑面积	m²		
十一	全厂综合能耗总量	吨标煤/年		包括二次能源
十二	单位产品综合能耗	吨标煤/单位产品		
十三	工程项目总投资	万元		固定资产投资、建设投资、固定资产投资方向调节税、建设期利息；流动资金(包括铺底流动资金)
		万美元(外汇)		其中外汇(万美元)
十四	报批项目总投资	万元		
十五	年销售收入	万元		
十六	成本和费用	万元		年均总成本费用、年均经营成本
十七	年均利润总额	万元		
十八	年均销售税金	万元		
十九	财务评价指标	万元		投资利润率、投资利税率、资本净利润率、全投资财务内部收益率(税前和税后)、自有资金财务内部收益率、投资回收期(年)、全员劳动生产率(万元/人)、全投资财务净现值(税前和税后，需注明 i 值)、自有资金财务净现值(万元，i 值)
二十	清偿能力指标	年		人民币、外汇借款偿还期(含建设期)
二十一	国民经济评价指标			经济内部收益率、经济净现值

① 子项目原应列于大项目的下面，这里为节省篇幅列于备注栏，备注栏实际上是用来填写其他说明的。

总论应全面、清晰、有序地反映报告的全貌，要提纲挈领的说明后面的相关内容与结论，使项目的决策者一目了然。特别在总论中的结论部分要明确项目的"四性"（项目建设的必要性、建设条件的可能性、工程方案的可行性、经济效益的合理性），对项目技术经济指标处于的水平、项目技术工程和经济是否可行，要有观点明确的结论性意见。

② 需求预测。包括国内外市场需求情况的预测和产品的价格分析。

③ 产品的生产方案及生产规模。

④ 工艺技术方案。包括工艺技术方案的选择、物料平衡和消耗定额、主要设备的选择、工艺和设备拟采用标准化的情况等内容。

⑤ 原材料、燃料及水、电、汽的来源与供应。

⑥ 建厂条件及厂址方案、布局方案。应提供厂址地址勘察报告和厂址的比选、优化方案以及有关建设的意见和用地协议文件。

⑦ 公用工程和辅助设施方案。

⑧ 节能。

⑨ 环境保护。

⑩ 劳动保护与安全卫生。

⑪ 工厂组织、劳动定员和人员培训。

⑫ 项目实施规划。

⑬ 投资估算和资金筹措。投资估算中应说明投资估算依据方法和标准，必要附表应齐全，以论证投资估算的合理性。资金筹措渠道要明确，符合国家有关规定，并提供意向性的或协议性的证明材料，企业自有资金（股本金）部分一定要有相关证明材料或资产评估报告，以论证资金来源的可靠性。视项目资金筹措情况，必要时应进行融资方案分析。

⑭ 经济评价及社会效益评价。

⑮ 结论。综合评价与研究报告的结论、存在问题及建议等内容。

1.2 化工工艺设计

工艺一般分机械制造工艺和化工工艺，机械制造过程中，原料只改变其外形或物性，是一种工件型生产方式。化工工艺是关于化学品生产方法的技术科学。化工生产中，原料不仅改变其外形和物性，还改变了物质结构和化学性质，是一种物流型的生产方式。

在化学工业的发展初期，人们针对具体产品研究其原料特点、生产原理、生产方法等，从而形成不同产品的工艺学，如纯碱工艺学、硫酸工艺学、合成氨工艺学等。随后，人们发现许多化工过程在原料处理、反应和分离方面有共同之处，从而形成单元操作和单元过程的概念。从千百种化工工艺学中找出单元操作和单元过程的共同规律，形成化学工程学；进而将数十种化工单元操作和单元过程抽象成对动量传递、热量传递、质量传递和化学反应规律的研究，极大地推动了化学工业的发展。目前，"三传一反"结合起来的化学反应工程理论，已成为化学反应器设计的理论基础，为化工过程放大的准确性和可靠性打下基础。

然而，从一般规律到具体产品生产方法的特殊规律，使生产设备与反应过程协调，仍离不开对工艺的研究和表达。

对化工产品的生产过程进行研究和规划，分析、比较、选择最合适的方法，确定与生产过程紧密相关的工艺操作条件和实现工艺所必需的各种设备、仪表、厂房等的实际工作，称为化工过程设计。

化工过程设计需要各种专业人员通力合作才能完成。化工工艺设计是化工过程设计的核心，化工工艺人员起着主导作用。化工工艺设计的目的是：确定生产过程的工艺条件和相关设备的一系列工程技术问题，具体体现施工建厂的总体要求。

化工工艺包括生产的原料路线、生产方法、技术、操作程序、物料走向，以及相关单元操作设备的某种组合。化工工艺是在掌握自然科学和工程科学规律的基础上，使化学反应达到工业化应用水平。化工工艺决策对能否进行正常生产以及能否取得效益至关重要。同一种化学品的生产，按不同原料、不同路线、不同条件、不同方案来安排，所造成的差异可以非常大，有的会漏洞百出，无法正常生产，有的则可做到天衣无缝。

化工工艺是化工过程的核心，开发一个化工过程，亦即一项化工工艺的形成过程，是通过以化工工艺设计为主导的系统工作。需确定所开发的化工过程的原料路线、生产方法、物料依次经过的单元操作和设备的次序和流向（工艺流程），从方案上解决具体的工程技术问题，最终实现所开发的化工过程。

1.2.1　化工工艺设计的内容

化工工艺设计包括以下内容。
① 原料路线和技术路线的选择；
② 工艺流程设计；
③ 物料计算；
④ 能量计算；
⑤ 工艺设备的设计和选型；
⑥ 车间布置设计；
⑦ 化工管路设计；
⑧ 非工艺设计项目的考虑，即由工艺设计人员提出非工艺设计项目的设计条件；
⑨ 编制设计文件，包括编制设计说明书、附图和附表。

上面叙述的是工艺设计各项内容的汇总，实际上根据设计内容的深度，可把工艺设计分为：初步设计和施工图设计两个阶段。有时也分为初步设计、扩（大）初（步）设计和施工图设计三个阶段。

1.2.2　化工工艺设计程序与设计文件

工艺设计分为两个阶段，第一阶段是初步设计，第二阶段是施工图设计。初步设计阶段有时称为基础设计阶段，以可行性研究报告或设计任务书为依据，按投资者要求的产量和生产能力，以及投资者的其他要求，进行初步设计。初步设计的设计文件应包括以下两部分内容：设计说明书和说明书的附图、附表。这些文件成果送交投资者组织专家进行评估审查，提出修改意见。

1.2.2.1　初步设计的目的与初步设计的主要内容

初步设计是确定建设项目的投资额，征用土地、组织主要设备及材料的采购，进行施工准备、生产准备以及编制施工图设计的依据，是签订建设总承包合同，银行贷款以及实行投资包干和控制建设工程拨款的依据。根据原化学工业部对初步设计的说明，规定其内容如下。
① 总论。
② 技术经济。基础经济数据、经济分析、附表。
③ 总图运输。厂址选择、总平面布置、竖向布置、工厂运输、工厂防护设施、"三废"处理、绿化。
④ 化工工艺。主要考虑原材料及产品的主要技术规格、装置危险性物料表、生产流程

说明、原材料及动力［水、电、汽（气）］、消耗定额及消耗量、成本估算、车间定员、管道材料等。

⑤ 空压站、氮氧站、冷冻站。

⑥ 外部工艺、供热管线。

⑦ 设备（含工业炉）。给出有关设备技术特征、主要设备总图。

⑧ 电气仪表及自动控制、全厂自动化水平、信号及联锁、环境特征及仪表选型、复杂控制系统、动力供应、通信等。

⑨ 供电。给出电源状况、负荷等级及供电要求、主要用电设备材料选择、总变电所及高压配电所、照明、接地、接零及防静电、车间配电、防雷等。

⑩ 土建。给出气象、地质、地震等自然条件资料、地方材料、施工安装条件等；建筑设计、结构设计、对地区性特殊问题的设计考虑；对施工的特殊要求、对建筑物内高、大、中的设备安装要求的说明等。

⑪ 给水、排水。给出自然条件资料（气象、水文、地质资料等），对给水水源及输水管道、给水处理、厂区给水、厂区排水、污水处理站、定员等给予说明。

⑫ 供热。

⑬ 采暖通风及空气调节。

⑭ 维修（机修、仪修、电修、建修）。

⑮ 质检部。

⑯ 消防。

⑰ 环境保护及综合利用。对设计采用的环保标准、主要污染源及主要污染物、设计中采取的环保措施及简要处理工艺流程、绿化概况、其他环保措施、环境检测体制、环保投资概算、环保管理机构及定员等予以说明。

⑱ 劳动安全与工业卫生。对生产过程中职业危险因素分析及控制措施、劳动安全及工业卫生设施、预期效果及防范评价、劳动安全与工业卫生专业投资情况予以说明。

⑲ 节能。对主要耗能装置的能耗状况、主要节能措施、节能效益等予以说明。

⑳ 概算。

1.2.2.2 初步设计说明书的附图、附表

① 工艺物料流程图；

② 带控制点的工艺流程图；

③ 设备布置图；

④ 设备一览表；

⑤ 物料流程表。

还有非工艺专业的简略说明书，主要是总平面布置和运输方案、设备一览表，主要分析仪器一览表，技术经济评估分析、总概算书和关键设备总图。

1.2.2.3 施工图设计的主要内容

施工图设计是把初步设计中确定的设计原则和设计方案，根据建筑施工、设备制造及安装工程的需要进一步具体化，满足建筑工程施工、设备及管道安装、设备的制作及自动控制工程等建筑造价的要求。

施工图设计的内容体现为各种施工图纸（如工艺流程图、设备布置图、管道安装图）、材料汇总表、设备一览表、土建预算表等。

1.2.2.4 施工图设计的设计文件

（1）工艺设计说明　工艺设计说明可根据需要按下列各项内容编写。

① 工艺修改说明：说明对前段设计的修改变动。

② 设备安装说明：主要大型设备吊装；建筑预留孔；安装前设备可放位置。

③ 设备的防腐、脱脂、除污的要求和设备外壁的防锈、涂色要求以及试压试漏和清洗要求等。

④ 设备安装需进一步落实的问题。

⑤ 管路安装说明。

⑥ 管路的防腐、涂色、脱脂和除污要求及管路的试压、试漏和清洗要求。

⑦ 管路安装需统一说明的问题。

⑧ 施工时应注意的安全问题和应采取的安全措施。

⑨ 设备和管路安装所采用的标准规范和其他说明事项。

（2）管道仪表流程图 管道仪表流程图要详细地描绘装置的全部生产过程，而且要着重表达全部设备的全部管道连接关系，测量、控制及调节的全部手段。

（3）辅助管路系统图

（4）首页图 当设计项目（装置）范围较大，设备布置和管路安装图需分区绘制时则应编制首页图。首页图表达了各分区之间的联系和提供一个整体的概念。一个车间首页图可以表示车间的厂房轮廓和其他构筑物平面布置的大致情况，还能表示建筑物、构筑物的分、总尺寸以及进、出管道的位置等。

（5）设备布置图 设备布置图包括平面图与剖面图，其内容应表示出全部工艺设备的安装位置和安装标高，以及建筑物、构筑物、操作台等。

（6）设备一览表 根据设备订货分类的要求，分别做出定型工艺设备表、非定型工艺设备表、机电设备表等。

（7）管路布置图 管路布置图包括管路布置平面图和剖视图，其内容应表示出全部管路、管件和阀件及简单的设备轮廓线及建、构筑物外形。

（8）管架和非标准管架图

（9）管架表

（10）综合材料表 综合材料表应按以下三类材料进行编制：

① 管路安装材料及管架材料；

② 设备支架材料；

③ 保温防腐材料。

（11）设备管口方位图 管口方位图应表示出全部设备管口、吊钩、支腿及地脚螺栓的方位，并标注管口编号、管口和管径名称。塔设备还要表示出地脚螺栓、吊柱、爬梯和降液管位置。

1.3 21世纪化工过程开发与设计的新发展

1.3.1 化工过程强化与微化工技术

绿色化学侧重从化学反应本身来消除环境污染、充分利用资源、减少能源消耗；化工过程强化则强调在生产能力不变的情况下，在生产和加工过程中运用新技术和设备，极大地减小设备体积或者极大地提高设备的生产能力，显著地提升能量效率，大量地减少废物排放。化工过程强化目前已成为实现化工过程的高效、安全、环境友好、密集生产，推动社会和经济可持续发展的新兴技术，美、德等发达国家已将化工过程强化列为当前化学工程优先发展的三大领域之一。

　　化工过程强化带来的益处是多方面的。设备生产能力的显著提高，导致单位产品成本大幅降低。设备体积的微型化，将带来设备和基建投资及土地资源的节省。由于能充分利用能量、生产效率高，能耗将显著降低。由于反应迅速、均匀，副反应少，从而大大减少了副产物的生成，污染环境的废物排放也会显著减少。甚至有人提出了一种取代庞大、复杂的传统化工厂的微型未来化工厂的设想。

　　微化工技术顺应可持续发展与高技术发展需要而产生，并被公认为是化学工程领域的优先发展方向之一。微化工技术着重研究时空特征尺度在数百微米和数百毫秒范围内的微型设备和并行分布系统中的过程特征和规律；微化工系统包括微热、微反应、微分析、微分离等系统，对于以生产为目的的化工过程而言，微热和微反应系统是其核心部分。利用传统的方法开发一种新的化工工程，一般要经历"实验室的微型实验——小型实验——多级中试——工业化生产"几个步骤。但是在这个多工序的过程中，设备尺寸的变化可能会导致设备内部结构的复杂变化和物质转化行为的剧变。微反应技术提供了一种新的研究开发概念和技术选择，它的潜在应用前景已得到社会的广泛认同。常规尺度的化工过程通常依靠大型化来达到降低产品成本的目的；微化工过程则注重于高效、快速、灵活、轻便、易装卸、易控制、易直接放大及高度集成。微化工技术的发展将对现有化工技术和设备制造产生重大突破，同时也将推进微细尺度的化学工程理论的发展。

1.3.2　化学工程新的生长点——分子计算科学

　　目前化学工业受关注的新技术包括单元操作集成技术、表面及界面技术、膜技术、超临界技术、纳米技术、生物化工技术等。这些技术涉及聚合物、两亲分子、电解质、生物活性分子等复杂物质，临界和超临界、液晶、超导、超微等复杂状态，界面、膜、溶液、催化等复杂现象。同其他工程学科一样，化学工程的发展也极大地依赖于人类对自然界本质的认识程度，具体而言就是化学层次上物质变化的规律，其中最重要的包括物质性质与其结构之间的关系以及化学反应的本质。这些领域的最新发展对于已有产品改良、新产品开发以及生产流程设计和工艺优化都会产生极大的影响。随着分子模拟方法和高性能计算的高速发展，分子计算科学已经可以应用于很多重要的问题研究中。分子计算科学是研究物质结构与性质关系的强大工具，在新产品新材料的设计中举足轻重，因而会成为化学工程新的生长点。在层次化研究的框架下，分子计算科学包括量子力学层次、统计力学层次、介观层次以及连接各个层次的对接技术。

　　分子计算科学研究的优势在于：在进行昂贵的实验合成、表征、加工、组装和测试之前先利用计算机进行材料的设计、表征和优化，理论和模拟可以预测出目前实验条件所无法测出的结果并可以对整个新材料的合成、设计进行高效周全的思考，即从微观相互作用出发定量描述化学体系的特征和行为。目前的分子动力学模拟技术已经可以方便地得到许多有用的性质，例如在热力学性质方面，可以得到状态方程、相平衡和临界常数；在热化学性质方面，可以得到反应热和生成热、反应路径等；在光谱性质方面，可以得到偶极振动光谱等；在力学性质方面，可以得到应力应变关系、弹性模量等；在传递性质方面，可以得到黏度、扩散系数、热导等；在形状变化信息方面，可以得到生物分子在晶体表面附着的位置和方式等。通过计算量子化学手段可以准确得到物质的标准生成焓、偶极矩、键能、几何构型、电荷分布、各种光谱性质等。

　　目前，在化学工程领域的研究中，分子计算科学正在由分子向分子以上层次的方向发展，化学工程正在不断加强对介观和微观规律的认识，同时也在密切关注以下几个问题的研究：①复杂体系中的共性规律；②分子与界面作用机理；③多尺度结构的演变及其与性质和性能的关系；④介观层次的流体力学、传递及流变性；⑤基于结构与功能的过程集成；⑥微尺度材料加工理论与方法。

1.3.3　绿色过程系统工程

　　21世纪人类社会的进步已进入了可持续发展的阶段，改善资源/能源的匮乏，解决污染问题，其根本就是要走绿色化工的道路，对化工过程和产品进行绿色设计，实现真正意义上的清洁生产和生态循环。因此，绿色过程系统工程，生态工业园区的建立是今后世界工业社区发展的理想模式。绿色过程系统工程的研究对象和过程系统工程是相同的，仍以处理物料-能量-信息流的过程系统为对象，研究该类系统在技术经济合理的前提下，其资产配置、计划、管理、设计和操作控制使环境影响最小的规律，其目的是在总体上使系统达到可持续发展的目标。

　　现代的"过程系统"已不再限于过程工厂中的制造系统，应当从产业的生命周期的全过程来着眼，考查其对环境造成的影响，这种情形如图1-2所示。由此可见，这种环境影响从全供应链来看，可有4种类型：①消耗能源、水源及矿物资源；②生产的产品在使用和废弃时造成的影响；③生产制造过程生成的排废造成的污染；④供应链上其他各种环节（运输、仓储、配送等）造成对环境的污染。

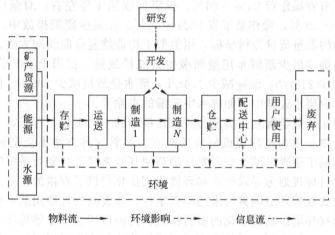

图 1-2　过程系统和环境之间的关系

　　绿色过程系统工程就是要全面研究供应链上各个环节对环境的影响，从而使整个供应链不仅经济上效益最大，而且环境影响最小化，即消耗最小的能源、水源及其他矿物资源。在存贮、运送过程中造成最小的污染（或可能的污染），制造过程毒性小，排污最小，产品使用中不会造成二次污染，最后产品在失去使用价值之后，变成垃圾处理时，便于环境接受，易于降解。

　　考虑环境影响的绿色过程集成是在以能量消耗最小和经济性最好为目标的基础上发展而来的，主要分为两类，将废弃物的排放量作为约束来达到满足环境的要求，具体实施则是根据环境法规提出的排放限制来最小化污染处理费用，这种方法实际上适用于末端治理。末端治理常会增加总的环境负荷，不能从根本上消除污染。而源头治理则可以清楚地了解不同的设计/操作参数与环境的关系，基本原则是将环境影响作为约束或目标函数嵌入过程模型中，从而实现绿色过程集成，如废物最小化、质量交换网络（MEN）、绿色分离序列合成等。过程集成从过程系统工程的角度提供直接的方法和工具支持，如层次设计法、人工智能法、夹点技术和数学规划法等。

　　(1) 层次设计法　这种方法将过程设计分成若干层次，在每一层次中提出若干需要决策的问题（如物料选择、流程结构、加工路线、技术筛选等），提出若干与污染最小有关的决策问题。通过不同的决策可产生不同的流程结构，通过合理的决策可使设计出的过程污染尽量降低。这种方法是模仿人类在解决问题时的思路，找出产生污染的根源，在决策过程中通过改变有关参数、流程结构及工艺技术等来减少或避免污染的产生，故其只能定性地求解，不能定量地运算。该方法的效率取决于对所解决问题的认识程度，以及对已有知识、经验和技术的利用程度，适应于早期的概念设计阶段，难于保证所研究的问题得到最优解。

（2）人工智能法　人工智能技术使经验规则方法向自动设计的方向发展，形成基于知识系统的方法。专家系统是发展较为成熟的一种。目前已经开发出一些用于清洁生产的软件包，如 Michigan 技术大学主持开发的 CPAS 是一个包含各种工具的数据库，如分离技术工具库、废物处理工具库、污染防治设计工具库、原材料和溶剂选择工具库以及环境风险评价等；此外还有 New Jersey 工学院的 EnvironCAD 和 MIT 的 Batch Design-Kit 等。鉴于环境信息的不确定性和模糊性，模糊逻辑和神经网络也得到了广泛的应用。

（3）夹点分析法　夹点分析法又称质量交换网络综合法，它是用温度热焓（T-H）图示的方法进行分析。其重点放在"目标的设定"上而不是"设计"上，因此它已成为工艺流程设计和模拟之上游的过程概念设计的通用方法而得到广泛应用。夹点分析作为一种分析能量系统的集成工具逐渐向环境影响最小化方向转移，目前已在世界范围内应用了 2500 多个项目。对老厂改造可节省操作费 20%～50%，投资回收期 1 年左右；对新厂设计，可比传统方法节省投资 10%～20%，操作费节省 30%～50%。在减少废液排放中，则以污染物浓度为纵坐标，污染物的质量流量为横坐标，用类似于构造焓复合曲线的方法，可得到废液的复合浓度曲线，从而确定最少新鲜水用量和最少废液排放量。德国 BASF 公司推广夹点技术后，CO_2 排放量减少 218t/h，SO_2 减少 1.4t/h，废水排放量减少 70t/h。目前，质量交换网络理论已应用于工业废水处理中，如废水中苯酚的去除等。

（4）数学规划法　数学规划是实现同步设计策略的主要工具，对于定义良好的超级结构求解和优化甚为有效，成为过程集成研究的热点。尽管这种方法不会全面取代经验规则方法，但全局优化和基于逻辑自动生成等发展趋势使其越来越适合复杂系统的求解。灵敏度分析、参数优化和多目标规划为寻求经济和环境协调优化提供了直接的工具。灵敏度分析和参数优化以自然的方式处理环境因素带来的不确定性，如废物处理费用的不确定性等。多目标优化则可以直接处理环境影响最小化的多目标性，已经应用在产品结构决策、公用工程选择以及氟里昂替代物筛选等方面。近年来多目标随机算法等多目标规划技术的进展，使得这一技术在化工过程的环境影响最小化中逐渐活跃起来。

（5）模拟优化法　对环境影响最小化而言，一个好的模型应当为考虑环境因素提供方便的可靠的平台。严格模型的采用在一定程度上可以解决微量物质带来的环境影响问题，同时还能克服因采用简化模型而丧失的最优解。这类方法的共同特点是在现有的过程流程模拟软件如 ASPENPLUS 等基础上添加环境处理单元模块以及环境影响评价模块。此法有代表性的研究成果是，美国麻省理工学院 Stephanopoollos 等人开发的间歇过程设计工具箱，它是由工艺综合器、工艺流程评价器和溶剂选择器三部分组成的，并考虑环境影响的间歇过程工艺流程开发平台；新泽西工学院开发的环境工程计算机辅助设计 EnviroCAD，是一套末端治理的计算机辅助设计软件、模拟评价与专家系统相结合的系统；Flower 等人 1994 年提出的工艺过程——"三废"处理联合优化法，是一种基于模拟的洁净工艺过程综合方法，由过程模块及流程优化器两个子系统构成。

（6）产品生命周期分析法　产品生命周期分析法，又称环境影响最小化法，是英国帝国理工学院 1995 年提出的，试图将产品生命周期分析与过程优化结合起来。产品生命周期与前述过程生命周期的概念不同，它不仅要考虑某个化学品的制造工艺本身，还要考虑提供原料的上游制造过程所造成的环境污染及产品应用造成的后果。

（7）复合式方法　除上述几大类方法外，还存在生态分析法、网络式热经济学法、可得区法等专门化方法。所有这些过程集成方法具有各自的适用范围，同时又具有一定的互补性。面对经济与环境协调优化这一复杂问题，过程集成不单在所包含的各自技术上进一步发展，建立一定的框架将不同方法加以组合也成为必然的发展趋势。复合式方法的一个显著特点是层次设计和数学规划的同时采用，前者用于克服概念设计的复杂性，而后者则可达到同步设计的优点。总而言之，过程集成技术的发展使工程师能够以一种更加自然便利的方式来处理化工过程的环境影响最小化问题。另一方面，应该增强这些集成工具的可靠性和用户友好性。

1.4　工艺设计中的全局性问题

在工厂的整套设计过程中，需要考虑的问题很多，这些因素直接影响工程项目的经济状况。设计过程中的这些因素包括：厂址的选定、总图的布置、安全与工业卫生、公用工程、自动控制、土建设计等，它们构成了化工过程设计中必须考虑的全局性问题。本节对这些问题进行简要讨论。

1.4.1　厂址的选择

厂址的选择是一个涉及政治、经济、文化、自然等各种复杂因素的多目标决策问题。厂址选择的合理性，不仅对工厂建设有直接影响，而且对工厂的生产经营有长期的重大影响，因此必须慎重对待。

1.4.1.1　厂址选择的原则

（1）符合国家工业布局，城市或地区的规划要求　厂址选择必须符合工业布局和城市规划的要求，按照国家有关法律、法规及建设前期工作的规定进行。厂址用地应符合当地城市发展规划和环境保护规划。在选择厂址时，必须统筹兼顾，正确处理局部与整体、生产与安全、重点与一般、近期与远期的关系。

（2）原料、燃料供应和产品销售便利地区　厂址宜靠近原料、燃料产地或产品主要销售地。并应有方便、经济的交通运输条件。与厂外铁路、公路、港口的连接应短捷，且工程量小，以便能以尽可能少的投资获取最大的经济效益。

（3）靠近水量充足、水质良好的水源地，附近设有污水处理装置　水源地的位置决定输水管线的长度，水质情况决定是否需要净水处理设备，即水源、水质问题可转化为输水管线、净水处理设备的基建投资和年经营成本费用问题。

（4）靠近交通运输便利的地区　工程建设中，运输设施的投资大约占总投资的 5%～10%。运输成本占企业生产成本的比重也较大。它直接影响企业经济效益及市场竞争能力。厂址的交通状况等同于厂址距主干路、火车站及码头的距离，即与修建连接道路、码头的基建投资和原、燃料、成品的倒运费用相关。

（5）有热电供应　厂址应具有满足生产、生活及发展规划所必需的电源。用电量较大的工业企业，宜靠近电源。区域变电站的远近，决定了外部输电线路的长度和外部输电线路的电损耗，即电力条件问题可转化为外部输电线路的基建投资和年电损耗的经营成本费用问题。应避免将厂址选择在建筑物密集、高压输电线路、工程管道通过地区，以减少拆迁工程。

（6）节约用地，不占用或少占用良田　厂区的大小、形状和其他条件应满足工艺流程合理布置的需要，并应有发展的余地；厂址应不妨碍或不破坏农业水利工程，应尽量避免拆迁。在厂址选择时应该严格执行国家有关耕地保护政策，处理好耕地保护与经济发展的关系，切实保护基本农田，控制工业建设占用农用地，以保证国家的粮食安全。

（7）对工厂投产后可能造成的环境影响作出预评价　厂址选择时，散发有害物质的化工企业应位于城镇、相邻工业企业和居住区全年最小频率风向的上风侧。当在山区建厂时，厂址不应位于窝风地段。生产装置与居住区之间的距离，应满足《石油化工企业卫生防护距离》的要求。

（8）工程地质条件应符合要求　工程地质条件对土建基础处理费用影响很大。厂址工程地质条件的差异，导致建（构）筑物基础处理费用的差异。建（构）筑物基础处理费用占建筑工程费用的比例可高达 20%。而厂址选择阶段的工程地质勘探费用，一般情况下不超过建筑工程费用的 0.2%。

工程地质资料不能满足要求，厂址的比选就是盲目的，就无最佳方案可言。在厂址选择工作中，要高度重视工程地质问题，督促建设单位尽早开展勘察工作。我国《岩土工程勘察规范》GB 50021—94 明确规定勘察工作要分阶段进行，具体划分为可行性研究勘察、初步勘察、详细勘察三个阶段。厂址选择阶段的工程地质勘察工作，应掌握在可行性研究勘察阶段。可行性研究勘察体现了该阶段勘察工作的重要性，特别对一些重大工程更为重要。在该阶段，要通过搜集、分析已有资料，进行现场踏勘，必要时，进行少量的勘探工作，对拟选厂址的稳定性和适宜性做出岩土工程评价。

（9）避开地震、洪水、泥石流等自然灾害易发生地区，采矿区域，风景及旅游地，文物保护区，自然疫源区等　特别是下列地段和地区不得选为厂址：地震断层和设防烈度高于九度的地震区；有泥石流、滑坡、流沙、溶洞等直接危害的地段；采矿陷落（错动）区界限内；爆破危险范围内；坝或堤决溃后可能淹没的地区；重要的供水水源卫生保护区；国家规定的风景区及森林和自然保护区；历史文物古迹保护区；对飞机起落、电台通讯、电视转播、雷达导航和重要的天文、气象、地震观察以及军事设施等有影响的范围内；Ⅳ级自重湿陷性黄土、厚度大的新近堆积黄土、高压缩性的饱和黄土和Ⅲ级膨胀土等工程地质恶劣地区；具有开采价值的矿藏区。

全部满足以上各项原则是比较困难的，因此必须根据具体情况，因地制宜，尽量满足对建厂最有影响的原则要求。

1.4.1.2　选厂报告

在选厂工作中，设计人员要踏勘现场，收集、核对资料，并开始编制选厂报告。在现场工作的基础上，项目总负责人与选厂工作小组人员一般要选择若干个可供比较的厂址方案进行比较。比较的内容着重在工程技术、建设投资和经营费用等三个主要方面，然后作出结论性的意见，推荐出较为合理的厂址，将选厂报告及厂址方案图交主管部门审查。选厂报告内容如下：

① 新建厂的工艺生产路线及选厂的依据；
② 建厂地区的基本情况；
③ 厂址方案及厂址技术条件的比较，建设费用及经营费用评估；
④ 对各个厂址方案的综合分析和结论；
⑤ 当地政府和主管部门对厂址的意见；
⑥ 厂区总平面布置示意图；
⑦ 各项协议文件。

1.4.2　总图布置与设计

总图是某个工程规划或设计项目的总布置图，因此必须从全局出发，进行系统的综合分析。总图设计工作，应在初选、初勘、详勘后做出地质评价，在确切的地质资料提供后，再进行设计工作，否则会事倍功半。总图布置与设计的任务是要总体地解决全厂所有建筑物和构筑物在平面和竖向上的布置，运输网和地上、地下工程技术管网的布置，行政管理、福利及绿化景观设施的布置等工厂总体布局问题。总图布置一般按全厂生产流程顺序及各组成部分的生产特点和火灾危险性，结合地形、风向等条件，按功能分区集中布置，即原料输入区、产品输出区、储存设施区、工艺装置区、公用工程设施区、辅助设施区、行政管理服务区、其他设施区。工厂中间应设主干道路、次干道路，将各装置、设施区分，并有一定的防火间距或安全距离。各装置、设施区的装置、设施应合理集中联合布置，各装置、设施之间也应有道路和防火间距。在进行总图设计方案比较时，要注意工艺流程的合理性、总体布置的紧凑性，要在资金利用合理的条件下节约用地，使工厂能较快地投产。

1.4.2.1　总图设计的内容

① 厂区平面布置，涉及厂区划分、建筑物和构筑物的平面布置及其间距确定等问题。

② 厂内、外运输系统的合理布置以及人流和货流组织等问题。

③ 厂区竖向布置，涉及场地平整、厂区防洪、排水等问题。

④ 厂区工程管线综合，涉及地上、地下工程管线的综合敷设和埋置间距、深度等问题。

⑤ 厂区绿化、美化，涉及厂区卫生面貌和环境卫生等问题。

1.4.2.2　工厂总图布置应遵循的基本原则

① 满足生产和运输的要求。生产作业线应通顺、连续和短捷、避免交叉与迂回，厂内、外的人流与货运线路路径直和短捷，不交叉与重叠。

② 满足安全和卫生要求，重点防止火灾和爆炸的发生。

③ 满足有关标准和规范。

常用的标准和规范有：《建筑设计防火规范》、《石油化工企业设计防火规范》、《化工企业总图运输设计规范》、《厂矿道路设计规范》、《工业企业卫生防护距离标准》、《炼油化工企业设计防火规范》、《工矿企业总平面设计规范》。

④ 考虑工厂发展的可能性和妥善处理工厂分期建设的问题。

⑤ 贯彻节约用地的原则，注意因地制宜，结合厂区的地形、地质、水文、气象等条件进行总图布置。

⑥ 满足地上、地下工程敷设要求。应将水、电、汽耗量大的车间尽量集中，形成负荷中心，负荷中心要靠近供应中心。

⑦ 应为施工安装创造有利条件。

⑧ 综合考虑绿化与生态环境的保护。

1.4.2.3　对总图的要求

在总图上主要包括：规划与设计工程的总布置（有时需要包括几个主要比较方案），各分项工程的有代表性的剖面，总工程量与总材料量，工程总的技术经济指标、投资与效益等。

图是一种特殊的语言表达形式，其作用与文字报告同等重要，而有时又是文字无法取代的。为此，总图应以形象、直观、精炼、高度概括的形式将规划或设计的主要内容展现出来。随着时代的发展，图件制作逐步成为一个完整、独立的学科，而总图对规划、设计成果的质量，起着不可忽视的作用。对总图首先要求准确，完整、准确地体现规划和设计意图，版面整体布局合理，图面上的各项方案与工程布置、剖面图和附表等各得其所、位置恰当、大小尺寸适中、字体选用得当、图幅匀称，给人以充实感。同时，应在准确、求实的基础上，力求图的美观，要求线条清晰、黑白分明。如为彩色图则应使整个版面色彩设计明亮、格调清新、丰满协调，有较强的层次，给人以美的感受。

在总图规划设计中，设计图纸是设计成果的具体体现。因此，如何进行快速精确制图在总图规划设计中有着十分重要的意义。随着计算机应用的发展，应用计算机辅助设计软件AutoCAD进行总图规划设计的精确制图已成为规划设计专业人员必不可少的基本技能。

1.4.2.4 总平面布置设计的主要技术经济指标

在工厂的总平面设计中，往往用总平面布置图中的主要技术经济指标的优劣、高低来衡量总图设计的先进性和合理性。但总图设计牵涉的面较广，影响因素多，故目前用以评价工厂企业总平面设计的合理性、先进性仍多数沿用多年来一直使用的各项指标。

（1）评价总图设计的合理性与否的技术经济指标　见表1-2。

表1-2　主要技术经济指标

序　号	名　　称	单　位	数　量	备　注
1	厂区占地面积	m²		
2	厂外工程占地面积	m²		
3	厂区内建、构筑物占地面积	m²		
4	厂内露天堆场、作业场地占地面积	m²		
5	道路、停车场占地面积	m²		
6	铁路长度及其占地面积	m,m²		
7	管线、管沟、管架占地面积	m²		
8	围墙长度	m		
9	厂区内建筑总面积	m²		
10	厂区内绿化占地面积	m²		
11	建筑系数	%		
12	利用系数	%		
13	容积率			
14	绿化(用地)系数	%		
15	土石方工程量	m²		

（2）建筑系数

$$建筑系数 = \frac{建筑物占地面积 + 构筑物占地面积 + 露天设备占地面积 + 露天堆场及操作场地占地面积}{厂区占地面积} \times 100\% \qquad (1\text{-}1)$$

（3）利用系数

$$利用系数 = 建筑系数 + 管道及管廊占地系数 + 道路占地系数 + 铁路占地系数 \qquad (1\text{-}2)$$

（4）建筑容积率

$$建筑容积率 = \frac{建筑总面积}{基地占地面积} \qquad (1\text{-}3)$$

建筑总面积为厂区围墙内所有建筑物建筑面积的总和；基地占地面积为工厂围墙所围的厂区占地面积。

（5）厂区绿化系数　工厂绿化布置采用"厂区绿化覆盖面积系数"和"厂区绿化用地系数"两项指标进行度量，在上述两个指标中，前者反映厂区绿化水平，后者反映厂区绿化用地状况。

$$厂区绿化覆盖面积系数 = \frac{厂区绿化覆盖总面积}{厂区占地面积} \times 100\% \qquad (1\text{-}4)$$

$$厂区绿化用地系数 = \frac{厂区绿化用地计算总面积}{厂区占地面积} \times 100\% \qquad (1\text{-}5)$$

1.4.3　安全与工业卫生

1.4.3.1　安全

化工厂易燃易爆物质很多，一旦发生火灾与爆炸事故，往往导致人员伤亡并使国家财产遭受巨大损失。化工厂的"三废"往往污染大气，污染水源，轻则使人慢性中毒，重则产生急性中毒事故。在化工厂特别是石油化工厂上述两类问题不能回避，要在试验、设计、生产各个环节中用科学的方法防止、根治它才是唯一的解决途径。安全问题包括防火、防爆、防毒、防腐蚀、防化学伤害、防静电、防雷、触电防护、防机械伤害及防坠落等。

1.4.3.2　工业卫生

工业卫生的内容包括防尘防毒、防暑降温、防寒防湿、防噪声、振动控制及防辐射等。卫生方面的内容除了在工程设计时要考虑外，生产管理更为重要。对一般化工厂及一些有特殊洁净要求的食品厂、制药厂或精细化工厂的车间卫生设施有一定的规定。

工厂的卫生规定主要指：车间空气中有害物质的最高容许浓度、噪声卫生标准、大气、水源、土壤及环境噪声的卫生防护。各类卫生分级的车间对劳动保护的要求可参考《工厂企业设计卫生标准》（GBZ 1—2002）。

（1）车间的卫生特征分级

① 1 级卫生车间：接触极易被皮肤吸收而引起中毒的物质、传染性动物原料等生产车间。

② 2 级卫生车间：接触易被皮肤吸收或有恶臭的物质、高毒物质、污染全身并对皮肤有刺激性的粉尘和高温井下作业。

③ 3 级卫生车间：接触一般毒性物质或粉尘的生产车间。

④ 4 级卫生间：不接触有毒物质或粉尘的生产车间。

（2）车间生产用房的设置规定

① 浴室：卫生特征为 1 级、2 级的车间应设车间浴室，卫生特征为 3 级的车间宜在车间附近或在厂区设置集中浴室，卫生特征为 4 级的车间则是在厂区及居住集中区设置集中浴室。车间卫生等级为 1 级，一般要求每个淋浴器使用人数为 3～4 人；车间卫生等级为 2 级，每个淋浴器使用人数为 5～8 人；车间卫生等级为 3 级，每个淋浴器使用人数为 9～12 人；车间卫生等级为 4 级，每个淋浴器使用人数为 13～24 人。

② 更衣室：1 级车间的存衣室中便服、工作服应分室存放，并保证良好的通风；2 级车间的存衣室中便服、工作服可同室分开存放；3 级车间的存衣室中便服、工作服可同室存放，存衣室可与休息室合并设置；4 级车间的存衣室可与休息室合并设置，或在车间适当位置存放工作服。对于湿度大的低温中作业，应设工作服干燥室。生产操作中如工作沾染病原体或沾染可以通过皮肤吸收的剧毒物质或工作服污染严重的车间，应设洗衣室。

③ 盥洗室：车间应设计有盥洗室或盥洗设备。卫生等级为 1 级、2 级的车间，要求每个水龙头的使用人数为 20～30 人；卫生等级为 3 级、4 级的车间，要求每个水龙头的使用人数为 31～40 人。

1.4.4　公用工程

公用工程包括供热、供排水和采暖通风等内容。

（1）供热　化工厂供热系统的任务是供给车间生产所需的蒸汽，包括加热用的蒸汽和蒸汽透平所需的动力蒸汽。

供热设计包括锅炉房和厂区蒸汽、冷凝水系统的设计。

供热系统设计应与化工工艺设计密切配合，使供热系统与化工生产装置（例如换热设备，放出大量反应热的反应器等）和动力系统（如发电设备、各种机械、泵等）密切结合，成为工艺-动力装置，这样做的结果，可以大大地降低能耗，甚至可以做到"能量自给"。

（2）供排水　化工厂的供水一般分为生产用水和生活消防用水。排水是生产下水和生活污水。

生产用水，包括工艺用水、锅炉用水和冷却用水。工艺用水系指直接与原料、中间产物、产品接触的水，或以水为原料。锅炉用水为要经过特殊处理的软水。冷却用水一般都是循环利用的水，因此要有降温装置，如凉水塔等。

在给排水条件中，应提供设备布置图，在图上注明以下相关内容。

① 对于生产用水要标明用水设备名称，最大和平均用水量，水温和水质（硬度）要求，供水压力，说明连续用水或间断用水，进水口的位置和标高等。

② 对于生活消防用水，要标明卫生间、淋浴室、洗涤间的位置，工作室温度，总人数和每班最多人数，根据生产特性提出对消防用水的要求，或其他消防要求，如采用何种灭火剂等。

③ 化验室用水，指出化验室用水位置及用水量。

④ 生产下水，在设备布置图上，标明排水设备名称，排水量和水管直径，排水温度和余压、水的成分（指水中所含杂物），连续或间断排水，排水口的位置和标高等。

⑤ 生活污水，基本上与生活用水的条件类似。

（3）采暖与通风　采暖主要是保证冬季生产车间与生活场所的室内温度，满足生产工艺及人体的生理要求，使生产正常进行。化工厂一般为集中供暖，按传热介质可分为热水、蒸汽、热风三种，蒸汽采暖最为方便，应用广泛。工业采暖系统按蒸汽压力分低压与高压两种，其界限为 0.07MPa，通常采用 0.05～0.07MPa 的低压蒸汽采暖系统。

有些化工生产车间，可能产生有害物质（粉尘或气体），必须采取通风、排风措施。另外为改善操作环境，要进行调温，换气措施。按照使用方法，通风可以分为自然通风和机械通风，其中，机械通风又分为全面通风、局部通风和有毒气体净化及高空排放等方式。通风设计要符合《采暖通风与空气调节设计规范》（GBJ 19—87）与《工业企业设计卫生标准》（GB 21—2002）规定的车间空气中有害物质的最高允许浓度的要求。采暖通风设计条件为：

① 工艺流程图，并在图上标明设置采暖通风的设备及其位置；

② 设备一览表；

③ 说明采暖方式是采用集中供暖还是分散采暖；

④ 采暖设计条件，如生产类别、防爆等级、工作制度（工作班数、每班操作人员）及对温度、湿度和防尘有无要求等；

⑤ 设备通风条件表，包括通风方式、设备散热量、产生有害气体或粉尘的情况。

1.4.5　电气设计

化工生产中应用的电气部分包括动力、照明、避雷、弱电、变电、配电等。供电的主要设计任务则包括厂区线路设计、厂区变配电工程、车间电力设计、车间照明设计及车间变配电设计等方面。

整体设计供电工厂需要收集的基础数据有：

① 全厂用电要求和设备清单；

② 供电协议及相关资料；

③ 与气象、水文、地质等相关的资料，如需要根据最高年平均温度来选择变压器；根据土壤酸碱度、地下水位标高及离地面 0.7～1.0m 深处最热月平均温度选择地下电缆；了解海拔高度选择电气设备等。

1.4.5.1　供电

就化工生产用电电压等级而言，一般最高为 6000V，中小型电机通常为 380V，而输电网中都是高压电（有 10～330kV 范围内七个高压等级），所以从输电网引入电源必须经变压后方能使用。由工厂变电所供电时，小型或用电量小的车间，可直接引入低压线；用电量较大的车间，为减少输电损耗和节约电线，通常用较高的电压将电流送到车间变电室，经降压后再使用。一般车间高压为 6000V 或 3000V，低压为 380V。当高压为 6000V 时，150kW以上电机选用 6000V，150kW 及以下电机选用 380V。高压为 3000V 时，100kW 以上电机选用 3000V，100kW 及以下电机选用 380V。

化工生产中常使用易燃、易爆物料，多数为连续化生产，中途不允许突然停电。为此，根据化工生产工艺特点及物料危险程度的不同，对供电的可靠性有不同的要求。按照电力设计规范，将电力负荷分成三级，按照用电要求从高到低分为一级、二级、三级。其中一级负荷要求最高，即用电设备要求连续运转，突然停电将造成着火、爆炸，或人员机械损坏，或造成巨大经济损失。

1.4.5.2 供电中的防火防爆

（1）爆炸性环境 按照 GB 50058—92《爆炸和火灾危险环境电力装置设计规范》，关于爆炸性气体环境危险区域划分规定，根据爆炸性气体混合物出现的频繁程度与持续时间进行分区，详见表 1-3。爆炸性气体释放源分级见表 1-4。爆炸性粉尘环境分区与爆炸性粉尘释放源分级见表 1-5 和表 1-6。

表 1-3 爆炸性气体环境分区

分　区	含　义
0 区	爆炸性气体环境连续出现或长时间存在的场所
1 区	在正常运行时，可能出现爆炸性气体环境的场所
2 区	在正常运行时，不可能出现爆炸性气体环境，如果出现也是偶尔发生并且仅是短时间存在的场所。通常情况下，"短时间"是指持续时间不多于 2h

表 1-4 爆炸性气体释放源分级

释放源分级	含　义
连续级释放源	连续释放或预计长期释放的释放源
1 级释放源	在正常运行时，预计可能周期性或偶尔释放的释放源
2 级释放源	在正常运行时，预计不可能释放，如释放也仅是偶尔和短期释放的释放源

表 1-5 爆炸性粉尘环境分区

分　区	含　义
20 区	在正常运行过程中可燃性粉尘连续出现或经常出现，其数量足以形成可燃性粉尘与空气混合物，或可能形成无法控制和极厚粉尘层的场所及容器内部
21 区	在正常运行过程中，可能出现粉尘数量足以形成可燃性粉尘与空气混合物但未划入 20 区的场所。该区域包括，与充入或排放粉尘点直接相邻的场所、出现粉尘层和正常情况下可能产生可燃浓度的可燃性粉尘与空气混合物的场所
22 区	在异常条件下，可燃性粉尘云偶尔出现并且只是短时间存在、可燃性粉尘云偶尔出现堆积或可能存在粉尘层且产生可燃性粉尘空气混合物的场所。如果不能保证排除可燃性粉尘堆积或粉尘层时，则应划为 21 区

表 1-6 爆炸性粉尘释放源分级

释放源分级	含　义
连续级释放源	粉尘云持续存在或预计长期或短期经常出现的场所
释放 1 级	在正常运行时，预计可能周期性或偶尔释放的释放源
释放 2 级	在正常运行时，预计不可能释放，如果释放也仅是偶尔和短期释放的释放源

（2）防爆标志 防爆电气设备按 GB 3836 标准要求，防爆电气设备的防爆标志内容包括：

防爆形式＋设备类别＋（气体组别）＋温度组别

① 防爆形式 根据所采取的防爆措施，可把防爆电气设备分为隔爆型、增安型、本（质）安（全）型、正压型、油浸型、充砂型、浇封型、n 型、特殊型、粉尘防爆型等。它们的标识如表 1-7 所示。

表 1-7 防爆基本类型

防爆形式	防爆形式标志	防爆形式	防爆形式标志
隔爆型	Ex d	充砂型	Ex q
增安型	Ex e	浇封型	Ex m
正压型	Ex p	n 型	Ex n
本安型	Ex ia	特殊型（无火花型）	Ex s
	Ex ib	粉尘防爆型	DIP A
油浸型	Ex o		DIP B

② 设备类别 爆炸性气体环境用电气设备分为：Ⅰ类，煤矿井下用电气设备；Ⅱ类，除煤矿外的其他爆炸性气体环境用电气设备。Ⅱ类隔爆型"d"和本质安全型"i"电气设备又分为ⅡA、ⅡB、和ⅡC类。可燃性粉尘环境用电气设备分为：A 型尘密设备；B 型尘密设备；A 型防尘设备；B 型防尘设备。

③ 气体组别 爆炸性气体混合物的传爆能力，标志着其爆炸危险程度的高低，爆炸性混合物的传爆能力越大，其危险性越高。爆炸性混合物的传爆能力可用最大试验安全间隙表示。同时，爆炸性气体、液体蒸气、薄雾被点燃的难易程度也标志着其爆炸危险程度的高低，它用最小点燃电流比表示。Ⅱ类隔爆型电气设备或本质安全型电气设备，按其适用于爆炸性气体混合物的最大试验安全间隙或最小点燃电流比，进一步分为ⅡA、ⅡB和ⅡC类。详见表 1-8。

表 1-8 爆炸性气体混合物的组别与最大试验安全间隙或最小点燃电流比之间的关系

气体组别	最大试验安全间隙 MESG/mm	最小点燃电流比 MICR	设备安全程度
ⅡA	MESG≥0.9	MICR＞0.8	低
ⅡB	0.9＞MESG＞0.5	0.8≥MICR≥0.45	↑
ⅡC	0.5≥MESG	0.45＞MICR	高

④ 温度组别 爆炸性气体混合物的引燃温度是能被点燃的温度极限值。

电气设备按其最高表面温度分为 T1～T6 组，使得对应的 T1～T6 组的电气设备的最高表面温度不能超过对应的温度组别的允许值。温度组别、设备表面温度和可燃性气体或蒸气的引燃温度之间的关系如表 1-9 所示。

⑤ 防爆标志举例说明 为了更进一步地明确防爆标志的表示方法，对气体防爆电气设备举例如下。

如电气设备为Ⅰ类隔爆型：防爆标志为 ExdⅠ。

如电气设备为Ⅱ类隔爆型，气体组别为 B 组，温度组别为 T3，则防爆标志为：ExdⅡBT3。

如电气设备为Ⅱ类本质安全型 ia，气体组别为 A 组，温度组别为 T5，则防爆标为：ExiaⅡAT5。

表 1-9 温度组别、设备表面温度和可燃性气体或蒸气的引燃温度之间的关系

温度级别 IEC/EN/GB 3836	设备的最高表面温度 /℃	可燃性物质的点燃温度 /℃	设备安全程度
T1	450	$T>450$	低
T2	300	$450 \geqslant T>300$	
T3	200	$300 \geqslant T>200$	↑
T4	135	$200 \geqslant T>135$	
T5	100	$135 \geqslant T>100$	
T6	85	$100 \geqslant T>85$	高

对Ⅰ类特殊型：Exs Ⅰ。

对下列特殊情况，防爆标志内容可适当进行调整。

a. 如果电气设备采用一种以上的复合形式，则应先标出主体防爆形式，后标出其他的防爆形式。如：Ⅱ类 B 组主体隔爆型并有增安型接线盒 T4 组的电动机，其防爆标志为：Exde ⅡBT4。

b. 如果只允许使用在一种可燃性气体或蒸气环境中的电气设备，其标志可用该气体或蒸气的化学分子式或名称表示，这时，可不必注明气体的组别和温度组别。如：Ⅱ类用于氨气环境的隔爆型的电气设备，其防爆标志为：Exd Ⅱ（NH_3）或 Exd Ⅱ（氨）。

反过来，利用表 1-9，制造厂可以按照防爆电气产品的使用环境决定产品的温度组别，按照温度组别设计电气设备的外壳表面温度或内部温度。防爆电气设备的用户可以根据场所中可能出现的爆炸性气体或蒸气的种类，方便地选用防爆电气产品的温度组别。例如，已知环境中存在异丁烷（引燃温度 460℃），则可选择 T1 组别的防爆电气产品；如果环境中存在丁烷和乙醚（引燃温度 160℃），则须选择 T4 组的防爆电气产品。

对于粉尘防爆电气设备，如可用于 21 区的 A 型设备，最高表面温度 T_A 为 170℃，其防爆标志为：DIP A21 T_A170℃；如可用于 21 区的 B 型设备，最高表面温度 T_B 为 200℃，其防爆标志为：DIP B21 T_B200℃。

（3）防爆电气设备的选型 根据国家标准 GB 50058—92《爆炸和火灾环境电力装备设计规范》的规定，在油气田井场爆炸气体环境的电力设计要保证下列安全要求。

• 爆炸性气体环境的电力设计宜将正常运行时发生火花的电气设备，布置在爆炸危险性较小或没有爆炸危险的环境区域内，如将配电设备或启动设备装置在独立配电室等。

• 在满足工艺生产的前提下，尽量减少电气设备的使用数量。

• 选用的防爆电气设备，必须符合现行国家标准，并具有国家防爆产品质检中心颁发的防爆合格证书。

① 爆炸性气体环境用防爆电气设备的选型

a. 防爆形式的选择 根据爆炸性气体环境分区来选择防爆形式，爆炸危险区域与可选用电气设备防爆形式的关系，见表 1-10。

表 1-10 爆炸危险区域与可选用电气设备防爆形式的关系

爆炸危险区域	爆炸性气体环境		
	0 区	1 区	2 区
可选用电气设备的防爆形式	ia、ma	d、e、ib、p、o、q、mb	n

用于 0 区的电气设备可用于 1 区，用于 0 区、1 区的电气设备可用于 2 区。最常用的防爆形式是 "d"、"i"。

b. 类别的选择 根据爆炸性气体环境的气体或蒸气的类别来选择电气设备的类别。

工厂的爆炸性气体环境用电气设备应是Ⅱ类设备，其中"d"、"i"型和"m"型中部分保护形式，又分为ⅡA、ⅡB、ⅡC三档，其中ⅡC类安全度最高。可按表1-11来选型。

表 1-11 气体、蒸气分类与电气设备类别的关系

气体、蒸气的类别	ⅡA	ⅡB	ⅡC
电气设备的类别	ⅡA、ⅡB、ⅡC	ⅡB、ⅡC	ⅡC

c. 温度组别的选择 根据爆炸性气体环境的气体或蒸气的引燃温度来选择电气设备的温度组别。即电气设备的温度组别与相应爆炸性气体环境的气体或蒸气的引燃温度组别相对应，电气设备的允许最高表面温度应低于爆炸性气体环境的气体或蒸气的引燃温度。

总之，选用的防爆电气设备的类别和组别，不应低于该环境内爆炸性气体混合物的类别和组别。

② 粉尘爆炸环境用电气设备的选型 粉尘爆炸环境用电气设备的选型见表1-12。

表 1-12 粉尘爆炸环境用电气设备的选型

防粉尘点燃设备类型	粉尘类型	危险场所分区	
		20 区或 21 区	22 区
A	导电性	DIP A20 或 DIP A21	DIP A21(IP6X)
	非导电性	DIP A20 或 DIP A21	DIP A22 或 DIP A21
B	导电性	DIP B20 或 DIP B21	DIP B21
	非导电性	DIP B20 或 DIP B21	DIP B22 或 DIP B21

a. 设备类型的选择 A、B两种设备均可用于20、21、22区，两者具有同等安全程度，有着相同的保护作用。

A型设备（欧洲）：防尘方法采取适宜的防尘等级，并在5mm厚粉尘层堆积的情况下确定设备表面温度。

B型设备（北美）：采用类似于隔爆面的防尘设计方法，并在12.5mm粉尘层堆积的情况下确定设备表面温度。

b. 设备等级的选择 设备等级表示设备可使用的粉尘环境区域，应适用于爆炸性粉尘环境的分区。如使用环境是21区，设备等级只能是21或20，不能用22区。

c. 温度组别的选择 温度组别选择实际上是根据设备使用的粉尘环境内粉尘云层的厚度、点燃温度来限制设备最高允许表面温度（T_{max}）。当粉尘层层厚增加时，点燃温度下降，而隔热性能增强，因此设备最高允许表面温度要扣除一个安全裕量。

有粉尘云时的要求：$T_{max} \leqslant 2/3 T_{cl}$，式中 T_{cl} 为粉尘云的点燃温度。

A型设备的要求：$T_{max} \leqslant T_{5mm} - 75℃$，式中 T_{5mm} 为粉尘层5mm时的点燃温度。

B型设备的要求：$T_{max} \leqslant T_{12.5mm} - 25℃$，式中 $T_{12.5mm}$ 为粉尘层12.5mm时的点燃温度。

d. 实验室试验 GB 12476.2—200×规定，下列情况，电气设备应进行实验室试验。

• 20 区。

• A型设备如粉尘层厚度为5mm时的最小点燃温度低于250℃。

• B型设备覆盖的粉尘层超过12.5mm。

• A型和B型设备粉尘层厚度超过50mm。

1.4.5.3　电气设计条件

可按电动、照明和弱电分项提出。

（1）电动条件

① 设备布置平（剖）面图　图上注明电动设备位置及进线方向，就地安装的控制开关位置，并在条件图中附上图例。

② 用电设备表　包括化验室、机修等辅助设施，如表 1-13 的格式。

表 1-13　用电设备

序号	流程位号	设备名称	介质名称	环境介质	负荷等级	数　量		正反转要求	控制连锁要求	防护要求	计算轴功率
						常用	备用				

电 动 设 备						操作情况		备注
型号	防爆标志	容量/kW	相数	电压/V	成套或单机供应	立式或卧式	年工作小时数	连续或间断

③ 电加热条件　如果生产过程有电加热要求时，可列出加热温度、控制精度、热量及操作情况。

④ 整流装置　某些生产如电解需要直流电源时，应提出电流、电压的要求。

⑤ 安装环境特性表　列出环境的范围，特性（温度、相对湿度、介质）和防爆、防雷等级。

（2）照明、避雷条件　提出设备布置的平（剖）面图，图中标出灯具位置，包括一般照明与特殊照明，如仪表观测点、检修照明、局部照明等，并注明照明地区的面积和体积、照度。在条件图上附上图例。

列出环境特性表（同电动条件）。

（3）弱电条件

① 提出设备平面布置图，图中标出需要安装电讯设备的位置，注明电话的功能，如生产调度电话，直通电话，普通内线电话，外线电话、计算机网络及现场防爆电话等。

② 需要的生产联系信号、火警信号和警卫信号等。

1.4.6　自动控制

化工生产过程的自动控制主要是针对温度、压力、流量、液位、成分和物性等参数的控制问题。其基本要求可归纳为三项，即安全性、经济性和稳定性。安全性是指在整个生产过程中，确保人身和设备的安全，通常采用参数越限报警、事故报警和联锁保护等措施加以保证。由于过程工业高度连续化和大型化的特点，通过在线故障预测和诊断，设计容错控制系统等手段，进一步提高运行的安全性。经济性，旨在通过对生产过程的局部优化或整体优化控制，达到低生产成本、高生产效率和能量充分利用的目的。稳定性的要求是指控制系统具有抑止外部干扰，保持生产过程长期稳定运行的能力。

自控设计条件如下：

① 明确控制方法，采用集中控制还是分散控制或两者结合；

② 按照工艺流程图标明控制点、控制对象；

③ 提供设备平面布置图；

④ 提出压力、温度、流量、液位等控制要求；产品成分或尾气成分的控制指标，以及特殊要求的控制指标如 pH 值等；

⑤ 提出控制信号数、要求及安装位置等；

⑥ 提出仪表、自控条件表，如表 1-14 所示；调节阀条件表，如表 1-15 所示。

表 1-14　仪表、自控条件

仪表位号	数量	仪表用途	工艺参数			流量（最大、正常、最小）/(m³/h)	液位（最大、正常、最小）/m	用途（I—指示、R—记录、Q—累计、C—调节、K—遥控、A—报警、S—联锁）	类型（P—集中 L—就地 PL 集中、就地）	所在管道设备的规格及材质	仪表插入深度
			密度/(kg/m³)	温度/℃	表压/MPa						

表 1-15　调节阀条件

仪表位号	控制点用途	数量	介质及成分	流量（最大、正常、最小）/(m³/h)	三个流量的调节阀前后绝压/MPa	调节阀承受的最大压差/MPa	密度/(kg/m³)	工作温度/℃	介质黏度	管道材质与规格

1.4.7　土建设计

土建设计包括全厂所有的建筑物、构筑物（框架、平台、设备基础、爬梯等）设计。

1.4.7.1　化工建筑的特殊要求

根据化工厂易燃、易爆和腐蚀性的特点，对化工建筑提出一些特殊要求，在设计时就应采取相应措施，以确保安全生产。

（1）化工建筑的防火防爆要求　化工生产的火灾危险分类按《建筑设计防火规范》分为甲、乙、丙、丁、戊五类，其中甲、乙两类是有燃烧与爆炸危险的，详见有关专业手册。

（2）建筑物的耐火等级　根据建筑构件在火灾时的耐火极限与燃烧性，将建筑物分为一、二、三、四即四个耐火等级。建筑物的耐火等级是由建筑的重要性和在使用中的火灾危险性确定，而各个建筑构件的耐火极限有不同的要求。具体划分时以楼板为基准，如钢筋混凝土楼板的耐火极限为 1.5h，即一级为 1.5h，二级为 1.0h，三级为 0.5h，四级为 0.25h。然后再配备楼板以外的构件，并按构件在安全上的重要性选定耐火极限。如梁比楼板重要选 2.0h，柱更重要，选 2～3h，而防火墙为 4.0h。

厂房的层数和防火墙内占地面积都有限制，如甲类生产，单层厂房为 4000m²。详见有关手册。

（3）建筑物的防爆设计　对于有可能发生气体爆炸的厂房，在设计中常采用泄压与抗爆结构。泄压常采用合理布置的工艺设备，把有爆炸危险的设备布置在建筑物顶层和靠近窗户一侧，并设置足够的泄压面积。而抗爆结构是指采用非燃烧体的钢筋混凝土框架结构和轻质墙填充的围护结构。

（4）建筑物的防腐措施　对于有腐蚀性环境的厂房，应该对建筑构件，包括地基、地面、基础作适当防腐处理，对门、窗、梁、柱等都要有必要的防腐措施，如涂刷防腐涂料等。

1.4.7.2　土建专业的设计条件

（1）简要叙述的工艺流程。

（2）车间设备布置简图及相关说明　简要说明厂房内布置情况，如厂房高度、层数、跨度，地面或楼面材料、坡度、负荷，门窗的位置及其他要求等。

（3）设备一览表　包括设备位号、名称、规格、重量（设备本身、操作物料、保温材料、衬里和填料等）以及支承形式和装卸方法等。

（4）车间各类人员表　设计定员、每班人数、生活设施要求等。

（5）劳动保护情况　涉及厂房的防火等级、卫生等级、生产中毒物的毒害程度，有毒气体的最高允许浓度，爆炸介质的爆炸极限及其他特殊要求。

（6）设备安装运输要求　包括工艺设备的安装方法，大型设备进入厂房需要的预留门或孔道，多层厂房需要的吊装孔，每层楼面应考虑安装负荷，设备基础和地脚螺栓位置及建筑预埋件；运输要求，包括运输机械的形式、起重量、起重高度和应用面积等。

（7）地沟或铺设管道条件　包括明沟和暗沟，排水沟、管沟、警井，通道的位置、尺寸、走向、介质等。

习　　题

1-1　合成氨生产合成路线有：（1）以焦炭为原料的合成路线；（2）以焦炉气为原料的合成路线；（3）以重油为原料的合成路线；（4）以天然气为原料的合成路线。从你所在省、市的资源和技术能力分析，选择何种技术路线有利？

1-2　比较合成丙烯腈的工艺路线。

（1）用乙炔和氰化氢在 $CuCl_2$ 催化剂的水溶液中，维持反应温度 70℃进行反应。

$$HC\equiv CH + HCN \longrightarrow CH_2 = CHCN$$

（2）用丙烯和氨与空气在 400～500℃的温度下，采用固体颗粒催化剂，进行气、固相反应。

$$2H_2C = CHCH_3 + 2NH_3 + 3O_2 \longrightarrow 2CH = CHCN + 6H_2O$$

从生产成本、工艺操作、生产安全和环境保护考虑何者为优？

1-3　选择化工厂厂址时，应考虑哪些方面的因素？

1-4　简述化工工艺设计应该包括的主要内容。

第2章 市场调研与预测

市场调研与预测即对市场动向和市场容量的研究工作，市场调研是有目的，有组织地对市场营销活动方面的资料进行收集、整理、分析。市场调研和预测是产品开发和经营决策的基础。

随着市场经济体制的确定，任何产品的开发和生产与市场的需求关系密不可分。因此，仅研究如何在实验室拿出样品，以及如何规模放大生产出产品是不够的，还必须考虑将它变成能够进入市场的商品去销售。这就是市场经济向开发工作者提出的新的挑战，用再好的技术生产出的产品，如果得不到市场承认，该技术也只能束之高阁，只有充分考虑市场和经营，通过销售换回资金，获得利润，才能进行再生产，技术才能真正变成生产力，并使开发研究工作进入良性循环。

市场调查与咨询就是以科学的理论方法为指导（统计学、市场营销学、经济学、社会学、心理学、决策学等），以客观公正的态度，明确有关问题所需的信息，通过有效的调查收集和分析这些信息，形成专业化的市场研究或咨询报告，为客户制定更加有效的营销战略和策略提供参考的社会经济行为。我国市场调查行业的开端应该追溯到1984年，中国统计信息咨询服务中心面向国内外客户提供统计信息资料和市场调查与咨询业务。目前，我国以市场研究为主业的公司在3000家左右，2004年其总营业额达32亿人民币。这一切都显示市场调查与咨询服务业具有巨大的市场潜力和发展潜力。

2.1 化工产品的市场调研方向

市场调查是企业按照一定程序，采用一定方法，搜集、整理、分析与市场有关的各种信息的工作过程。市场调查的目的在于为企业进行市场预测、做出经费决策、确定经营目标、判定经营计划提供依据，以保证企业的产品在市场上适销对路。

2.1.1 我国市场调查与咨询服务业组织

（1）外资调查公司 如盖洛普、ACNielsen、RI、Millward Brown、Taylor Nelson Sofres、SRG等，由于公司开办时的前期投入较大，故其规模、办公环境都优于其他调查公司。外资市场调查与咨询公司进入中国市场的直接动力是其服务的大型跨国公司对中国市场调查与咨询市场的需求，间接动力是为中国内地庞大的市场服务潜力所吸引。由海外总部接全球性的委托单，实施其中国市场调查与咨询部分，是外资市场调查与咨询公司的重要客户来源。

（2）官方市场调查与咨询公司 例如华通、中怡康、美兰德、精诚兴、赛诺、上海恒通、华联信、武汉格兰德、沈阳的贝斯特等。知名度比较高的是华通、中怡康、美兰德等公司。其主要优势在于能发挥其城市调查、农村调查的网络优势，拥有政府信息资源，比较容易获得很多行业背景数据，在市场调查之外的信息咨询业务有较广泛客户群。

（3）民营市场调查与咨询公司 此类市场调查与咨询公司大多为管理者以股份制的方式

创办，投资人和经营人一体化。它们的数量最多，在传媒上出现的次数也远远高于上述两类调查公司。比较成规模的有：华南、零点、勺海等公司。

2.1.2　传统市场调查与现代的网络市场调查

传统市场调查具体的调查方法包括询问法、观察法、实验法等，而作为传统市场调查基本方法的询问法又可以分为面谈询问、书面询问和电话询问等。在没有出现互联网之前，传统的市场调查方法都要花费大量的人力、财力、时间进行调查访问，尤其是面谈访问和电话访问都需要大量的调查员。以后虽然出现一些新的方法，如计算机辅助电话访问（CATI）、计算机辅助访问（CAPI）等，但还只是对这些传统方法的改进与提高，市场调查的媒介或载体并没有发生根本的变革。

在进入网络时代以后，市场调查的媒介有了一种全新的选择，网络市场调查已成为可能。所谓网络市场调查是传统市场调查在互联网上的实现与发展，它并不完全等同于传统市场调查，但传统市场调查有逐渐向网络市场调查方向演变的趋势。

2.1.2.1　网络市场调查与传统市场调查的比较

（1）调查员、被调查者的角色发生变化　在传统市场调查中不管采用什么方法，最后总是要通过调查员对被调查者进行调查访问实施的。调查员是主动的，而被调查者是被动参与调查的。在调查员的主观能动性作用下，原来并不主动参加调查的被调查者也可能会配合调查员完成市场调查。但在网络市场调查时，情况会发生很大的变化。传统市场调查的调查员已经不存在了，代替调查员的只是网络上的一份电子问卷或是互动的网页。上网并能主动参加网络市场调查取代了传统意义上的被调查者。传统意义上的市场调查是调查员要求被调查者参与调查，而网络时代是上网者主动参加他所感兴趣的调查。调查员与被调查者的角色发生了变化，带来的结果便是提高问卷回收率所采取的方法的不同。传统市场调查可以依赖调查员的作用提高被调查者的参与程度，取得调查结果。所注重的是对调查员本身的训练和培养，如基本素质、沟通技巧、专业的训练等。而网络调查所要求的是电子问卷即网站、网页的设计，只要网站的内容能使上网者感兴趣，上网者就能主动参加网络市场调查。

（2）调查样本以及选择方式的变化　传统的市场调查可以有多种随机选择样本的方法，这样能够保证市场调查具有一定的精确度。传统市场调查的全及总体一般是明确的，具体的可根据不同的调查项目而采取简单随机抽样法、等距抽样法、分层抽样法、整群抽样法和多阶段抽样法等方法。但在网络市场调查中，由于没有传统意义上的被调查者，上述的抽样方法也就失去了存在的基础。网络市场调查面临的是隐藏在显示器后面的各种上网者，他们构成了网络市场调查的全及总体。缺少了调查员的网络市场调查，调查的样本是由主动的上网者构成的。由于上网者本身的分布情况与整个社会的总体情况并不完全相同，至少现在上网的人大部分为高教育程度、高收入、年纪较轻、思想较为前卫的人士。他们所代表的仅仅是一种或几种类型的人群，并不能代表整个社会的基本情况。但可以在网络市场调查中通过网页内容的设置来逐步过滤筛选上网者。

在进行网络市场调查时，根据上网者对某些问题的回答或者站点内容的选择，由特定的计算机程序来判断选择上网者。仅让对某一问题真正有兴趣的上网者进入调查主页，回答网页上的相关问题。虽然选择样本的方式不同于传统的市场调查，网络市场调查最终会演变成对实实在在潜在消费者的调查。虽然整体代表性会有一定的差距，但是对于特定产品网络市场调查的样本仍然可以具有较高的代表性。这样网络市场调查就有与传统市场调查同样的意义和作用。

（3）主要调查实施者将从专业市场调查机构向厂商转变　在传统市场调查中，需要市信息的公司可以通过本身的力量进行调查，也可以委托专业的市场调查机构和咨询机构进行调查。如果公司的规模足够大并且有自己的市场营销或市场调查部门，则可以独立进行市场调查。但实际上这样的大公司并不太多，更多的公司则是通过委托专业市场调查机构进行的。对于小的调查项目可能会有一些由公司自己操作，但大部分的市场调查业务是通过专业市场调查机构来完成的。他们的工作涉及调查问卷的设计、样本的选择、实地访问、数据处理分析、市场调查报告的撰写等，所以他们实际上是传统市场调查的主要组织者和实施者。由于网络市场调查不需要进行实地调查和访问监督等与现场调查有关工作，大部分的工作是通过网络来完成的。调查媒介上的巨大变革，使得原来只能依赖专业市场调查公司负责的调查项目也能成为一般公司自己可以操作的市场营销日常工作之一，并同时能将自己的专业同市场调查工作融合在一起。只有一些大的调查项目才会委托给专业市场调查公司来运作。同时在网络时代随着生活节奏的加快，市场的细分也将越来越深化，消费者需求的变化也在不断加快，市场信息变得更为重要，需要更多、更快的市场调查。因此，厂商将会成为网络市场调查的主体。

（4）调查方法改变——以网络为主要调查媒介 传统市场调查的具体实施方法有许多的分类，从调查的手段来看有询问法、观察法、实验法，其中询问法还可以分为个别访谈法、小组访谈法、深层访谈法、电话调查、邮寄调查等。在这些方法中询问法是应用最为广泛的市场调查方法，各种询问法的具体方法会根据调查项目的实际情况而加以应用。观察法和实验法不常用，但也是进行现场具体调查的一种不可缺少的方法。在网络市场调查中由于调查的媒介只限于网络，所以传统的市场调查方法并不能完全一一转化过来。由于不能直接到现场，所以观察法和实验法不能在网络市场调查中实施，而询问法经过改善并利用网络自身优势可以在网络中实施。

（5）调查所需时间的变化 在传统市场调查中，从厂商提出一个市场调查的项目到最后项目的完成需要一段相当长的时间。主要程序包括调查目的和调查项目的确定；分阶段的时间安排；调查费用的确定；抽样方式的确定；问卷的设计；试调查及改进；人员安排及样本确定；调查实施及监督；数据筛选及录入；数据处理和分析；调查报告撰写等。特别是调查的实施及监督花费时间最长，数据处理也要一段时间。因此传统的市场调查所需时间短则几星期，多则好几个月，与现代企业的高节奏、快速度运作相比显得较为缓慢。网络市场调查则是通过网络进行的，所以就有网络所具有的特性——在线、快速。网络市场调查通过网络传递调查问卷，被调查者可直接在网上完成问卷并直接反馈给调查单位，并能在网上通过已设计的程序自动完成数据处理。再加上网络的传输速度是非常快的，因此这些活动可以视为是实时的。如果能利用网上盘努（Panel）调查，即样本是固定的，则甚至在几个小时内即可获取市场调查的结果。如果有统一时间的固定样本调查，在发出问卷后马上就可获得调查结果。这在传统市场调查中是不可想象的，只有与网络结合，快速在线的市场调查才能得以实现。

（6）调查费用大大降低 传统市场调查费用的多少通常视调查范围和难易程度而定，一般要考虑包括调查方案策划与设计费、抽样设计费、问卷设计费（包括测试费）、问卷印刷装订费、调查实施费（包括试调查费、培训费、交通费、调查员和督导的劳务费、礼品费）、数据编码及录入费、数据统计分析费、调查报告撰写费、办公费和其他费用。根据对一些市场调查公司的测算分析，在这些费用中，与调查实施阶段相联系的，大概占了所有费用中的一半左右。但在网络市场调查中，费用将会大大降低。首先没有现场访问，与现场访问有关的费用将全部可以消除，同时减少了问卷的印刷装订费用。通过网络填写电子问卷可以直接在网络平台上获得统计结果，减少了数据的录入和编码等费用。网络调查可能要增加的费用是给上网者的上网补贴，但网络调查仅需通过电话线和调制解调器拨号上网，这些硬件及上网的电话费平均分摊到每一次网络市场调查活动中成本将是比较少的。而且随着技术的发展，网络的使用费将会降至一个较低的水平。因此从总体来说网络市场调查的费用将会比传统市场调查费用有很大的降低。

（7）调查区域的变化　由于需要大量的人力、财力和时间，传统市场调查中调查的范围一般局限在一个城市或一个地区进行。很少的项目会在全国同时进行，如果是这样一般也只是在全国选取不同类型的城市或地区进行抽样调查。但是随着经济全球化的进展，跨国公司日益成为世界上最为重要的商品和服务的提供者。如果一个跨国公司要利用传统的市场调查方式对全球的主要市场进行调查，需要在不同的国家采用不同的方法或不同的问卷进行调查，会造成巨额的调查费用。因此在传统市场调查中，调查的区域一般只能局限于一个特定的城市或地区。通过网络市场调查则可以大规模地扩大调查的范围。由于互联网在全球是连通的，因此网络市场调查在理论上可以在同一时间对全球范围内的上网者进行调查。由于互联网的无国界性，因此可以在互联网上实现无区域限制的网络市场调查。调查者只需在网络上发出自己的电子调查问卷即可，网络技术帮助了这种无区域调查的实施。

（8）调查的形式更为复杂、形象　传统市场调查由于调查媒介的限制，调查问卷或调查方法都只能设计成简单易行的。但由于计算机技术的发展，可以在网上设置非常复杂的问卷。如可以设计成有多重层叠选择，并在每一个选择下又有许多分支的问卷。这种复杂问卷无论是问卷的制作还是访问的进行在传统市场调研中都是没有办法实施的，但可以通过网络予以方便实施，由此可获得对市场更深入的分析。网络调查的形式也可以更为多样化，除了可以在网络上设置传统意义上的问卷之外，还可以利用计算机的多媒体技术使得问卷更为直观和生动，如利用计算机的三维动画功能展示汽车的内部情况，甚至可以利用计算机来模拟驾驶汽车后，再进行相应问题的调查。而在传统市场调研方法中是不可能或者要花费很多的经费才能实施的。因此，网络可以设计更复杂和多样化的多媒体调查问卷，以满足网络时代对市场调查的更高需求。

2.1.2.2　使用网络进行市场调研的方法

（1）设置搜集市场信息站点　市场调查的主体是企业，通常企业在网上建有自己的站点，用于宣传产品，扩大销售。专业的市场调查人员，应充分利用企业站点来收集市场信息，使用网络技术手段获取客户的需求方向和需求潜力。

① 监控在线服务　企业站点的访问者能利用互联网上的一些软件程序来跟踪在线服务，市场调查人员则通过监控在线服务来观察访问者挑选和购买产品的种类，以及他们在每个产品主页上所消耗的时间。通过研究这些数据，市场调查人员能分析出哪种产品最受客户欢迎，产品在一天中的哪个时间段销售情况最好，以及何种产品在哪个地区销售数量最多。市场调查人员将统计分析出的销售测评结果制成直观因素，供企业决策人员参考。

② 向目标对象发送信息　如果知道访问者来本企业站点之前还光顾过其他站点，应该发送迎合他们需要的主页。比如，如果访问者刚刚浏览过企业竞争对手的站点，应该及时在企业主页中着重提及本企业产品的比较优势和服务特色。如果访问者光顾过有关杂志或报纸的广告主页，应该发送与众不同的本企业广告主页，主页内容应根据不同的对象选择不同的侧重点。

③ 向目标对象发送电子调查表　如果客户和潜在客户对企业新产品很感兴趣，应该请求访问者填写电子调查表单，让他们从中挑选出不同的价格范围、色彩、造型等因素的组合，也可以在电子调查表单中设置让客户自由发挥的板块，请他们根据自己的意愿来描述对同类产品的期望。

④ 收集客户的反馈信息　客户的意见对企业市场调查人员是至关重要的，客户的需求就是企业的生产方向，客户需要什么样的产品和服务，企业就应该生产和提供什么样的产品

和服务，知悉客户潜在需求和客观评价，是市场调查的主要目的。在互联网上，市场调查人员可以鼓励客户参与企业的调查，让他们填写问卷或发送电子邮件来发表他们的意见，获得反馈信息。

（2）选择搜索引擎　使用网络手段进行市场调查，必须选择方便适用的搜索引擎，注意高级搜索技巧。不同的搜索引擎有不同的长处，可通过到"交叉引擎网站"自动实现这个功能。一揽子网站是某组织就某个主题经过考察后的关键资源放在一起，并且提供相关链接。关键词的顺序能够造成搜索结果的差异，因此应将重要概念放在前面，并用引号把固定搭配锁在一起。

（3）获悉客户的电子邮箱地址　获悉客户的网上联系地址，是调查人员进行市场调查的前提基础。如果访问者被告知能够获得一份奖品或免费商品，他们就会告诉你该把这些东西寄往何处，由此可以很容易地得知他们的姓名、地址和电子邮件地址，减少消费者的戒备心理，使市场调查人员取得真实的信息，提高调研工作效率。

（4）选择收集真正客户的意见　进行网上市场调查，最复杂的一个问题就是你从来就不能确切知道谁是你企业站点的访问者。当有人进入企业的主页时，你没有一个有效可行的方法搞清楚这个人是老是少、是男是女，市场调查人员必须采取适当策略来识别访问者的身份，以保证访问者提供的信息是企业客户或潜在客户提出的，而不是上网邀游者的戏言。如果市场调查人员收集有目标市场中客户的电子邮箱地址，就会向他们发出有关产品和服务的询问，在电子邮件中列出若干问题，请求客户给予回答，再通过收集客户的邮件回复，就能清楚客户对企业产品的满意程度及其期望，为企业的营销策划提供第一手资料。有些企业的市场调查对象范围广泛，数量巨大，为了减少人力物力消耗，提高调查的时效性，往往采用在报纸或电视上发出调查问卷，通过电子邮件来收集答案的调查方法。市场调查人员通过电子邮件获取有关访问者的详细信息，如果信息采集够多，调查人员就能据此作出统计分析，掌握企业产品的销售情况、了解未来市场走势，为企业决策者提供有价值的参考信息。

2.1.3　4Ps 理论

商品市场是由生产-流通-消费三大环节组成的。没有消费上的需要当然不可能形成市场，没有适合于消费的需要的生产也不可能形成市场，这两点是人所熟知的，然而缺乏充分而有效的流通也不可能形成成熟的市场。因此，研究化工产品市场必须同时考虑这三个方面的因素。

研究消费是市场研究（包括调查与预测）的主体。因此，现代化工生产首先要了解消费，只有了解消费，才能根据本身的能力来进行有效的开发与生产。如化工产品的开发过程，工厂选定投资目标的工作程序首先要弄清有无市场，其次考虑本身的技术能力和经营管理能力，然后才考虑原料、设备、资金等其他问题，如果违反了这个程序，就会导致失误。

经过现代市场学的研究，从市场调查开始直到确定开发与生产，同化工产品的设计与开发相结合，现已归纳出一套完整的调研方向，欧美称为 4Ps，现介绍如下：

2.1.3.1　营销调研（Probing）

（1）生产、流通、消费的系列调查　市场调查并非单一的需求调查，而是对生产、流通、消费的一系列的调查。如某化工产品目前年需求量是 100t，而生产量只有 60t，供不应求，市场紧俏。在计划经济的条件下很可能是压缩需求，进行分配。在完善的市场机制下，由于市场紧俏，价格上扬，生产利润大增，必然导致各方面想方设法进行增产。如果本企业也有条件进行生产或增产的话，就需要对以下两个方面进行调查。一是年需求量达到 100t

以后是否还会继续增加。不仅要调查用户，必要时还要调查用户的用户，才能做出判断。例如，抗氧剂的用户是聚烯烃树脂生产厂，而聚烯烃树脂的用户又是聚烯烃塑料成型加工厂，前者的发展受后者的影响；二是需要了解已有的和打算进入这个产品市场的竞争对手情况，包括技术力量、组织营销的技术能力、成本高低、产品质量、投产速度等，否则形成生产后便有可能出现无法与竞争对手相抗衡的局面而蒙受损失。

（2）塑造市场　营销并不是单纯指销售，它是将产品（以及企业）推向市场的一系列活动。即以市场为核心，并以市场作为起点来研究产品的设计、生产、规格、品种、包装、品牌、价格、服务对象、销售渠道，以及产品形象等因素的组合。化工产品是实用性很强的商品，所以在开发与设计时不可无的放矢，必须针对市场需求来进行。但是也必须注意到现代市场可塑性很强，例如，高级消费品，与人类的基本需求产品不一样，其市场需求不是天然存在的，而是经过一定的引导后产生的。所以研究市场需求，必须考虑到经过引导后产生的需求。

2.1.3.2　市场分割 （Partitioning）

（1）子市场研究　由于现代消费的大部分是超出人类最基本的生理需求的消费，因而其可塑性很强。这种需求的可塑性也将造成市场的可分割性，即具有某一种需求的市场不一定是一个整体的市场，而可能是由不同的子市场组成的市场。

例如化妆品是一个总的消费市场，但其中又可以分割为男用、女用、青年用、老年用、儿童用、婴儿用等不同的子市场。因此，在消费调查中，不仅要了解整体市场，而且更重要的是还要了解各个子市场的需求。潜在需求对一个企业的经营来说，往往比现实需求更为重要，对精细化工企业来说更是如此。因为潜在市场是未被开拓的市场，它的竞争性、利润、容量等都对企业存在着非常有利的条件。当某一新产品最初在市场上出现时，一般都只能形成子市场，由于不同产品采取的营销技术不同，所以必须首先充分研究产品的子市场。

（2）市场细分研究　即将影响产品需求的各项因素加以分解后再进行研究。

例如化工产品中的涂料，由于受收入、民族、地区习惯等的影响，不同的市场对涂料所要求的档次、颜色、光泽、规格、包装等都会有所差异，所以在对涂料市场进行调研时，可以将造成这种不同要求的各项因素加以分解，也可以对同类产品需求各异的消费者进行分类，这种分解或分类一般按如下原则进行。

① 按地理细分　人们在不同的地理环境中对产品将有不同的要求，如中国喜欢红色、美国喜欢白色等。

② 按人口细分　包括年龄、性别、职业、收入、教育、民族、宗教乃至个人喜好等，这些因素往往是直接影响消费品的主要细分项目，因为它与需求的差异性有着密切的关系。

③ 按心理细分　市场的变化不完全决定于上述两种"硬"的因素，在物质生产比较丰富的社会中，心理因素对市场的影响是不可忽视的。尤其是化妆品、保健食品、香料、食品添加剂等，受心理因素的影响比较大，因此在研究这类精细化工产品的市场时，要特别注意研究消费者的心理。例如，美国有两种减肥食品，一种宣传可以使人美丽时髦，另一种宣传可以使人健康长寿，结果前者在市场中获胜。

2.1.3.3　市场优先选择 （Proritizing）

是指在若干子市场中优先选择其中的一个或几个，作为本企业生产经营某种产品的目标市场，将来生产这种产品就是为这个目标市场服务的。

如某企业打算或已经研究出一种性能优良的常温固化型丙烯酸酯涂料，适合于高层建筑的涂装。企业可以选择对外开放较快的城市作为目标市场。但是，各开放城市对涂料的要求也并不完全一致，可先选择南方某开放城市作为目标市场，深入了解该城市近期高层建筑设计的意向，同时调查该地区对涂料颜色、光泽、档次等各方面的爱好与需求。如果这个假设的目标市场能够成立，就可以从该地区消费者的需要出发来考虑以上所有问题，并迎合这些需要来进行产品设计。然后在此基础上研究其他类似的市场，例如北方的开放城市和国外城市等。如果发现这些地区与前一地区的市场情况基本一样，便可以一并考虑，否则就应另行考虑。

2.1.3.4　产品定位（Positioning）

产品定位就是确定某种产品在市场中的位置，即在整个市场中占领哪个"子市场"，并以该产品的独特形象表现出它在这个市场中具有不可替代性。

在竞争激烈的市场中，一个产品如果完全与竞争者的产品相同，没有自己的特点，就不能主动占有消费者心目中的需求位置，结果就不可能赢得市场。通俗地说，本企业生产这种产品是打算销售给哪一种类型顾客的，那就针对这种类型顾客的需求来设计和营销该产品，使之尽量满足这部分顾客的需要，塑造出本产品与众不同的特征和属性，从而确定本产品在市场中独有的地位。

例如皮革用化学品可以定位为高档皮革使用，也可以定位为一般皮革使用；又如化妆品，可以占领高收入阶层的市场，也可以占领工薪阶层的市场。市场定位不同，产品质量档次、成本高低和营销方法自然就不同。高级化妆品要力求包装、装潢华贵、质量要与众不同、香型要高雅、价格要适当偏高，以满足高收入消费者的心理。如果定位于中低档，则应从实用而经济上下工夫，使一般消费者感到该产品"物美价廉"。

2.1.4　以顾客为中心的 4Cs 理论

在 1990 年美国的罗伯特·劳特朋教授提出了与传统的 4Ps 对应的顾客 4Cs 理论。4Cs 的思考基础是以消费者为中心，它首先强调要注意消费者的需求与欲望（Consumer wants and needs），要了解消费者的真正的需要是什么；其次是了解消费者要满足其欲求所愿付出的成本（Cost）；第三是忘掉通路策略，考虑如何给消费者方便（Convenience）以购得商品；最后是企业与消费者间的双向沟通（Com-munications）。4Cs 理论是在竞争激烈，产品供大于求，信息膨胀，顾客挑剔，媒体细化等营销环境条件下的必然要求。

对于我国化工生产企业来说，在实际运作中如何运用 4Cs 理论来提高企业竞争力，是许多企业面临的难题。

2.1.4.1　4Cs 理论在氰化钠市场上的运用

化工产品的种类很多，但企业对于这些产品采用的营销策略都基本上是一样的。下面以上海石化在氰化钠这一产品上采用 4Cs 理论取得成功的实例来说明 4Cs 理论的应用。

（1）如何满足消费者的需求与欲望　4Cs 理论认为只有探究到消费者真正的需求与欲望，并据此进行设计生产，才能确保产品的成功。氰化钠是一种化工产品，主要用于采矿和医药中间体生产。当时的市场情况是上海石化生产的低含量氰化钠产品卖不出去，而国外品牌的高含量氰化钠产品却占领了国内的大部分市场。上海石化通过市场调查，广泛收集客户对产品的要求，并通过对这些资料进行分析，了解到用户希望得到的氰化钠产品的质量稳定，含量在 98% 以上，杂质少，溶解性好，无粉尘，使用过程中反应速度加快、用量减少，在运输、储存、使用过程中保证安全。

针对用户的要求，上海石化调整了生产工艺和配方，使氰化钠含量由过去的 96% 提高到 98% 以上，并保证产品优质率为 100%，通过引进美国杜邦公司的造粒设备，使产品的颗粒均匀，降低了粉尘，同时提高了溶解性和反应速度。另外为保证运输、储存过程中安全，对产品的原有包装进行了改良，安全系数大大提高。为保证使用安全，上海石化还专门印发了安全使用手册分发给用户并帮助用户对有关人员进行培训。

(2) 考虑用户愿意付出的成本　按照 4Cs 理论，正确的定价方法应看用户为满足其需要与欲求所愿意支付的成本。现实是只有当用户认为付出该价格能得到相应甚至超额的价值时，才能使交易成为现实。正如菲利普·科特勒所说，用户将从他们认为提供最高顾客让渡价值的公司购买产品。其中顾客让渡价值是指总顾客价值与总顾客成本之差。总顾客成本包括货币成本、时间成本、精力成本、体力成本等。总顾客价值包括产品价值、服务价值、人员价值、形象价值等。上海石化在氰化钠的定价过程中采用了增加总顾客价值，降低总顾客成本的方法，从而使给用户的让渡价值提高。例如通过提高产品质量和安全性，向用户提供送货、人员培训、咨询服务等来增加顾客价值，同时采用通过规模生产将产品生产成本下降，在质量提高的情况下，保持产品价格不变，并通过改变配方使氰化钠在使用过程中的反应速度加快、用量减少等手段来降低总顾客成本。

通过运用 4Cs 理论来制订价格，使上海石化的产品销售情况出现了很大的改观，其在江浙市场上占有率由原来的 30％左右猛增至 70％，使国外品牌的市场占有率由 60％降为 20％左右，其在江浙市场全年销售量也由 2000t 扩大至 5000t，这说明正确的定价在化工产品营销中是非常关键的。

(3) 提供购买便利　4Cs 理论认为企业应当站在用户的角度，考虑如何给用户方便以购得商品。上海石化氰化钠的主要用户在江浙两省，为方便用户，他们在江浙两省各建立了一个大型中转仓库，并利用江浙两省公路交通网和铁路运输网比较发达这一优势，建立了一个快速订货送货系统，只要用户通过电子商务订货系统或 800 免费订货电话下订单，这些订单将迅速到达离用户最近的一个中转仓库，仓库将立即组织人员将用户所订产品及时送到用户指定地点交货。

通过这种快速订货送货系统，既为用户减少了库存，节省了仓储费用和管理费用，又为用户减少了资金占用，降低了市场风险，使用户感到非常满意。而对于其他地区的用户，上海石化通过当地的代理商来建立类似的快速订货送货销售网络，同时帮助代理商进行销售人员培训来提高他们的业务素质，以便他们能为用户提供更好的服务。

另外上海石化还为用户提供详细的产品资料以及市场上几个主要竞争对手的产品的真实可靠的资料，为用户选择产品提供了方便。

总之，分销通路不是由企业决定的，而是由用户自行决定何时、何地、如何购买其所需的产品，只有通过为用户提供尽可能多的购买方便，提高用户满意度，形成竞争优势，市场份额才能不断扩大，企业才能成功。

(4) 与用户的双向沟通　4Cs 理论认为媒体和用户传播和接受信息的模式发生了深刻的变化，媒体分散零细化，使任何一种媒体的视听观众剧烈减少，任何一种媒体都难以接触到所有的目标消费者。新的营销环境要求与用户"对话"，进行沟通，而且是双向沟通。企业必须与消费者进行信息交换。

上海石化除了采用在专业媒体上做广告外，还派销售人员和技术人员到用户中去征询意见，进行信息交换。同时欢迎所有用户到其商务网站去交流，达到与用户的双向沟通。另外公司还不定期邀请部分用户开座谈会并到公司参观，使用户对公司有更深入的了解。通过以上这些措施，公司不仅获得了用户对公司产品和服务方面存在问题所提出的宝贵意见，了解了用户的真正需求，也激起了用户对公司产品的兴趣和注意，达到了沟通的目的。

(5) 建立用户资料库　4Cs 理论的出发点和中心点是消费者，没有对消费者深入的了解，就不可能付诸实施 4Cs。建立双向沟通系统的最佳方法是建立用户资料库。资料库的内容至少应包括三个方面：用户统计资料，即用户的名称，规模，地址，行业，联系方式，机构设置及主要负责人；心理统计资料，即用户期望价值，购买行为，购买态度，购买要求等；用户购买经历，即购买历史、经验等。当掌握了以上详实的用户资料后，才能从容地贯彻实施 4Cs 理论。

上海石化对已购买用户资料进行收集整理，并用直邮信函，查阅邮政黄页及化工、采矿、医药行业的企业年鉴等方法获取潜在用户资料。公司用这些用户资料建立了自己的用户资料库。根据资料库的信息，公司对用户进行了市场细分，并根据自身条件选择了高含量固体颗粒状氰化钠用户作为目标市场，为采矿和医药行业提供高质量的产品和服务。然后公司又收集目标市场中用户和潜在用户更为详尽的资料，特别是用户对公司产品的满意度以及用户和潜在用户的行为和态度等资料，根据这些详尽资料，公司确定了营销传播的目标，采用双向沟通的方式，更好地满足了顾客需求。总之，顾客资料是企业最重要市场资产，它为企业从经营产品向经营顾客的转化提供了条件。

2.1.4.2　运用 4Cs 理论对化工企业的几点启示

① 化工产品生产企业只有通过建立用户资料库，分析了解用户的真正需求，才能生产出适销对路的产品，才能满足用户的需要，企业才能发展。

② 化工企业在营销过程中应该将主要精力放在提高顾客价值，减少顾客成本，从而使顾客让渡价值提高上来，而不要去忙于打产品价格战，只有这样才能提高企业的经济效益。

③ 化工企业不能只追求自身利益最大化，只从节省自身成本的角度出发，采用将产品交给中间商后，就不管用户的做法，因为产品只有到用户手中才能变成商品。所以，企业应将为用户提供服务，使其方便地获取所需产品，作为其必须做到的一项工作。

④ 建立用户资料库，与用户进行有效沟通，是运用 4Cs 理论的起点，完备的用户资料库将使企业获得更大成功。

2.1.5　营销理论的新架构 4Rs

21 世纪初，艾略特·艾登博格的论文《4R 营销》中，第一次提出了以关系营销为核心，重在建立顾客忠诚的全新营销要素，即关联（Relativity）、反应（Reaction）、关系（Relation）、回报（Retribution）来重新组合营销战略和策略的理论。

关联（Relativity）指企业必须与顾客（客户）建立关联，形成一种互动、互求、互需的关系，把顾客（客户）和企业员工联系在一起，以减少顾客流失的可能性。在产品的开发思路上，企业要在产品核心功能、外观形态、附加利益和文化内涵方面与顾客需求层次相对应。采用量身订制的生产方式，是满足顾客个性化的需求、与顾客需求关联的途径。

反应（Reaction）指企业要提高市场的反应速度。企业必须尽快建立快速反应机制，提高市场的反应速度和回应力，最大限度地减少顾客（客户）的抱怨，从而减少顾客（客户）转移的概率。网络技术是一个重要工具和手段，因此，企业要建立自己的网站，收集、整理分析顾客（客户）的要求，及时回应，快速处理，就能达到双赢。

关系（Relation）是指关系营销越来越重要。企业不仅仅是赢得顾客（客户），而是要长期拥有顾客（客户）。树立关系营销意识，企业应该做到：营销管理重点在管理顾客（客户），不仅要使顾客（客户）满意，还要使他们愉悦、感动，从而成为企业的忠诚顾客（客户）；企业向顾客（客户）提供的产品要从以核心功能为主，转向以产品给顾客（客户）带来的利益为中心，为顾客（客户）提供满足需求和欲望的系统方法；向顾客（客户）高度承诺，确保顾客（客户）的利益。

回报（Retribution）是指企业与顾客（客户）实行关联，快速反应形成良好的互动关系后，最终为企业创造收入和利润。追求回报是企业发展的动力，回报是维持市场关系的必要条件，只有注重回报，才能更好地为顾客（客户）提供价值。回报兼容了成本和双赢两方面的内容，追求回报，企业必然加强管理，实施低成本战略，充分考虑顾客（客户）愿意支付的价格。为顾客提供价值和追求回报是相辅相成，相互促进的。

4Ps 理论是营销的基础框架，它解决企业为顾客（客户）提供什么产品或服务，怎样为顾客（客户）服务；4Cs 理论强调了以顾客（客户）的需求为导向，围绕着顾客（客户）的利益来组合 4Ps；4Rs 理论不可能取代 4Ps 和 4Cs，而是在 4Ps、4Cs 基础上的创新和发展，4Rs 是在网络经济下，如何与顾客（客户）互动，在双赢的思路下，组合 4Ps。所以，从 4Ps - 4Cs- 4Rs 三者是一脉相承，连续贯穿的营销思路，不能把三者割裂开来或对立起来，而是在不同的经济环境下的创新与发展。

2.2 化工产品的市场预测

2.2.1 概述

2.2.1.1 市场预测的概念

预测是运用已有的科学知识和手段，根据过去和现时资料，来探索某些事物今后可能发展的趋向，并做出定性或定量的估计和评价。预测的主要特点如下：

① 预测是利用有关信息推断未来的活动，信息越真实、越充分，推断结果越可靠，没有信息就无从推断。

② 预测具有较强的综合推断性，主要表现在：历史现状与未来的综合；各种因素的综合；不同预测主体的综合；多种预测方法的综合；定性与定量的综合。

③ 预测要有科学的依据、原理和方法，进而得出科学的预测结果。但是，预测又不排除经验，科学与经验的有机结合，是确保预测准确的基本原则。

市场预测，是指在市场调查基础上，运用科学方法和手段，对未来一定时期内市场上商品和劳务的价格、科技含量、主要用途和供求趋势等影响因素及变化状况所做出的估算和判断。

市场预测是任何一种产品在开发与投产以前必须经过的步骤，所以在市场经济中，如果不能完成从生产到消费的整个过程，再生产是不可能继续下去的。市场预测是指该过程的各个环节的整体预测，但是其中最重要的是消费，即有效需求的预测。

2.2.1.2 市场预测的类型

（1）按预测的时间跨度分类

① 短期预测 是根据市场上需求变化的现实情况，以旬、周为时间单位，预计一个季度的需求量（销售量）。短期预测目标明确，不确定因素少，预见性较强，能对近期市场变化提供各种资料，为适应市场变化提供决策依据。

② 近期预测 主要是根据历史资料和当前市场变化，以月为时间单位测算出年度的市场需求量。

③ 中期预测 指 3～5 年的预测，一般是对经济、技术、政治、社会等影响市场发展长期起作用的因素，经过深入调查分析后，所做出的未来市场发展趋势的预测，为编制 3～5年计划提供科学依据。

④ 长期预测 一般是 5 年以上的预测，是为制定经济发展的长期规划（如 10 年规划）预测市场发展趋势，为综合平衡、统筹安排长期的产供销比例关系提供依据。

（2）按预测的空间范围分类

① 按地理空间范围分类　有国内市场、国际市场。

② 按经济活动的空间范围分类　有宏观的市场预测、微观的市场预测。

a. 宏观的市场预测　指对市场发展的总趋势进行的综合性预测。

b. 微观的市场预测　指对单个企业的产品销售预测或单个商品的社会总需求预测等。

（3）按预测的性质分类

① 定性预测　即凭借知识、经验和判断能力对市场的未来变化趋势做出性质和程度的预测。

定性预测是预测分析的基础，因为对任何一个事物进行预测时，都要预先有一个整体概念，如某一化工产品是需要还是不需要，需要量比较大还是比较小等。这是方向性的预测，只有经过这个过程才有可能进一步进行定量分析，即转入定量预测阶段。

② 定量预测　是以过去积累的统计资料为基础，运用数学方法进行分析运算后，对市场的未来变化趋势做出数量测算。

由于影响市场的参变量太多，到目前为止还没有一种严格而准确的定量预测方法，所以市场预测的定量分析与化学中的定量分析完全不同，它所求出的数据往往还需要预测分析者进行综合分析，才能做出最后的判断。但是预测中的定量分析也不是可有可无的。它可给我们提供许多规律性的准确概念，从而使我们对预测的事物能比较准确地加以量化。另外也有些预测是可以通过定量分析求得比较准确的预测值的。

③ 综合分析　由预测者具有的丰富专业知识、预测知识以及相关方面的知识，对事物的发展做最后的预测，这是预测工作的最后一步，也是最关键的一步。

2.2.1.3　市场预测的内容

企业对市场预测应以市场需求为主要内容，而市场需求量是受社会再生产过程中的生产、分配、交换和消费等多方面的影响。因此，要把以下几个方面作为市场预测内容的重点。

（1）预测生产发展趋势　对生产的预测应是市场预测的一个重要内容。预测时要搜集、研究有关产品的产值、产量、成本、销售、利润等历史资料，调查研究有关产品现有企业的数量、生产能力、原材料供应、产品产量和质量、产品的寿命周期等情况。

（2）预测市场容量及其变化　市场容量包括生产资料市场的容量和生活资料市场的容量。预测生产资料市场的容量主要是在摸清预测期生产单位投入的资金、基建投资方向、生产结构变化的基础上，预测生产资料的需求结构、需求量及其发展趋势，以便更好地适应生产发展的需要；预测生活资料市场的容量要预测市场的购买力总额及其投向等。

（3）预测市场价格变化　价格对经济建设、人民生活和市场商品需求有着密不可分的关系。因此，市场预测不能忽视价格变化的规律。

（4）预测市场需求变化　市场需求对市场产生的影响不容忽视，市场需求量因某种原因有时直线上升、供不应求；有时又有所下降、供过于求；有时这种风格产品受欢迎；有时另一种风格产品受欢迎。

（5）预测市场占有率　市场商品流通是各个企业分工协作、共同实现的，任何一个企业都不可能适应市场所有的需求，而只能在市场销售中占有一定的份额。预测市场占有率要研究本行业、本企业历史上的市场占有率和同行业现实的经营情况、竞争能力、自己的优势，从而改善经营管理，做出正确的经营决策。

2.2.1.4　市场预测的步骤

市场预测包括归纳、演绎（推断）两个阶段。归纳阶段：从确定预测目标入手，收集有关资料，经过对资料的分析、处理、提炼和概括，再用恰当的形式描述预测对象的基本规律。演绎（推断）阶段：利用所归纳的基本演变规律，根据对未来条件的了解和分析，推测出预测对象在未来某期间的可能水平及其必要的评价。

(1) 确定预测目标　确定预测目标是进行市场预测的第一步，也是最重要的一步。没有确定的目标，预测就难以进行。确定预测目标包括确定预测范围、目标领域和预测时间的要求。预测目标不同，所需要搜集的资料和运用的方法自然也不同。确定预测目标是解决预测什么问题的宗旨，根据这一问题可以制定预测工作计划，组织调配力量，实施预测方案。

(2) 搜集有关资料　市场预测必须有充分的依据，其依据就是与这一预测活动有关的资料，搜集有关资料是市场预测的重要步骤。市场预测的资料有通过实际调查取得的直接资料，如用户、商品、货源和销售活动调查等；也有来自社会和经济部门的间接资料，如国民收入增长、积累与消费的分配比例、居民平均收入、社会购买力、货币流通量、市场商品结构、库存动态等方面的资料。这些资料虽然来自不同渠道，但却会以不同侧面成为进行市场预测的重要依据。

收集资料一定要注意广泛性、适用性。资料收集不全面、不系统，会严重影响预测的质量。但对于收集到的资料，一定要进行鉴别和整理加工，判别资料的真实性和可用程度，去掉那些不真实、与预测关系不密切、不能说明问题的资料。

(3) 分析判断，建立预测模型　分析判断是对搜集来的资料进行综合分析、判断和推理，以便透过市场的各种现象来揭示其内在的联系和本质规律，这是市场预测的关键性阶段。分析判断要注意分析市场因子同市场需求的依存关系，市场需求的趋势是由多种市场因子的发展变化决定的，市场因子的每一变化都会引起市场需求的相应变化。市场预测的结果基本上也就是依据分析判断、用模型描述的演变规律推断而得出。所以，分析判断、建立预测模型也就成为关键性步骤。

① 分析判断

a. 分析观察期内市场影响因素同市场需求量的关系　在实际工作中，预测人员往往受时间、能力的限制，难以捕捉和分析太多的因素，而只能选择主要因素。如分析市场需求变化与国家政治经济形势和方针政策的依存关系；与社会商品购买力及其构成的变化的依存关系；与国家进出口贸易发展的依存关系；与同种或异种产品的适用性、花色、款式、成本、价格、竞争等变化的关系；与子体商品或母体商品市场需求的依存关系。

b. 分析预测期的产供销关系　商品的产供销是一个有机的整体，预测期产供销关系及其变化的分析有：分析市场需求商品的品种、数量、结构及其流通渠道的发展变化；分析社会生产能力是否与市场需求总量相适应；分析各种生产企业生产的商品结构是否与消费结构相适应；分析原材料供应情况。

c. 分析当前的消费心理、消费倾向及其发展变化趋势　主要分析随收入的增加，广告促销顺行条件下人们的攀比心理、赶时髦心理以及与一定的社会集团、社会阶层相适应的趋同心理、归属心理、表现自我价值的非趋同心理（商品的个性化）等的变化对购买商品的数量、品种、花色、款式的影响关系。

② 建立预测模型　在预测者做出上述判断之后，通常为了进行量的估计，要选择预测方法建立预测模型。预测方法很多，每种预测方法对不同预测对象目标的有效性是不同的，如果预测方法选择不当，将会大大降低预测效果及其可靠性。因此，选择预测方法十分重要。

在选择预测方法时，应该从以下三方面考虑。

a. 服从于预测目标　即方法的选择应该满足经营管理决策对具体信息的要求。企业的战略决策、战术决策、日常业务决策的信息要求体现在预测对象范围、预测期长短、预测精度等方面是不同的，选用的预测方法也就不同（表 2-1）。

表 2-1 各种预测方法简介

项目	定性分析预测			定量分析预测					
					时间序列分析法			因果分析法	
	集合意见法	市场调研法	德尔菲法	类比法	移动平均法	指数平滑法	趋势延伸法	回归分析法	经济计量模型
简要介绍	集合企业内部的经营管理、销售业务人员、各类业务人员意见,做出综合预测	有目的、有计划地通过市场调查收集直接信息或间接信息,经分析判断后采用联测或转导方式作出预测	对专家小组成员进行匿名、函询方式调查。经多轮反馈综合整理,对结果进行统计处理分析,作出预测	遵循事物发展的相似原则,对相互类似的产品或市场,以已知的类比对象发展过程规律,对预测目标未来发展过程进行对比分析	在时间序列中随时间推进连续地按一定数量相近观察值计算平均数,消除季节性和不规则性变动,据此建立预测模型	考虑时间序列数据中远近期作用不同,给予等比递减的权数,移动着求加权平均数为指数平滑值。据此建立预测模型	运用一个数学方程拟合时间序列数据发展变化趋势曲线,然后用这个方程作出预测	是一种数理统计方法。自变量与因变量存在线性关系	在一定的经济理论之下,挑选适当的经济变量和模型结构,建立并求解此模型,而后给出经济解释,从而解决经济问题的一种方法
适用的预测期范围	近期、中期	短期、近期、中期	长期、中期	中期、长期	短期、近期	短期、近期	近期、中期	近期、中期、长期	近期、中期、长期
需要的数据资料	市场的历史销售资料和相关信息	市场历史发展及现实情况,如发展速度、消费心理、竞争状况	背景资料,专家意见及其综合分析资料	类比对象发展过程的历史资料及相关信息	预测目标历史资料,数据越多越好,最低要求5～10个	预测目标历史资料,越多越好	预测目标历史资料,越多越好。至少要有5个观察期数据	对所有变量收集历史数据	有足够历史的数据,数据必须能够充分描绘出预测对象的变化

b. 考虑预测对象商品本身的特点　不同的预测对象商品,具有不同的属性和其内在的变化特点。那些技术性强、投资大的消费类商品,往往自开发、中间试验直至全面生产进入市场需要经历一定的发展阶段,一旦被社会接受认可,更新淘汰过程也较缓慢。它们的市场需求变化过程往往表现为发展期缓慢,成熟期较长而平稳,衰退期也来得较迟。

c. 考虑预测时期现有的条件和基础　预测方法的选择必须建立在切实可行的基础上。尽管各种新的预测方法层出不穷,但在实际中还是要受数据资料、经费、人力、设备等方面条件制约。因此,面对实际条件,建立一个实用的预测模型为好。即在达到预测要求的情况下,预测模型越简单越好。因为,预测精度与模型的复杂性并不成正比。再者,简便的模型容易被决策者理解接受。对预测结果就可放心使用,真正发挥预测的价值。

总之,预测方法的选择取决于人们对预测对象发展变化过程规律的认识,而这种认识必须建立在系统分析和判断的基础上。对预测对象目标变化规律认识得越深刻,则选择的预测方法越有针对性,越能说明问题,预测质量也就越高。当然,结合具体情况,发挥各种方法的长处,将各种可行的预测方法和人们的经验结合起来,相互补充,就更能恰当地提高预测精度。

(4) 做出预测　它是在选择预测方法建立预测模型的基础上,根据对未来的了解分析,推测(或计算)预测目标的可能水平和发展趋势,进而做出分析与评价,得出最终预测结论。

① 利用预测模型推测或计算出预测值。预测方法不同建立的预测模型也不同。总的来

看预测模型有两类，一类是定性判断的现象之间的完全确定的函数关系模型。另一类则是定性分析判断出现象之间的某种比较稳定的相关关系。一般只能用数学方法建立现象之间非完全确定的函数关系模型，即数学预测模型。时间序列分析法或回归分析法建立的都是数学预测模型。假设某城市市场调查 500 户居民的收入与消费支出数据，用回归分析法建立数学模型为：

$$Y = 180 + 0.5X \tag{2-1}$$

式中，Y 为月消费支出，元；X 为月收入，元。

那么，该城市居民月收入为 5000 元时的月消费支出额计算值为 2680 元。

② 判断评价预测值的合理性，最后确定预测结论。利用预测模型推算或计算的结果（预测值）只是初步预测结果。由于市场系统的复杂性和随机性，以及调查资料不全，或知识与经验的不足等原因，预测值和实际情况总是存在一定的偏差。因此，对预测值应加以分析评价。常用办法有下面几种。

a. 根据常识和经验，去检查、判断预测结果是否合理。

b. 计算预测误差，看存在的误差多大，是否超过预测要求。

c. 分析正在形成的各种征兆、苗头所反映的未来条件的变化，判断这些条件、影响因素的影响程度可能出现的变化。比如，有的影响因素影响程度可能由大变小；有的由小变大；有的还可能失去影响；或有可能产生一些新的影响因素。所有这些变化，都可能导致预测目标今后出现新的发展趋势和发展速度。所以，不能认为预测模型的推算或计算结果就是最终预测值。

d. 在条件允许情况下，采用多种预测方法进行预测，然后综合评价各种预测结果的可信程度。

总之，不能简单地认为预测模型的预测值就是最后预测值。而要及时利用上述办法做出综合对比、推理判断，对预测初值作必要的调整，确定出最终的预测值。

从整个预测过程四个步骤的介绍，说明预测的质量完全取决于预测者对所预测的对象事物及各种相关条件的熟悉程度，他们的知识面宽度、观察能力、逻辑推理和分析判断的能力、估测能力和处理技巧等方面的差别，往往会得到质量相差很大的预测结论。市场预测既是一门科学，又是一门艺术。预测者既要掌握多种预测方法，又要具有灵活应用这些方法的能力。

2.2.1.5　市场预测应把握的原理

世界上的事物都处于变化发展的运动之中。如果能够从已发生的事实中认识到一种事物发展变化的规律性，就可以利用这一规律性对事物的发展前景进行预测，并可指望取得和实际情况相符合的结果。各种预测方法就是基于上述基点，在预测实践中不断总结、发展而成的。

（1）连续性原理　指事物的发展具有一定的延续性，市场发展也不例外。未来的市场规模和状况是由过去发展至今天的现状下发展起来的，是今天的延续和发展。依据连续性原理，过去和现在市场经济活动中存在的某种规律，在将来的一段时期内将继续存在。一般来讲，市场经济活动的连续性表现在两个方面：一是指预测对象自身在较长时间内所呈现的数量变化特征保持相对稳定；二是指预测对象系统的因果关系结构基本不随时间而变化，而结构模型中各变量及参数则要遵循历史资料分析确定。

（2）类推原理　指许多事物在发展变化规律上常有类似之处。利用预测对象与其他已知事物的发展变化在时间上有前后不同，在表现形式上的相似特点，将已知事物发展过程类推到预测对象上，对预测对象的前景进行预测。市场经济活动中，某些不同商品市场所呈现的发展规律有时是相似的，利用这种相似性的分析和判断，可以根据已知的某商品市场发展规律类推到另一新商品市场的未来发展。

（3）相关性原理　指各种事物之间往往存在着一定的相互联系和相互影响，即市场经济变量之间存在一定的相关性。相关性有多种表现，其中最重要的是因果关系。因果关系的特点是原因在前，结果在后，并且原因和结果之间的密切的结构关系可以用函数关系式来表达。因此，人们通过对市场经济现象分析判断之后，确定原因与结果，就可以利用原因和结果变量的实际数据资料建立数学模型，进行预测。

2.2.1.6　预测精确度的评价

对于每次预测，总期望预测误差在允许的合理误差范围内。评价预测精确度十分必要，有益于了解预测方法的功能良好程度，并探求改善预测方法的可能，以提高预测精确度。

如果预测是反复按一定周期，如每周或每月进行，把过去的预测值与其实际结果进行比较，可为评价预测精确度提供依据。如果预测仅是进行一次或为第一次，可以用已具备的若干期历史数据建立预测模型，将若干期数据与由模型所求得的预测值进行比较，同样可为评价预测精确度提供依据。

这里介绍评价预测精确度的统计测定法。

在比较预测模型的优劣和确定置信区间估计时，预测精确度的统计测定法是很有用的。

假设观察期实际值为 Y_1，Y_2，…，Y_n，预测模型计算得到相应预测值为 $\hat{Y}_1$，$\hat{Y}_2$，…，$\hat{Y}_n$，则单个预测误差为 $e_i = Y_i - \hat{Y}_i$（$i=1$，2，…，n）；单个预测值的绝对误差值为 $|e_i|$；单个预测值的相对误差值为 $\tilde{e}_i = \dfrac{e_i}{Y_i} \times 100\%$。在上述资料基础上统计测定预测精确度的指标如下。

（1）平均误差 ME（mean error，ME）　即 n 个预测误差的平均值。

$$\text{ME} = \frac{1}{n}\sum_{i=1}^{n} e_i = \frac{1}{n}\sum_{i=1}^{n}(Y_i - \hat{Y}_i) \tag{2-2}$$

平均误差的指标特征在于总的反映预测的高估和低估。平均误差为负时，反映预测一般是高估了；反之，平均误差为正时，反映预测一般是低估了。

（2）平均绝对误差 MAE（mean absolute error，MAE）　即 n 个绝对预测误差值的平均值。

$$\text{MAE} = \frac{1}{n}\sum_{i=1}^{n}|e_i| = \frac{1}{n}\sum_{i=1}^{n}|Y_i - \hat{Y}_i| \tag{2-3}$$

由于它对预测的高估和低估都要如实反映出来，正负误差不能互相抵消，所以它能较准确地表明预测误差的大小，但它不能反映预测的高估和低估的性质。一般地说，平均绝对误差是应用较多的反映预测误差水平的指标之一。

（3）平均绝对百分误差 MAPE（mean absolute percentage error，MAPE）　即 n 个预测值的相对误差的平均值。

$$\text{MAPE} = \frac{1}{n}\sum_{i=1}^{n}|\tilde{e}_i| = \frac{1}{n}\sum_{i=1}^{n}\left|\frac{Y_i - \hat{Y}_i}{Y_i}\right| \times 100\% \tag{2-4}$$

该指标避免了正负相对误差相互抵消的缺点，能真实反映预测的精确度，是在不同资料条件下比较误差大小的一个良好指标。平均绝对百分误差是累计的、相对平均数。一般来说

MAPE＜10，属于高度准确的预测；

10＜ MAPE＜20，属于好的预测；

20< MAPE<50，属于一般的预测；

50< MAPE，属于不准确的预测。

（4）均方根误差 RMSE（root mean squared error，RMSE）　它是 n 个预测值误差的平方和的平均值的开方值，也称标准误差。RMSE 也是分析研究预测误差的重要指标之一。

$$RMSE = \sqrt{\frac{1}{n}\sum_{i=1}^{n} e_i^2} \tag{2-5}$$

标准误差指标广泛地用于预测精度的统计测定。因为标准误差计算过程中各个误差被平方，所以对于大的误差相对来讲要受到更大重视，它能在进一步预测时供计算置信区间之用。

（5）均方误差 MSE（mean squared error，MSE）

$$MSE = \frac{1}{n}\sum_{i=1}^{n}(Y_i - \hat{Y}_i)^2 \tag{2-6}$$

在均方误差的计算中，可避免 e_i 值正负相抵使预测误差偏低出现问题，使预测指标更能反映误差的实际水平。需要注意的是，对同一预测对象的预测误差进行测算，其均方误差指标比平均误差指标值要大。即该指标测定结果通常比实际误差大。

2.2.2　定性分析

定性分析是一种主观预测方法，它是凭借研究人员的知识和经验，对收集的资料进行分析、取舍和整理，经过推论和判断而对市场发展趋势做出的一种估计。

一般用于商品需求的定性分析法有"经理评判法"、"销售人员估计法"和"专家意见法"等数种。它们的形式虽各有不同，但基本上都是先列出市场预测条目，然后召集若干业务人员或专家集体对预测对象按规定预测的条目、标准来记分，取其平均数作为评价结果。比较适用于化工产品市场预测的有相关分析、定性预测的德尔菲法、类推分析、专家小组法等。

2.2.2.1　相关分析

这种方法是以要分析的问题为出发点，综合考虑各方面的因素，因此要求分析人员具备较广泛的知识面，可由几个专家共同磋商进行研究。

相关分析是研究化工市场需求与技术发展的首要方法，因为化工产品大部分是材料工业，它的开发与生产取决于其他工业的有效需求。因此，研究它与其他工业的相关性极为主要。

相关分析适用于：需求预测、技术预测。

（1）需求预测　如要发展增塑剂，就要首先考虑到其中的主要品种为邻苯二甲酸酯类，它的主要用户是软质 PVC 加工业，而它的主要原料是邻苯二甲酸酐和高碳醇。通过调查相关行业，就可得出增塑剂是否可以发展的概念。

（2）技术预测　以社会需要的产品作为研究对象，如高速飞行器所用的吸收雷达波的涂层，要求耐热、较强的雷达波吸收性和优良的力学性能，而现有的一般涂层难于满足这种要求。可以综合考虑提高耐热性和吸波性能的方法，以获得综合性能优良的吸波涂层。

2.2.2.2　定性预测的德尔菲法

德尔菲法就是指在对所要预测的问题征得专家的意见之后，进行整理、归纳、统计，再匿名反馈给各专家，再次征求意见，再集中，再反馈，直至得到稳定的意见。一般工作程序如下：①确定调查目的，拟订调查提纲；②选择一批熟悉该问题的专家；③以通信方式向各位选定专家发出调查问卷，征询意见；④对返回的意见进行归纳综合、定量统计分析后再寄给有关专家，如此经过三、四轮往复，使意见比较集中后进行数据处理并综合得出结果。

（1）德尔菲法的基本特征

① 匿名性　让任何成员的意见都只按意见本身的价值去评价，而避免受其他发表意见人的声誉、地位的影响。

② 反馈性　经过几轮调查和反馈，每一轮都把收集到的经统计处理后的意见反馈给专家，经过这种信息反馈，使成员的意见逐步集中。

③ 收敛性　要求参加调查的专家参照上一轮结果进行回答，在反复进行数轮之后，通过匿名方式交换意见，使专家的意见相对集中起来，从而形成综合意见。

④ 统计性　对专家的回答进行统计处理，最后得到一个定量的预测结果。

（2）德尔菲法的应用——PAN 基碳纤维市场需求预测　当前世界上 PAN 基碳纤维正处于迅速增长的发展期，产品性能趋向于高性能化，航天航空和体育用品用量增加稳定，随着大丝束碳纤维的大规模生产，价格的降低，民用工业需求增加迅猛。我国碳纤维的需求近两年来发展也很迅速，下面采用德尔菲法，对国内市场进行预测，分析我国未来市场状况。

① 数据分析　表 2-2 为近几年公开报道的国内 PAN 基碳纤维需求数据。

表 2-2　我国 PAN 基碳纤维市场需求量

项目	1996	1997	1998	1999
需求量/(t/a)	580	640	700	945
年增长率/%	—	10.3	9.4	35
年增量/(t/a)	—	60	60	245

从表 2-2 可见，国内 PAN 基碳纤维的需求呈明显增长趋势。从消费构成看，航空航天领域需求稳定，波动不大；文体用品领域需求稳步增长，民用工业领域需求正待启动。随着生产的发展和应用领域的扩大，国内 PAN 基碳纤维的需求将会有较大的增长。

② 德尔菲法预测

a. 聘请专家　从信息、技术和应用三方面聘请了 10 名专家：信息专家 2 名，市场分析专家 1 名，碳纤维技术研究专家 3 名，下游产品加工生产和市场管理人员 2 名，碳纤维生产企业工程师 2 名。

b. 设计并进行第一轮调查预测　主要对国内 PAN 基碳纤维市场需求量进行预测，第一轮预测的背景材料为 1996～1999 年国内 PAN 基碳纤维的市场需求量，如表 2-2 所示。

c. 反馈第一轮的统计汇总资料并进行第二轮调查　由于调查内容比较集中，从第二轮调查结果看，意见已经较集中，故仅进行了两轮的调查。综合两轮调查结果，将数据加以统计处理，其分布情况见图 2-1～图 2-3。

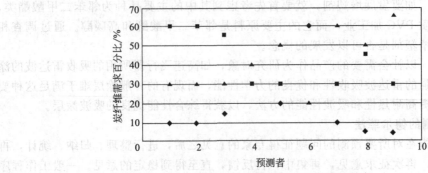

图 2-1　德尔菲法预测各应用领域的需求

◆航空航天；■体育领域；▲一般产业

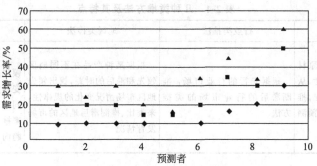

图 2-2　德尔菲法预测碳纤维需求增长率

◆最低值；■最可能值；▲最高值

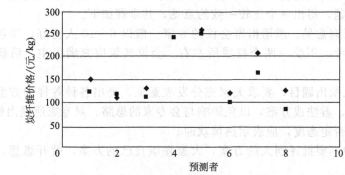

图 2-3　德尔菲法预测碳纤维可接受价格

◆体育领域；■一般产业

由以上数据分布情况，结合各位预测者专业领域的侧重，以及根据国内 PAN 基碳纤维发展状况分析，可得德尔菲法的预测结果见表 2-3。

表 2-3　德尔菲法对国内 PAN 基碳纤维的需求预测/％

项 目		航空航天	文体用品	一般产业
需求应用百分比	百分比	10~15	30~50	30~55
	概率	65	75	74
	中位数	10	45	45
		最低值	最可能值	最高值
需求增长率	百分比	10	20	30~35
	概率	87	93	74
	中位数	10	20	30
可承受价格/(元/kg)		100~120,<250		

以 1999 年的需求量为基准，根据德尔菲法预测的最可能增长率，就可以估计出未来国内 PAN 基碳纤维的需求量，如 2000 年将达到 1134t，2001 年为 1360t，2005 年为 2351t，2010 年将为 5851t。

2.2.2.3　类推分析

类推是类比推理的简称。从思维方法的角度看，它是依据两个对象间存在某种相似关系，从已知对象具有某种属性而推出另一对象也具有这一相应属性的思维形式。由于类推具有从一个特殊领域的知识向另一个特殊领域知识过渡的优点，所以对处在科学探索前沿的科学家来说，类推往往是触发联想、开拓思路的关键。表 2-4 为几种类推方法及其特点。

表 2-4　几种类推方法及其特点

产品类推法	行业类推法	地区类推法	国际类推法
指产品在功能、规格、原材料和档次等方面的相似性，从已知产品的市场发展情况，推测未来产品发展趋向的预测方法	根据先行的行业市场，推断滞后的行业市场的类推方法	根据某种产品在不同地区领先和滞后的时差，找出领先地区市场情况变化的规律性，来类比、推测滞后地区的市场发育情况	把所要预测的产品，同国外领先的同类产品的发展过程或变动趋势相比较，找出某些共同的、相类似的变化规律性，用来推测预测目标的未来变化趋向

2.2.2.4　专家小组法

"专家小组法"是在接受咨询的专家之间组成一个小组，面对面地进行讨论和磋商，最后对需要预测的课题，得出一个比较一致的意见，其步骤如下。

① 召开会议征询意见。邀请出席会议的专家一般以 6～10 人为好，要包括各个方面的专家，都能独立思考，不受一两个权威所左右。会议气氛应充满民主、活跃，使人无拘无束、畅所欲言。

③ 会议主持人抛出题目，要求大家充分发表意见，提出各种各样的方案。主持人不要谈自己有什么设想、看法或方案，以免影响与会专家的思路。对专家所提出的各种各样的方案和意见，不应持否定态度，应表示热情欢迎。

③ 强调会议中不要批评别人的方案，大家畅谈自己的方案，敞开思想，各谈各的，意见和方案多多益善。

④ 会议结束后，主持人再对各种方案进行比较、评价、归类，最后确定出市场预测方案。专家小组法的优点是可以做到相互协商、相互补充。缺点是当小组会议组织的不好时，也可能会使权威人士左右会场，或者多数人的意见湮没了少数人的创新见解。由于预测过程比较紧凑，因而该法适用于短期预测。

2.2.3　定量分析方法

市场预测应包括产品需求量、市场占有率、科技发展和资源四个方面。在此，主要介绍对产品需求量的预测方法。该方法的指导思想是：以历史数据为基础，过去发生的事，将来大概也会发生。因此，定量预测只对市场已有老产品的预测结果较为满意。定量预测要求在详细占有历史统计资料的基础上，按一定的数学方法进行。

2.2.3.1　平滑预测方法简述

它一般适用于短期的经济预测。平滑预测方法包括移动平均数法、指数平滑法、双指数平滑法等。如果在以后的时间间隔内，所预测的变量只有少许变化，就可以用平滑预测方法来处理有关的预测问题。

平滑预测方法属于时间序列分析法，时间序列是指一组依时间顺序排列起来的统计数据。时间序列分析就是通过分析这些统计数据依时间变化的规律，并运用一定的数学方法使其向外延伸，预测市场未来的发展变化趋势，确定预测值的方法。

（1）历史数据的几种基本类型　历史数据是指按时间顺序列出的统计数据。例如按年或月的顺序排列的某一产品的销售量。下面结合平滑预测方法中对历史数据的要求，介绍几种历史数据的基本类型。

① 水平型数据　水平型数据又称稳定型数据。它的特点是虽然两相邻时期的观测值有所不同，但数据的平均值在相当长一段时间内保持稳定。图 2-4 表示出了典型的水平型数据。

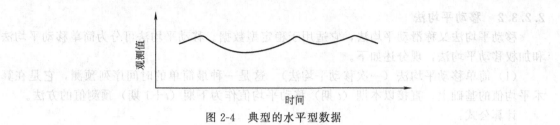

图 2-4　典型的水平型数据

② 趋势型数据　趋势型数据属于非稳定型数据。对趋势型数据来说，其观测值的平均值是随时间上升（或下降）的。图 2-5 表示出了上升趋势型数据。

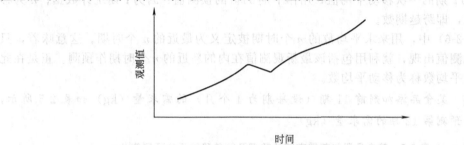

图 2-5　上升趋势型数据

③ 阶跃型数据　阶跃型数据的主要特征是，观测值在开始一段时间内保持稳定，但自某一时期起发生显著变化（上升或下降），并在此后相当长的一段时期内观测值的平均值又保持相对稳定。图 2-6 表示出了上升的阶跃型数据。

（2）平滑预测方法的基本步骤

① 确定历史数据的类型　由于平滑预测方法适用于数据变动不大的情况，因此初步确定历史数据的基本类型是预测的第一步。

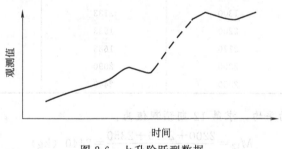

图 2-6　上升阶跃型数据

② 根据历史数据计算某类平滑值　要求预测者按照数据的类型和有关平滑的特点，选择适合的平滑方法并按公式计算平滑值。一般来说，对于较稳定和简单的数据，可采用简单的平滑方法，如移动平均法和指数平滑法；而对于较复杂的数据，则应采用较高级的平滑方法，如双指数平滑法。

③ 以平滑值作为预测值　所谓平滑值，实际上就是一种平均数。平滑方法的基本思想在于：假定所预测的变量数值有着某种基本类型，而每一变量的历史观测值都表现为这种基本类型和随机涨落，这样便可通过对历史数据求平均数，消除历史数据中的极端值，将预测建立在经过某种平滑的中间值上。

④ 预测误差衡量和纠正措施　提出一定的标准来衡量预测误差和预测效果是预测的重要组成部分。

2.2.3.2 移动平均法

移动平均法又称滑动平均法，它适用于稳定型数据。移动平均法可分为简单移动平均法和加权移动平均法，现分述如下。

(1) 简单移动平均法（一次移动平均法） 这是一种最简单的时间序列预测，它是在算术平均值的基础上，直接以本期（t 期）移动平均值作为下期（$t+1$ 期）预测值的方法。

计算公式：

$$M_t = \frac{x_t + x_{t-1} + \cdots + x_{t-n+1}}{n} = \frac{1}{n} \sum_{i=t-n+1}^{t} x_i \tag{2-7}$$

式中，M_t 为第 t 期的一次移动平均值，用作下期 x_{t+1} 的预测值；x_i 为 i 期统计数据；n 为移动平均的项数，即跨越期数。

在公式 (2-6) 中，用来求平均数的 n 个时期被定义为最近的 n 个时期。这意味着，只要一有新的观测值出现，就利用包括该最新观测值在内的新近的 n 个时期作预测。正是在此意义上，把该平均数称为移动平均数。

例 [2.1] 某食品添加剂前 11 期（设每期为 1 个月）的需求量（kg）如表 2-5 所示，用移动平均法预测第 12 期的需求量（kg）。

表 2-5 某食品添加剂需求统计数据及简单移动平均预测值/kg

月　份	需求量观察值	用三个月移动平均	用五个月移动平均
1	2000	—	—
2	1359	—	—
3	1950	—	—
4	1975	1767	—
5	3100	1758	—
6	1750	2342	2075
7	1550	2275	2025
8	1300	2133	2065
9	2200	1533	1935
10	2770	1683	1980
11	2350	2090	1915
12	2350	2440	2034

解 由 3 个月移动平均，求第 12 期预测值为：

$$M_{12} = \frac{2200 + 2770 + 2350}{3} = 2440 \ (\text{kg})$$

同理，由 5 个月的移动平均，求第 12 期预测值为：

$$M_{12} = \frac{1550 + 1300 + 2200 + 2770 + 2350}{5} = 2034 \ (\text{kg})$$

可见，采用移动平均法进行市场预测，是要不断引进市场发生的新的实际统计数据加以移动平均，其目的在于消除历史数据中的随机波动干扰。在对历史数据"修匀"的基础上，指示出隐含其中的某种基本样式（规律），并据此预测未来市场的变化。

特点：

a. 预测值是采用离预测期最近的一组历史数据（实际值）平均的结果；

b. 参加平均的历史数据的个数（即跨越期数或移动项数）是固定不变的；

c. 宜采用奇数项求平均数以简化计算（一般 $n=3，5$），因为偶数项移动平均需先移动平均，后修正平均，较繁杂；

d. 适用于无明显变化趋势的短期预测。

（2）加权移动平均法 加权移动平均法是在简单移动平均法的基础上进行加权的一种预测方法。这是因为简单移动平均法有一个明显的缺点，它将远期的市场情况与近期的市场情况对预测值的影响同等看待。实际上，在一般情况下，越是近期的统计数据越能反映预测市场变化的趋势，越应加以考虑；越是远期的统计数据对预测期的影响越小，越可忽略。采用加权移动平均法，可以弥补这个缺点。加权移动平均法，是对过去不同时期的数据采用不同的权数。一般做法是"近大远小"的原则，即近期数据赋予较大权数，以重视对其预测期的影响；远期数据给以较小权数。在此基础上，再计算移动平均数作为预测值。

$$M_t = \frac{\omega_1 x_t + \omega_2 x_{t-1} + \cdots + \omega_n x_{t-n+1}}{\omega_1 + \omega_2 + \cdots + \omega_n} = \frac{\sum_{i=0}^{n-1} \omega_{i+1} x_{t-i}}{\sum_{i=0}^{n-1} \omega_{i+1}} \tag{2-8}$$

式中，M_t 为第 t 期的加权移动平均值，为 $t+1$ 期的预测值；x_{t-i} 为各期统计数值；n 为加权移动平均的项数；ω_{i+1} 为各期统计数值的权数（$\omega_1 > \omega_2 > \cdots > \omega_n$）。

例 [2.2] 已知某化工产品近 10 年产量如表 2-6 所示，试用加权移动平均法预测 2008 年该化学品的产量。

表 2-6 某化工产品统计数据及加权移动平均预测值/t

年　　份	某化学品产量	三年加权移动平均预测值	相对误差/%
1998	6.35		
1999	6.20		
2000	6.22		
2001	6.66	6.24	6.31
2002	7.15	6.44	9.93
2003	7.89	6.83	13.43
2004	8.72	7.44	14.68
2005	8.94	8.18	8.50
2006	9.28	8.69	6.36
2007	9.80	9.07	7.45

解 如采用移动平均法，强调使用靠近预测期的数据，使用后三年的数据，2008 年该化学品的产量预测值为：

$$\frac{9.80 + 9.28 + 8.94}{3} = 9.34 \text{ (t)}$$

采用加权平均法，按平移至后三年数据并分别加权值 1，2，3，作 2008 年产量的预测值：

$$\frac{3 \times 9.80 + 2 \times 9.28 + 8.94}{1 + 2 + 3} = 9.48 \text{ (t)}$$

这个预测值偏低，可以修正。修正方法是：先计算各年预测值与实际值的相对误差，例如 2001 年为

$$\frac{6.66 - 6.24}{6.66} = 6.31\%$$

将相对误差列于表 2-6 中，再计算总的平均相对误差：

$$\left(1 - \frac{52.89}{58.44}\right) \times 100\% = 9.50\%$$

由于总的预测值的平均值比实际值低9.50%，所以可将2008年的预测值修正为

$$\frac{9.48}{1-9.5\%}=10.48 \text{ (t)}$$

需要说明的是加权移动平均法，可以更加准确地反映实际情况，但最近数据的权数越大，风险也越大，预测值容易受随机因素干扰。

对于不同时期的统计数据，权数的选取取决于预测者对预测对象的业务精通程度以及判断、观察能力，这也是市场预测中的艺术。

权数的取值方法有以下两种。

① $n=3$ 时，$\omega_1=0.5$，$\omega_2=0.3$，$\omega_3=0.2$；

$n=5$ 时，$\omega_1=0.3$，$\omega_2=0.25$，$\omega_3=0.2$，$\omega_4=0.15$，$\omega_5=0.1$。

② $n=3$ 时，$\omega_1=3$，$\omega_2=2$，$\omega_3=1$；

$n=5$ 时，$\omega_1=5$，$\omega_2=4$，$\omega_3=3$，$\omega_4=2$，$\omega_5=1$。

（3）关于时期 n 的确定　用移动平均法作预测，一个难题是如何选择用来求平均数的时期 n。n 的值越小，表明对近期观测值在预测中的作用越为重视，预测值对数据变化的反应速度也越快，但预测值的修匀程度较低，估计值的精度也可能降低。反之，n 的值越大，预测值的修匀程度越高，但对数据变化的反应速度较慢。因此，n 值的选取无法二者兼顾，应视具体情况而定。一般来说，可参考以下三点：

① 对于水平型数据，n 值的选取较为随意；

② 对于具有趋势型特点的数据，为提高预测值对数据变化的反应速度，n 值宜取得小一些为好；

③ 对于具有阶跃型特点的数据，n 值也宜取得小一些，这样可以使预测值对数据的变化更为敏感，减少预测误差。

（4）对移动平均法的简单评价　移动平均法的主要优点是简单易行，容易掌握。但它有以下三个缺点：

① 移动平均法只是在处理水平型历史数据时才有效，而在现实经济生活中，历史数据的类型远比水平型复杂，这就大大限制了移动平均法的应用范围；

② 移动平均法只是简单地考虑对最近 n 个时期的观测值求平均数，而把以前的数据统统给予为0的权；

③ 不存在一个确定时期 n 的值的规则。事实上，不同 n 的选择对所计算的平均数是有较大影响的。

2.2.3.3　指数平滑法

实质上也是一种指数加权平均法，此法是美国工业企业普遍采用的预测方法之一。它是选取各时期权的数值为递减指数数列的均值方法，即代表各时期权数的数列为

$$\alpha, \alpha(1-\alpha), \alpha(1-\alpha)^2, \cdots, \alpha(1-\alpha)^n \quad (0<\alpha<1)$$

可以证明，公比为 $(1-\alpha)$ 的该等比数列之和为1。

指数加权平均值 F_t 的计算公式为

$$F_t=\alpha D_t+\alpha(1-\alpha)D_{t-1}+\alpha(1-\alpha)^2 D_{t-2}+\cdots+\alpha(1-\alpha)^n D_{t-n}$$
$$=\alpha D_t+(1-\alpha)[\alpha D_{t-1}+\alpha(1-\alpha)D_{t-2}+\cdots+\alpha(1-\alpha)^{n-1}D_{t-n}] \tag{2-9}$$

由式（2-9）可推得

$$F_t=\alpha D_{t-1}+(1-\alpha)F_{t-1} \quad (0<\alpha<1) \tag{2-10}$$

这是简单指数平滑法的基本公式。

式中，D_{t-1} 为最近一期实际值；F_{t-1} 为最近一期预测值；F_t 为本期预测值。

α 为加权因子或称平滑系数（$0\leqslant\alpha\leqslant1$），系数的大小可根据过去的预测值与实际值差距

的大小而定。即根据 D_{t-1} 与 F_{t-1} 的差距来确定。预测值与实际值差距大，证明近期的倾向性变动影响大，则 α 应大一点；如 D_{t-1} 与 F_{t-1} 差距愈小，表明近期的倾向性变动影响愈小，愈平滑，则 α 可取小一些。在实践中有时可以采取试验的方法，分别试算若干 α 值的预测结果，而选择相应于最小误差的 α 值。有的著作中认为，在一般的工业预测中，α 的值宜选在 $0.05\sim0.03$ 之间。

有关初始值的确定问题，如果所求问题中，有明显的初始值，那就用给定的初始值。如果原序列没有明确的初始值，原则上这样规定：①若序列数较大，在 15 个以上时，初始值对以后的预测影响值影响较小，可选用第一期数据为初始值；②若序列数较少，在 15 个以下时，初始值对以后的预测值影响很大，应认真研究如何正确确定初始值。一般以最初几期的实际平均值作为初始值。

指数平滑法与移动平均法相比，具有以下优点：

① 计算简单，计算量小；

② 移动平均法只考虑最近 n 个时期的观测值（实际值）对预测值的影响，而指数平滑法既对最近的观测值给予较大的权，也对较前的观测值给予递减的权，这样较为合理；

③ 指数平滑法避开了移动平均法在选择时期 n 时尚无一定原则的困难。

但是，指数平滑法有两个主要缺点：

① 虽然避开了移动平均法在选择 n 上的随意性，却带来了确定 α 值的困难，且对此也缺乏一个有效的原则；

② 它同移动平均法一样难于处理复杂的数据，当数据出现趋势型变化或阶跃型变化时，指数平滑法难于满足预测的要求。

例 [2.3]　某市 1996～2007 年某化工产品的销售额如表 2-7 所示。试预测 2008 年该产品的销售额。

解　采用指数平滑法，并分别取 $\alpha=0.2$，0.5 和 0.8 进行计算，初始值 $F_1=\dfrac{50+52}{2}=51$，按预测模型

$$F_t=\alpha D_{t-1}+(1-\alpha)F_{t-1}$$

计算各期预测值，列于表 2-7 中。

表 2-7　某化工产品的销售额及指数平滑预测值计算/万元

年份	t	销售额 D_t	$\alpha=0.2$ 的预测值 F_t	$\alpha=0.5$ 的预测值 F_t	$\alpha=0.8$ 的预测值 F_t
1996	1	50	51	51	51
1997	2	52	50.8	50.5	50.2
1998	3	47	51.04	51.25	51.64
1999	4	51	50.23	49.13	47.93
2000	5	49	50.38	50.07	50.39
2001	6	48	50.10	49.54	49.28
2002	7	51	49.68	48.77	48.26
2003	8	40	49.94	49.89	50.45
2004	9	48	47.95	44.95	42.09
2005	10	52	47.96	46.48	46.82
2006	11	51	48.77	49.24	50.96
2007	12	59	49.22	50.12	50.99

从表 2-7 中可以看出，$\alpha=0.2$，0.5，0.8 时，预测值差别较大。究竟 α 取何值为好，可通过计算它们的均方误差 MSE，选取使 MSE 较小的那个 α 值。

当 $\alpha=0.2$ 时，$\mathrm{MSE}=\dfrac{1}{12}\sum\limits_{t=1}^{12}(D_t-F_t)^2=\dfrac{243.14}{12}=20.26$

当 $\alpha=0.5$ 时，$\mathrm{MSE}=\dfrac{252.82}{12}=21.07$

当 $\alpha=0.8$ 时，$\mathrm{MSE}=\dfrac{281.4}{12}=23.45$

计算结果表明：$\alpha=0.2$ 时，MSE 较小，故选取 $\alpha=0.2$，预测 2008 年该化学品的销售额为

$$F_{2008}=0.2\times59+0.8\times49.22=51.176\text{（万元）}$$

在实际应用中，可用计算机选择最适宜的 α 值，然后再进行预测。

注意：一次指数平滑法适用于受不规则变动影响较大，而没有稳定的发展趋势的时间序列。

2.2.3.4 二次指数平滑法

二次指数平滑法属于较高级的平滑技术方法之一（又称为双指数平滑法）。用指数平滑法处理具有趋势特点的历史数据时，一般其预测值往往低于实际值，这时可以采用二次指数平滑法。即在一次指数平滑的基础上，再进行一次指数平滑，以当前观测期的一次和二次指数平滑值来求出线性模型参数，所作预测更能提高对时间序列的吻合程度。

二次指数平滑法的具体步骤为：

① 计算一次指数加权平均数 F_t^1

$$F_t^1=\alpha D_t^1+(1-\alpha)F_{t-1}^1$$

式中，D_t 为时期 t 的实际值；α 为平滑指数（$0<\alpha<1$）。

在计算时期 1 的 F_1^1 时，初始值 F_0^1 可以由预测者根据经验和实际情况做出估计，也可用其他定量的方法来估计。

② 计算二次指数加权平均数 F_t^2

$$F_t^2=\alpha F_t^1+(1-\alpha)F_{t-1}^2 \tag{2-11}$$

同样，在计算时期 1 的 F_1^2 时，初始值也可由预测者给出一估计值，如令 $F_0^2=F_0^1$。应当指出，虽然初始值的确定有主观的因素，但随着时间的推移，它的影响是较小的。

③ 计算 a_t

$$a_t=2F_t^1-F_t^2 \tag{2-12}$$

④ 计算 b_t

$$b_t=\frac{\alpha}{1-\alpha}(F_t^1-F_t^2) \tag{2-13}$$

⑤ 计算预测值 F_t

$$F_t=a_t+mb_t \tag{2-14}$$

其中，m 为与预测有关的未来时间间隔数。

例 [2.4] 通过对近年来的某市煤炭实际消耗量进行分析，预测该市煤炭需求量。

解 通过对近年来的某市煤炭实际消耗量进行分析，绘制出观测值分布图（见图 2-7）后发现，观测数据近似呈现出线性趋势。故可以应用二次指数平滑来预测未来几年的煤炭需求量。某市煤炭实际消耗量资料数据见表 2-8。

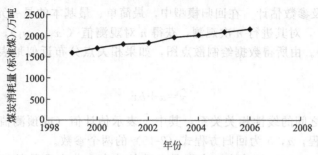

图 2-7　某市近年来煤炭实际消耗量

表 2-8　某市煤炭实际消耗量及二次指数平滑预测结果/万吨标准煤

时间	t	消耗量	F^1	F^2	a_t	b_t	F_t	误差限
1999	1	1605.08	1605.08	1605.08	1605.08	0		
2000	2	1702.10	1682.70	1667.17	1698.22	62.09	1605.08	5.700
2001	3	1800.30	1776.78	1754.86	1798.70	87.69	1760.31	2.221
2002	4	1826.90	1816.88	1804.47	1829.28	49.61	1886.39	−3.256
2003	5	1960.45	1931.74	1906.28	1957.19	101.81	1878.89	4.160
2004	6	1994.37	1981.84	1966.73	1996.96	60.45	2059.00	−3.241
2005	7	2090.89	2069.08	2048.61	2089.55	81.88	2057.40	1.602
2006	8	2153.58	2136.68	2119.07	2154.29	70.46	2171.43	−0.829
2007							2224.75	

采用线性趋势成分的二次指数平滑预测模型公式（2-13）和相应的 a_t、b_t 计算公式进行计算预测。通过试算和比较发现，平滑指数 α 取值为 0.8 较为合适，其预测结果也列于表 2-8 中。从表 2-8 中的数据和图 2-7 比较后发现，结果比较相近，误差很小。

$$误差限 = (实际值 - 预测值)/实际值 \times 100 \%$$

2.2.3.5　回归预测

在社会实践中，有的变量与变量之间存在着确定的函数关系 $Y = F(x)$，而有的变量与变量之间并不存在确定的函数关系，但是从大量的统计数据来看，又可能存在某种规律，称这种情况为存在相关关系。从相关变量中找出合适的数学表达式的过程称为回归。

回归是英国生物学家 Calton 在研究遗传时，从大量资料中发现生物群体身高趋于平均值的规律而提出来的。这一概念很快就被经济学家 Moore 引入经济领域，在经济学和分析、预测等领域中迅速发展起来。

回归预测是用来解决一个预测目标（因变量）y 依赖于一个 x 或多个自变量 x_1，x_2，$\cdots$，x_m 的不确定现象的预测问题。应该说 x_1，x_2，$\cdots$，x_m 是影响 y 变化的主要因素，在建立预测模型之前，必须应用经济学理论、专业知识及实践经验等进行定性分析，只有明确了现象之间确实存在着因果关系，才能用回归分析方法对因变量进行预测。有时虽然 y 与 x 或 x_1，x_2，$\cdots$，x_m 相关关系很显著，但它们之间不一定具有因果关系，也有可能因为它们同时受第三个变量的影响所致。相关性分析可以帮助确定因果关系，但不能代替因果关系分析。这里 x_1，x_2，$\cdots$，x_m 是可以控制的变量，是自变量，是普通变量；而 y 是不可控制的变量，是因变量，且是随机变量。应对影响 y 的主要因素进行分析，以便于建立回归预测模型。在一元回归预测中，自变量应是影响预测目标的最主要或者是最综合的影响因素；在多元回归预测中，应在调查研究、理论分析和经验判断的基础上，初步确定对预测目标有重要影响的因素，然后根据统计检验，从中剔除次要因素或更换其他因素，确定自变量，然后再考虑建立预测模型。

（1）回归模型及参数估计 在回归模型中，最简单、最基本的是一元线性回归模型。设有两个变量 X 与 Y，对其进行 n 次观测，获得 n 对观测值 (x_1, y_1)，(x_2, y_2)，(x_3, y_3)，…，(x_n, y_n)。由所得数据绘制散点图，如果相关点分布近似地表现为直线形式，则可用直线方程

$$\hat{y} = a + bx \tag{2-15}$$

近似地描述 x 与 y 之间的线性相关关系，其中 $\hat{y}$ 表示估计值（或预测值）。方程式（2-15）称为 y 与 x 回归方程，a，b 为回归方程式（2-15）的两个参数。

显然，方程式（2-15）的确定，主要是参数的确定。确定参数的方法一般为最小二乘法，即实际观测值 y_i 与估计（预测）值 $\hat{y}_i$ 离差平方和为最小，即

$$\sum_{i=1}^{n} (\hat{y}_i - y_i)^2 = \sum_{i=1}^{n} [(a + bx_i) - y_i]^2$$

的值最小。设

$$\theta(a, b) = \sum_{i=1}^{n} [(a + bx_i) - y_i]^2$$

由多元函数极值原理可知，极值点应满足：

$$\frac{\partial \theta}{\partial a} = \sum_{i=1}^{n} [(a + bx_i) - y_i] = 0$$

$$\frac{\partial \theta}{\partial b} = \sum_{i=1}^{n} [(a + bx_i) - y_i] x_i = 0$$

整理得

$$a = \bar{y} - b\bar{x}$$

$$b = \frac{\sum_{i=1}^{n} x_i y_i - \bar{x} \sum_{i=1}^{n} y_i}{\sum_{i=1}^{n} x_i^2 - \bar{x} \sum_{i=1}^{n} x_i} \tag{2-16}$$

$$\bar{x} = \frac{1}{n} \sum_{i=1}^{n} x_i, \quad \bar{y} = \frac{1}{n} \sum_{i=1}^{n} y_i$$

当因变量变化同时受多个自变量影响时，有多元线性回归模型。

设变量 y 值变动受 x_1，x_2，x_3，…，x_n 等多个变量影响，则有

$$\hat{y} = a_0 + b_1 x_1 + b_2 x_2 + \cdots + b_n x_n \tag{2-17}$$

式中，a_0 为常数项；b_1，b_2，…，b_n 分别为 y 对 x 的回归系数。

与一元线性回归模型相同，仍可采用最小二乘法确定参数 a_0，b_1，b_2，…，b_n。现以二元线性回归模型为例进行说明。

设变量 y，x，z 有 n 组观测值 (x_1, y_1, z_1)，(x_2, y_2, z_2)，(x_3, y_3, z_3)，…，(x_n, y_n, z_n)

$$\hat{y} = a_0 + b_1 x + b_2 z$$

$$\theta(a_0, b_1, b_2) = \sum_{i=1}^{n} (\hat{y}_i - y_i)^2 = \sum_{i=1}^{n} [(a_0 + b_1 x_i + b_2 z_i) - y_i]^2 \tag{2-18}$$

于是

$$\frac{\partial \theta}{\partial a} = \sum_{i=1}^{n} [(a_0 + b_1 x_i + b_2 z_i) - y_i] = 0$$

$$\frac{\partial \theta}{\partial b_1} = \sum_{i=1}^{n} [(a_0 + b_1 x_i + b_2 z_i) - y_i] x_i = 0$$

$$\frac{\partial \theta}{\partial b_2} = \sum_{i=1}^{n} [(a_0 + b_1 x_i + b_2 z_i) - y_i] z_i = 0$$

整理有

$$\left. \begin{array}{l} a_0 + b_1 \bar{x} + b_2 \bar{z} = \bar{y} \\[2mm] a_0 \sum_{i=1}^{n} x_i + b_1 \sum_{i=1}^{n} x_i^2 + b_2 \sum_{i=1}^{n} x_i z_i = \sum_{i=1}^{n} x_i y_i \\[2mm] a_0 \sum_{i=1}^{n} z_i + b_1 \sum_{i=1}^{n} x_i z_i + b_2 \sum_{i=1}^{n} z_i^2 = \sum_{i=1}^{n} z_i y_i \end{array} \right\} \tag{2-19}$$

由方程组（2-19）可确定出参数 a_0，b_1，b_2 的值。

建立多元线性回归方程时，由于计算量大，故多采用计算机进行计算。目前国内比较流行的软件是 TSP，其特点是容易掌握。另外 Office Excel 软件也可以对回归模型求解。它避免了使用专门的统计软件包，基本上能够满足对模型求解及精度的要求。

当由观测数据得出的散点图分布不是直线时，可选择适当曲线拟合。一般通过变量代换可把曲线回归方程转化成直线回归方程。下面给出在能源需求预测中较常见的曲线回归方程及其相应的变量代换。

① 指数函数回归方程

$$y = \mathrm{d} e^{bx} \tag{2-20}$$

令

$$y' = \ln y \quad a = \ln d$$

则有

$$y' = a + bx \tag{2-21}$$

② 幂函数回归方程

$$y = \mathrm{d} x^b \tag{2-22}$$

令

$$y' = \lg y \quad x' = \lg x \quad a = \lg d$$

则有

$$y' = a + bx' \tag{2-23}$$

（2）相关检验与回归方程精确度的估计　变量之间是否线性相关，能否用线性回归方程来拟合，可以用散点图观察相关点的分布是否近似于直线分布来确定。但这种方法在某些场合（如相关点较少）是不太可靠的，这时可以用相关系数来确定：

$$r = \frac{\sum (x - \bar{x})(y - \bar{y})}{\sqrt{\sum (x - \bar{x})^2 (y - \bar{y})^2}} \tag{2-24}$$

当 $0.5 < |r| < 0.8$ 时为显著相关，$0.8 < |r| < 1$ 时为高度相关，此时变量可用直线拟合。

当因变量 y 与多个自变量线性相关时，可以用相关系数 r 在众多自变量中进行筛选，剔除相关系数 $|r|$ 较小的不重要的自变量，最后保留少数与因变量关系最密切的自变量，既简化模型又可以保证回归预测的可靠性。

回归方程精确度可用估计标准误差来衡量，估计标准误差为：

$$S_{yx} = \sqrt{\frac{\sum (y - \hat{y})^2}{n}} \tag{2-25}$$

式中，S_{yx} 表示 y 依 x 的回归方程的估计标准误差；y 是因变量实际值；$\hat{y}$ 是估计值（或预测值）。S_{yx} 越小，则回归方程精确度越高。

（3）化学数据的一元线性回归分析举例 在分析化学中，通过大量的观测数据，可以发现彼此有关系的量变之间存在着统计规律性，如以邻二氮菲络合物的吸光度为例，采用分光光度法测得的邻二氮菲铁络合物的吸光度值（y）见表 2-9。

表 2-9 邻二氮菲铁（Fe^{2+}）络合物标准系列的吸光度值（$\lambda = 510nm$）

x：Fe^{2+} /（$\mu g/mL$）	0.50	1.00	2.00	3.00	4.00	5.00
y	0.095	0.188	0.0380	0.560	0.754	0.937

若吸光-浓度的直线通过所有的实验点，在统计上可以认为溶液的吸光度和浓度存在函数关系，特别是实验点比较分散时，画直线的任意性就很大，为了能方便地从一个变量的数值精确地求出另一个变量值，较好的办法是对数据进行回归分析，求出回归方程，然后作图，这样可以得到对各实验点的误差最小的直线，即回归线，此回归线属于一元线性方程。

① 一元线性回归方程的确定 以浓度 x 为自变量，吸光度 y 为因变量，设有多个实验点，（x_1，y_1），（x_2，y_2），（x_3，y_3，）…，（x_n，y_n），则线性回归方程可用下式表示：

$$y = a + bx$$

由一组实验值算出 a 和 b 值，就可以确定出回归方程，回归方程的计算见表 2-10。

表 2-10 回归方程计算

编号	x_i	y_i	x_i^2	y_i^2	$x_i y_i$
1	0.50	0.095	0.25	0.009	0.048
2	1.00	0.188	1.00	0.035	0.188
3	2.00	0.380	4.00	0.144	0.760
4	3.00	0.560	9.00	0.314	1.680
5	4.00	0.754	16.00	0.569	3.016
6	5.00	0.937	25.00	0.949	4.685
Σ	15.50	2.914	55.25	2.02	10.377

$$n = 6 \quad \overline{x} = 2.58 \quad \overline{y} = 0.487$$

$$b = \frac{\sum\limits_{i=1}^{n} x_i y_i - \overline{x} \sum\limits_{i=1}^{n} y_i}{\sum\limits_{i=1}^{n} x_i^2 - \overline{x} \sum\limits_{i=1}^{n} x_i} = \frac{10.377 - 2.584 \times 2.914}{55.25 - 39.99} = 0.187$$

$$a = \overline{y} - b\overline{x} = 0.487 - 0.187 \times 2.58 = 0.0045 \approx 0.005$$

则一元回归方程为：$y = 0.005 + 0.187x$

若未知样品的吸光度为 0.282，则所测溶液的浓度为：

$$x = \frac{0.282 - 0.005}{0.187} \approx 1.48 \ (\mu g/mL)$$

根据上述回归方程找出两点：（$\overline{x}$，$\overline{y}$）=（2.58，0.487）；（0，y_0）=（0，0.005）。作标准曲线即回归线如图 2-8 所示。

② 回归方程的有效性检验 回归方程的相关系数为：

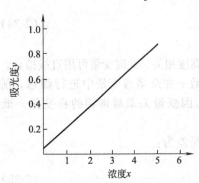

图 2-8 回归直线（标准直线）

$$r = \frac{\sum (x_i - \overline{x})(y_i - \overline{y})}{\sqrt{\sum (x_i - \overline{x})^2 (y_i - \overline{y})^2}} = \frac{\sum x_i y_i - n\overline{x}\,\overline{y}}{\sqrt{(\sum x_i^2 - n\overline{x}^2)(\sum y_i^2 - n\overline{y}^2)}}$$

$$= \frac{10.377 - 6 \times 2.58 \times 0.487}{\sqrt{(55.25 - 6 \times 2.58^2)(2.02 - 6 \times 0.487^2)}} = 0.94$$

相关系数的临界值见表 2-11。

表 2-11　相关系数的临界值

$f=n-2$	置 信 水 平		
	90%	95%	99%
1	0.988	0.997	0.999
2	0.900	0.950	0.990
3	0.805	0.878	0.959
4	0.729	0.811	0.917

在上例中 $f=n-2=5-2=3$，查表可知 r 的临界值为 0.878，置信水平为 95%，计算值 $r=0.94>0.878$，置信水平应在 95% 以上，故回归方程的 x 和 y 之间存在线性关系。

2.2.3.6　需求价格弹性预测法

（1）市场需求的价格弹性　需求的价格弹性，是需求弹性的一种。所谓需求弹性是计量商品的需求量随着某一个有影响的因素发生变化而变化的方法。其主要方法有需求的价格弹性（需求量随着价格变化而变动的方法）、需求的收入弹性（需求量随收入变化而变化的方法）和需求的交叉弹性（需求量随着有关商品的价格变化而变化的方法）。需求的价格弹性，通俗地讲，就是研究由于产品价格变化百分比而引起产品需求变化的百分比。

市场需求的价格弹性，具体地说，就是指商品与劳务市场需求量变动的百分比对商品与劳务价格变动百分比的值，可用下式表示：

$$市场需求的价格弹性 = \frac{市场需求量变动的百分比}{价格变动的百分比} \tag{2-26}$$

根据公式（2-26）计算的结果，有以下几种情况：①需求的价格弹性大于 1，表示需求量变动的百分比超过了价格变动的百分比，这种需求是富有弹性的；②需求的价格弹性小于 1，表示需求量变动的百分比小于价格变动的百分比，这种需求是缺乏弹性的；③需求的价格弹性等于 1，表示的是需求量变动的百分比与价格变动的百分比相等，这种需求具有单一弹性；④需求的价格弹性等于零，指的是不论价格如何变动或价格的变动有多大，需求量都不会发生任何变动，这种需求是完全缺乏弹性的；⑤需求的价格弹性等于无穷大，指的是在某一既定的价格水平条件下，需求量可以无限制地任意变动，这种需求是完全富于弹性的。

（2）需求价格弹性在经营决策中的应用　需求价格弹性理论作为一种以定量分析为主的分析方法，对于生产经营者在市场竞争中取得竞争优势，对于政府提高经济决策的科学性有着重要意义。

① 需求价格弹性在定价决策中的应用　对于需求富有弹性的商品来说，由于其商品的需求对价格的变动非常敏感，即商品价格稍微下降，其需求量就大大增加，使这种商品因需求量增加而增加的收入大于其价格降低而减少的收入，对于这种商品的价格策略应采取"薄利多销"策略，即低价或降价策略。对需求缺乏弹性的商品来说，应采取稳中有升价格策略。对于缺乏需求价格弹性的商品，可以采取适当高价策略。

② 需求价格弹性在需求预测和价格预测中的应用　如企业已经掌握价格、销售量及需求价格弹性系数等基期资料，在知道预期的价格变动情况后，可利用需求价格弹性公式来预测某一时期的需求量。假定 2007 年某商品的销售量为 500 万件，需求价格弹性系数为 1.2，根据相关资料预计，到 2008 年该商品价格将提高 10%，则可预测 2008 年的商品销售量。

$$需求变动率 = 弹性系数 \times 价格变动率 = 1.2 \times 10\% = 12\%$$
$$需求变动量 = 基期需求量 \times 需求变动率 = 500 \times 12\% = 60（万件）$$

即由于价格提高，2008 年该商品需求量为

$$500-60=440（万件）$$

其次，如果企业已经掌握价格、弹性价格弹性系数等基期资料，在预测了商品的需求量或预期的需求变动率后，则可预测某一时期达到的价格水平。假定 2007 年某商品的价格为 200 元，需求弹性为 0.8，通过市场调查，已预测到 2008 年市场需求量将从 2007 年的 500 万件增加到 600 万件，则可预测 2008 年该商品销售价格。

$$价格变动率＝需求变动率÷弹性系数＝20\%÷0.8＝25\%$$

$$预测期价格＝基期价格×（1＋价格变动率）＝200×（1＋25\%）＝250（元）$$

③ 需求价格弹性在产品生命周期不同阶段的应用　产品从投产到关闭一般要经过投入期、成长期、成熟期、衰退期四个阶段。在产品的不同成长阶段，其需求价格弹性是不同的。在投入期，消费者对产品了解较少，需求价格弹性较弱；在成长期，随着消费者对产品的认可程度上升，需求价格弹性开始变强；在成熟期，产品在市场上开始达到饱和，需求价格弹性逐步达到最强；在衰退期，市场需求开始减少，需求价格弹性也开始变弱。

当产品处于弹性弱阶段并开始上升时，生产经营者应积极改进生产技术，提高产品质量，加大广告宣传费的投入，提高消费者对产品的了解程度；当产品处于弹性增强阶段时，生产经营者的重点应放在产品差别方面，适当增加品种以满足不同消费者的需求；当产品处于弹性变弱阶段时，生产经营者应减少广告费的支出，开发产品新功能，开辟新市场。

一般来说，需求量与产品的价格有很大关系，故价格弹性也是研究技术开发项目经济敏感度的一种有用工具。因为价格的变化不仅影响销售收入，同时也影响市场规模和生产能力的发挥。如果价格降低而使需求量大增，尽管单位产量的销售收入减少，但总的销售收入增加，而且由于生产能力充分发挥，生产成本也相对降低，经济效益显著。若价格变化百分比大，则用过去的价格弹性指数预测需求量将有偏差，故这种预测方法比较适合于价格变化百分比相对较小的产品。

2.2.3.7　交叉弹性预测方法

(1) 需求的交叉弹性　有些产品的需要量并不仅仅取决于它的价格，而且还取决于相关产品和可以相互替代产品的价格。

相关产品，是指在使用价值上存在某种相互依存、相互作用关系的产品。如：

① 替代品　指对消费者具有相似效用的，即在使用价值上可以相互替代的产品。

② 互补性产品　指在使用价值上相互补充，且合并使用对消费者才能产生更大效用的产品，如照相机与胶卷、汽车与汽油、信封与信纸等。

例如肥皂和洗衣粉，互为替代产品，肥皂价格的涨落必然会引起洗衣粉需求量的变化；而照相机和胶卷是互补性产品，照相机价格的涨落，也必然引起照相胶卷消费量的变化。在预测产品的需要量时应了解哪些产品价格的变化会影响预测产品的需要量，故引入交叉弹性系数这一概念。

交叉弹性系数表示某种产品需要量变化的百分数与另一替代或相关产品价格变化百分数之比，其定义为：

$$市场需求的交叉弹性＝\frac{需求量变动的百分比}{另外一种相关产品的价格变动的百分比} \qquad (2\text{-}27)$$

需求的交叉弹性，研究相关商品价格变动与某种商品需求量变动之间的关系。当需求交叉弹性为正数时，两种商品是替代品关系，即两种商品的价格与需求量按照同一方向变动。当需求交叉弹性为负数时，两种商品是互补品关系，两种商品的价格与需求量按照相反方向变动。如果需求的交叉弹性值接近于零，则表示这两种商品是不相关的商品。

(2) 需求交叉弹性在经营决策中的应用　分析需求交叉弹性在经营决策中的应用，主要考虑以下两种情况。

① 当生产经营者同时生产替代品和互补品 此时，制定价格要考虑替代品或互补品之间的相互影响。就其中某一产品而论，降低价格会给生产经营者带来损失，但如果互补品销售量会因此迅速扩大，导致生产经营者总的利润增加，这样的降价还是值得的。特别是对于某些大型生产经营者，往往拥有多条生产线，同时生产相互替代或相互补充的产品，利用需求的交叉弹性分析各种产品之间的风险问题，统筹规划，协调好交叉产品的营销策略是十分必要的。

② 当替代品或互补品分别在不同的生产经营者中生产 可分为四种情况考虑：a. 当与生产经营者商品有替代关系的商品价格下降时，生产经营者商品价格策略应保持同步下降，这样可以避免因生产经营者商品需求量减少而丧失市场；b. 当与生产经营者商品有替代关系的商品价格上升时，生产经营者商品的价格策略应是维持原价或相应提价，维持原价可以吸引替代商品原来的购买者；c. 当与生产经营者商品有互补关系的商品价格下降时，生产经营者商品的价格策略是维持原价或相应提价，互补商品降价会带动对本商品需求的上升，维持原价或适当提价不会影响到本商品的销售，从而可以增加生产经营者的利润；d. 当与生产经营者商品有互补关系的商品价格上升时，生产经营者商品价格策略是适当降价，由于互补商品提价将会使其需求量下降，对本商品的需求也会减少，所以适当降价是为了阻止需求量的下滑。

习 题

2-1 简述定性预测方法的特点。

2-2 比较传统市场调查与现代网络市场调查的异同。

2-3 比较 4Ps 理论与 4Cs 理论，提出自己的看法。

2-4 市场预测的内容与步骤是什么？

2-5 怎样评价预测的准确度，利用最近的文献资料，收集几个评价实例。

2-6 设有 12 个时期的某一经济变量的观测值：
时期 1，2，3，4，5，6，7，8，9，10，11，12；
相应的观测值 1，900，1450，1820，1890，2700，1750，1600，1550，2100，2620，2250，2400。
试分别按三个时期和五个时期计算移动平均数。

2-7 利用 2-6 的数据，按指数平滑法计算各时期的预测值（分别取 $\alpha=0.2$，$\alpha=0.5$），初始值 $F_0=1900$。

2-8 设有 17 个时期的某一经济变量的观测值：
时期 1，2，3，4，5，6，7，8，9，10，11，12，13，14，15，16，17；
观测值 140，138，160，178，158，168，203，190，204，215，224，220，200，222，220，220，238，236。
试按 $\alpha=0.3$，计算二次指数平滑法的预测值，初始值 $F_0^1=F_0^2=140$。

2-9 按过去的统计数据，建筑面积 x 与涂料的需求量 y 的关系如表 2-12 所示，试用线性回归方法建立一元线性回归方程。

表 2-12 建筑面积 x（$\times 10^6 \text{m}^2$）与涂料的需求量 y（kt）的关系

建筑面积/$\times 10^6 \text{m}^2$	18	12	9	15
需求量/kt	3.5	3.0	2.0	3.5

2-10 美国化工产品生产情况对国际化工市场价格影响很大。近年美国某化工产品年产量数据见表 2-13，试按三种不同方法预测美国 2004 年、2010 年和 2011 年此化工产品产量。

表 2-13 美国历年某化工产品产量

年份	1997	1998	1999	2000	2001	2002	2003
产量/万吨	1.64	1.64	1.77	1.59	1.55	1.77	1.95

第 3 章 选题和立项

化工技术开发一般按照"选题→小型试验（简称小试）→中型试验（简称中试）→生产性试验"的程序循序渐进，开发的内容涉及立项前的可行性研究，在实验室条件下进行的小试，放大的模型试验，以及对工艺技术方案进行技术经济评价，设计生产装置，安装、调试、开车等许多步骤，但选题总是化工过程开发工作之前的重要工作，它关系到开发工作的成败。在选题时，应对立题项目进行可行性研究，并从技术可靠性、社会效益、经济效益等方面证明其为可行的立题报告。

3.1 选题的基本原则

3.1.1 课题的性质和来源

凡与化工新产品开发、生产技术改造以及新工艺和新技术的推广应用有关的研究成果，均属于化工过程的开发课题。这类课题大都是根据国民经济发展需要和市场需求提出的，其研究成果应能发挥较好的社会效益或经济效益。根据我国现行科研体制，这类研究课题主要有以下三个来源。

（1）计划课题 由国家有关部委、省市地区科委等部门经专家建议和论证，进行必要规划而制定的研究课题。"十五"期间，我国科技计划项目体系基本概括为"3＋2"的框架。其中"3"是指国家的三大科技计划主题：国家科技攻关计划、国家高技术研究（863）计划及基础研究计划（973 计划）；"2"是指研究开发条件建设计划及科技产业化环境建设计划，如图 3-1 所示。

这些项目的目标和任务都十分具体，并且经过了选题论证，得出了肯定的结论，即带有指令性和指导性，对于国计民生和经济发展能发挥较重要的作用。对于这类课题的开发，应从完成课题提出的目标和任务考虑。计划课题常称为纵向项目。

（2）企业委托课题 企业根据自身发展需要和生产中面临的技术难题，向研究机构委托或向社会公开招标所提出的开发项目。这类课题实用性与针对性强，项目的目的和指标具体，通常称为横向项目。

（3）自选课题 自选课题是研究人员根据文献调查和社会调查提出来的，在未能申请立项列入国家主管部门计划之前，自筹经费进行的项目。

3.1.2 选题的基本原则

3.1.2.1 选题和立项

凡根据国民经济发展和市场需要提出的化工新产品、新材料、新技术、新工艺，具有先进性、合理性、现实性、可行性，可以获得应有的社会效益和经济效益的课题均可作为化工过程开发课题，但应特别注意以下几点。

（1）创新性原则 创新性原则就是要求在理论上、方法上具有独特的观点或在技术上、

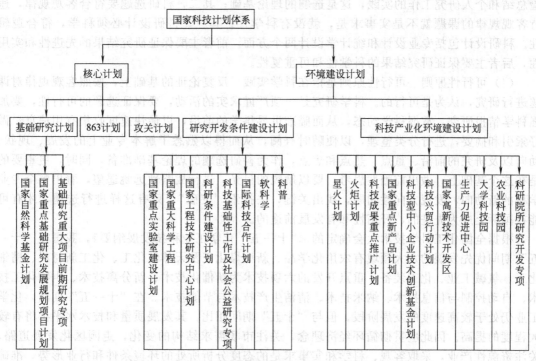

图 3-1   我国科技计划项目体系框架图

工艺上具有创新。科学研究是解决前人没有解决的问题或没有完全解决的问题，必然要求有创新、有独特之处。具体说来，理论研究就是要求提出新的观点，得出新的结论；应用研究就是要求发明新产品、新技术、新材料、新设备、新工艺或把原有技术应用到新技术领域，提出具有创新性的问题，只有对前人或他人的研究成果作出深入细致、全面系统的调查研究，找出继承和创新之间矛盾的关键问题，才能够提出并选择一个具有科学研究价值的课题。所以说创新是科学研究的灵魂。

科技创新已成为化学工业可持续发展的重要保证。近年来，在基础原料和中间体、合成树脂和塑料、化工生产和环保催化剂、生物化工、纳米技术、化工新材料以及化工设备革新等领域，一系列具有重要创新意义和重大推广价值、对化学工业及相关行业的发展和进步有深刻影响的新成果继续涌现。与此同时，我国化工科技自主开发和创新能力大大提高，取得了一系列技术创新和技术进步成果，这些成果涉及有机原料和中间体、三大合成材料、化肥、催化剂、精细与专用化学品、涂料和胶粘剂、橡塑助剂、纳米技术、生物技术、化工新材料以及环境保护等各个方面。这些技术创新和技术进步有力地推动了化工生产向清洁、高效、节能和环保的良性循环发展。

（2）**需要性原则**   需要性原则是指所提出的问题应当是有重大意义或者急需解决，同时也要求兼顾科学技术自身的发展要求。需要性是科学研究的最终目的，是满足日益增长的生产和人们生活水平不断提高的需要；是科学技术发展生产力的需要倾向。一般来说，需要性分为近期需要和长远需要。根据社会需要来选题时，要有全局的观念，既要顾及长远发展的需要，选择战略性、探索性的课题，但又不能忽略当前的迫切需要，要克服那种单纯追求"高、精、尖"而脱离社会现实的需要，应当做到"先进性与适用性相结合"。因此开展科学研究首先要考虑社会发展的需要。

（3）**科学性原则**   科学性原则主要是指所选课题必须符合最基本的科学原理，遵循客观规律，具有科学性。主要有三个方面的含义：首先要求选题必须有依据，其中包括前人的经验总结和个人研究工作的实践，这是选题的理论基础；其二，科研选题要符合客观规律，违背客观规律的课题就不是实事求是，就没有科学性；其三，科研设计必须科学，符合逻辑性。科研设计包括专业设计和统计学设计两个方面。前者主要保证研究结果的先进性和实用性，后者主要保证研究结果的科学性和可重复性。

（4）可行性原则　可行性原则是指在科学实践、反复论证的基础上，按照客观规律对课题进行研究，认为是可行的。科学研究是一项严谨求实的活动，要保证选题的可行性，要加强科学情报研究，掌握科学动态，从而瞄准世界科学的前沿，以最快速度收集有用信息，做好索引和摘要，进行分类整理，以便随时查阅，从而得以熟悉了解本专业上的发展、现状、动向以及研究的前沿、重点、热点和焦点，作为科研选题的理论基础准备，同时，更重要的是在这个基础上，做出前瞻性思考，要以敏锐的目光，进行战略性远眺遥望，看出整个专业学科的新动向，发现方向性问题，找出关键，去探索"突破"。只有这样进行选题，才有可能在国际上成为先进的、开拓性和有发展前途的。

根据全国化工科学技术大会确定的《"十一五"化学工业科技发展纲要》，我国在"十一五"期间优先发展的六大领域有农用化学品、新型煤化工及天然气化工、化工新材料、精细化工、氯碱工业、化工装备；重点开发的六项技术为新催化技术、新分离技术、生物化工技术、自动控制与信息技术、纳米技术、清洁生产技术与节能技术。在"十一五"期间，化学工业仍处于较高速度的发展阶段，但与"十五"期间相比，其发展质量和技术水平都将有较大程度的提高。因此应贯彻循环经济理念，关注市场需求结构的变化，走园区化发展道路，关注资源性产业，采取客观、科学和实事求是的态度分析所处的环境条件和行业形势，准确把握发展机遇。

3.1.2.2　科学研究的分类

人们习惯于把当代科学研究活动统称为"研究与开发"，大体上划分为以下三类。

（1）基础研究　发现自然界的各种规律性，将其表述为一般化的基本原理。这类研究，从本质上来说有知识取向，往往没有明显的实用动机，所取得的成果虽有学术上的不同价值，却很难预料它在将来是否可以通过技术上的应用而获得某种经济利益。不过，从长远的观点来看，有时或许可以期望某项基本原理能够应用于实际的技术过程。对于某些价值取向性的基础研究，也称作"战略研究"。

（2）应用研究　有明确的价值取向及相应的动机，希望通过研究解决生产实践或其他社会实践中提出的实际问题。这类研究总是与某种特定的任务相联系，指望在规定的期限内能够实现事先设想的某一经济目标或社会目标。因此，对研究的投资是依照其可能获得的经济效益或社会效益的大小来安排的。这类研究有时也称作"任务取向研究"或"价值取向研究"。

（3）技术开发　把基础研究或应用研究取得的成果引入技术过程，使知识成果变为能够直接获益的物质产品。这类研究不仅有非常明确的目标，而且可以直接获得经济效益并关系到产品的市场竞争能力，因而在投资上很容易得到政府或企业部门的重视。

很明显，基础研究属于科学发展的范畴，技术开发属于技术发展的范畴，应用研究则分跨科学发展和技术发展两个范畴。

3.1.2.3　选题原则的灵活运用

（1）基础研究选题主要以科学发展为导向　基础研究代表一个国家的整体科学水平，其成果是科技发展的重要源泉和先导，是现代科技和经济的支撑和储备。因此，选题主要应以科学发展为导向，即从学科理论发展的自身需要出发进行选题。尽管有些基础研究也是由社会发展或经济发展的需要提出来的（如经济运行机制、金融危机的机理、医学上的病理研究等），但是这些问题更多的是由学科理论发展的自身需要决定的，它们并没有专门的或具体的应用目的，因此符合科学发展导向。

国家的基础研究课题分为自选课题、重点课题和重大项目三种类型。自选课题是科学家个人或集体根据自己的特长和意向提出的，重点课题是从学科发展的优先领域中选取的。这两类课题由国家宏观规划，以指导性的方式由国家自然科学基金委员会等有关部门组织实施。国家自然科学基金由国家拨款和集中管理，是体现自主选题的政府管理基础性研究的主要方式。

（2）应用研究的选题以市场需要为导向 应用研究的选题理所应当以市场需要为导向，这是由应用研究自身的特征决定的。应用研究主要是为了获得新的知识并服务于应用目的而进行的创造性的研究活动，它主要是针对某一具体的实际目的或目标。但是测度应用目的是否合理和有效，主要应当以市场需要为尺度。尽管市场需要的度量尺度对科学研究来说存在着信息沟通不充分和时间差的问题，但是市场需要又是可以进行预测的。因此，应用研究的选题应以市场需要为导向。技术开发是利用现有的科学和技术原理，为生产新的材料、产品和装置，建立新的工艺、系统和服务，以及对已生产和建立的上述各项进行实质性的改进，或者进行生产要素的重新组合而进行的系统性的工作。

（3）技术开发的选题以市场需要为导向 对于企业，选题是通过产品市场的未来需求传递给自身的生产系统和运作系统；对于高校和科研机构，选题以技术市场需要为导向更显重要。根据科研的不同类别，在运用选题原则时必须结合实际，灵活运用。

3.1.3 化工产品开发策略

3.1.3.1 前向一体化合作开发模式

前向一体化合作开发模式是指化工企业与下游用户合作开发新产品的模式。用户是最重要的产品创新源之一，化工企业要根据用户的需求开发新产品。同一种工艺，原料不同，下游企业的产品也不同。用户往往向化工企业提出一些要求，化工企业会紧紧抓住这些信息，开发新产品。前向一体化往往会赢得稳定的用户。

（1）改善下游产品质量和性能（技术指标） 原料直接影响产品的性能和质量，下游企业往往对原料提出要求以满足其产品的技术指标，模型见图 3-2。一般有两种情况：一种是部分改变原料指标；另一种是完全改变了原料路线，如新的环保法规要求涂料企业所生产的涂料符合环保要求，这就使得涂料企业要求溶剂供应商开发新产品，提供环保型溶剂。这两种情况都要求企业在原产品上改进或为原产品寻找新的用途。

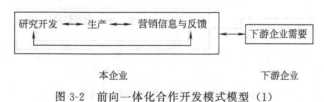

图 3-2 前向一体化合作开发模式模型（1）

（2）降低下游产品成本 原料直接影响产品的成本，下游企业往往对原料提出要求以降低下游产品成本，模型同图 3-2。由于化工产品的可替代性，一般体现在低成本的产品对高成本产品的替代，如汽车上的某个零部件，原来用尼龙制作，现在用改性聚丙烯生产零部件同样能够达到原来的性能，但成本低得多。

（3）推广本企业新产品开发下游新产品 任何工业都没有像化学工业这样能使用有限的原料创造出丰富多彩的产品。人们在实验室中合成新材料，化工企业要研究这些材料的特性、应用领域、生产工艺，要向下游企业介绍这些新材料，与下游企业共同开发新产品，下游企业的应用意味着这种新材料的市场；发现老产品的新用途也与此类似，模型如图 3-3 所示。

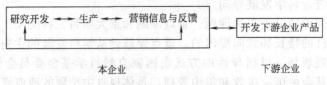

图 3-3　前向一体化合作开发模式模型 (2)

3.1.3.2　后向一体化合作开发模式

后向一体化合作开发模式是指化工企业与上游供应商合作开发新产品的模式。模型见图 3-4。

图 3-4　后向一体化合作开发模式模型 (1)

同一种工艺使用不同的原料可以生产不同的产品,同一种原料不同的工艺也可以生产不同的产品,也可以生产同一种产品,其区别是成本不同及产品指标的不同。化工企业要根据用户的需求开发新产品,一般来说,改变原料要比改进工艺成本低。因此化工企业往往向上游供应商提出原料要求,与上游供应商合作开发满足下游企业的产品。对于合作开发的特殊原料,化工企业往往要求原料供应商不得向其他企业提供这种原料,以保证本企业产品的竞争优势。

(1) 改善原料质量和性能(技术指标)　原料直接影响产品的性能和质量,通过改变原料来改变企业产品的性能。一般有两种情况:一种是完全改变了原料路线;另一种是部分改变原料指标。

(2) 降低产品成本　原料直接影响产品的成本,化工企业往往对原料提出要求以降低自己产品成本。如化工企业一般使用能达到同样性能但价格最低的助剂。助剂价格低,添加助剂的产品成本也低,所以就迫使化学助剂产品的更新替代比较快。

(3) 应用供应商新产品开发新产品　供应商常常向化工企业推介新材料、新能源、新设备、新工艺等,帮助化工企业应用并共同开发新产品,化工企业要紧紧抓住这些机会开发合适的产品。模型见图 3-5。

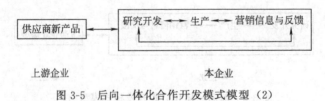

图 3-5　后向一体化合作开发模式模型 (2)

3.1.3.3　横向一体化合作开发模式

横向一体化合作开发模式是指化工企业之间合作开发新产品的模式。任何一个化工企业都不可能占有所有的优势,化工企业之间优势互补,合作开发新产品,共同占领市场。合作可以是多方面的,有研究领域的合作;有研究、生产与销售领域的合作。合作领域不同,横向一体化合作开发模式模型也不同,目的不同,模型也不同。图 3-6 表示了研究领域合作开发下游企业需要产品的模型。

3.1.3.4　过程一体化开发模式

过程一体化开发模式是指化工产品开发阶段就采用研究、设计、制造、营销、采购、财

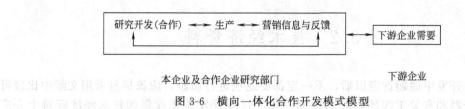

图 3-6　横向一体化合作开发模式模型

务、供应商及用户介入、参与的并行工作小组方式，对全过程一体化管理。由于从产品规划、设计阶段就考虑到成本、制造、营销、技术服务等相关的知识和经验，从而减少差错，加速新产品开发。模型见图 3-7。

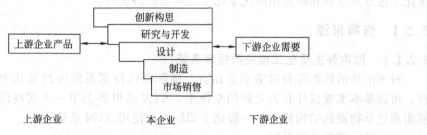

图 3-7　过程一体化开发模式模型

3.1.3.5　混合一体化合作开发模式

混合一体化合作开发模式是指在化工产品开发过程中不局限于单独采用上述任何一种形式，而根据需要采取两种或两种以上混合的模式。图 3-8 表示了比较复杂的混合一体化合作开发模式。

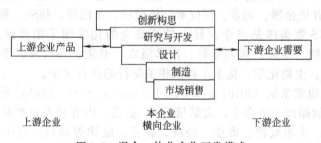

图 3-8　混合一体化合作开发模式

3.1.3.6　合作开发的形式

合作开发一般以战略联盟的形式进行。联盟的形式是多样的，主要有合资、研究与开发协议、合作生产营销、相互持股等，也有的是长期供应协议。有些联盟是明确的，有些则不明确，但事实均存在。联盟有些比较紧密，有些比较松散，它与各方的投入及收益等有关。

在前向一体化开发模式中，化工企业与下游企业合作，开发出满足下游企业需要的产品。如果双方投入均较大，则会知识产权共享，这种联盟比较紧密。如果下游企业投入很小或只是配合工作，则这种联盟较松散，只是特殊供应商与客户的关系。后向一体化合作开发模式与此相似。

在横向一体化合作开发模式中，两个或两个以上化工企业合作共同开发新产品，知识产权共享，这种联盟比较紧密。

过程一体化采用并行工程方法，建立一个有利于各部门信息沟通和协调的跨部门、多学科的并行工程小组，其具体形式因项目及企业的不同而不同。

3.2 技术经济资料

化工过程开发中课题选定以后，不一定都要逐项进行试验，应该尽量采用文献中比较可靠的数据、资料和有关工程的经验和数据。化工过程开发需要收集的技术经济资料十分广泛，除了开发放大和过程优化所需的一切技术资料外，还有原料、产品、副产品、能源以及地理环境等方面的许多重要技术经济信息，除了少数是通过试验研究取得的，其他信息资料则需要通过文献或互联网调查以及社会调查来收集。在此着重介绍从工业化角度收集、整理供化工过开发立项和研究用的化学化工文献和经济情报。

3.2.1 资料来源

3.2.1.1 国内外主要化工相关数据库系统

对于国外的数据库和网络信息而言，国际联机检索系统通过对其中不同的数据库的选择，可以基本实现国外有关文献的全搜索，STN 是世界上第一个实现图形检索的系统，能够实现化学物质的结构检索，一般化工课题推荐使用 STN 系统。

（1）国际联机检索系统

① STN 联机检索系统（http：//stnweb. cas. org/） STN 联机检索系统目前有 200 多个数据库，主要涉及各学科领域及综合性科学技术方面的文献和专利，同时提供众多公司、供应商等方面的商情信息（如生物商情、化工产品方面等）。STN 系统中，美国化学文摘社提供了两个重要的化学文献数据库，即化学物质登记号（REG）数据库和美国化学文摘（CAPLUS）数据库。REG 数据库包含了世界范围内在期刊和专利上报道的有机、无机、金属、合金、矿物、有机金属、元素、同位素、核微粒、蛋白质、核酸、聚合物等所有的化学物质信息。CAPLUS 数据库是当今世界上最新最全的化学题录型数据库，来源文献包括8000 多种国际性刊物、专利、同族专利、技术报告、书籍、会议录、学位论文等，覆盖了1907 年以来的化学、生物化学、化学工程及相关学科的所有文献。

② Dialog 联机检索系统（http：//www. dialogweb. com） Diglog 联机检索系统现有全文、题录及数据型数据库 900 多个，文献量近 17 亿篇，内容涉及自然科学、社会科学、工程技术、人文科学、实事政治、商业、经济、教育、法律等领域。其中包含美国《工程索引》（EI）、美国《政府报告通报及索引》（NTIS）、英国《科学文摘》（INSPEC）、世界专利（WPI）、科学引文索引（SCI）等著名数据库，另外还有几百个公司信息（名录及背景）、商业信息、工业分析、新闻报道、产品情况、统计数据等数据库。

国际联机检索系统涵盖的数据库很全，检索速度快，效率高，资料全面且准确，检索操作可在国家相关情报中心和各省级情报中心由工作人员操作完成，也可由个人电脑通过相关网站的链接由个人自主完成。

（2）国外专业数据库

① Chemindustry（http：//chemindustry. com） Chemindustry 为化工及相关工业的专业人员提供了可通过全球网站搜索所需要的产品及服务方面信息的工具，为专业人员提供的信息涉及化学、石油化学、药学、塑料、涂料、染料及相关工业的所有方面，如科研、产品开发、市场经营、分销及应用等。

② Chemicalonline（http：//chemicalonline. com） 美国化学工业的交易市场产品展示、产品与供应商搜索。网页提供近期化工新闻，特别报道，新闻分析及月内新闻记录。

③ Chemconnect（http：//www. chemconnect. com） 因特网上全球最大的化工交易网

站，1996 年以来在网上成交额已超过 150 亿美元。新闻与研究频道提供约 600 种网上化学化工期刊的链接，据知是目前化学化工期刊链接数最多的站点。

④ Chemweb（http：//chemweb.com） 建于 1997 年 4 月，是目前世界上最大的化学在线社区，集合了化学研究、化学工业以及相关学科的大量资源。Chemweb 的期刊分页（http：//chemweb.com/journals）现在可以提供 200 多种化学化工期刊，文摘免费，部分期刊还可以免费下载全文，如 Chemistry&Biology 等。

⑤ CambridgeSoft's chemACX.com（http：//chemacx.com） 该数据库收集了全球 300 多个化学试剂供应商的产品目录，由 CambridgeSoft 公司提供。用户无需注册，可通过化合物的 CAS 登录号查询所需化学试剂的供应商、包装及价格。

（3）国内相关数据库
① 中国知识资源总库（http：//www.cnki.net）；
② 万方数据资源系统（http：//www.wanfangdata.com.cn）；
③ 维普信息资源系统（http：//www.tydata.com/）；
④ 国家科技成果网（http：//www.nast.org.cn/）；
⑤ 中国化学文献数据库（http：//202.127.145.134/scdb/queryHome.asp）；
⑥ 中国石油和化工资源网（http：//www.chemdoc.com.cn/）；
⑦ 中国化工信息网（http：//www.cheminfo.gov.cn/）。

3.2.1.2　化学化工期刊

学术期刊及科技杂志是科学技术传播的主渠道。BetaCyte（http：//www.betacyte.com）是一个专门为客户提供有关化学信息的服务机构。其期刊分页（http：//www.betacyte.com/journals.html）是目前最全面、更新最快的化学期刊站点。通过它可以查询到 600 种已上网的化学期刊的网址及一些期刊简介，如收费情况、期刊涉及的研究领域及访问权限等。BetaCyte 的"期刊快讯电子邮件组"（Journal Alert Mailing List）是一个用 E-mail 及时将网络上期刊的变更情况通知客户的服务器，客户只要进至它的期刊分页，在 NAME 及 MAIL 框中分别填上自己的姓名及 E-mail 地址，然后按 SEND 键，即可获得此项服务。目前许多期刊在 Internet 上发行电子版。

国外综合性化学化工期刊有《化学工程进展》（Chemical Engineering Process）（美）、《国际化学工程》（International Chemical Engineering）（美）、《化学工艺》（Chemical Technology）（美）、《化学工程》（Chemical Engineering）（美）、《化学工程研究与设计》（The Chemical Engineering Research & Desing）（英）、《化学工程师》（The Chemical Engineer）（英）、《化学物理杂志》（Journal of Chemical Physics）（美）、计算化学杂志（Computational Chemistry）（英）、《美国化学会会志》（Journal of the American Chemical Society）等。

再有快速报道期刊，其内容比较简短，一般没有具体资料和方法，报道的内容是最快和最新的，如《化学与工业》（Chemistry and Industry）（英）、《化学快报》（Chemistry Letters）（日、英、法、德文）、《化学物理快报》（Chemical Physics Letters）（荷兰，英文版）等。

国内刊物主要有《科学通报》、《高等学校化学学报》、《化学学报》、《无机化学学报》、《有机化学》、《中国科学》、《物理化学学报》、《硅酸盐学报》、《现代化工》、《高校化学工程学报》、《化工学报》、《化工进展》、《过程工程学报》等。

3.2.1.3　工具书和专著

工具书是根据一定社会需要，全面系统地汇集一定范围内的文献资料，经审定整理或概括，用简明易查的方法加以组织编排，提供某一方面的基本知识或资料线索，专供查检和查考的特定类型的图书。工具书分传统的纸质版与网络工具书两大类，包括字典、手册、百科全书、商品名录、产品大全、年鉴等。

化学工业出版社出版的有关工具书主要有：《化工辞典》、《世界化工商品手册》、《石油和化学工程师实用手册》（美）、《化工百科全书（专业卷——冶金和金属材料）》、《化工百科全书》（1～19）、《石油化工设计手册（1）石油化工基础数据》、《石油化工设计手册（2）标准规范》、《石油化工设计手册（3）化工单元操作》、《石油化工设计手册（4）工艺和系统设计》、《化学工程手册》、《世界石油与化工公司手册》、《化工工艺设计手册》（上、下册）等。

此外还有《化学工程师手册》（Chemical Engineer's Handbook, R. H. Parry, McGraw-Hill）。该书为权威的化工工具书，内容涉及所有与化工过程有关的内容，目前可参考《佩里化学工程师手册（英文影印版）》（上下册，科学出版社，2001 年）。

上述手册和专著中详尽收集了常见化学物质的物化数据、估算方法、算图，以及各单元操作设计参考资料和有关设备、管道、管件造型方面的资料，是化工开发工作者必备的工具书。信息用户可以通过专业搜索引擎、出版社网址、图书馆、教育学习网站或者相关链接等，搜集因特网上丰富的网络工具书资源，选择符合自己需要的权威词典、百科全书、指南和数据库，作为研究工作的参考。

3.2.1.4　专利文献

（1）专利文献的特点　专利文献是各国专利局及国际性的专利组织在受理和审批专利过程中产生的官方文件及其出版物的总称，世界知识产权组织编写的《知识产权教程》指出："专利文献是包含已经申请或被确认为发现、发明、实用新型和工业品外观设计的研究、设计、开发和试验结果的有关资料，以及保护发明人、专利所有人及工业品外观设计和实用新型注册证书持有人权利的有关资料的已出版或未出版的文件（或其摘要）的总称。"全球 90 多个国家和地区、国际性组织出版的专利文献，报道技术内容广泛，技术覆盖面广、技术新、时间快，是当代高技术信息的宝库，也是世界上管理精确、组织严密的追溯性资料，具有与其他信息不尽相同的特点。

　　① 专利文献数量大、内容广博、有连续性；

　　② 专利文献反映新的科技信息，技术新颖，报道迅速；

　　③ 专利文献技术内容可靠、实用性强；

　　④ 专利文献是专利技术法律保护的依据。

专利文献作为印证发明创造受法律保护的文件，包含了发明创造的法律信息、记载专利权生效日期和地址、权利保护范围和保护期限、公布专利权失效的专利号码等，这对于企业技术创新中的研究开发、生产销售、技术贸易及许可证贸易有着十分重要的作用。

（2）专利文献对企业技术创新的影响　知识产权制度的一个重要作用就是促进最新技术公开与传播，这个公开与传播集中体现在专利文献上。专利文献的运用操作，将贯穿于企业技术创新的全过程，并成为企业技术创新的重要组成部分。在新技术、新产品研究开发工作中，应首先进行专利文献检索，其目的主要有以下几点：

　　① 对已有专利在先的技术应当避开，防止侵犯他人专利权；同时，专利文献可为企业技术创新开阔视野、启迪思路、激发创造性思维，促进新的技术构思和新发明的产生；

　　② 根据检索出的对比文献，可以清楚地了解本领域技术发展现状及最新发展趋势，以便在高起点上确定研究课题和产品开发方向，防止低水平重复研究，造成科研资金和资源的浪费；

　　③ 专利文献可为企业技术创新准确把握市场脉搏，争取市场竞争优势，也可为企业正确选择技术引进对象，为引进技术的评估与选择提供依据。

实践证明，在创新研究、开发的过程中，用好专利文献，可节约 40%的科研开发经费和 60%的研究开发时间，所以，利用专利文献来开发新产品，从事技术创新，是一条省时省力省经费的捷径。在查阅专利文献的同时，可以开阔视野，启迪科技人员的创造性思维，有利于从已有的专利夹缝中寻找技术空白点来进行新的发明创造。目前，国家知识产权局已建立起了收藏世界各主要国家和国际组织的 4000 多万份文献的专利文献馆，这些巨量的专利文献记载着各个领域、行业、专业的发展过程，记载着各领域最新的成果和动向。追踪和研究这些专利文献，可以了解到国内外技术发展的最新动态，使企业能够迅速地抢占本领域技术创新的制高点。

(3) 国内外化学化工专利文献资源　专利信息是化学化工信息中非常重要的一类，通过 Internet 可以查阅一些国家的专利文献，有的可以免费下载全文，常见的专利网如下。

① 中国国家知识产权局（http：//www. sipo. gov. cn）　该站是由国家知识产权局设立的公开免费使用网站，收录了自 1985 年到现在所有的在中国专利局申请的专利，包括发明、实用新型和外观设计的二次文献和原文。由此还可以链接到国外专利网站。

② 美国专利和商标局（http：//www. uspto. gov）　美国专利和商标局目前通过 Internet 免费提供 1976 年以来到最近一周发布的美国专利数据库。

③ 欧洲专利局（http：//ep. espacenet. com）　不仅提供欧盟组织成员各国的专利文献，还可以检索到国际专利信息、日本公开特许信息以及全世界范围内的 3000 万种专利文献。

④ 其他专利网站

中国知识产权网（http：//www. cnipr. com）；

日本专利局（http：//www. jpo. go. jp/）；

IBM 知识产权网络（http：//www. patents. ibm. com/）；

世界知识产权组织网站（http：//www. wipo. int/）；

加拿大知识产权局（http：//patents1. ic. gc. ca/）；

英国德温特专利数据库（http：//www. derwent. com/）；

网上专利服务器（http：//www. micropat. com/）；

化工热线（http：//www. chemol. com. cn/）；

中国现有化学物质名录数据库系统（http：//www. crcsepa. org. cn/）；

中国精细化工网（http：//www. finechem. com. cn/）；

中国塑料信息网（http：//www. cpinfo. net/）；

中国医药化工网（http：//www. medicinechem. com/）；

中国化肥信息网（http：//www. chinafertinfo. com/）；

中国农药信息网（http：//www. pesticide-info. com/）；

中国化学会（http：//www. ccs. ac. cn/）；

美国文献中心（http：//wwwdoc. center. com/doccenter/）；

美国化学工程师（http：//www. aiche. org/）；

德国化学会（http：//www. gdch. de/）；

日本化学会（http：//www. soc. nacsis. ac. jp/）；

中科院化学所（http：//www. sico. ac. cn/）；

中科院上海有机化学所（http：//www. sioc. ac. cn/）。

(4) 专利检索工具　权威性的专利检索工具首推德温特公司出版的 Derwent Innovations Index（DII）。该库由 Derwent World Patents Index（WPI，德温特世界专利索引）和 Derwent Patents Citation Index（PCI，德温特专利引文索引）整合而成。WPI 采用统一的专利分类法（International Patent Classification，IPC）以题录形式报道英、美、苏（俄）、日等 27 个国家和国际专利合作条约组织（Patent Cooperation Treaty，PCT）和欧洲专利局

(The European Patent Office，EPO）的专利题录；德温特出版公司又于1975年创办了《世界专利文摘》（World Patents Abstracts，WPA），WPA以文摘形式重点报道英、美、法、俄（苏）等13个国家和PCT、EPO的专利说明书摘要。作为检索专利信息的专业检索工具，DII报道学科完整，信息全面，并且提供强大的检索功能。用户还可以利用Derwent Chemistry Resources展开化学结构检索。同时，通过专利间引用与被引用这条线索可以帮助用户迅速的跟踪技术的最新进展；更可以利用其与ISI Webof Science的连接，深入理解基础研究与应用技术的互动与发展，进一步推动研究向应用的转化。它收录了来自42个专利机构授权的1460多万项基本发明，3000多万条专利。每周更新并回溯至1963年，为研究人员提供世界范围内的化学、电子与电气以及工程技术领域内综合全面的发明信息，是检索全球专利的最权威的数据库。该库按学科分为三个数据库，即：

① Derwent Innovations Index（Chemical Section）；

② Derwent Innovations Index（Electrical and Electronic Section）；

③ Derwent Innovations Index（Engineering Section）。

除了这些专利数据库以外，还有一些其他类型的数据库也提供专利信息，其中比较全面的是美国《化学文摘》（Chemical Abstracts，简称CA）数据库。CA收录报道了约40多个国家和地区［包括EPO和WIPO（World Intellectual Property Organization，世界知识产权组织）两个世界性专利组织］化学化工领域的专利文献。CA的检索途径多，有完整的索引体系，故可以由各种渠道，迅速准确地检索到所需要的资料。

中国专利公报分《发明专利公报》、《实用新型专利公报》和《外观设计公报》三种。专利公报的内容通常分为三大部分。

① 专利申请、审定与授权　这部分内容是用来向社会公开专利权人的专利产品信息，是专利公报的核心内容。

② 专利事务　这部分内容主要是登载专利申请的驳回、撤回以及著录项目的变更等。

③ 索引　将专利产品信息以申请号或授权公告号或发明人为主要排序依据编辑而成的专利索引，便于用户迅速查找指定专利信息。

（5）专利数据库查询方式　大部分专利数据库都支持布尔检索、专利号检索和高级检索这三种最常用的查询方式，而这三种方法只要应用恰当，找准关键词之间的逻辑关系，就几乎能查到所需的任何专利。

布尔检索是一种常用的检索方式，它能对专利进行字段、词组、日期范围和右截断等的搜寻，并能对结果进行排序和显示查询统计。

专利号检索相对来说要简单得多，只要知道专利号就能查阅到所需专利。

高级检索是一种非常灵活的查询工具，能进行很复杂的数据库检索，使用起来也很方便，它主要通过对检索词之间逻辑关系的界定，和对字段、词组、日期范围等的指定，缩小检索范围，并支持右截断截词检索方式，还能对结果进行排序，与布尔检索相比，它支持复杂布尔逻辑表达式，可实现专利的精确搜寻。表3-1为9种常用专利数据库的检索方式、检索字段与检索功能。

3.2.2　专业技术经济资料

化工过程开发需要收集的技术经济资料十分广泛，除了开发放大和过程优化所需的一切技术资料外，还有原料、产品、副产品、能源以及地理环境等方面的许多重要技术经济信息。只有少数是通过试验研究取得的，其他信息资料则需要通过文献或互联网调查以及社会调查来收集。对于从文献或互联网收集的资料，一般都要对它们的时效性作出预测后方能采用；对于从社会调查收集的资料，除了对时效性作必要的预测外，还要考虑不同地域、不同单位提供资料的差别。化工过程开发所收集到的资料可以用图 3-9 来形象地表达。

表 3-1 9 种常用专利数据库的检索方式、检索字段与检索功能

专利数据库名称	检索方式	检索字段	检索功能
中华人民共和国国家知识产权局网站专利数据库	表格检索、IPC 分类检索、法律状态检索	16	布尔检索、截词检索
中国知识产权网专利数据库	表格检索、IPC 分类检索、逻辑检索	18	二次检索、过渡检索、同义词检索、布尔检索、截词检索、位置检索
中国专利信息网专利数据库	逻辑检索、简单检索、菜单检索	17	布尔检索、进阶检索、限定检索
世界知识产权组织（WIPO）专利数据库	高级检索、结构化检索、简单检索	29	布尔检索、短语检索、限定检索、截词检索、位置检索
IBM 知识产权网专利数据库	快速检索、专利号检索、逻辑检索、高级检索	23	布尔检索、截词检索、限定检索、位置检索、短语检索
欧洲专利局专利数据库	快速检索、表格检索	8	布尔检索、截词检索、短语检索
美国专利商标局专利数据库	快速检索、高级检索、专利号检索	31	布尔检索、短语检索、二次检索
日本专利数据库	分类检索、文本检索、文献号检索	7	布尔检索、限定检索
加拿大专利数据库	基本检索、专利号检索、逻辑检索、高级检索	11	布尔检索、截词检索、短语检索

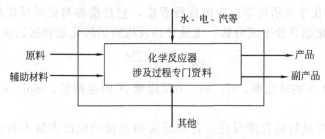

图 3-9 化工过程专门资料和外围资料涉及范围

3.2.2.1 专门资料

有关研究化学反应和设计、建立化学反应装置所需要的资料，称为专门资料。

（1）物性数据 参与生产过程的各种物料的物性数据如有关物质的物态、沸点、熔点、密度、饱和蒸气压随温度变化曲线、汽液平衡数据等；

生成热、燃烧热、比热、相变热等热力学数据；

有机化合物波谱谱图、催化剂组成及各种物理性能等；

工程技术上必需的物质黏度、运动黏度、扩散系数、热导率等传递过程的数据；

涉及过程安全性的物质爆炸极限范围、闪点、导电性等方面的数据。

常见物质的物性数据一般都可以在有关手册或已建立的数据库中查找，而新物质或者复杂混合物料的物性数据，则需通过试验测定，有的可从有关图表或采用经验公式推算。

为了便于物性数据的查找和计算，国内外一些大型化学公司、大学或研究部门专门设立了"数据库"，查找各种物质的物性数据十分方便。

（2）化学平衡数据 化学平衡数据是研究反应过程、确定工艺方法和技术评价的重要参数。化学平衡关系由平衡常数表示。设化学反应式为：

$$aA + bB \longrightarrow dD + eE \tag{3-1}$$

若达到热力学平衡，则有

$$K_p = \frac{p_D^d p_E^e}{p_A^a p_B^b} \tag{3-2}$$

或
$$K_c = \frac{c_D^d c_E^e}{c_A^a c_B^b} \tag{3-3}$$

式中，K_p，K_c 为以分压和浓度表示的平衡常数；p_A，p_B，p_D，p_E 为 A，B，D，E 四种物质的分压；c_A，c_B，c_D，c_E 为 A，B，D，E 四种物质的浓度；a，b，d，e 为 A，B，D，E 四种物质的化学计量系数。

平衡常数 K_p（或 K_c）的数值可从有关手册中查出或用热力学函数式计算。由化学平衡常数可以判断化学反应为可逆或不可逆，能否达到较大收率，以及是否采用物料循环工艺等。如化学平衡常数很大，则表示反应达到平衡时，反应物料中已基本上不存在初始原料，可视为不可逆反应，不必考虑物料循环流程；若化学平衡常数较小，反应后物料中还存有较多的初始原料，则反应为可逆反应，若不能找到提高转化率的有效措施，就应该考虑物料循环工艺，来达到开发目的。

（3）转化率、选择性、收率　化学反应的转化率、选择性和收率是判断反应或过程优劣的指标，它们与过程进行的条件（温度、压力、浓度、时间、催化剂、反应器等）有关。反应器选型及反应前后物料的分离提纯都应考虑转化率和收率的高低。过程的转化率、选择性、收率与物料衡算、技术经济评价密切相关，可定量说明开发成功与否。一项新工艺条件或催化剂配方或反应器技术革新的大量工作，就是调整各种条件，使过程达到对转化率、选择性和收率的具体要求。

① 转化率　转化率表示化学反应的进行程度，它是指参与化学反应的某一主要反应物 A 在化学反应中转化的百分率或分数，也就是该反应物的转化量和起始量之比：

$$x_A = \frac{n_{A,0} - n_A}{n_{A,0}} \tag{3-4}$$

式中，x_A 为反应物 A 的转化率，%；$n_{A,0}$ 为反应物 A 的起始量，mol；n_A 为反应终了时反应物 A 的量，mol。

在工业生产中所进行的化学反应，各种反应物料量的配比多数不符合化学计量系数之比。通常为了抑制某些副产物的生成或使某些昂贵的物料反应完全，可在反应物料中使某一组分过量。当计算转化率时，一般应选择其中昂贵的或相对含量较少的反应物（不过量组分）计算其转化率。这个反应物称为"关键组分"。

② 收率　对于简单反应，可用转化率来说明反应物中的关键组分转变为目的产物的反应完全程度。但对于复杂反应，除了化学过程所生成目的产物外，还生成了副产物。因此，对于复杂反应，就引出收率的概念。收率为反应过程中关键组分转变生成目的产物的分数。设反应物 A 经过化学反应后，生成目的产物 P 和副产物 R 和 S。

$$a\text{A} + b\text{B} \rightarrow p\text{P} \rightarrow r\text{R}$$
$$\phantom{a\text{A} + b\text{B}} \searrow s\text{S}$$

反应物料中 A 为关键组分，A 和 P 的化学计量系数分别为 a 和 p，故目的产物的收率 y 为

$$y = \left(\frac{a}{p}\right)\frac{n_P}{n_{A,0}} \tag{3-5}$$

式中，y 为反应物 A 转变成为目的产物 P 的收率，%；n_P 为生成目的产物的量，mol；$n_{A,0}$ 为反应物 A 的起始量，mol；式中引入化学计量系数比 $\left(\frac{a}{p}\right)$，是为了使计算的收率最大值为 100%。

③ 选择性　转化率的高低只能说明反应的程度，并不能说明其好坏。因为转化掉的原料，有一部分可能发生了副反应。

评价复杂化学反应还使用选择性的概念。对上述反应，产物 P 的选择性，可定义为生成目的产物 P 的物质的量与已转化的反应物之比，而且考虑化学计量方程式中的相关系数，即

$$S = \left(\frac{a}{p}\right)\frac{n_P}{n_{A,0} - n_A} \tag{3-6}$$

选择性科学地反映在转化掉的原料中，有多大比例生成目的产物，故可用于评价优劣。

由于转化率是表明反应物中关键组分的转化程度；收率表示关键组分转化为目的产物的相对生成量，而选择性则表示主反应和副反应的相对强弱，所以三者间存在如下关系：

$$y = x_A S \tag{3-7}$$

从以上关系可知，转化率、收率和选择性三者之中，只要已知其二，即可评价复杂反应结果的优劣。

应当指出，化学反应的转化率、选择性和收率等数据，一般必须通过实验测定。对于已知的反应过程的有关数据，也应经过试验论证后使用。应该注意的是，化学反应的转化率、选择性和收率等数据与反应过程进行的条件（温度、压力、反应物浓度、反应时间和催化剂性能等）有关，随着开发工作的深入和反应系统的放大，反应条件也将随之改变，故转化率、选择性和收率的数据，应依化工过程开发最后确定的工艺条件而定。

④ 单耗　由于工业生产习惯直观的重量概念，以及生产使用的原料往往不只一种，故常使用单耗这一术语。单耗是生产单位（每吨）产品所需各具体原料的重量。使用单耗在物料衡算和技术经济评价中都十分方便，单耗愈低，愈接近理论值，说明该过程技术水平愈高。

3.2.2.2　外围资料

为在专门资料以外的可行性研究和技术经济评价所需的有关产品生产销售和生产环境方面的一些资料，主要包括以下方面。

（1）有关生产原料的资料　化工生产中的原料费用往往是生产成本的主要组成部分，表3-2 举例说明了几种重要的化工产品原料费用在成本结构中的比重。

表 3-2　几种重要的化工产品原料费用在成本结构中的比重

重要化工产品	原料费用占生产成本的比例/%	重要化工产品	原料费用占生产成本的比例/%
硫酸	60～75	塑料	55～85
碱	35～70	化学纤维	50～80
合成橡胶	60～78		

从表 3-2 的数据可见，化工生产原料费用往往占生产总成本的 50%～80%，同时生产相同产品时原料路线也有多种可能性，所以有关原料资料的收集，是决定项目工艺路线、生产规模的重要依据。

对于矿产品，主要应收集开采规模、可供应量、品位、价格及国家对自然资源的开发规划和国家对于矿产品分配计划。我国的矿产资源属国家所有，矿产品的开采权和分配权由国家控制。在选择原料时应注意国家制定的有关资源与环境保护的法律、法规和政策。

对于农副产品，主要收集产地、产量、作为工业原料的可能性、非收获季节供应的可能性、其他用途的需求量、市场价格、贮存条件，以及国家和地区发展农业的方针政策和统购统销政策等。

对于化学合成产品，则应收集厂家的生产规模、产品规格、质量和价格、市场供应情况、进口的可能性、国内发展前景，以及国家的工业发展布局等。

原料的产地、交通运输条件和对于储存的要求也是应收集的重要资料。主要是了解原料产地距建厂地的远近、交通运输条件、运输能力能否保障、散装运输的可能性、包装的形式、规格和要求、储存设施的条件和要求，以及原料的到厂价格等。

（2）有关产品资料　产品资料指产品的需求特征，如纯度、价格方面总体要求和对特定杂质含量等特殊要求。在收集资料过程中，既应收集当前市场需求量和有关价格方面的数据，也应收集市场需求与价格变化方面的资料，包括有关的分析与预测资料。

除了纯度和有害杂质的限量外，还应注意用户对于产品黏度、相对密度、色泽和其化学、物理性能方面的要求，如对高聚物产品的聚合度、分子量分布和热机械性能；染料的鲜艳程度、耐水洗和耐晒牢度要求等。

（3）有关副产物资料　收集副产物能否形成副产品，其种类、数量、价格、需求可能性、分离提纯工艺可行性、排放的有害性、对环境可能造成的污染程度、可以采取的有效治理方法等。

目前，化学工业中追求的最佳生产工艺是使生产中产生的"三废"能通过适宜的处理方法被完全、充分、合理地利用。因此，应注意收集采用化学、物理、生态治理等方法治理"三废"的可能性与经济合理性等方面的资料。

（4）能源资料　电能主要消耗于驱动机械设备，如泵、鼓风机、压缩机等。化工生产多采取连续式操作，不能断电。间歇操作遇到骤然停电，也会造成经济损失或安全问题。因此，必须对开发项目的供电可靠性、可能性做出切实保证，并收集是否建立变电站、事故用电设施、用电指标、电价等方面资料。

锅炉供汽是化工厂常见供热方式，特点是相对而言燃料便宜，消耗费用较低，但需购置锅炉，安装管线，而且热效率低，可达温度有限，维护量大，不及电加热方便、灵活。对小型化工厂究竟采用电加热还是锅炉供汽加热，应收集锅炉投资、燃料价格、电价等各方面资料，并结合项目及发展综合考虑。对于大型化工装置，应认真考虑不同能位余能的综合利用，以减少能耗，节约能源。

（5）厂区概况等其他有关资料　无论是新建厂区的选址，还是利用现有闲置厂房，均应充分收集地区的气象、地形、工程地质、环境、交通、水源、厂区及邻近地区情况、排洪与排水、供电与电讯等方面的资料。

习　题

3-1　选题的基本原则是什么？结合文献资料说明成功选题的实例。

3-2　立项报告涉及那些内容，结合专业知识与你所感兴趣的科研方向，写出立项报告。

3-3　试通过文献调研，收集①我国近年甲苯年产量资料；②美国近年苯酚年产量资料。附上检索文献名称、卷、期、页、年份。

3-4　100mol 苯胺在用浓硫酸进行焙烘磺化时，反应物中含 87mol 对氨基苯磺酸，2mol 未反应的苯胺，另外还有一定数量的焦油物。试求：①苯胺的转化率；②生成对氨基苯磺酸的选择性；③生成对氨基苯磺酸的理论收率。

3-5　在苯的一氯化制氯苯时，为了减少副产物二氯苯的生成量，每 100mol 苯用 40mol 氯，反应产物中含 38mol 氯苯、1mol 二氯苯，还有 61mol 未反应的苯，经分离后可回收 60mol 苯，损失 1mol 苯。试求：①苯的单程转化率；②苯的总转化率；③生成氯苯的选择性；④生成氯苯的总收率。

第4章 化工过程开发实验中的
实验设计与数据处理

在化工过程开发中，无论是实验室研究还是中试放大，都需要做大量的实验。实验设计方法为安排和组织实验的方法，有了正确的实验设计，才能以较少的实验次数，较短的时间，获得较多和较精确的信息，多快好省地完成实验任务。一个好的实验应包括三个方面。

实验的设计 首先要明确实验的目的，确定要考察的因素以及它们的变动范围，然后根据实验目的制定出合理的实验方案。

实验的实施 按照设计出的实验方案，实地进行实验，取得必要的数据结果。

实验结果的分析 对实验所得的数据进行分析，判定所考察的因素中哪些是主要的，从而确定出最好生产条件，即最优方案。这一过程称为实验的优化，简称优选法。

常用的实验设计方法有多种，从处理的因素角度出发，可将实验设计分为单因素实验法和多因素组合实验设计两类。

单因素实验中，每次只变动一个因素，而将其他因素暂时只固定在某一适当水平上，待找到了第一个因素的最优水平后，再依次考察其他因素。该方法的主要缺点是当因素之间存在交互作用时，实验工作量大，实验结果可靠性较差；且第一个实验点的选择比较重要，选择不当会导致最优条件得不到。

多因素组合实验法，是将多个需要考察的因素，通过数理统计的方法组合在一起同时实验，而不是一次只变动一个实验条件，因而有利于揭示各因素间的交互作用，可以迅速找到最优条件。

从如何处理实验因素多水平的角度出发，可将实验设计方法分为同时法和序贯法。

同时法的实验条件的安排是在实验前一次确定的，根据实验结果即可找出最优方案。同时法的优点是所需时间短，但实验次数多。多因素实验中的正交设计法属于同时法。在正交实验中，实验虽不是一次完成的，但必须全部实验完成后再对结果进行处理，故也属于同时法。

序贯法的指导思想是，根据前轮实验结果来安排后面的实验，故所需实验次数少，可充分发挥仪器的设备的作用，节省费用。但是，所需总的实验时间较长。

4.1 单因素实验优选

在单因素实验中，只考虑对指标影响最大的因素，其余因素不变，具体步骤为：①确定评定结果好坏的方法和影响指标的主要因素，用数学语言抽象地说，就是建立以 x 为影响因素的指标函数 $F(x)$；②估计包含最优点的实验范围，即 x 的取值范围为 $a < x < b$ 或 $a \leqslant x \leqslant b$；③进行实验；④实验结果分析；⑤进行下一轮实验，再分析结果，如此循环，直至满意；⑥如经 3~5 次实验，指标改变不大，则所选择的为非主要因素。不必继续对该因素进行研究。

单因素实验优选有多种方法，对一个实验应该使用哪一种方法与实验的目标、实验指标的函数形式、实验的成本费用有关，根据化工过程设计与开发的特点，本节着重介绍平分法、黄金分割法及分数法。

4.1.1　平分法

平分法也称对分法、等分法，是一种有广泛应用的方法。使用平分法的基本要求是在实验范围内：①指标函数 $F(x)$ 是单调的；②每次实验结果可决定下一次的实验方向。假设实验区间为 (a, b)，则第一次实验点为 $(a+b)/2$，根据这次实验结果，实验者判断下一次实验区间，删除整个实验区间的一半。第二次实验点选取仍为保留实验区间的中点，根据第二次的实验结果再删除一半的实验区间，如此一直做下去，直到找到最佳实验结果为止。该方法通过 n 次实验就可以把目标锁定在长度为 $(b-a)/2^n$ 的范围内，例如通过 7 次实验就可以把目标锁定在实验范围的 1% 之内，故是一个高效的单因素实验方法，属于序贯实验。

例 [4.1]　某配方型化工产品生产工艺要求在最后一道工序添加一定量的碱，并加热处理 14h 以形成乳化剂。已知增大碱量可减少加热处理的时间，但碱量过大也会造成破乳分层。为了降低能耗和提高生产能力，准备采用适当加大碱量的方法来减少加热处理时间，据经验碱量在 1.0%～5.6% 范围内进行优选。

解　第一次实验点：$(1.0\%+5.6\%)/2=3.3\%$ 结果已破乳分层，说明碱过量，舍去 3.3%～5.6% 的范围。

第二次实验点：$(1.0+3.3\%)/2=2.15\%$，结果在 4h 达到良好的乳化。

第三次实验点：$(2.15\%+3.3\%)/2=2.72\%$，结果在 1h 内可良好乳化。故只需做三次实验就可达到目的（图 4-1）。

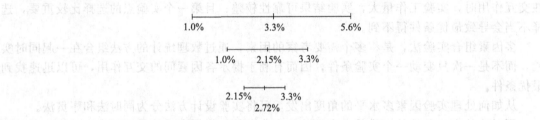

图 4-1　平分法中加碱量的选取过程

平分法常用于确定生产中某种物质的添加量问题，如在塑料的配方设计中，以塑料制品一定的物理性能指标作为对比条件，并预先知道该变量对制品物理性能、加工性能影响的规律，这样，通过实验结果就知该原材料的添加量是多或少。

4.1.2　黄金分割法（0.618 法）

在单因素优选法中，平分法最方便，一次实验就能把实验范围缩小一半，但它的条件不易满足，要求目标函数是单调的，每次实验要能决定下次实验的方向。

最常遇到的情形是，不知道在实验范围内有一个最优点，再大些或再小些实验效果都差，而且距离越远越差，这种情况的目标函数叫单峰函数。

大多数化学反应的指标函数为单峰函数，对于这种情况，可采取 0.618 法尽快逼近目标。

黄金分割法具有实验次数少、精度高、简单、直观、有效、节省人力、物力、财力等优点。因此黄金分割法在工业、农业、电子、化工和科学研究等领域得到了广泛的应用，如工业上选择最佳工艺或配方，农业上寻求最佳施肥方案等。

黄金分割法又称 0.618 法，即在线段的比例中项处安排实验点，设线段 ab 长为 1，其

比例中项 x 值可由定义式确定：

$$\frac{1}{x}=\frac{x}{1-x} \tag{4-1}$$

解方程 $x^2+x-1=0$，求得 $x=0.618$，具体做法如下。

假设实验区间为 $[a, b]$，第一个实验点 x_1 选在实验范围的 0.618 位置上，按式 (4-2) 进行计算：

$$x_1=a+0.618(b-a) \tag{4-2}$$

第二个实验点 x_2 为第一个实验点在实验区间为 $[a, b]$ 内的对称点，按式 (4-3) 进行计算：

$$x_2=a+0.382(b-a) \tag{4-3}$$

设 y_1 和 y_2 分别表示 x_1 和 x_2 两点的实验结果，对比 y_1 和 y_2 的值，则可能会出现下述三种情况。

① y_1 比 y_2 好，x_1 为好点，则根据"留好去坏"的原则，去掉实验范围 (a, x_2)，保留实验区间 $[x_2, b]$，下一个实验点是保留的好点 x_1 在新的实验区间 $[x_2, b]$ 的对称点。根据"去掉左边，下一个计算点在新的实验区间内保留的好点右边"这一原则，x_3 按式 (4-4) 进行计算：

$$x_3=x_2+0.618(b-x_2) \tag{4-4}$$

x_3 也可按式 (4-5) 进行计算：

$$b-x_3=x_1-x_2 \tag{4-5}$$

然后再比较 x_3 和 x_1 的实验结果。优选过程如图 4-2 所示。

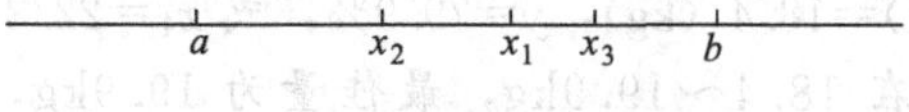

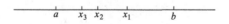

图 4-2　第一种情况下的优选过程

② y_2 比 y_1 好，x_2 为好点，则也根据"留好去坏"的原则，去掉实验范围 (x_1, b)，保留实验区间 $[a, x_1]$，下一个实验点是保留的好点 x_2 在新的实验区间 $[a, x_1]$ 的对称点。根据"去掉右边，下一个计算点在新的实验区间内保留的好点左边"这一原则，x_3 按式 (4-6) 进行计算：

$$x_3=a+0.382(x_1-a) \tag{4-6}$$

x_3 也可按式 (4-7) 进行计算：

$$x_3-a=x_1-x_2 \tag{4-7}$$

然后再比较 x_3 和 x_2 的实验结果。优选过程如图 4-3 所示。

$$\underline{\quad a \quad x_3 \ x_2 \quad\quad x_1 \quad\quad\quad b \quad}$$

图 4-3　第二种情况下的优选过程

③ y_1 与 y_2 的效果一样时，去掉两端，在剩余区间 $[x_1, x_2]$ 内继续做实验，x_3、x_4 重新选取，按式 (4-8)、式 (4-9) 进行计算：

$$x_3=x_2+0.618(x_1-x_2) \tag{4-8}$$
$$x_4=x_2+0.382(x_1-x_2) \tag{4-9}$$

然后再比较 x_3 和 x_4 的结果，优选过程如图 4-4 所示。

无论出现上述三种情况中的哪一种，在新的实验范围内都有两个实验点的实验结果可进行比较，总的选取实验点的原则仍是："留好去坏，去掉左边，下一个计算点在新的实验区间内保留的好点右边；去掉右边，下一个计算点在新的实验区间内保留的好点左边；去掉两端，两个新点重新选取"，再去掉实验范围的一部分，这样反复做下去，直到找到满意的实

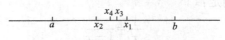

图 4-4 第三种情况下的优选过程

验点，得到比较好的实验结果为止，或实验范围已很小，再做下去，实验结果差别不大，就可停止实验。

例〔4.2〕 某种石蜡产品生产的最后工序是加入一定量的活性白土，在一定温度下脱色处理，方能得到合格产品。活性白土的量少了，产品合格率低，但过量的活性白土对收率也不利。现按生产经验，将处理每批产品所需用的活性白土的量定在 $10 \sim 26 kg$ 之间进行试验。

解 ① 活性白土量

$$10 + 0.618 \times (26 - 10) = 19.9 \text{ (kg)，收率 } y = 82.2\%;$$

② 活性白土量

$$10 + 0.382 \times (26 - 10) = 16.1 \text{ (kg)，收率 } y = 68.8\%;$$

③ 舍去 (10, 16.1)，定在 (16.1~26)；

④ 活性白土量

$$x_3 = 16.1 + 0.618 \times (26 - 16.1) = 22.2 \text{ (kg)，} y = 64.8\%;$$

或新点 $x_3 = 16.1 + 26 - 19.9 = 22.2 \text{ (kg)}$；

⑤ 舍去 (22.2~26)，定在 (16.1~22.2)；

⑥ 活性白土量

$16.1 + 0.382 \times (22.2 - 16.1) = 18.4 \text{ (kg)，} y = 79.9\%$，或 $x_4 = 22.2 + 16.1 - 19.9 = 18.4 \text{ (kg)}$；

⑦ 结论，活性白土量在 $18.4 \sim 19.9 kg$，最佳量为 $19.9 kg$，活性白土量超过 $22.2 kg$，收率将急剧下降（图 4-5）。

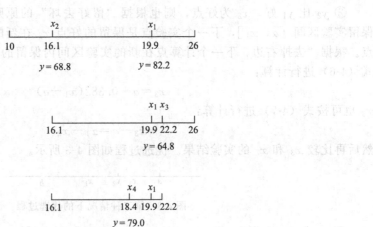

图 4-5 活性白土最佳量的确定

例〔4.3〕 检验可发性聚苯乙烯发泡倍数时，将试样置于一定的设备中，用水蒸气加热一定时间使其发泡。加热时间不足，发泡不完全；加热时间过长，发生结块收缩等现象，发泡倍数偏低。一般认为发泡时间在 $2 \sim 10 min$。试选出最优点（即发泡倍数最大时所需加热时间）。

解 用 0.618 优选法时，先在预定的试验范围 $2 \sim 10 min$ 的 0.618 处作为第 1 个试验点，即：

$$(10-2)\times0.618+2=7\ (\text{min}) \tag{1}$$

再取这一点的对称点作为第 2 个试验点，即：

$$(10-2)\times0.382+2=5\ (\text{min}) \tag{2}$$

如上述第 1 个试验点的发泡倍数为 50，第 2 个试验点的发泡倍数为 46，则第 1 点优于第 2 点。

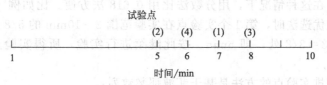

图 4-6　选取试验点示意图

因此，舍弃 2～5min 部分，在 5～10min 部分选取第 3 个试验点，即：

$$(10+5)-7=8\ (\text{min})$$

如第 3 个试验点的发泡倍数为 45，与第 1 个试验点的结果比较，则应舍弃 8～10min 部分，留下 5～8min 部分中只剩下 6min 一点做试验，结果为 50。因此，最优点应为 6～7min（图 4-6）。

例〔4.4〕 优选法在选择化学实验条件中的灵活应用。

用硅酸钠溶液与盐酸反应制取硅酸胶体，再用此胶体做凝胶实验，要求制得的胶体比较稳定，常温放置不易凝聚。但因其又不是很稳定，加热时能形成凝胶，这就要探索制取硅酸胶体的条件。实验知道，硅酸胶体的稳定性与其 pH 值有关，当 pH 值在 7 左右时很不稳定，常温即易凝聚。但若 pH 值很大或很小，又过于稳定，加热至沸也不凝胶。采用优选法就很容易制得合适的胶体。

解 由于这个问题只有凝聚和不凝聚两种选择，不存在好与更好的明显差别，所以，采用 0.618 优选法是不适当的，应在 0.618 优选法基础上灵活变通。实验步骤如下。

① 估计适合条件的 pH 值范围在 7～14 之间，故第一步实验可选 pH 值为：

$$7+(14-7)/2=10.5$$

取 2mL 1∶1 工业水玻璃溶液，加入 0.2mol/L 盐酸至 pH＝10.5（约需 9mL 盐酸），振荡混匀，放置几分钟，结果不凝聚，再加热，形成了凝胶。符合需要的条件。

② 寻找 pH 值的上限。由上可知，pH 值的上限应在 10.5～14 的范围内。

a. 第一次实验点可选 pH 值为：

$$10.5+(14-10.5)/2\approx12\ （\text{pH 值按 0.5 个单位间隔实验}）。$$

按①的方法同样实验，结果，加热不凝聚。故 pH≥12 都不符合要求，舍去这区间的实验，实验范围缩小到 pH 值为 10.5～12。

b. 第二次实验点 pH 值为：

$$10.5+(12-10.5)/2\approx11$$

用同样的方法实验，结果加热时有少量沉淀产生。由此，可确定 pH 值的上限为 11。

③ 寻找下限。pH 值的下限应在 7～10.5 之间。采用与上述②相同的方法，其实验点依次确定在 9，8，8.5，最后就可得出 pH 值的下限为 8.5。

经过以上很少的几次实验，就找出了硅酸胶体受热能形成凝胶的适宜 pH 值范围为 8.5～11。

综上所述，在化工生产和科研中，运用优选法可以快速寻找到最优方案，极大节约了人力和物力。当试验的对象在某区间范围内只有一个峰值（最大值或最小值）时，采用 0.618 优选法最方便；当试验对象无明显的峰值，或试验点是整数，或试验结果是一个取值范围时，都可以应用优选法并灵活运用，达到简便、快速地寻找到最佳解决方案的目的。

4.1.3　分数法

分数法也是适合单峰函数的方法，当实验点只能或只需取整数时，宜用分数优选法。它和 0.618 法不同之处在于要求预先给出实验总数（或者知道实验范围和精确度），这时实验总数可以算出来，在这种情况下，用分数法比用 0.618 法方便。比如例［4.3］取时间（分钟）整数，用分数优选法时，第 1 个实验点在实验范围 2～10min 的 5/8 处，即 7min，第 2 个实验点在 1−5/8=3/8 处，即 5min。按此继续进行实验，所得实验点和实验结果，与 0.618 法是一样的。

分数法预先安排实验点的方法是基于菲波那契数列：

$$F_n = F_{n-1} + F_{n-2} \quad (n \geqslant 2, \text{且 } F_0 = F_1 = 1) \tag{4-10}$$

菲波那契数列的头 15 项值为：

n	0	1	2	3	4	5	6	7	8	9	10	11	12	13	14	15
F_n	1	1	2	3	5	8	13	21	34	55	89	144	233	377	610	987

不难看出，其特点为从第 3 项起每项均为前两项之和，当 n 大于一定值后，$F_{n-1}/F_n \approx 0.618$，$F_{n-2}/F_n \approx 0.382$，分数法与 0.618 区别只是用分数 F_{n-1}/F_n 和 F_{n-2}/F_n 代替 0.618 和 0.382 来确定实验点，以后的步骤相同。一旦用 F_{n-1}/F_n 确定了第一个实验点，以后的点则根据对称公式来确定。

第二点：

$$a+b-x_1 = 大+小-（第一点）$$

即可方便地确定其余实验点，也会得出完全一样的序列来。

上面的分数串 F_{n-1}/F_n 是 0.618 最佳渐近分数，而 F_{n-2}/F_n 是 0.382 的最佳渐近分数。

特点：实验点数为 F_n-1，实验最多次数为：$n-1$。

分数法的另外一种适宜的用途，实验范围是由一些不连续的或间隔不等的实验点组成的。例如用旋转黏度计测试液体试样的动力黏度时，是用不同的转子（以号码来区分）和不同的转速（以 r/min 分档）组合来测试的。转子-转速组合的选择一般以在旋转测试时，指针在刻度盘上的读数应在刻度的 35%～65% 之间为宜，按读数和转子—转速组合的换算系数来计算得试样的黏度。转速有如下分档：

转速/(r/min)　　0.3，　0.6，　1.5，　3，　6，　12，　30，　60
序号　　　　　　(1)，　(2)，　(3)，　(4)，　(5)，　(6)，　(7)，　(8)

在用分数法优选之前，先将转速由小到大按顺序排列编号。必要时可在两端增加虚点，如本例增加序号 (0)，或缩小一点实验范围，以凑合分数中的分母数。本例可用 5/8，其第 1 个实验点为序号的 (5)，即用 6r/min 转速；第 2 个实验点为序号 (3)，即用 1.5r/min 转速，余类推。

例［4.5］　广州某氮肥厂，在尾气回收的生产流程中，要将硫酸吸收塔所排出的废气送入尾气吸收塔进行吸收，为了使吸收率高，氨损失小，确定碱度的优选范围为 9～30 滴度，求滴度为何值时吸收率高，氨损失小。

解　范围总长 =30−9=21（滴度），滴度间隔为 1，故中间总的实验点数为 20，按 $F_n-1=20$，则 $n=7$，顶多只需做 7−1=6 次实验，即可找到最佳工艺条件。

选定分数　$F_{n-1}/F_n = 13/21$ 代替 0.618，则第一个实验点

$$x_1 = 9+(30-9)13/21 = 22（滴度）$$

吸收率 $y_1 = 82\%$，氨损失 25kg/h。

第二个实验点

$$x_2 = 9 + 30 - 22 = 17 \text{（滴度）}$$

吸收率 $y_2 = 82\%$，氨损失 $12kg/h$。

则去掉 $[22 \sim 30]$ 一段，选择 $[9, 22]$

$$x_3 = 9 + 22 - 17 = 14 \text{（滴度）}$$

吸收率 $y_3 = 77\%$，氨损失 $11kg/h$。

x_3 与 x_2 比，虽然第三次实验氨的损失比第二次少 $1kg/h$，但吸收率少 5%，因此还是第二次实验结果较好，去掉 $[9, 14]$，选择 $[14, 22]$。

$$x_4 = 14 + 22 - 17 = 19 \text{（滴度）}$$

吸收率 $y_4 = 80\%$，氨损失 $15kg/h$。

综合比较，仍然认为 $x_2 = 17$ 滴度较好，最后按碱度 17 滴度投产。

4.2　多因素实验中的正交设计法

一般化学反应或化工过程的影响因素是诸多且复杂的，只考虑对指标影响最大的因素，往往远不能满足要求。

在诸多处理多因素实验问题的方法（如降维法、爬山法、因素轮换法、步长加速法、矩形调优法、随机调优法等）之中，正交设计法理论较为成熟，故作为重点予以介绍。

正交设计法基于数理统计原理来科学地安排实验，并按一定规律分析处理实验结果，从而能较快找到最佳条件，且具有可判断诸多因素中何种因素是主要因素，以及判断因素之间的交互影响情况等优点。

4.2.1　正交表

正交表是正交实验设计法中合理安排实验，并对数据进行统计分析的一种特殊的表格，常用的正交表有 $L_4 (2^3)$、$L_8 (2^7)$、$L_9 (3^4)$、$L_8 (4 \times 2^4)$、$L_{18} (2 \times 3^7)$ 等，表 4-1 为正交表 $L_8 (2^7)$，表 4-2 为正交表 $L_8 (4 \times 2^4)$。

4.2.1.1　正交表符号的含义

正交表的代表符号为 L，n 为正交表的横行数（需要做实验的次数）；r 为因素水平数；m 为正交表纵列数（最多能安排的因素个数）。

$$L_n(r^m)$$

表 4-1　L_8 (2^7)

实验号	列　号							实验号	列　号						
	1	2	3	4	5	6	7		1	2	3	4	5	6	7
1	1	1	1	1	1	1	1	5	2	1	2	1	2	1	2
2	1	1	1	2	2	2	2	6	2	1	2	2	1	2	1
3	1	2	2	1	1	2	2	7	2	2	1	1	2	2	1
4	1	2	2	2	2	1	1	8	2	2	1	2	1	1	2

$L_8 (2^7)$ 为同水平正交表，在实验设计中，如各因素影响程度大致相同时，往往使用水平正交表。$L_8 (2^7)$ 为 5 因素 2 水平正交实验，若进行全面实验，则将有 $2^7 = 128$ 种组合，而正交实验只有 8 次，这就是正交实验的最主要的优点。

表 4-2　L_8（4×2^4）

实验号	列号					实验号	列号				
	1	2	3	4	5		1	2	3	4	5
1	1	1	2	2	1	5	1	2	1	1	2
2	3	2	2	2	2	6	3	1	1	2	2
3	2	2	2	1	1	7	2	1	1	1	1
4	4	1	2	1	1	8	4	2	1	2	1

L_8（4×2^4）为混合水平正交表。在实验设计中，如需要仔细考察某一较重要的因素，就可多取一些水平。而其他影响程度一般的因素的水平数可适当减少以节省实验次数。

4.2.1.2　正交表的特点

（1）正交性　正交表中任意两列横向各数码搭配所出现的次数相同，这可保证实验的典型性。如正交表 L_8（2^7）中的 2、5 两列，两水平两因素水平间的搭配共有 1-1、1-2、2-1、2-2 四种搭配，实验 1 和实验 6 为 1-1 搭配，实验 2 和实验 5 为 1-2 搭配，实验 3 和实验 8 为 2-1 搭配，实验 4 和实验 7 为 2-2 搭配。共有 8 个实验，按水平间的搭配自然分成了 4 组，每组为两个实验。

（2）均衡性　任一列中不同水平个数相同，以使不同水平下的实验次数相同。如 L_8（2^7）中任一列均为 2 水平，每个水平下的实验次数均为 4 次；表 L_8（4×2^4）中，第一列有 1、2、3、4 等四个数字，每个数字各出现了两次。该表中其余 4 列都只有 1、2 等两个数字，每列中这两个数字各出现了 4 次。

（3）独立性　没有完全重复的实验，任意两个结果间不能直接比较。任何两个实验间有两个以上因素具有不同水平，故直接比较两个实验结果不能确定水平的影响。只有全部完成实验，并对实验结果进行统计处理，才能得出结论。

4.2.1.3　正交表的优点

① 能在所有的实验方案中均匀地挑出代表性强的少数实验方案。以 L_9（3^4）正交表为例，9 个实验点在三维空间中的分布见图 4-7。图 4-7 中正方体的全部 27 个交叉点代表全面实验的 27 个实验点，用正交表确定的 9 个实验点均匀散布在其中。如从任一方向将正方体分为三个平面，每个平面含有 9 个交叉点，其中恰有 3 个是正交表安排的实验点。再将每一个平面的中间位置各添加一条行线段和一条列线段，这样每个平面各有三条等间隔的行线段和列线段，则在每一行上与每一列上都恰有一个实验点。可见这 9 个实验点在三维空间的分布是均匀分散的。由此可见，按照正交表来安排实验，既能使实验点分布得很均匀，又能减少实验次数，实验方案具有代表性。

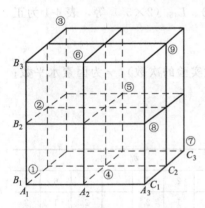

图 4-7　正交表 9 个实验点的分布

② 通过对少数实验方案的实验结果进行统计分析，可以推出较优的实验方案，所得到的较优的实验方案往往不包括在这些少数实验方案中。

③ 对实验结果作进一步的统计分析，可以得到实验结果之外的有关信息。如实验因素对实验结果的影响程度及影响趋势等。

4.2.1.4　正交实验设计的基本步骤

正交实验设计主要包括实验设计与数据处理两部分，其基本步骤如下。

　　（1）明确实验目的，确定评价指标　　评价指标是表示实验结果特性的值，用以衡量和考核实验结果，如产品的产量、产品的纯度等。评价指标有时只有一个，有时可能有多个。

　　（2）挑选因素，确定各因素的水平　　影响实验指标的因素很多，由于实验条件的限制，不可能逐一或全面地加以研究。因此，要根据已有的专业知识及有关文献资料和实际情况，选出主要因素，略去次要因素，以减少要考查的因素数。如果对问题了解不够，可以适当多取一些因素。

　　因素的水平分为定性与定量两种，水平的确定包括水平个数的确定与水平数量的确定两层含义。

　　对定性因素，应根据实验的具体内容，赋予该因素每个水平以具体含义。

　　定量因素水平的确定，要求设计者根据相关专业知识和经验或文献资料首先确定该因素的数量变化范围，而后根据实验的目的及性质，并结合正交表的选用来确定因素的水平数和各水平的取值。每个因素的水平数不一定相等，一般重要的因素或特别需要了解的因素水平数可多一些。

　　如果没有特别重要的因素需要考察的话，应尽可能使各因素的水平数相等，以便减少实验数据处理的工作量。

　　（3）制定因素水平表　　根据上面选取的因素及水平的取值，制定实验所考察的因素及各因素水平的"因素水平综合表"。该表在制定过程中，每个因素的水平组合应随机化，但选定之后，实验过程中不能改变。

　　（4）选择合适的正交表，进行表头设计　　根据因素数和水平数来选择正交表，并注意下列问题。

　　① 选用的正交表要能容纳所研究的因素数和因素的水平数，在这一前提下，选择实验次数最小的正交表。

　　② 考虑各因素之间的交互作用。一般来说，两因素的交互作用通常有可能存在，而三因素的交互作用在通常情况下可忽略不计。

　　（5）确定实验方案，进行实验　　根据因素水平表和选定的正交表来安排实验，得到以实验指标形式表示的实验结果。

　　（6）对实验结果进行统计分析　　对正交实验结果的分析，通常采用两种方法：一种是直观分析法（或称极差分析法）；另一种是方差分析法。

　　（7）进行验证实验　　优方案是通过统计分析得出的，还需要进行验证，以保证优方案与实际一致，否则还需要进行新的正交实验。

4.2.2　正交实验设计结果的直观分析

4.2.2.1　单指标正交实验设计及其结果的直观分析

　　根据实验指标的个数，可把正交实验设计分为单指标实验设计与多指标实验设计，下面通过例子说明如何用正交表进行单指标实验设计，及对实验结果进行直观分析。

　　例［4.6]　苯酚合成工艺条件实验、各因素水平分别为：因素 A 反应温度 300℃、320℃；因素 B 反应时间 20min、30min；因素 C 压力 200atm、300atm（1atm＝101325Pa）；因素 D 催化剂甲、乙；因素 E 加碱量 80L、100L。试根据实验结果求出最佳工艺条件。

　　解　本实验的目的是求出最佳工艺条件，实验的指标为单指标苯酚的收率，因素和水平是已知的，所以可从正交表的选取开始进行实验设计与直观分析。

　　（1）选正交表　　此实验 5 个因素 2 水平，可选用正交表 $L_8(2^7)$，此表可安排 7 个因素，尚空 2 列。

（2）表头设计　本例不考虑因素间的交互作用，只需将各因素分别安排在 $L_8(2^7)$ 上方与列号对应的位置上，一般一个因素占有一列，不同因素占有不同的列（可以随机排列），表头设计见表 4-3。

表 4-3　例 [4.6] 的表头设计

因素	A	B	空列	C	D	E	空列
列号	1	2	3	4	5	6	7

不放置因素或交互作用的列称为空白列（空列），空白列在正交设计的方差分析中也称为误差列，一般至少留一个空白列。

（3）明确实验方案　完成了表头设计之后，只要把正交表中各列中的数字 1、2 分别看成该列所填因素在各个实验中的水平数，正交表的每一行对应着一个实验方案，即各因素的水平组合，如表 4-4 所示。

表 4-4　例 [4.6] 的实验方案

实验号	A	B	空列	C	D	E	空列	实验方案	实验号	A	B	空列	C	D	E	空列	实验方案
1	1	1	1	1	1	1	1	$A_1B_1C_1D_1E_1$	5	2	1	2	1	2	1	2	$A_2B_1C_1D_2E_1$
2	1	1	1	2	2	2	2	$A_1B_1C_2D_2E_2$	6	2	1	2	2	1	2	1	$A_2B_1C_2D_1E_2$
3	1	2	2	1	1	2	2	$A_1B_2C_1D_1E_2$	7	2	2	1	1	2	2	1	$A_2B_2C_1D_2E_2$
4	1	2	2	2	2	1	1	$A_1B_2C_2D_2E_1$	8	2	2	1	2	1	1	2	$A_2B_2C_2D_1E_1$

（4）按实验方案进行实验，得出实验结果　按正交表的各实验号的规定的水平组合进行实验，本例共要做 8 个实验，将实验指标填写在表的最后一列，见表 4-5。

表 4-5　例 [4.6] 的实验方案及实验结果分析

实验号	A	B	空列	C	D	E	空列	指标 y_i/%
1	1	1	1	1	1	1	1	83.4
2	1	1	1	2	2	2	2	84.0
3	1	2	2	1	1	2	2	87.3
4	1	2	2	2	2	1	1	84.8
5	2	1	2	1	2	1	2	87.3
6	2	1	2	2	1	2	1	88.0
7	2	2	1	1	2	2	1	92.3
8	2	2	1	2	1	1	2	90.4
K_1	339.5	342.7	350.1	350.3	349.1	351.6	348.5	
K_2	358.0	354.8	347.4	347.2	348.4	345.9	349.0	
k_1	84.875	85.675	87.525	87.575	87.275	87.9	87.125	
k_2	89.5	88.7	86.85	86.8	87.1	86.475	87.25	
极差 R	18.5	12.1	2.7	3.1	0.7	5.7	0.5	
因素主→次	ABECD							
优方案	$A_2B_2C_1D_1E_1$							

（5）数据计算　以因素 A 为例，在 A 的 1 水平下有四次实验，即第 1、2、3、4 号实验，归为第一组。同样，在 A 的 2 水平下有四次实验，即第 5、6、7、8 号实验，归为第二组。分别计算各组实验的加和值和平均值，填入表下部相应列的相应位置上。以 K_i 表示任

一列上水平号为 i 时所对应的实验结果之和，则 A 因素为

$$K_1 = y_1 + y_2 + y_3 + y_4 = 83.4 + 84.0 + 87.3 + 84.8 = 339.5$$

$$K_2 = y_5 + y_6 + y_7 + y_8 = 87.3 + 88.0 + 92.3 + 90.4 = 358.0$$

以 k_i 表示任一列上因素取水平 i 时所得实验结果的算术平均值，则在 A 因素所在的第一列中，$k_1 = 339.5/4 = 84.9$，$k_2 = 358.0/4 = 89.5$。同理可计算出其他列中的 k_i，结果如表4-5所示。

R 为极差，在任一列上 $R = \max\{K_1, K_2\} - \min\{K_1, K_2\}$，或 $R = \max\{k_1, k_2\} - \min\{k_1, k_2\}$。例如，在第一列上 $R = 358.0 - 339.5 = 18.5$，或 $R = 89.5 - 84.875 = 4.625$。

一般来说，各列的极差是不相等的，这说明各因素的水平改变对实验结果的影响是不相同的，极差越大，表示该因素的数值在实验范围内的变化，会导致实验指标在数值上有更大的变化，所以极差最大的那一列，就是因素的水平对实验结果影响最大的因素，也就是最主要的因素。在本例中，由于 $R_A > R_B > R_E > R_C > R_D$，所以各因素从主到次的顺序为：A（反应温度）、B（反应时间）、E（加碱量）、C（压力）、D（催化剂）。

有时空白列的极差比其他所有因素的极差还要大，说明因素之间可能存在不可忽略的交互作用，或者漏掉了对实验结果有重要影响的其他因素。所以，在进行结果分析时，最好将空白列的极差一并计算出来，以便从中分析问题。

（6）优方案的确定 优方案是指在所做的实验范围内，各因素较优的水平组合。各因素优水平的确定与实验指标有关，若指标越大越好，则应选取使指标大的水平，即各列中 K_i（k_i）中最大的那个值对应的水平；反之，若指标越小越好，则应选取使指标小的那个水平。

在本实验中，实验指标是苯酚的收率，指标越大越好，故各因素的水平做如下选择。

反应温度：选 A_2，320℃。

反应时间：选 B_2，30min。

加碱量：选 E_1，80L。

压力：选 C_1，200atm。

由于两种催化剂无差别，可根据经济、方便的原则进行选择，若选 D_1，则最优设计为 $A_2 B_2 C_1 D_1 E_1$。

在实际确定优方案时，还应区分因素的主次，对于主要因素，一定要按有利于指标的要求选取最优的水平，而对于不重要的因素，由于其水平的改变对实验的结果影响较小，则可以根据有利于降低消耗、提高效率等目的来考虑别的水平。

本例中，通过直观分析（或极差分析）得到的优方案为 $A_2 B_2 C_1 D_1 E_1$，并不包括在正交表中已做的 8 个实验方案中，这正体现了正交实验设计的优越性。

（7）进行验证实验，作进一步的分析 上述优方案是通过理论分析得到的，还应进一步进行实验验证。首先，将优方案 $A_2 B_2 C_1 D_1 E_1$ 与正交表中最好的第 7 号实验 $A_2 B_2 C_1 D_2 E_2$ 作对比实验，若方案 $A_2 B_2 C_1 D_1 E_1$ 比第 7 号实验的实验结果更好，通常就认为 $A_2 B_2 C_1 D_1 E_1$ 是真正的优方案，否则第 7 号实验 $A_2 B_2 C_1 D_2 E_2$ 就是所需的优方案。若出现后一种情况，一般来说可能是没有考虑交互作用或者实验误差较大所引起的，需要作进一步研究，可能还有提高实验指标的潜力。

上述优方案是在给定的因素和水平的条件下得到的，若不限定给定的水平，有可能得到更好的实验方案，所以当所选的因素和水平不恰当时，该优方案也有可能达不到实验目的，不是真正意义上的优方案，这时就应该对所选的因素和水平进行适当的调整，以找到新的更优方案。可将因素水平作为横坐标，以它的实验指标的平均值 k_i 为纵坐标，画出因素与指标的关系图——趋势图。通过趋势图可以对一些重要因素的水平作适当的调整，选取更优的水平，再安排一批新的实验。

在本例中，可对温度、时间和加碱量进一步实验，以确定最优工艺条件。

4.2.2.2 多指标正交实验设计及其结果的直观分析

在前面的问题中，实验指标只有一个，考虑起来比较方便，但在实际问题中，需要考虑的指标常常有多个，称为多指标实验。由于指标多，指标间往往相互矛盾，需要考虑各项指标兼顾的最优或较优的因素水平组合。

多指标实验的数据处理方法有两种，分别为综合平衡法和综合评分法。

(1) 综合平衡法　综合平衡法是先对每个指标分别进行单指标的直观分析，得到每个指标的影响因素主要顺序和最佳水平组合，然后根据理论知识和实际经验，对各指标的分析结果进行综合比较与分析，得出较优方案。下面通过具体例子说明该方法。

例 [4.7] 为了提高某产品质量，要对生产该产品的原料进行配方实验，要检验 3 项指标：抗压强度、冲击强度和裂纹度，前两个指标越大越好，第 3 个指标越小越好，根据以往的经验，配方中有 3 个重要因素：水分、粒度和碱度，它们各有 3 个水平，具体数据如表 4-6 所示。进行实验分析，找出最好的配方方案。

解　① 确定抗压强度、冲击强度、裂纹度为实验指标。

② 确定因素-水平（参考已知条件，见表 4-6）。

表 4-6　例 [4.7] 的因素-水平

水平＼因素	A 水分/%	B 粒度/%	C 碱度	水平＼因素	A 水分/%	B 粒度/%	C 碱度
1	8	4	1.1	3	7	8	1.5
2	9	6	1.3				

③ 选用正交表、定方案。

这是 3 因素 3 水平的问题，应当选用正交表 $L_9(3^4)$ 来安排实验，第 4 列不用，把各列的水平和该列相应的因素的具体水平对应起来，得到具体的实验方案表，按照这个方案进行实验，将实验结果列在表 4-7 中。注意，在指标这一大列中分三个小列，具体的为抗压强度、冲击强度、裂纹度。

④ 实施实验，测定实验指标。

⑤ 对每一实验指标，通过分析得出最优方案。如对抗压强度，最优方案为 $A_2B_3C_1$；冲击强度，最优方案为 $A_3B_3C_2$；裂纹度，最优方案为 $A_2B_3C_1$。

⑥ 综合分析，找出最佳方案。

从上述可见，对 3 个指标分别进行分析，得到了 3 个好的方案，而这 3 个方案不完全相同，对一个指标是好方案，而对另一个指标却不一定是好方案，如何找出对各个指标都较好的一个共同方案呢？这正是需要解决的问题。

为了便于综合分析，将各指标随因素的水平变化情况用图形表示出来，见图 4-8。

a. 已知对抗压强度与冲击强度，粒度的极差最大，即粒度是影响最大的因素。

从图 4-8 可见，显然以取 8 为最好；对裂纹度来讲，粒度的极差不是最大，即不是影响最大的因素，但也是以取 8 为最好，故对 3 个指标来说，粒度都以 8 最好，即 B_3。

b. 对 3 个指标而言，已知碱度为次要因素。从图 4-8 可见，对抗压强度和裂纹度来讲，碱度取 1.1 最好；对冲击强度而言，碱度取 1.3 最好，但取 1.1 也不是太差，综合考虑，碱度取 1.1 为好，即 C_1。

c. 已知水分对裂纹度来讲为主要因素；对抗压强度、冲击强度而言，它为影响最小的因素，故对裂纹度而言，水分取 9；对抗压强度，9 最好，7 次之；对冲击强度，7 最好，9 次之。对 3 个指标综合考虑，应照顾水分对裂纹度的影响，取 9 好，故为 A_2。

表 4-7　例［4.7］的实验方案与实验结果

实验号	因素实验	1	2	3	各项指标		
		A	B	C	抗压强度/(kN/m²)	冲击强度/(kN/m²)	裂纹度
1		1	1	1	11.5	1.1	3
2		1	2	2	4.5	3.6	4
3		1	3	3	11.0	4.6	4
4		2	1	2	7.0	1.1	3
5		2	2	3	8.0	1.6	2
6		2	3	1	18.5	15.1	0
7		3	1	3	9.0	1.1	3
8		3	2	1	8.0	4.6	2
9		3	3	2	13.4	20.2	1
抗压强度	K_1	27.0	27.5	38.0			
	K_2	33.5	20.5	24.9			
	K_3	30.4	42.9	28.0			
	k_1	9.0	9.2	12.7			
	k_2	11.2	6.8	8.3			
	k_3	10.1	14.3	9.3			
	极差 R	2.2	7.5	4.4			
	优方案	A_2	B_3	C_1			
冲击强度	K_1	9.3	3.3	20.8			
	K_2	17.8	9.8	24.9			
	K_3	25.9	39.9	7.3			
	k_1	3.1	1.1	6.9			
	k_2	5.9	3.3	8.3			
	k_3	8.6	13.3	2.4			
	极差 R	5.5	12.2	5.9			
	优方案	A_3	B_3	C_2			
裂纹度	K_1	11	9	5			
	K_2	5	8	8			
	K_3	6	5	9			
	k_1	3.7	3.0	1.7			
	k_2	1.7	2.7	2.7			
	k_3	2.0	1.7	3.0			
	极差 R	2.0	1.3	1.3			
	优方案	A_2	B_3	C_1			

　　由此可见，分析多指标问题的方法是，先分别考虑每个因素对各指标的影响，然后进行分析比较，确定出最优的水平，从而得出最好的实验方案。

　　对多指标的问题，要做到真正好的综合平衡，有时是很困难的。这是综合平衡法的缺点。下面要介绍的综合评分法，在一定意义上来讲，可以克服综合平衡法的这个缺点。

　　(2) 综合评分法　综合评分法就是给指标打分求和，从而转化为一个指标（总分），用单一指标代表实验结果。这个方法的关键在于评分的方法，应尽可能合理。通常采用"加权平均法"，即根据各个指标的重要性来确定相应指标的"权"，然后计算出每个实验结果的总分。如式 (4-11) 所示。

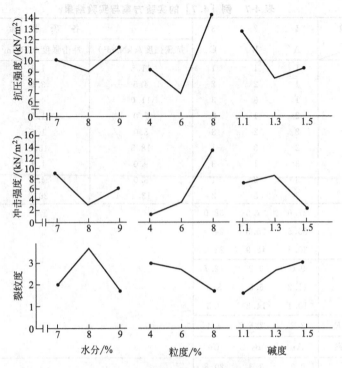

图 4-8　各指标随因素的水平变化情况

得分＝第 1 个指标值×第 1 个指标的"权"＋第 2 个指标值×第 2 个指标的"权"＋…

$$(4-11)$$

例 [4.8]　某厂生产一种化工产品，需要检验两个指标：核酸纯度和回收率，这两个指标越大越好。影响因素有 4 个，各有 3 个水平，具体情况如表 4-8 所示。试通过实验分析找出较好方案，使产品的核酸含量和回收率都有提高。

表 4-8　实验因素-水平

水平 \ 因素	A 时间/h	B 加料中核酸含量/%	C pH 值	D 加水量	水平 \ 因素	A 时间/h	B 加料中核酸含量/%	C pH 值	D 加水量
1	25	7.5	5.0	1:6	3	1	6.0	9.0	1:2
2	5	9.0	6.0	1:4					

解　这是 4 因素 3 水平的实验，可以先用正交表 $L_9(3^4)$，按 $L_9(3^4)$ 表排出实验方案，进行实验。

在本实验中，两个指标的重要性不同，根据实践经验知道，纯度的重要性比回收率的重要性大。如果化成数量来看，从实际分析，可以认为纯度是回收率的 4 倍，也就是说，论重要性若将回收率看成 1，纯度就是 4，这个 4 和 1 为两个指标的权，按这个权就可给每个实验打总分。即：

总分＝4×纯度＋1×回收率

根据综合评分的结果、算出每个实验的分数，再用直观分析的方法作进一步的分析，见表 4-9。

根据综合评分的结果，直观上看，第 1 号实验的分数是最高的，那么它是否为最好的实验方案呢？还需做进一步的分析。

① **影响因素的主次分析**　从表 4-9 中极差的大小可以看出，各影响因素由主至次的排序为：

$$A \text{———} D \text{———} B \text{———} C$$

② 优方案的确定　从表 4-9 中可以看出，A、D 两个因素的极差都很大，是对实验影响很大的两个因素，还可以看出，A、D 都是以第 1 水平为好；B 因素的极差比 A、D 的极差小，对实验的影响比 A、D 都小，B 因素取第 3 水平为好；C 因素的极差最小，是影响最小的因素，C 取第 2 水平为好，最好的方案应是 $A_1B_3C_2D_1$。

A_1：时间，取 25h。

B_3：料中核酸含量，取 6.0。

C_2：pH 值，取 6.0。

D_1：加水量，取 1：6。

③ 将最优方案与 1 号实验对比找出最佳　直观分析出来的最好方案，在已经做过的9 个实验中是没有的，可以按这个方案再实验一次，看能不能得出比第 1 号实验更好的结果，从而确定出真正最好的实验方案。

表 4-9　例 [4.8] 的实验结果

实验号 \ 因素	1 A	2 B	3 C	4 D	纯度/%	回收率/%	综合评分
1	1	1	1	1	17.5	30.0	100
2	1	2	2	2	12.0	41.2	89.2
3	1	3	3	3	6.0	60.0	84.0
4	2	1	2	3	8.0	24.2	56.2
5	2	2	3	1	4.5	51.0	69.0
6	2	3	1	2	4.0	58.4	74.4
7	3	1	3	2	8.5	31.0	65.0
8	3	2	1	3	7.0	20.5	48.5
9	3	3	2	1	4.5	73.5	91.5
K_1	273.2	221.2	222.9	260.5			
K_2	196.6	206.7	236.9	228.6			
K_3	205.0	249.9	218.9	188.7			
k_1	91.1	73.7	74.3	86.8			
k_2	65.5	68.9	79.0	76.2			
k_3	68.3	83.3	72.7	62.9			
极差 R	25.6	14.4	6.3	23.9			
优方案	A_1	B_3	C_2	D_1			

4.2.2.3　水平数目不等的正交实验设计

在实际问题中，由于具体情况不同，有时实验中所考察的因素水平数不能完全相等，这就是混合水平的多因素实验问题。解决水平数目不等的正交实验设计方法主要有两种：第一种为利用规格化的混合水平正交表安排实验，第二种是采用拟水平法，即把水平不等的问题化成水平数相同的问题来处理。

(1) 用混合水平正交表安排实验　混合水平正交表就是各因素的水平数不完全相等的正交表，这种正交表有好多种，比如 $L_8(4^1 \times 2^4)$ 就是一个混合水平的正交表，见表 4-10。

$L_8(4^1 \times 2^4)$ 表有 8 行，5 列，表示用这张表要做 8 次实验，最多可安排 5 个因素，其中一个是 4 水平的（第 1 例），四个是 2 水平的（第 2 列至第 5 列）。

$L_8(4^1 \times 2^4)$ 表（表 4-10）有两个重要特点。

① 每 1 列中各数字出现的次数是相同的。如第 1 列中有 4 个数字，1、2、3、4，它们

各出现两次；第 2-5 列，都只有两个数字，它们各出现 4 次。

② 每两列各种不同水平搭配出现的次数是相同的。但要注意一点：每两列不同水平的搭配的个数是不完全相同的。比如，第 1 列是 4 水平的列，它和其他任何一个 2 水平的列放在一起，由行组成的不同数对一共有 8 个：(1，1)，(1，2)，(2，1)，(2，2)，(3，1)，(3，2)，(4，1)，(4，2)，它们各出现一次；第 2 列到第 5 列都是 2 水平列，它们之间的任何两列的不同水平的搭配共有 4 个：(1，1)，(1，2)，(2，1)，(2，2)，它们各出现两次。

表 4-10　正交表 L_8（$4^1 \times 2^4$）

列号\实验号	1	2	3	4	5	列号\实验号	1	2	3	4	5
1	1	1	1	1	1	5	3	1	2	1	2
2	1	2	2	2	2	6	3	2	1	2	1
3	2	1	1	2	2	7	4	1	2	2	1
4	2	2	2	1	1	8	4	2	1	1	2

由上述两点可以看出，用这张表安排混合水平的实验时，每个因素的各水平之间的搭配也是均衡的。可以从有关书籍中查取符合使用要求的混合水平正交表。下面举例说明混合水平正交表安排实验的方法。

例 [4.9]　某造板厂进行胶压板制造工艺实验，以提高胶压板的性能，因素-水平如表 4-11 所示，胶压板的性能指标采用综合评分的方法，分数越高越好，忽略因素间的交互作用。

表 4-11　例 [4.9] 的因素-水平

水平	A(压力)/atm	B(温度)/℃	C(时间)/min	水平	A(压力)/atm	B(温度)/℃	C(时间)/min
1	8	95	9	3	11		
2	10	90	12	4	12		

解　影响实验指标的因素 3 个，因素 A 是考察的重点，取 4 个水平，其余因素各取 2 个水平，可以选用混合水平正交表 L_8（$4^1 \times 2^4$），因素 A 为 4 水平，放在第 1 列，其余 3 个因素 B、C 都是 2 水平的，可以放在后 4 列中的任何两列上，第 4、5 列不用。实验方案与实验结果见表 4-12。

由于 C 因素是对实验结果影响较小的次要因素，它取不同的水平对实验结果的影响很小，如果从经济角度考虑，可取 9min，所以优方案也可以为 $A_4 B_2 C_1$，即压力为 12atm、温度 90℃、时间 9min。

这里分析计算的方法和前述例子基本相同，但由于各因素的水平数不完全相等，所以在计算 k_1，k_2，k_3，k_4 时与等水平的正交实验设计不完全相同。例如，A 因素有 4 个水平，每个水平出现 2 次，所以在计算 k_1，k_2，k_3，k_4 时，应当是相应 K_1，K_2，K_3，K_4 分别除以 2 得到的；而对于因素 B、C，它们都只有 2 个水平，每个水平出现 4 次，所以 k_1，k_2 应当是相应的 K_1，K_2 分别除以 4 得到。

还应注意，在计算极差时，应根据 k_i（i 表示水平号）来计算，即 $R = \max(k_i) - \min(k_i)$，不能根据 K_i 计算极差。这是因为，对于 A 因素，K_1，K_2，K_3，K_4 分别是 2 个指标值之和，而对于 B、C 两因素，K_1，K_2 分别是 4 个指标值之和，所以只有根据平均值 k_i 求出极差才有可比性。

本例中没有考虑因素间的交互作用，但混合水平正交表也可以安排交互作用，只不过表头设计比较麻烦，一般可以直接参考对应的表头设计。

表 4-12　例 [4.9] 的实验结果及其直观分析

实　验　号	A	B	C	空　　列	空　　列	得　　分
1	1	1	1	1	1	2
2	1	2	2	2	2	6
3	2	1	2	2	2	4
4	2	2	2	1	1	5
5	3	1	2	1	2	6
6	3	2	1	2	1	8
7	4	1	2	1	2	9
8	4	2	1	2	1	10
K_1	8	21	24	23	24	
K_2	9	29	26	27	26	
K_3	14					
K_4	19					
k_1	4.0	5.2	6.0	5.8	6.0	
k_2	4.5	7.2	6.5	6.8	6.5	
k_3	7.0					
k_4	9.5					
极差 R	5.5	2.0	0.5	1	0.5	
因素　主→次	ABC					
优方案	$A_4B_2C_2$ 或 $A_4B_2C_1$					

（2）拟水平法　拟水平法是对水平数较少的因素虚拟一个或几个水平，使它与其他因素的水平数相等。例如，一个实验中有 3 个因素，A 因素有 2 个水平，B，C 因素都是 3 水平的因素。如果直接使用混合水平正交表就要用 L_{18}（$2^1 \times 3^7$）混合表，需要做 18 次实验，实际上是全面实验。为了减少实验次数，可以用 L_9（3^4）安排实验。在 A 因素的两个水平 A_1、A_2 中选择一个水平，例如选择 A_1 水平，然后虚拟一个 A_3 水平，A_3 水平与 A_1 水平实际上是同一个水平，这样 A 因素形式上就有 3 个水平，可用 L_9（3^4）安排实验了。

例 [4.10]　今有某实验，实验指标只有一个，它的数值越小越好，这个实验有 4 个因素 A、B、C、D 其中因素 C 是 2 水平的，其余 3 个因素都是 3 水平的，具体数值见表 4-13。试安排实验，并对实验结果进行分析，找出最好的实验方案。

表 4-13　例 [4.10] 因素-水平

水平	A(温度)/℃	B(甲醇钠量)/mL	C(醛状态)	D(缩合剂量)/mL	水平	A(温度)/℃	B(甲醇钠量)/mL	C(醛状态)	D(缩合剂量)/mL
1	35	3	固	0.9	3	45	4	液	1.5
2	25	5	液	1.2					

解　分析这个问题是 4 个因素的实验，其中 3 个因素是 3 水平的，1 个因素是 2 水平的，可以利用正交表 L_{18}（$2^1 \times 3^7$），需要做 18 次实验。假若因素 C 也有 3 个水平，那么这个问题就变成 4 因素 3 水平的问题，如果忽略因素间的交互作用，可以选用等水平正交表 L_9（3^4），只需做 9 次实验。但是实际上因素 C 只有 2 个水平，不能随便安排第 3 个水平。如何将 C 变成 3 水平的因素呢？一般来说，这时要根据实际经验，选取因素 C 一个较好的水平。比如，如果认为第 2 水平比第 1 水平好，就选第 2 水平作为第 3 水平。这样因素水平表就变为多了一个虚拟的第 3 水平的表。

对 C 因素虚拟出一个水平之后，就可以选用正交表 L_9（3^4）来安排实验，实验结果及其直观分析见表 4-14。

在本例中，为简化计算，将实验结果都减去 70%，这种简化不会影响到因素主次顺序和优方案的确定。

在实验结果的分析时应注意，因素 C 的第 3 水平实际上与第 2 水平是相等的，所以应重新安排正交表第 3 列中 C 因素的水平，将 3 水平改成 2 水平（结果如表 4-14 所示），于是 C 因素所在的第 3 列只有 1，2 两个水平，其中 2 水平出现 6 次。所以求和时只有 K_1，K_2，求平均值时 $k_1 = K_1/3$，$k_2 = K_2/6$。其他列的 K_1，K_2，K_3 与 k_1，k_2，k_3 的计算与前面的例题一致。

在计算极差时，应根据 k_i（i 表示水平号）来计算，即 $R = \max(k_i) - \min(k_i)$，不能根据 K_i 计算极差。这是因为，对于 C 因素，K_1 是 2 个指标值之和，K_2 是 6 个指标之和，而对于 A，B，D 三因素，K_1，K_2，K_3 分别是 3 个指标之和，所以只有根据平均值 k_i 求出极差才有可比性。

表 4-14　例 [4.10] 实验结果及其直观分析

实验号	A	B	C	D	合成率/%	（合成率−70%）/%
1	1	1	1(1)	1	69.2	−0.8
2	1	2	2(2)	2	71.8	1.8
3	1	3	3(2)	3	78.0	8.0
4	2	1	2(2)	3	74.1	4.1
5	2	2	3(2)	1	77.6	7.6
6	2	3	1(1)	2	66.5	−3.5
7	3	1	3(2)	2	69.2	−0.8
8	3	2	1(1)	3	69.7	−0.3
9	3	3	2(2)	1	78.8	8.8
K_1	9.0	2.5	−4.6	15.6		
K_2	8.2	9.1	29.5	−2.5		
K_3	7.7	13.3		11.8		
k_1	3.0	0.8	−1.5	5.2		
k_2	2.7	3.0	4.9	−0.8		
k_3	2.6	4.4		3.9		
极差 R	0.4	3.6	6.4	6		
因素主→次	CDBA					
优方案	$C_2 D_1 B_3 A_1$					

在确定优方案时，由于合成率是越高越好，因素 A，B，D 的优水平可以根据 K_1，K_2，K_3 或 k_1，k_2，k_3 的大小顺序取较大的 K_i 或 k_i 所对应的水平，但是对于因素 C，就不能根据 K_1，K_2 的大小来选择水平，而是应根据 k_1，k_2 的大小来选择优水平。所以本例的优方案为 $C_2 D_1 B_3 A_1$，即醛为液态、缩合剂量 0.9mL、甲醇钠量 4mL、温度 35℃。

由上面的讨论可知，拟水平法不能保证整个正交表均衡搭配，只具有部分均衡搭配的性质。这种方法不仅可以对一个因素虚拟水平，也可以对多个因素虚拟水平，使正交表的选用更方便、灵活。

4.2.2.4　有交互作用的正交实验设计及其直观分析

在多因素实验中，各因素不仅各自独立地起作用，而且各因素还经常联合起来起作用，亦即不仅各个因素的水平改变时对实验指标有影响，而且各因素间的交互作用对实验结果也有影响。

（1）交互作用的判别　设有两个因素 A 和 B，它们各取两个水平 A_1，A_2 和 B_1，B_2，这样 A 和 B 共有 4 种水平组合，在每种组合下各做一次实验，实验结果如表 4-15 所示。从

表 4-15 中数据可见，当 $B=B_1$ 时，A 由 A_1 变到 A_2 使实验指标增加 10，当 $B=B_2$ 时，A 由 A_1 变到 A_2 使实验指标减小 15，可见因素 A 由 A_1 变到 A_2 时，实验指标变化趋势相反，与 B 取哪一个水平有关，这时，可以认为 A 与 B 之间有交互作用。如果将表 4-15 中的数据描述在图中（见图 4-9），可以看到两条直线是明显相交的，这是交互作用很强的一种表现。

表 4-16 和图 4-10 给出了一个无交互作用的例子。由表 4-16 可以看出，A 或 B 对实验指标的影响与另一个因素取哪一个水平无关；在图 4-10 中两直线是互相平行的，但是由于实验误差的存在，如果两直线近似相互平行，也可以认为两因素间无交互作用，或交互作用可以忽略。

表 4-15　判别交互作用的实验数据（1）

因　素	A_1	A_2
B_1	25	35
B_2	30	15

表 4-16　判别交互作用的实验数据（2）

因　素	A_1	A_2
B_1	25	35
B_2	30	40

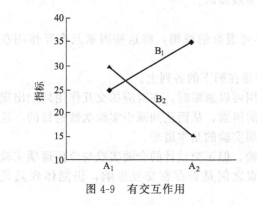

图 4-9　有交互作用

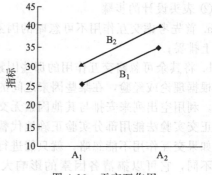

图 4-10　无交互作用

（2）自由度和正交表的选用原则　　正交实验设计在制订实验计划中，首先必须根据实际情况，确定因素、因素的水平以及需要考察的交互作用，然后选取一张合适的正交表，把因素和需要考虑的交互作用合理地安排在正交表的表头上。表头上每列至多只能安排一个内容，不允许出现同一列包含两个或两个以上内容的混乱现象。表头设计确定后，因素所占的列就组成了实验计划。因此，一个实验方案的设计，最终都归结为选表和表头设计。表选得合适，表头设计得好，就可用比较经济的人力、物力和时间完成实验任务，得到满意的结果。显然，选用正交表是个重要问题。表选得太小，要考察的因素及交互作用就可能放不下。表选得太大，实验次数就多，这往往是实际条件所不允许的，也不符合经济节约的原则。但是正交表的选用又是很灵活的，没有严格的规则，必须具体情况具体分析。一般来说，可以遵循一条原则：

$$所考察因素的自由度 + 交互作用的自由度 \leqslant 正交表的总自由度$$

自由度：就是独立的数据或变量的个数。

① 自由度的计算

a. 正交表的总自由度　　　　$f_总 = 实验次数 - 1 = \sum f_列$　　　　　　　　（4-12）

b. 正交表每列的自由度　　　　$f_列 = 此列水平数 - 1$　　　　　　　　　　　（4-13）

c. 因素 A 的自由度　　　　$f_A = 因素 A 的水平数 - 1$　　　　　　　　　　（4-14）

d. 因素 A、B 间的交互作用的自由度　　$f_{A \times B} = f_A \times f_B$　　　　　　　（4-15）

例 [4.11]　考虑 4 因素 2 水平的实验，其中有交互作用 $A \times B$，$B \times C$，$A \times C$，选择合适的正交表。

解　根据上面的规定，对于一个 4 因素 2 水平的实验，采用 $L_8(2^7)$ 表时，共做 8 次实验，则总自由度：

$$f_总 = 8 - 1 = 7$$

各列均有 2 个水平，所以各列的自由度：

$$f_1 = f_2 = f_3 = f_4 = f_5 = f_6 = f_7 = 1$$

$$f_总 = f_1 + f_2 + f_3 + f_4 + f_5 + f_6 + f_7$$

因素 A、B、C、D 均为 2 水平的，其自由度：

$$f_A = f_B = f_C = f_D = 2 - 1 = 1$$

交互作用的自由度：

$$f_{A×B} = f_A × f_B = 1 × 1 = f_{B×C} = f_{A×C}$$

验算选择的正交表是否合适：

$$4(因素 A、B、C、D) + 1 × 3 \leqslant 7$$

上述原则给提供了选取合适正交表的可能性。可见，该实验可选择 L_8（2^7）表来安排，至于如何选到合适的正交表，还必须通过具体的实践尝试。

② 表头设计的步骤

a. 首先考虑交互作用不可忽略的因素，按不可混杂的原则，将这些因素及交互作用在表头上排妥；

b. 将其余可忽略交互作用的那些因素任意安排在剩下的各列上。

根据理论或经验，在某些因素之间的交互作用可以忽略时，在对应的交互作用列上出现空缺，利用空出列来安排与其他因素无交互作用的因素，从而达到减少实验次数的目的，这就是正交实验法能用部分实验正确地代替全面逐项实验的基本道理。

如果交互作用不能忽略，就只能进行全面实验。但正交设计的全面实验与全面逐项实验有所不同，它可以搞清各因素的影响大小和因素之间是否存在交互影响，仍能体现其优越性。

例［4.11］的表头设计见表 4-17。

表 4-17　例［4.11］的表头设计

实验号	因　　素						
	1(A)	2(B)	3(A×B)	4(C)	5(A×C)	6(B×C)	7(D)

（3）有交互作用的正交实验设计及其结果的直观分析　下面通过一个例子说明有交互作用的正交实验设计与直观分析法。

例［4.12］ 乙酰苯胺磺化反应实验，目的在于提高乙酰苯胺的收率。影响因素有反应温度（A），反应时间（B），硫酸浓度（C）和操作方法（D）等。各因素-水平如表 4-18 所示。考虑到 A 与 B、A 与 C 间可能有交互作用，分别用 A×B，A×C 表示。问如何安排实验？

表 4-18　例［4.12］实验的因素-水平

水平	因　　素				水平	因　　素			
	反应温度 (A)	反应时间 (B)	硫酸浓度 (C)	操作方法 (D)		反应温度 (A)	反应时间 (B)	硫酸浓度 (C)	操作方法 (D)
1	50℃	1h	17%	搅拌	2	70℃	2h	27%	不搅拌

解　① **正交表的选择和表头设计**　考察 4 个因素均为 2 水平，可以用 L_8（2^7）表安排实验。安排有交互作用的多因素实验，必须使用交互作用表。许多正交表后面都附有相应的交互作用表，它是专门用来安排有交互作用的实验的。表 4-19 就是正交表 L_8（2^7）所对应

的交互作用表。

用正交表安排有交互作用的实验时，把两个因素的交互作用当成一个新的因素来看待，让它占有一列，叫交互作用列。交互作用列的安排，可以查交互作用表。比如，从表 4-19 中就可以查出正交表 L_8（2^7）中的任何两列的交互作用列。

查法如下：表中写了两种列号，第一种列号是带括号（　）的从左往右看，第二种列号是不带括号的，从上往下看，表中交叉处的数字就是两列的交互作用的列号。如 2 与 4 列的交互作用列为第 6 列，1 与 2 列的交互作用列是第 3 列，第 4、6 两列的交互作用在第 2 列，以此类推。

表 4-19　L_8（2^7）交互作用

列　　号	1	2	3	4	5	6	7
(1)	(1)	3	2	5	4	7	6
(2)		(2)	1	6	7	4	5
(3)			(3)	7	6	5	4
(4)				(4)	1	2	3
(5)					(5)	3	2
(6)						(6)	1
(7)							(7)

在本例中 A、B 两因素可分别安排在第 1 列、第 2 列。从表 4-19 可知，第 1 列、第 2 列的交互作用在第 3 列，因此 A×B 可排在第 3 列。C 若排在第 4 列，第 1 列、第 4 列的交互作用在第 5 列，即 A×C 可排在第 5 列；但同时，第 2 列，第 4 列的交互作用在第 6 列，所以第 6 列要空出来，若 B、C 间无交互作用，第 6 列可作为误差列。这样，D 只能安排在第 7 列，根据经验，搅拌与其他实验条件间不存在交互作用。这样，就完成了正交实验的表头设计。

这表示用 L_8（2^7）表安排实验时，如果因素 A 放在第 1 列，因素 B 放在第 2 列，则 A×B 就占有第 3 列。在安排实验时，如果考虑 A×B，那么第 3 列就不能再安排其他因素了，这称为不能混杂。

另外，三水平表中两列间的交互作用是另外两列。这样 L_9（3^4）就只能安排两个因素，实际工作中一般也不在三水平以上的正交表中安排交互作用。即，若要考虑交互作用，最好选择两水平表，如 L_8（2^7）。

如果在上列中的交互作用 A×B、A×C、A×D、B×C、B×D、C×D 都要通过实验考察，仍选用 L_8（2^7），并将 A 放在第 1 列，B 放在第 2 列，C 放在第 4 列，D 放在第 7 列，那么表头设计如表 4-20 所示。

表 4-20　L_8（2^7）表头设计

表头设计	A	B	C×D A×B	C	B×D A×C	A×D B×C	D
列号	1	2	3	4	5	6	7

从表 4-20 可见，交互作用间产生了混杂，这种表头是不合理的。从自由度可知，L_8（2^7）共有 8－1＝7 自由度，现在要考虑 4 个因素和 6 个交互作用，故自由度总和为 4×1＋6×1＝10 可见只有 7 个自由度的 L_8（2^7）容纳不了这个多因素实验问题。只能选用更大的正交表 L_{16}（2^{15}）。显然，避免混杂是用增加实验次数为代价的。选用 L_{16}（2^{15}）要做 16 次实验，比原实验次数增加了一倍。可见，凡是可以忽略的交互作用要尽量剔除，以便选用较小的正交表来制订实验计划，减少实验次数，这是表头设计的一个重要原则。必须注意，对

一时还不知道能否忽略的交互作用，在不增加实验次数的情况下，应尽量照顾不要混杂。

② 按方案进行实验　实验设计与结果一并列在表 4-21 中。

表 4-21　实验设计与结果

实 验 号	因 素							产率/%
	1(A)	2(B)	3(A×B)	4(C)	5(A×C)	6	7(D)	
1	1	1	1	1	1	1	1	65
2	1	1	1	2	2	2	2	74
3	1	2	2	1	1	2	2	71
4	1	2	2	2	2	1	1	73
5	2	1	2	1	2	1	2	70
6	2	1	2	2	1	2	1	73
7	2	2	1	1	2	2	1	62
8	2	2	1	2	1	1	2	67

③ 结果分析

a. 将实验设计结果根据因素的不同水平分组求和，结果列于表 4-22 中。

表 4-22　实验结果

水 平	因 素						
	1(A)	2(B)	3(A×B)	4(C)	5(A×C)	6	7(D)
K_1	283	282	268	268	276	275	273
K_2	272	273	287	287	279	280	282
k_1	70.75	70.50	67.00	67.00	69.00	68.75	68.25
k_2	68.00	68.25	71.75	71.75	69.75	70.00	70.50
极差 R	2.75	2.25	4.75	4.75	0.75	1.25	2.25

b. 因素影响分析。从极差可以看出，各因素和交互作用从主至次的顺序为：

$$\begin{matrix} A×B \\ C \end{matrix} \longrightarrow A \longrightarrow \begin{matrix} B \\ D \end{matrix} \longrightarrow A×C$$

由于 $R_5 < R_6 <$ 其他，而第 6 列为空列，所以可以肯定，第 6 列为误差列，A、C 间也不存在交互作用。

c. 最优水平的确定。由于

$$R_C,\ R_{A×B} > R_A > R_B,\ R_D > R_6$$

因此，C 可选 C_2，同理 D 可取 D_2。即硫酸浓度选 27%，操作方式选不搅拌。

有交互作用的因素，它的水平的选取无法单独考虑，既要考虑本身的影响，更要考虑水平间的搭配。

A 和 B 间有四种搭配，按加和后平均的方法，求得这四种搭配的平均值如表 4-23 所示。

表 4-23　四种搭配的平均值

B	A		B	A	
	A_1	A_2		A_1	A_2
B_1	$\dfrac{65+74}{2}=69.5$	$\dfrac{70+73}{2}=71.5$	B_2	$\dfrac{71+73}{2}=72$	$\dfrac{62+67}{2}=64.5$

显然，$72 > 71.5 > 69.5 > 64.5$。即四种组合中以 A_1B_2 最好，但 A_2B_1 差别不大，即 50℃、2h 和 70℃、1h 的产率非常接近。而从生产效率来看，70℃、1h 比 50℃、2h 要好，

因此，A 和 B 的最好搭配为 A_2B_1。于是可得较优的水平组合，即反应温度 70℃；反应时间 2h；硫酸浓度 27%；操作方法不搅拌。

　　另要取得最优组合，还需进行更多的实验。

4.2.3　正交实验结果的方差分析

　　用比较极差的大小的方法来分析各因素的影响，是一种定性的方法。直观分析法具有简便、计算工作量小的优点，但它无法判断因素的影响是否显著，不能给出实验误差大小的估计，在实验误差较大时，往往可能造成误判。而要做定量的显著性检验，就要借助于方差分析。

　　方差分析的基础是总变差平方和可以分解为各因素效应变差和与误差效应平方和。正交表将变差平方和分解，并固定到正交表的每一列上。安排因素的列，其变差平方和代表了因素效应的大小；空列的变差平方和可以用来估计实验误差。因此，正交实验数据的方差分析计算较简便，比直观分析法估计实验误差、判断因素效应的精确度高。

4.2.3.1　总变差的分解

　　以方差分析中的总偏差的平方和分解公式为参照，正交表各列的偏差平方和及总偏差平方和分别为

$$Q_j = 第\,j\,列\left(\frac{同水平数据和的平方}{水平重复数}\right)之和 - \frac{T^2}{n} \tag{4-16}$$

$$Q = \sum_{j=1}^{q} Q_j \tag{4-17}$$

式中，T 为数据总和；n 为实验总个数；q 为水平重复数。如 $L_9(3^4)$，$n=9$，$q=3$，则

$$\overline{x_1} = \frac{K_1}{3} \quad \overline{x_2} = \frac{K_2}{3} \quad \overline{x_3} = \frac{K_3}{3} \tag{4-18}$$

$$Q_j = b\sum_{i=1}^{a}(\overline{x_i}-\overline{x})^2 = 3\left[\left(\frac{K_1}{3}-\frac{T}{9}\right)^2 + \left(\frac{K_2}{3}-\frac{T}{9}\right)^2 + \left(\frac{K_3}{3}-\frac{T}{9}\right)^2\right] \tag{4-19}$$

即

$$Q_j = \frac{1}{3}(K_1^2 + K_2^2 + K_3^2) - \frac{T^2}{9} \tag{4-20}$$

4.2.3.2　分析方法

　　(1) 随机误差　若表中有空列，则其偏差平方和为随机误差平方和，即

$$Q_c = Q - \sum_{j \neq 空} Q_j \tag{4-21}$$

　　(2) 自由度　各列自由度为该列水平重复数减 1，而总自由度为各列自由度之和，即

$$f_j = r_j - 1 \tag{4-22}$$

$$f = \sum_{j=1}^{r_j} f_j \tag{4-23}$$

$$f = n - 1 \tag{4-24}$$

式中，r_j 为第 j 列水平数。式 (4-24) 表示总自由度是实验总次数减 1。

　　(3) 方差　方差的计算方法可参考有关书籍。

　　(4) F-检验　方差分析方法仍然是 F-检验，方法是将随机误差方差作分母，因素的方差为分子，进行单边检验。F 的计算式为

$$F = \frac{Q_因/f_因}{Q_e/f_e} \tag{4-25}$$

　　然后将所得的 F 值与临界值比较判断，即

$$F=\frac{Q_因/f_因}{Q_e/f_e}\sim F_{a(f_因,f_e)} \tag{4-26}$$

式中，F 为统计量；$Q_因$、$f_因$ 为某因素的偏差平方和与自由度；Q_e、f_e 为随机误差与随机误着自由度；F_a 为临界值。

若 $F_j \leqslant 1$，说明该因素对结果没有影响，此时应将两偏差平方和及自由度分别合并得到新的偏差平方和及自由度 Q_e'、f_e'，即

$$Q_e'=Q_e+Q_j \tag{4-27}$$

$$f_e'=f_e+f_j \tag{4-28}$$

4.2.3.3 适应范围

若无空列，则无误差列，不能进行方差分析。此时可进行重复实验，但一般宁愿改用更大的正交表。

例 [4.13] 试对例 [4.6] 的实验结果进行方差分析。

解 对于两水平正交实验，其因的偏差平方和的计算公式为

$$Q_j=第j列\left(\frac{同水平数据和的平方}{水平重复数}\right)之和-\frac{T^2}{n}=4\left[\left(\frac{K_1}{4}-\frac{T}{8}\right)^2+\left(\frac{K_2}{4}-\frac{T}{8}\right)^2\right]$$

$$=\left(\frac{K_1^2}{4}+\frac{K_2^2}{4}\right)-\frac{T^2}{8}=\frac{K_1^2+K_2^2}{4}-\frac{(K_1+K_2)^2}{8}=\frac{1}{8}(K_1-K_2)^2=\frac{R_j^2}{8} \tag{4-29}$$

即

$$Q_j=\frac{R_j^2}{n} \tag{4-30}$$

这是两水平因素偏差平方和独特的计算式，其他水平因素不能使用。

由此可求得各因素偏差平方和，列于表 4-24 中。

表 4-24　各因素偏差平方和

列号 因素	1 A	2 B	3	4 C	5 D	6 E	7	总和 Q
Q_j	42.78	18.301	0.911	1.201	0.061	4.061	0.031	67.347

由于

$$Q_3 < Q_B < Q_A$$

即 A、B 间无交互作用，所以第 3 列也是误差列。又由于 $Q_D < Q_3$，所以 D 因素无影响。因此

$$Q_e'=Q_e+Q_D=Q_3+Q_7+Q_D=1.003$$

且

$$f_e'=f_e+f_D=f_3+f_7+f_D=3$$

对因素进行 F-检验时，一般可考虑四种情况。

① $F > F_{0.01,(f_因,f_e)}$，则该因素对结果的影响高度显著，记为 ** 或 ***。

② $F_{0.01,(f_因,f_e)} > F > F_{0.05,(f_因,f_e)}$，则该因素对结果的影响为"显著"，记为 *。

③ $F_{0.05,(f_因,f_e)} > F > F_{0.10,(f_因,f_e)}$，则该因素对结果有影响。

④ $F < F_{0.10,(f_因,f_e)}$，则该因素对结果无影响。

计算过程略，结果列于表 4-25 中。

表 4-25 方差分析

方差来源	偏差平方和	自由度	方差	F 值	F 临界值	显著性
因素 A	42.781	1	42.781	127.96		* * *
因素 B	18.301	1	18.301	54.74	$F_{0.05,(1,3)}=10.1$	* *
因素 C	1.201	1	1.201	3.59		—
因素 D	0.061	1	0.061	—	$F_{0.01,(1,3)}=34.1$	
因素 E	4.061	1	4.061	12.15	$F_{0.10,(1,3)}=5.54$	*
误差	0.942	2	0.471			
误差	1.003	3	0.334			
总和	67.347	7	9.621			

可见，方差分析的结论与极差法的结论不尽相同。显然，由于方差分析利用了更多的信息，因此方差分析更加可靠、准确。

4.2.4 用计算机进行正交实验设计及统计分析

随着计算机技术的发展，已有一些计算机软件能用于实验设计和实验数据处理，应用比较广泛的有 SPSS 和 STAT ISTICA。SPSS（Statistical Package for the Social Science，社会科学统计软件包）是世界著名的统计软件之一，目前 SPSS 公司已将它的英文名称更改为 Statistical Productand Service Solution。SPSS 软件不仅具有包括数据管理、统计分析、图表分析、输出管理等在内的基本统计功能，而且用它处理正交试验设计中的数据程序简单，分析结果明了。该软件由多个模块组成，其中联合分析模块（SPSS Conjoint）具有正交设计功能。下面通过实例就 SPSS13.0 在正交表的设计及方差分析方面的应用予以介绍。

4.2.4.1 正交表的设计

在 SPSS13.0 中，已经在 data 菜单中提供了正交设计模块，只需要按要求选好实验因素和水平，系统会自动生成相应格式的数据文件。以实验室制取氢气的最佳实验条件探讨为例。根据实验原理选取因素和水平数，见表 4-26。

表 4-26 因素-水平

水　　平	因　　素		
	A	B	C
	H_2SO_4（质量分数）/%	$CuSO_4 \cdot 5H_2O$/g	Zn/g
1	20	0.4	4
2	25	0.5	5
3	30	0.6	6

根据以上实验要求，打开 SPSS 程序，按如下步骤操作：Data→Orthogonal Design→Generate，弹出正交设计窗口。在 Factor name 框中输入"A"，单击 ADD；选中"A"，单击 Define value；在 Generate design 框中 Value 列的前 3 行分别输入 1、2、3，即硫酸质量分数的 3 个水平，单击 Continue，完成 A 因素的因子设置。如上进行 B、C 3 个水平的因子设置。选择 Replace working data file，点击 OK 即完成了正交表的设计。系统生成的数据文件与正交实验设计表所安排的实验一致，仅是顺序上略有不同，同时可增加一项空白列。为了便于与有关文献中的实验一致，将系统生成的数据顺序进行调整，并把实验结果输入 SPSS 数据库，见表 4-27。

表 4-27 实验方案及正交实验结果

实验号	A H₂SO₄（质量分数)/%	B CuSO₄·5H₂O/g	C Zn/g	D 空白列	10min H₂ 产率/%
1	1	1	3	2	32.62
2	2	1	1	1	40.40
3	3	1	2	3	41.07
4	1	2	2	2	34.97
5	2	2	3	3	36.53
6	3	2	1	2	45.75
7	1	3	1	3	36.62
8	2	3	2	2	39.19
9	3	3	3	1	44.53

4.2.4.2 SPSS13.0 实现实验结果的直观分析和方差分析

（1）选择变量　单击 Analyze→General Linear Model→Univariate，点击 "10minH₂ 产率/%" 进入 Dependent Variable 框，点击 A、B、C 进入因素变量 Fixed Factor [s]。D 是空白列，在正交实验设计中，如果有空白项，常取空白项作为误差估计，如果没有空白项，又没有重复实验，常取其中一因素离均差平方和最小项为误差估计。

（2）选择分析模型　在主对话框中单击 Model，进入分析模型选择面板，选中 Custom，并单击 Build term（s），选 Mains effects，将 A [F]、B [F]、C [F] 3 因子分别移入 Model 栏，在 Sum of Square 系统默认为 Type Ⅲ，其他按系统默认，这样把 A、B、C 均纳入主效应，选择 Continue 返回到主对话框，选中 Options，在 Factor [s] and Factor Interactions 框中选择因素变量，单击向右箭头将因素变量 A、B、C 分别送入 Display Means for 栏中，Significance level（显著性水平）选 0.05，单击 Continue 返回主对话框，单击 OK 完成程序设计。

（3）输出结果及分析　单击 OK 后，即输出结果，有 3 个表，即因素变量表（表 4-28）、方差分析表（表 4-29）和单因素统计量表（表 4-30）。因素变量表列出了 3 个因素变量、各因素的水平及观测量个数。

表 4-28 因素变量

因素变量	水　平	观测量个数(N)	因素变量	水　平	观测量个数(N)
A	1 2 3	3 3 3	C	1 2 3	3 3 3
B	1 2 3	3 3 3			

表 4-29 对实验中的 3 个因素作出了方差分析，该表各列的意义分别是方差来源（Source）、平方和（Type Ⅲ Sum of Square）、自由度（df）、均方（Mean Square）、F 值及显著值（Sig.）。表 4-29 的方差分析结果可以清晰地确定实验室制取 H₂ 中各因素的影响大小及是否具有统计学意义。不需通过繁杂的计算求出 F 值，再查表确定显著性概率 P 值。从表 4-29 可以看出：A 的显著值（Sig.）为 0.042（$P<0.05$），有显著意义；B 和 C 的显著值（Sig.）分别为 0.455 和 0.256（$P>0.05$），B、C 因素无统计学意义，说明硫酸质量分数的改变对氢气产率有显著影响，而硫酸铜和锌的加入量对氢气的产率无显著影响，且影响次序依次为 A＞C＞B。

表 4-29　方差分析

Source	Type III Sum of Squares	df	Mean Squares	F	Sig.
Corrected Model	145.651(a)	6	24.275	8.937	0.104
Intercept	13742.091	1	13742.091	5059.101	0.000
A	123.376	2	61.688	22.710	0.042
B	6.511	2	3.255	1.198	0.455
C	15.765	2	7.882	2.902	0.256
Error	5.433	2	2.716		
Total	13893.175	9			
Corrected Total	151.084	8			

注：a R Squared＝0.964（Adjusted R Squared＝0.856）

表 4-30 为单因素统计量表，实际上就是实验结果的直观分析法，以确定各水平的优劣。表中给出了每个因素 3 个水平的均值、标准差和 95％的置信区间。由表 4-30 分析可知，A 因素应选水平 3，B 因素应选水平 3，C 因素应选水平 1，即最佳实验条件为 $A_3B_3C_1$，与文献报道完全一致。

表 4-30　单因素统计量

1. A Dependent Variable：10min 氢气产率/%

A	Mean	Std. Error	95％Confidence Interval	
			Lower Bound	Upper Bound
1	34.737	0.952	30.643	38.831
2	38.707	0.952	34.613	42.801
3	43.783	0.952	39.689	47.877

2. B Dependent Variable：10min 氢气产率/%

B	Mean	Std. Error	95％Confidence Interval	
			Lower Bound	Upper Bound
1	38.030	0.952	33.936	42.124
2	39.083	0.952	34.989	43.177
3	40.113	0.952	36.019	44.207

3. C Dependent Variable：10min 氢气产率/%

C	Mean	Std. Error	95％Confidence Interval	
			Lower Bound	Upper Bound
1	40.923	0.952	36.829	45.017
2	38.410	0.952	34.316	42.504
3	37.893	0.952	33.799	41.987

习　　题

4-1　比较单因素优选几种方法的优越性和局限性。

4-2　邻苯二甲酸酐与异戊醇在 $Sn(OH)_4$ 和硫酸组成的超强酸作用下生成一种新型增塑剂邻苯二甲酸二异戊酯。现欲研究反应工艺条件，根据经验不计交互影响，按 $L_9 (3^4)$ 正交表考察催化剂用量％（因素 A）、反应温度（因素 B）、反应时间（因素 C）、醇酸比（因素 D）的影响。9 次试验安排及收率结果如表 4-31 所示。

表 4-31 试验安排及收率

A 催化剂用量	B 反应温度/℃	C 反应时间/h	D 醇酸比	收率
2%	180	1	2	83.7%
2%	200	2	1.5	81.9%
2%	220	3	1	79.5%
1.5%	180	2	1	89.6%
1.5%	200	3	2	91.4%
1.5%	220	1	1.5	88.2%
1%	180	3	1.5	91.6%
1%	200	1	2	89.0%
1%	220	2	2	92.5%

请列表给出试验处理结果。并回答下列问题：

① 根据这轮实验结果，最佳工艺条件是什么？

② 在试验范围内，因子对反应影响的大小依次是什么？为什么？

③ 如果就在试验范围内并考虑工程因素，你打算如何选取反应条件？为什么？

④ 如果希望进一步提高收率，你打算如何安排新的试验？请列出详尽方案。

4-3 某农科站对晚稻的品种和栽培措施进行试验。各因素及其水平如表 4-32 所示。

表 4-32 试验安排及收率结果

因素 水平	A 品种	B 栽种规格	C 每穴株数	D 追肥量/kg·亩$^{-1}$	E 穗肥量/kg·亩$^{-1}$
1	甲	4×3	7~8	7.5	1.5
2	乙	4×4	4~5	10	0
3	丙				
4	丁				

试验指标是产量，越高越好。用混合正交表 L_{16}（4×2^{12}）安排试验，将各因素依次放在正交表的 1~5 列上，16 次试验所得产量（kg）依次为 347，332，357，325，325，323，335，326，323，300，315，335，335，325，330，335。试对试验结果进行分析，选出最好的生产方案。

4-4 某化工厂生产一种化工产品，影响采收率的 4 个主要因素是催化剂种类 A、反应时间 B、反应温度 C 和加碱量 D，每个因素都取 2 个水平。认为可能存在交互作用 A×B 和 A×C。试验安排和试验结果 如表 4-33 所示，找出好的生产方案，提高采收率。

表 4-33 试验安排及结果

因素和列 实验号	A 1	B 2	A×B 3	C 4	A×C 5	D 6	空白列 7	实验结果 y
1	1	1	1	1	1	1	1	82
2	1	1	1	2	2	2	2	78
3	1	2	2	1	1	2	2	76
4	1	2	2	2	2	1	1	85
5	2	1	2	1	2	1	2	92
6	2	1	2	2	1	2	1	79
7	2	2	1	1	2	2	1	83
8	2	2	1	2	1	1	2	86

第5章 物料衡算

物料衡算是化工设计计算中最基本、最重要的内容之一。设计或研究一个化工过程，必须从物料衡算入手。物料衡算同时也是能量衡算的基础。生产过程中各种物质间的能量交换及整个过程的能量分布的计算是在完成物料衡算后进行的。由此可知，物料衡算和能量衡算共同成为化工工艺及设备设计、过程经济评价、节能分析、环保考核及过程优化的重要基础。

化工过程与其他过程的重要区别是具有物料流与能量流，在计算过程中要涉及系统的选择，这里所说的系统可以是一个工厂，也可以是一个车间或工段或一台设备。进入或移出的物料可以是气、液、固三相中的任何一相或几相。

5.1 物料衡算的基本概念

理论上的物料衡算是根据配平后的化学反应方程式的计量关系和组分的摩尔量来进行的。而实际的生产或研究系统的物料衡算要复杂得多，它要考虑到许多实际因素，诸如，原料和中间产品、最终产品及副产品的组成，反应物的过剩量、转化率以及原料及产品在整个过程中的损失等。在化工过程中，经常遇到有关物料的各种数量和质量指标，如"量"（产量、流量、消耗量、排出量、投料量、损失量、循环量等）；"度"（纯度、浓度、分离度、溶解度、饱和度等）；"比"（配料比、循环比、固液比、气液比、回流比等）；"率"（转化率、单程收率、产率、回收率、利用率、反应速率等）等。这些量都与物料衡算有关，都影响到实际上的物料平衡。在生产中，针对已有的化工装量，对一个车间、一个工段、一台或几台设备，利用实测的数据、从文献手册查到和理论计算得到的数据，可计算出一些不能直接测定的数据。由此，可对它们的生产状况进行分析，确定实际生产能力、衡量操作水平、寻找薄弱环节、挖掘生产潜力，为改进生产提供依据。此外，通过物料衡算可以算出原料消耗定额、产品和副产品的产量以及"三废"的生成量，并在此基础上做出能量平衡，做出动力消耗定额，最后确定产品成本和总的经济效益。同时为设备选型，决定设备尺寸、台数以及辅助工程和公共设施的规模提供依据。

5.1.1 物料衡算式

物料衡算是根据质量守恒定律，利用某进出化工过程中某些已知物流的流量和组成，通过建立有关物料的平衡式和约束式，求出其他未知物流的流量和组成的过程。

系统中物料衡算的一般表达式为

$$系统中的积累＝输入－输出＋生成－消耗 \tag{5-1}$$

式中，生成或消耗项是由于化学反应而生成或消耗的量；积累项可以是正值，也可以是副值。当系统中积累项不为零时称为非稳定状态过程；积累项为零时，称为稳定状态过程。

稳态过程时，式（5-1）可以化为

$$输入＝输出－生成＋消耗 \tag{5-2}$$

对无化学反应的稳定过程，又可表示为

$$输入＝输出 \tag{5-3}$$

物料衡算包括总质量衡算、组分衡算和元素衡算。对稳态过程中的无化学反应过程与有化学反应过程，物料衡算式适用情况如表 5-1 所示。

表 5-1　稳态过程中物料衡算式的适用情况

类别	物料衡算形式	无化学反应	有化学反应
总衡算式	总质量衡算式	适用	适用
	总物质的量衡算式	适用	不适用
组分衡算式	组分质量衡算式	适用	不适用
	组分物质的量衡算式	适用	不适用
元素原子衡算式	元素原子质量衡算式	适用	适用
	元素原子物质的量衡算式	适用	适用

从表 5-1 可知，无化学反应时，物料衡算既可以用总的衡算式，也可用组分衡算式，采用哪一种形式要根据具体的条件确定。在有化学反应的过程中，其物料衡算多数不能用进、出口物料的量列出。因为反应前后的分子种类和数量可能发生了变化，进入系统的物料总量（物质的量）不一定等于系统输出的总量。例如：

$$3H_2 + N_2 \Longrightarrow 2NH_3$$

有的过程，如

$$CO + H_2O \Longrightarrow CO_2 + H_2$$

虽然进、出口物料的总量相当，但其分子种类却不同，无法采用组分的平衡，只能用元素的原子平衡进行计算。

5.1.2　物料衡算的基本步骤

由于物料衡算是化工计算的基础，因而计算结果的准确程度至关重要。为此，必须采取正确的计算步骤，不走或少走弯路，争取做到计算迅速、结果准确。对于一些简单过程的物料衡算，这些步骤似乎繁琐，但它可以培养逻辑思维能力并使解题条理清晰，对解决以后遇到的复杂问题有益。

物料衡算的基本步骤如下。

（1）收集数据　物料衡算必须在计算前拥有足够的尽量准确的原始数据。这些数据是整个计算的基本依据和基础。原始数据的来源要根据计算性质而确定。如果进行设计计算，则依据设定值；如果对生产过程进行测定性计算，则要严格依据现场实测数据。当某些数据不能精确测定或无法查到时，可在工程设计计算所允许的范围内借用、推算或假定。

对于现场数据的收集要注意有无遗漏或矛盾，不仅要合乎实际而且要经过分析决定取舍，务使数据准确无误。

所有数据的单位制必须保持统一。

（2）画出流程示意图　针对要衡算的过程，画出示意流程图。将所有原始数据标注在图的相应部位，未知量也同时标明。如果该过程不太复杂，则整个系统可用一个方框和几条进、出物料线表示即可。如果过程有很多流股，则可将每个流股编号。

（3）确定衡算系统和计算方法　根据已知条件和计算要求确定，必要时可在流程示意图中用虚线表示系统边界。对化学反应，应按化学计量写出各过程的化学反应方程式。方程式中注明计量关系（表示出主副反应的各个方程式中的计量关系），并注明各反应物料的状态条件和反应转化率、选择性，然后通过化学计量系数关系，计算出生成物的组成和数量。

（4）选择合适的计算基准　计算基准是物料衡算中规定各股物料量的依据。要根据问题的性质及采用的计算方法，选择合适的计算基准。如有特殊情况或要求，需在计算过程中变换基准，但必须作出说明。但是不管什么基准，最终都要满足题目的要求，并在流程示意图上说明所选的基准值。后面将详细讨论选择基准问题。

（5）列出物料衡算式，用数学方法求解　对组成较复杂的一些物料，可以先列出输入-输出物料表，表中用代数符号表示未知量，这样有助于列物料衡算式，最后将求得的数据补入表中。此项内容后面将详细述及。

（6）将计算结果列成输入-输出物料表　当进行工艺设计时，物料衡算结果除将其列成物料衡算表外，必要时还须画出物料衡算图。对表或图中标出的所有数据进行审核。

（7）结论　将物料衡算的结果加以整理，列成物料衡算表，表中列出输入、输出的物料名称及数量和占总物料量的百分数。必要时衡算结果需要在流程图上表示。即物料流程图。对计算结果必须进行验算。验算方法，一是用另一种方法或选用另一个基准解同一个问题，所得结果应和原来结果一致；二是用已知的数据验证所列方程或关系式的正确性。

5.2　不同过程的物料衡算

化工过程根据其操作方式可分为间歇操作、半连续操作和连续操作三类，也可分为稳定态操作和不稳定态操作两类。在对某个化工过程作物料衡算时，必须先了解生产过程的类别。

间歇操作过程：生产操作开始前，原料一次加入，直到操作完成后，物料一次排出。这类过程的特点是在全部操作时间内，没有物料进出设备，设备内各部分的组成和条件随时间而不断变化。

半连续操作过程：操作时物料一次输入或分批输入，而出料是连续的；或进料是连续的而出料是一次或分批的。

连续操作过程：在整个操作期间，原料不断稳定地输入生产设备，同时不断从设备排出同样质量（总量）的物料。设备的进料和出料是连续流动的。在全部操作时间内，设备内各部门组成与条件不随时间变化。

间歇过程的优点：操作简便，但每批生产时均需加料、出料等辅助生产时间，劳动强度大且产品质量不易稳定。间歇生产过程常用于规模较小，产品品种多或产品种类经常变化的生产，如制药、染料、特种助剂等精细化工产品的生产。也有一些由于反应物的物理性质或反应条件所限，不宜采用连续操作，例如悬浮聚合，只能采用间歇操作过程。

连续过程的优点：由于减少了加料和出料等辅助生产时间，设备利用率较高，操作条件稳定，产品质量容易保证，便于设计结构合理的反应器和采用先进的工艺流程，便于实现过程自动控制和提高生产能力，适合于大规模的生产。硫酸、合成氨、聚氯乙烯等生产均采用连续过程。

稳定操作过程是整个化工过程的操作条件（温度、压力、物料数量和组成等）不随时间而变化，只是在设备内的不同位置存在差别。若操作条件随时间变化，则属于不稳定操作状态（或过程）。间歇过程和半连续过程属不稳定操作状态。连续过程在正常操作期间属稳定操作状态。在开、停车或操作条件变化或出现故障时则属不稳定操作状态。

化工过程操作状态不同，其物料衡算的方程也存在差别。此外，按照计算范围划分，物料衡算则有单元操作（或单个设备）的物料衡算与全流程（即包括若干单元操作的全套装置）的物料衡算之分。按过程是否有化学反应，又可将物料衡算分为物理过程的物料衡算和反应过程的物料衡算。

5.2.1 物理过程的物料衡算

物理过程或称非反应过程系指物料通过设备或系统单元时没有化学反应发生，即物料的分子类型没有变化。例如：物料的输送、粉碎、混合、换热、分离（吸收、精馏、结晶、浓缩、闪蒸、萃取、增湿、过滤、冷凝等）。物理过程的实质不甚复杂，但流程却并不简单。由于它的使用范围广，故研究其特点和物料衡算具有重要意义。一个化工厂，不论规模大小，实际上只有一个或几个设备单元进行化学反应，它们是整个过程系统的核心。但就整个工厂的设备单元数和总投资看，占主要部分的往往是上述一系列物理过程。由此可见，物理过程的物料衡算是整个化工过程设计的基础。一个系统不论其复杂还是简单，只要是开放系统总可以归纳为一个或几个输入和输出物流的简化流程。根据物流流量和各物流的组成来描述过程的物料平衡，用已知条件通过它们的相互关系来求解未知量。

5.2.1.1 混合

混合过程即为若干股物料在同一容器（混合器）内混合为一股物料而流出的过程。

例 [5.1] 一种废酸，组成（质量分数）为 HNO_3 23%、H_2SO_4 57%、H_2O 20%，加入 93% 的浓 H_2SO_4 和 90% 的浓 HNO_3，要求混合成含 27% HNO_3 和 60% H_2SO_4 的混合酸，计算所需废酸及加入浓酸的量。

解 设：W_1 为废酸量，kg；W_2 为浓 HNO_3 量，kg；W_3 为浓 H_2SO_4 量，kg。

（1）画出物料流程简图（见图 5-1）

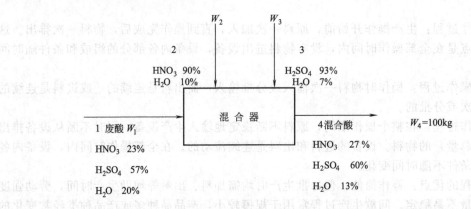

图 5-1 混合过程物料流程简图

（2）选择基准 因为四种酸的组成均已知，选任何一种作基准都很方便。选 100kg 混合酸为衡算基准。

（3）列物料衡算式 该系统有 3 种组分，可列出 3 个独立方程，能求出 3 个未知量。

总物料衡算：$\qquad W_1 + W_2 + W_3 = 100 \qquad\qquad$ (1)

HNO_3 的衡算式：$\qquad 0.23W_1 + 0.90W_2 = 100 \times 0.27 = 27 \qquad$ (2)

H_2SO_4 的衡算式：$\qquad 0.57W_1 + 0.93W_3 = 100 \times 0.6 = 60 \qquad$ (3)

联立求解方程式（1）～式（3），得：

$$W_1 = 41.8\text{kg} \qquad \text{（废酸）}$$

$$W_2 = 19.2\text{kg} \qquad \text{（浓 } HNO_3\text{）}$$

$$W_3 = 39\text{kg} \qquad \text{（浓 } H_2SO_4\text{）}$$

即由 41.8kg 废酸、19.2kg 浓 HNO_3 和 39kg 浓 H_2SO_4 可以混合成 100kg 混合酸。

为核对以上结果，做系统 H_2O 平衡：

加入系统的 H_2O 量 $=41.8\times0.2+19.2\times0.1+39\times0.07=13kg$

混合后的酸，含水 13%，证明计算结果正确。

以上物料衡算式也可选总物料衡算式及 H_2SO_4 与 H_2O 两个组成衡算式或 H_2SO_4、HNO_3 和 H_2O 三个组成衡算式进行计算，均可以求得上述结果。

（4）列出物料平衡表（表 5-2）

表 5-2 物料平衡

组分	1		2		3		4	
	废酸		浓 HNO_3		浓 H_2SO_4		混合酸	
	/kg	质量分数/%	/kg	质量分数/%	/kg	质量分数/%	/kg	质量分数/%
H_2SO_4	23.83	57			36.28	93	60	60
HNO_3	9.61	23	17.28	90			27	27
H_2O	8.36	20	1.92	10	2.72	7	13	13
合计	41.8	100	19.2	100	39	100	100	100

5.2.1.2 物理吸收

吸收是指用适当的液体吸收剂处理气体混合物，以除去其中一种或多种组分的操作。对于逆流操作的填料吸收塔，吸收剂和惰性气体量在通过吸收塔时基本没有变化（见图 5-2）。

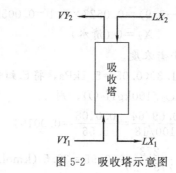

图 5-2 吸收塔示意图

若以摩尔分数表示气液两相之组成，则令：

L 为单位时间通过吸收塔的吸收剂量，kmol/h；V 为单位时间通过吸收塔的干惰性气体量，kmol/h；Y_1，Y_2 为塔底（气体入口）和塔顶（气体出口）的气相组成，kmol 被吸收组分/kmol 非吸收组分；X_1，X_2 为塔底（液体出口）和塔顶（液体入口）的液相组成，kmol 被吸收组分/kmol 吸收剂。

因为是稳态操作，组分的进出必须平衡。全塔的物料衡算为：

$$V(Y_1-Y_2)=L(X_1-X_2) \tag{5-4}$$

为保证吸收塔能够操作，必须使供给的吸收剂量不得低于某个限度，这个限度称为最小液气比 L_{min}/V。此时在塔底气液相被认为达到平衡，则有：

$$L_{min}/V=\frac{Y_1-Y_2}{X^*-X_2} \tag{5-5}$$

式中，X^* 为与气相成平衡的液相浓度。

吸收剂用量 L_{min} 可由此式求得。通常所选的吸收剂用量 L 约为 L_{min} 的 1.2～2.0 倍。即

$$L=(1.2\sim2.0)L_{min}$$

例 [5.2] 某厂用清水吸收含有 5%（体积）SO_2 的混合气，需处理的混合气量为 $1000m^3/h$，吸收率为 90%，吸收水温 20℃，操作压力 101.3kPa（绝压），试计算用水量。

已知 SO_2 溶解度数据（20℃时）如下

| $SO_2/(kgSO_2/100kgH_2O)$ | 1 | 0.7 | 0.5 | 0.3 | 0.2 | 0.15 |
| 液面上 SO_2 分压/kPa | 6.1 | 4 | 2.7 | 1.52 | 0.87 | 0.6 |

解　画示意流程图（图 5-3）。

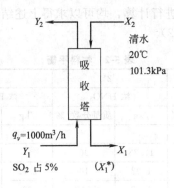

图 5-3　SO_2 吸收流程简图

换算气体和液体组成

$$Y_1 = \frac{5}{95} = 0.0527$$

$$Y_2 = Y_1(1-0.9) = 0.0527 \times 0.1 = 0.00527$$

$$X_2 = 0 \text{（清水）}$$

X_1^* 取与进口气相分压对应的平衡浓度。

进吸收塔时 SO_2 的分压为 $=101.3 \times 0.05 = 5.1$ kPa，将已知平衡数据绘成图后求得液相中 SO_2 平衡浓度为 $X_1 = 0.69$（$kgSO_2/100kgH_2O$），则

$$X_1^* = \frac{0.69/64}{100/18} = \frac{0.0108}{5.56} = 0.00194$$

$$q_n = \frac{1000}{22.4} \times \frac{273}{273+20} \times 0.95 = 39.5 \text{（kmol/h）}$$

所以　　　　$$L_{min} = \frac{q_n(Y_1 - Y_2)}{X_1^* - X_2} = \frac{39.5(0.0527 - 0.00527)}{0.00194 - 0} = 965 \text{（kmol/h）}$$

实际用水量　　　$$L = 1.5 L_{min} = 1.5 \times 965 \times 18 = 26055 \text{（kg/h）}$$

5.2.1.3　精馏

精馏是分离液体混合物（含可液化的气体混合物）最常用的一种单元操作，在化工、炼油、石油化工等工业中得到广泛应用。精馏过程在能量剂驱动下（有时加质量剂），使气、液两相多次直接接触和分离，利用液相混合物中各组分挥发度的不同，使易挥发组分由液相向气相转移，难挥发组分由气相向液相转移，实现原料混合液中各组分的分离。该过程为同时进行传热、传质的过程。

（1）连续蒸馏　连续蒸馏塔物料衡算的目的是找出塔顶产品、塔底产品的流量和组成与原料液的流量和组成之间的关系，若塔的分离任务已定，则已知进料组成和流量可求出塔顶和塔底产品的流量和组成。

对图 5-4 所示的蒸馏塔作全塔总质量衡算得

$$F = D + W$$

作全塔各组分的质量衡算得

$$F x_{Fi} = D x_{Di} + W x_{Wi}$$

以上两个式子是蒸馏塔物料衡算基本关系式。

式中，F 为进塔原料流量，kmol/h；D 为塔顶产品流量，kmol/h；W 为塔底产品流量，kmol/h；x_{Fi} 为进料中 i 组分的摩尔分数；x_{Di} 为塔顶产品中 i 组分的摩尔分数；x_{Wi} 为塔底产品中 i 组分的摩尔分数。

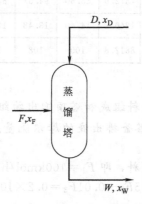

图 5-4　连续蒸馏流程简图

例 [5.3]　连续常压蒸馏塔进料为含苯质量分数（下同）38％和甲苯 62％的混合溶液，要求馏出液中能回收原料中 97％的苯，釜残液中含苯不高于 2％，进料流量为 20000kg/h，求馏出液和釜残液的流量和组成。

解　苯的相对分子质量为 78，甲苯的相对分子质量为 92。以下标 B 代表苯。

进料中苯的摩尔分数
$$x_{F,B} = \frac{\frac{38}{78}}{\frac{38}{78} + \frac{62}{92}} = 0.4196$$

釜残液中苯的摩尔分数
$$x_{W,B} = \frac{\frac{2}{78}}{\frac{2}{78} + \frac{98}{92}} = 0.02351$$

进料液平均相对分子质量 $\overline{M}_F = 0.4196 \times 78 + (1 - 0.4196) \times 92 = 86.13$

进塔原料的摩尔流量　$F = \dfrac{20000}{86.13} = 232.2$ （kmol/h）

依题意，馏出液中能回收原料中 97％的苯，所以
$$Dx_{D,B} = 97.43 \times 0.97 = 94.51 \text{ (kmol/h)}$$

作全塔苯的质量衡算得　　$Fx_{F,B} = Dx_{D,B} + Wx_{W,B}$

作全塔总质量衡算得　　$F = W + D$

将已知数据代入上述质量衡算方程得

$$232.2 \times 0.4196 = 94.51 + 0.02351W \tag{1}$$

$$232.2 = W + D \tag{2}$$

由式（1）得　　$W = 124.2$ （kmol/h）

由式（2）得　　$D = 108$ （kmol/h）

所以　　$x_{D,B} = \dfrac{94.51}{D} = \dfrac{94.51}{108} = 0.8752$

蒸馏塔物料平衡列于表 5-3。

表 5-3　蒸馏塔物料平衡

流股 组分	塔进料				塔顶馏出物				釜残液			
	/(kg/h)	质量分数/%	/(kmol/h)	摩尔分数/%	/(kg/h)	质量分数/%	/(kmol/h)	摩尔分数/%	/(kg/h)	质量分数/%	/(kmol/h)	摩尔分数/%
苯	76000	38	97.43	41.96	7372.6	85.60	94.52	87.52	227.8	2.0	2.92	2.35
甲苯	12400	62	134.8	58.04	1240.2	14.40	13.48	12.48	11159.4	98.0	121.3	97.65
合计	20000	100	232.2	100	8612.8	100	108	100	11387.2	100	124.2	100

（2）常规精馏

例［5.4］　有一精馏塔，其进料组成和塔顶馏出物组成如图 5-5 所示。图中 F_1、F_2、F_3 分别表示进料、塔顶馏出物和塔釜排出液的摩尔流量。塔釜排出液含丙烷摩尔分数为 0.01，试完成该精馏塔的物料衡算。

解　计算基准取 100kmol/h 进料，即 $F_1=100$kmol/h。作丙烷平衡得

$$0.5F_2+0.01F_3=0.2\times100$$

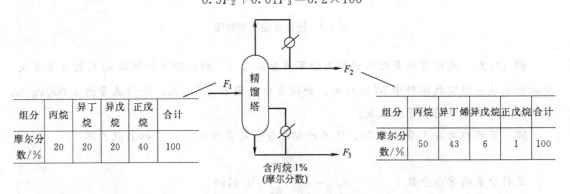

图 5-5　常规精馏流程简图

作总质量平衡得　　　　　　　　　　　$F_2+F_3=100$

解得　$F_2=38.8$kmol/h，$F_3=61.2$kmol/h，因此，塔顶馏出物各组分的流量为：

丙烷　　　　　　$38.8\times0.5=19.40$ (kmol/h)

异丁烷　　　　　$38.8\times0.43=16.68$ (kmol/h)

异戊烷　　　　　$38.8\times0.06=2.33$ (kmol/h)

正戊烷　　　　　$38.8\times0.01=0.388$ (kmol/h)

塔釜排出液中各组分的流量为：

丙烷　　　　　　$100\times0.2-19.40=0.6$ (kmol/h)

异丁烷　　　　　$100\times0.2-16.684=3.316$ (kmol/h)

异戊烷　　　　　$100\times0.2-2.33=17.67$ (kmol/h)

正戊烷　　　　　$100\times0.4-0.388=39.61$ (kmol/h)

因此得到例［5.4］的物料平衡（表 5-4，以 100kmol/h 进料为基准）。

5.2.2　反应过程的物料衡算

化工生产过程实际上是由若干物理过程和化学反应过程共同组成。单纯的物理过程不存在化学反应，它大多应用于原料的预处理和产物的分离、提纯。而产品的生产则大多依靠化学反应实现。化学反应过程的物料衡算与无化学反应的物理过程的物料衡算相比要复杂些，这是由于化学反应，原子和分子重新形成了不同的新物质。因此，每一化学物质的输入和输

表 5-4　例［5.4］的物料平衡

流股	1		2		3	
	进料		塔顶馏出物		塔釜排出液	
组分	摩尔流量 /(kmol/h)	摩尔分数 /%	摩尔流量 /(kmol/h)	摩尔分数 /%	摩尔流量 /(kmol/h)	摩尔分数 /%
丙烷	20	20	19.40	50	0.6	1
异丁烷	20	20	16.68	43	3.316	5.4
异戊烷	20	20	2.33	6	17.67	28.87
正戊烷	40	40	0.388	1	39.61	64.72
合计	100	100	38.80	100	61.2	100

出的摩尔或质量流率是不平衡的。此外，在实际的化学、化工过程中，所使用的反应物和得到的产物并不都是纯物质，配料比也并不完全按化学计量比加入，许多反应也进行得不完全。因此，在化学反应中，还涉及化学反应速率、转化率、产物的收率等因素。在进行反应过程的物料衡算时，应考虑上述这些因素。在此，有必要介绍一些基本概念。

5.2.2.1　基本概念

（1）限制反应物　在反应过程中以最小化学计量存在的反应物，称为该反应中的限制反应物。也可以说，在一个反应中，如果反应可以一直进行下去，反应中首先消耗完的那一种反应物就是限制反应物，因为它使反应的继续进行受到限制。识别方法是用反应物的物质的量（mol）比该物质的计量系数，比值最小者即为该反应的限制反应物。

（2）过量反应物　化学计量系数超过限制反应物需要的那部分反应物，称为过量反应物。一个反应中存在限制反应物，必然存在过量反应物，否则限制反应物就不存在。过量的程度，通常用过量百分数表示，即

$$过量程度 = \frac{过量的物质的量（mol）}{与限制反应物完全作用需要的物质的量（mol）} \times 100\% \tag{5-6}$$

即使实际上只有一部分限制反应物发生反应，过量百分数也是以限制反应物的总量作基准来进行计算的。

（3）转化率　进料或进料中的某一组分转化为产物的分数。如果反应物 S 的转化率为 x_S，进、出反应系统的物（料）流量分别为 $q_{(入,S)}$，$q_{(出,S)}$，那么：

$$x_S = \frac{q_{(入,S)} - q_{(出,S)}}{q_{(入,S)}} \times 100\% \tag{5-7}$$

有时遇到"反应完成度"这一概念，它表示限制反应物变成产物的百分数。所谓转化率一定要指出是哪个反应物的转化率，如果遇到未指明哪种反应物的时候，就认为是限制反应物的转化率。在这种情况下，转化率和完成度是同一概念。因此，通常很少见到"完成度"，就是因为转化率是指限制反应物的转化率。

（4）反应速率　任何一个化学反应，反应过程中各物质（反应物或生成物）的变化速率（增加或减少）除以各自的系数都是常数，把该常数称之为反应速率。例如反应

$$N_2 + 3H_2 \Longleftrightarrow 2NH_3$$

各物质的计量系数分别为 $\nu_{N_2} = -1$，$\nu_{H_2} = -3$，$\nu_{NH_3} = 2$，如果已知 N_2、H_2 和 NH_3 的进料速率分别为 12mol/h、40mol/h 和 0mol/h，即反应开始时各物质的量，并知道 N_2 的变化速率为：$R(N_2) = -4$mol/h，那么，此时依反应式计量关系可知：

H_2 的变化速率为　　　　$R_{H_2} = -3(-R_{N_2}) = -12$（mol/h）；

NH_3 的变化速率为

$$R_{NH_3} = 2(-R_{N_2}) = 8 \ (mol/h)$$

即各物质的变化速率是不同的。

式中"+"、"—"号的意义是：对计量系数，"+"表示生成物，"—"表示反应物；对于变化速率，"+"表示增加，"—"表示减少。

根据定义，该反应的反应速率为：

$$r_{N_2} = \frac{R_{N_2}}{\nu_{N_2}} = \frac{-4}{-1} = 4$$

$$r_{H_2} = \frac{R_{H_2}}{\nu_{H_2}} = \frac{-12}{-3} = 4$$

$$r_{NH_3} = \frac{R_{NH_3}}{\nu_{NH_3}} = \frac{8}{2} = 4$$

即

$$r = r_{N_2} = r_{H_2} = r_{NH_3} = 4mol/h$$

即无论对该反应的哪种物质（不论是反应物还是产物），其反应速率只有一个，这就避免了不同物质在同一个反应中有不同反应速率的概念。

由上述概念可得出：反应过程中任何物质的变化速率（如果对产物来说就是产率）R_S，可由其计量系数 ν_S 乘以反应速率 r 得到，即

$$R_S = \nu_S r \tag{5-8}$$

那么，该过程的物料平衡式表示为：

$$q_{(出,S)} = q_{(入,S)} + \nu_S r \tag{5-9}$$

（5）收率　对单个反应物和产物，可以用最终产物的质量或物质的量除以最初反应物的质量或物质的量。用上述反应速率概念得到由反应物 Q 制得的产物 P 的收率 $Y_{P,Q}$ 为：

$$Y_{P,Q} = \frac{R_P}{R_{max,P}} \tag{5-10}$$

式中，R_P 为产物 P 的实际产率；$R_{max,P}$ 为如果全部反应物 Q 都生成产物 P 的最高产率。

如果不是一种产物也不是一种反应物，其收率以哪种反应物为基准，必须清楚地指明。

5.2.2.2　直接计算法

在反应器中，由于有化学反应发生，进料物流中的一些组分（反应物）经化学反应后产生了新组分（产物）变成输出物流。因而，对于这样的过程用组分平衡是不适宜的，应该利用质量平衡或元素平衡，在衡算过程中反应物和产物的计算要应用化学计量关系。

在物料衡算中，有些反应比较简单或者仅有一个反应而且仅有一个未知数，在这种情况下就可通过化学计量系数来直接计算。用物质的量代替质量进行计算，可使计算更为简便。

例［5.5］　邻二甲苯氧化制取苯酐，反应式为

$$C_8H_{10} + 3O_2 \longrightarrow C_8H_4O_3 + 3H_2O$$

设邻二甲苯的转化率为 60%，氧用量为实际反应用量的 150%，如果邻二甲苯的投料量为 100kg/h，作物料衡算。

解　选取邻二甲苯进料量 100kg/h 为计算基准。为利用化学计量系数，进料量换算为 kmol/h，设氧在空气中的体积分数为 0.21，氮的体积分数为 0.79。

进料：邻二甲苯 C_8H_{10}　　100/106＝0.944（kmol/h）

　　　氧 O_2　　　　　　0.944×0.6×3×150%＝2.55（kmol/h）

出料：苯酐 $C_8H_4O_3$　　0.944×0.6×148＝83.83（kg/h）

水 H_2O $0.944 \times 0.6 \times 3 \times 18 = 30.6$ （kg/h）

剩余邻二甲苯 $100 \times 0.4 = 40$ （kg/h）

剩余氧 $(2.55 - 0.944 \times 0.6 \times 3) \times 32 = 27.22$ （kg/h）

氮 N_2 $2.55 \times \dfrac{79}{21} \times 28 = 268.6$ （kg/h）

计算结果列入表 5-5。

表 5-5　例 [5.5] 计算结果

物料	进　料		出　料	
	摩尔流量/(kmol/h)	质量流量/(k/h)	摩尔流量/(kmol/h)	质量流量/(k/h)
邻二甲苯	0.944	100	0.377	40
氧	2.55	81.6	0.851	27.22
氮	9.59	268.6	9.59	268.6
苯酐	—	—	0.566	83.83
水	—	—	1.70	30.60
合计	13.084	450.2	13.084	450.25

本题进、出物料的物质的量（mol）正好相等，这是因为反应物和产物的总物质的量相等，也只有在反应前后物质的量相等的反应中才能平衡，否则是不能用物质的量平衡的。

例 [5.6] 在间歇釜中，往苯中通入氯气生产氯苯，所用工业苯纯度为 97.5%，氯气纯度为 99.5%。为控制副产物的生成量，当氯化液中氯苯质量分数达 0.40 时，停止通氯，此时氯化液中二氯苯质量分数为 0.02，三氯苯质量分数为 0.005。试作每釜生产 1t 氯苯的物料衡算。

解 选取 1000kg 氯苯为物料衡算基准，暂不考虑催化剂，假若氯气无泄露。

主反应方程式： $C_6H_6 + Cl_2 \rightleftharpoons C_6H_5Cl + HCl$ (1)

副反应方程式： $C_6H_6 + 2Cl_2 \rightleftharpoons C_6H_4Cl_2 + 2HCl$ (2)

                 $C_6H_6 + 3Cl_2 \rightleftharpoons C_6H_3Cl_3 + 3HCl$ (3)

已知氯苯质量为 1000kg，则产物氯化液的质量为

         $1000/0.4 = 2500$ （kg）

二氯苯质量为 $2500 \times 2\% = 50$ （kg）

三氯苯质量为 $2500 \times 0.5\% = 12.5$ （kg）

氯化液中未反应苯的质量分数为

         $(100 - 40 - 2.0 - 0.5)\% = 57.5\%$

氯化液中未反应苯的质量为

         $2500 \times 57.5\% = 1437.5$ （kg）

产生的 HCl 的质量：

由式(1)可得 $(1000/112.5) \times 36.5 = 324.4$ （kg）

由式(2)可得 $2 \times (50/147) \times 36.5 = 24.8$ （kg）

由式(3)可得 $3 \times (12.5/181.5) \times 36.5 = 7.5$ （kg）

产生 HCl 总重： $324.4 + 24.8 + 7.5 = 356.7$ （kg）

氯气消耗量：

由式(1)可得　　　　　　　　　　(1000/112.5)×71＝631.1 (kg)
由式(2)可得　　　　　　　　　　2×(50/147)×71＝48.3 (kg)
由式(3)可得　　　　　　　　　　3×(12.5/181.5)×71＝14.7 (kg)
　　氯气总消耗量：　　　　　　631.1＋48.3＋14.7＝694.1 (kg)
　　折成工业氯气消耗量：　　　694.1/0.995＝697.6 (kg)
　　杂质的量为　　　　　　　　697.6－694.1＝3.5 (kg)
　　苯消耗量：
由式(1)可得　　　　　　　　　　(1000/112.5)×78＝693.3 (kg)
由式(2)可得　　　　　　　　　　(50/147)×78＝26.5 (kg)
由式(3)可得　　　　　　　　　　(12.5/181.5)×78＝5.4 (kg)
　　未反应的苯的量为　　　　　　1437.5 (kg)
　　苯总消耗量为　　　　1437.5＋693.3＋26.5＋5.4＝2162.7 (kg)
　　折成工业苯消耗量为　　　　2162.7/0.975＝2218.2 (kg)
　　其中杂质量为　　　　　　　2218.2－2162.7＝55.5 (kg)
物料衡算数据见表5-6。

表 5-6　物料衡算

输入/kg		输出/kg	
工业苯	2218.2	未反应苯	1437.5
其中纯苯	2162.7	氯苯	1000
杂质	55.5	二氯苯	50
工业氯气	697.6	三氯苯	12.5
其中纯氯气	694.1	氯化氢	356.7
杂质	3.5	杂质	59.0
总计	2915.8	总计	2915.7
杂质	59.0		

5.2.2.3　利用反应速率进行物料衡算

　　有的反应过程中主、副反应比较复杂，单纯依靠物流和组分还不能求解生成物各组分的量，如有条件可利用反应速率进行衡算。

　　例 [5.7]　在乙二醇生产中，所用的反应物是由乙烯部分氧化法制得的环氧乙烷。制取环氧乙烷的方法是将乙烯在过量空气存在下通过银催化剂。

　　主要反应为

$$2C_2H_4 + O_2 \longrightarrow 2C_2H_4O$$

设其反应速率为 r_1，有些乙烯却被完全氧化生成 CO_2 与 H_2O，即

$$C_2H_4 + 3O_2 \longrightarrow 2CO_2 + 2H_2O$$

设其反应速率为 r_2，如果进料中含 C_2H_4 的摩尔分数为 0.10，乙烯转化率 25%，氧化产物的收率 80%，计算反应器输出物流的组成。

　　解　画出示意流程图 (图 5-6)。

　　该系统包括 9 个物流变量，有 2 个反应的反应速率，共有 11 个变量。从给出的反应方程式看共有 5 个不同组分存在。同惰性组分一起共列出 6 个物料平衡方程式。已知进料中 C_2H_4 摩尔分数，氧和氮的含量为空气的组成比，收率和转化率已给定。进料量没有给出，可以任意选择。

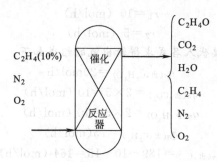

图 5-6 乙烯部分氧化

取总进料（乙烯与空气之和）1000mol/h 作为基准。根据规定可得各组分的摩尔流量为

$$q_{n(\lambda, C_2H_4)} = 0.1 \times 1000 = 100 \ (mol/h)$$

其余 900mol 为空气摩尔流量，其中：

$$q_{n(\lambda, O_2)} = 0.21 \times 900 = 189 \ (mol/h)$$

$$q_{n(\lambda, H_2)} = 0.79 \times 900 = 711 \ (mol/h)$$

乙烯转化率规定为 25%，故

$$\frac{q_{n(\lambda, C_2H_4)} - q_{n(出, C_2H_4)}}{q_{n(\lambda, C_2H_4)}} = 0.25$$

或

$$q_{n(出, C_2H_4)} = 0.75 q_{n(\lambda, C_2H_4)} = 75 \ (mol/h)$$

由前述定义，收率为：

$$0.8 = \frac{R_{(C_2H_4O)}}{R_{max(C_2H_4O)}} = \frac{q_{n(出, C_2H_4O)} - q_{n(\lambda, C_2H_4O)}}{R_{max(C_2H_4O)}}$$

式中，$R_{(C_2H_4O)}$，$R_{max(C_2H_4O)}$ 分别为 C_2H_4O 的产率和最高产率。如果转化的 C_2H_4 都被氧化成 C_2H_4O，而没有 CO_2 生成，就得到 C_2H_4O 的最高产率 $R_{max(C_2H_4O)}$，此时系统的 CO_2 平衡，则有

$$0 = 0 + 2r_2 \quad 或 \quad r_2 = 0$$

因而，从 C_2H_4 的平衡，可得

$$75 = 100 - 2r_1 - r_2 = 100 - 2r_1$$

或

$$r_1 = 12.5 \ (mol/h)$$

$$R_{max(C_2H_4O)} = 2r_1 = 25 (mol/h)$$

由收率定义式，得到：

$$0.8 = \frac{q_{n(出, C_2H_4O)} - 0}{25} \quad 或 \quad q_{n(出, C_2H_4O)} = 20 (mol/h)$$

用组分平衡求出上面所有数值：

C_2H_4O 平衡，则有	$20 = 0 + 2r_1$
C_2H_4 平衡，则有	$75 = 100 - 2r_1 - r_2$
O_2 平衡，则有	$q_{n(出, O_2)} = 189 - r_1 - 3r_2$
H_2O 平衡，则有	$q_{n(出, H_2O)} = 0 + 2r_2$
CO_2 平衡，则有	$q_{n(出, CO_2)} = 0 + 2r_2$
N_2 平衡，则有	$q_{n(出, N_2)} = 711$

由 C_2H_4O 平衡得到 $\qquad\qquad r_1=10$ （mol/h）

由 C_2H_4 平衡得到 $\qquad\qquad r_2=5$ （mol/h）

由反应速率 r_1 和 r_2 直接代入各式求得输出流的组成如下：

$$q_{n(出,C_2H_4O)}=20\text{mol/h}$$

$$q_{n(出,CO_2)}=2\times5=10 \text{（mol/h）}$$

$$q_{n(出,H_2O)}=2\times5=10 \text{（mol/h）}$$

$$q_{n(出,C_2H_4)}=75\text{（mol/h）}$$

$$q_{n(出,O_2)}=189-10-15=164 \text{（mol/h）}$$

$$q_{n(出,N_2)}=711\text{（mol/h）}$$

总气量为

$$q_{n(出)}=20+10+10+75+164+711=900 \text{（mol/h）}$$

例〔5.8〕 将苯氯化生成一种由一氯、二氯、三氯和四氯化苯组成的混合物，其反应为：

$$C_6H_6+Cl_2\longrightarrow C_6H_5Cl+HCl，其反应速率为 r_1；$$

$$C_6H_5Cl+Cl_2\longrightarrow C_6H_4Cl_2+HCl，其反应速率为 r_2；$$

$$C_6H_4Cl_2+Cl_2\longrightarrow C_6H_3Cl_3+HCl，其反应速率为 r_3；$$

$$C_6H_3Cl_3+Cl_2\longrightarrow C_6H_2Cl_4+HCl，其反应速率为 r_4。$$

氯化过程的主要产物是三氯化苯 $C_6H_3Cl_3$，它是固体，用做干燥清洁剂。假设氯和苯的进料速率比为 $Cl_2:C_6H_6=3.6:1$，其产物的组成（摩尔分数）：C_6H_6　1%，C_6H_5Cl　7%，$C_6H_4Cl_2$　12%，$C_6H_3Cl_3$　75%，$C_6H_2Cl_4$　5%。如果反应器负荷为 1000mol/h 苯，计算副产物 HCl 和主产品 $C_6H_3Cl_3$ 的产率（mol/h）。

解 画流程示意图（图5-7）。

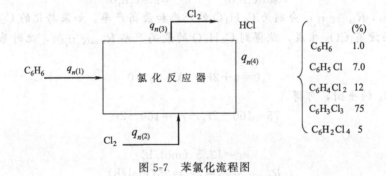

图 5-7　苯氯化流程图

系统包括 4 个并列反应，各有不同反应速率，此 4 个变量与 9 个物流变量（物流 1，1 个；物流 2，1 个；物流 4，5 个；物流 3，2 个）共 13 个变量。平衡方程式可在 7 个反应组分，4 个组成和 1 个流量速率基础上写出。

基准： 苯进料速率为 1000mol/h，氯的进料速率为 3600mol/h。设各个物流量为 $q_{n(i)}$，反应速率为 r_i（$i=1,2,3,4$）。

物料平衡方程式

C_6H_6 平衡，则有 $\qquad\qquad 0.01q_{n(4)}=q_{n(1,C_6H_6)}-r_1$ $\qquad\qquad$ (1)

C_6H_5Cl 平衡，则有 $\qquad\qquad 0.07q_{n(4)}=0+r_1-r_2$ $\qquad\qquad$ (2)

$C_6H_4Cl_2$ 平衡，则有 $\qquad\qquad 0.12q_{n(4)}=0+r_2-r_3$ $\qquad\qquad$ (3)

$C_6H_3Cl_3$ 平衡，则有 $\qquad\qquad 0.75q_{n(4)}=0+r_3-r_4$ $\qquad\qquad$ (4)

$C_6H_2Cl_4$ 平衡，则有 $\qquad 0.05q_{n(4)}=0+r_4 \qquad\qquad$ (5)

Cl_2 平衡，则有 $\qquad q_{n(3,Cl_2)}=q_{n(2,Cl_2)}-r_1-r_2-r_3-r_4 \qquad$ (6)

HCl 平衡，则有 $\qquad q_{n(3,HCl)}=0+r_1+r_2+r_3+r_4 \qquad\qquad$ (7)

上面平衡方程式中的反应速率按给出的反应方程式顺序编号。

由于 $q_{n(1)}$ 已知，所以前 5 个平衡式加和得到

$$q_{n(4)}=q_{n(1)}=1000\text{mol/h}$$

代入式 (1)，可得 $\qquad\qquad r_1=990\ (\text{mol/h})$

代入式 (2)，可得 $\qquad\qquad r_2=990-70=920\ (\text{mol/h})$

代入式 (3)，可得 $\qquad\qquad r_3=920-120=800\ (\text{mol/h})$

代入式 (4)，可得 $\qquad\qquad r_4=800-750=50\ (\text{mol/h})$

将所求得之 r 值代入式 (6) 和式 (7)，结果为

$$q_{n(3,Cl_2)}=3600-990-920-800-50=840\ (\text{mol/h})$$

$$q_{n(3,HCl)}=990+920+800+50=2760\ (\text{mol/h})$$

物流 4 摩尔流量为 $\qquad\qquad q_{n(4)}=1000\ (\text{mol/h})$

主产品三氯化苯产率为 750mol/h。

5.2.2.4　以结点作衡算

在生产中有些情况下，特别是对大型题目，可以分解为小分流，以便使计算简化。此时要注意利用汇集或分支处的交点（称为结点）来进行计算。当某些产品的组成需要用旁路调节才送往下一工序时，这种计算也要利用结点法。如图 5-8 所示为一般三股物流结点，还有多股物流的情况。这样的例子很多，如新鲜原料加入到循环系统，半成品从系统取出点以及物料混合、溶液配制点等。

用结点作衡算是一种计算技巧，对于任何过程（不论是反应过程还是非反应过程）的衡算都适用。

图 5-8　结点示意图

例 [5.9]　某工厂用烃类气体转化制取合成甲醇的原料气。在标准状态下，要求原料气量为 2321m³/h，其中一氧化碳与氢气的量（mol）的比为 1:24。转化制成的气体组成 x_{CO} 为 0.4312（摩尔分数，下同），x_{H_2} 为 0.542，此组成不符合合成甲醇的要求。为此，需将部分转化气送至 CO 变换反应器变换，变换后气体组成 x_{CO} 为 0.0876，x_{H_2} 为 0.8975，气体脱 CO_2 后体积缩小 2%，用此气体去调节转化气，使之符合原料气质量要求，计算转化气、变换气各需多少？要求原料气中 $x_{(CO+H_2)}$ 占 0.98。

解　先画简图（图 5-9）。

转化气 V_0 在 A 点分流为 V_1 和 V_2，V_2 经变换、脱 CO_2 后的 V_3 在 B 点与 V_1 合流成 V_4，合流时无化学反应和体积变化。

从数据看，各物流的"度"皆知，各个"量"除 V_4 外均不知，即 V_1、V_2、V_3 三个未知，需三个独立方程式求解。

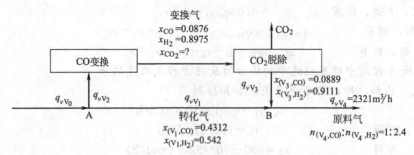

图 5-9 甲醇原料气配制图

取 B 点为结点，基准选择原料气的体积流量为 $2321m^3/h$。现进行"量"的平衡，设 $x_{(V_4,i)}$ 为物流 V_4 中 i 组分的摩尔分数，V_3 的组成 $x_{(V_3,CO)}$ 为 $8.76/(8.76+89.75)=0.0889$，$x_{(V_3,H_2)}$ 为 0.9111，因而以 B 点为结点进行物料平衡，则有

总量平衡：
$$q_{vV_1}+q_{vV_3}=q_{vV_4}=2321 \tag{1}$$

CO 平衡：
$$0.4312q_{vV_1}+0.0889q_{vV_3}=2321x_{(V_4,CO)} \tag{2}$$

H$_2$ 平衡：
$$0.542q_{vV_1}+0.9111q_{vV_3}=2321x_{(V_4,H_2)} \tag{3}$$

现确定 V_4 中的 $x_{(V_4,CO)}$ 与 $x_{(V_4,H_2)}$。已知 $n_{(V_4,CO)}:n_{(V_4,H_2)}=1:2.4$，$x_{(V_4,CO+H_2)}$ 占 0.98，因此

$$x_{(V_4,CO)}=\frac{0.98}{2.4+1}=0.2882$$

$$x_{(V_4,H_2)}=\frac{0.98\times2.4}{3.4}=0.6918$$

解联立式（1）、式（2）[或式（1）、式（3），因式（2）与式（3）相关]，则有

$$q_{vV_1}=2321\times0.5822=1351 \ (m^3/h)$$

$$q_{vV_3}=2321\times0.4178=970 \ (m^3/h)$$

由于脱除了 CO_2，体积缩小 2%，故

$$q_{vV_2}=\frac{q_{vV_3}}{1-0.02}$$

$$q_{vV_2}=989.8 \ (m^3/h)$$

除掉的 CO_2 为

$$q_{vV_2}-q_{vV_3}=989.8-970=19.8 \ (m^3/h)$$

再以 A 为结点，得到

$$q_{vV_0}=q_{vV_1}+q_{vV_2}=1351+989.8=2340 \ (m^3/h)$$

计算结果为
$$\begin{cases} q_{vV_0}=2340 \ (m^3/h) \\ q_{vV_1}=1351 \ (m^3/h) \\ q_{vV_3}=970 \ (m^3/h) \end{cases}$$

5.2.2.5 利用联系组分作物料衡算

所谓"联系组分"，系指衡算过程中联系衡算系统进、出物流的特定组分。当组分从一个物流进到另一物流时，如果它的形态和总量未发生变化，而在不同物流中所占的相对百分数不同，利用它的这种特点计算其他组分的量和物流总量。用这种方法可使计算变得简单易行。

当所计算的反应过程同时有几个不参加化学反应的组分通过，就可将它们的总量作为联系组分。联系组分的质量（或体积）比例愈大，计算误差就愈小。相反，当作为联系组分的物料量很少，而且该组分分析相对误差很大时，该组分不宜作为联系组分。当计算的过程中没有上述适宜组分，可以利用经过反应后进入各个生成物的那个元素作为联系组分。如果确实找不到以上这种组分，可以用假想的联系组分代替。

例 [5.10] 甲烷和氢的混合气与空气完全燃烧以加热锅炉。反应方程式如下：

$$CH_4 + 2O_2 \longrightarrow 2H_2O + CO_2 \tag{1}$$

$$H_2 + \frac{1}{2}O_2 \longrightarrow H_2O \tag{2}$$

产生的烟道气经分析其组成（摩尔分数）：x_{N_2} 为 0.7219，x_{CO_2} 为 0.0812，x_{O_2} 为 0.0244，x_{H_2O} 为 0.1725。试求：① 燃料中 CH_4 与 H_2 的摩尔比；② 空气与（$CH_4 + H_2$）的摩尔比。

解 画衡算简图（图 5-10）。CH_4、H_2 在空气中完全燃烧的反应式为式（1）和式（2）。

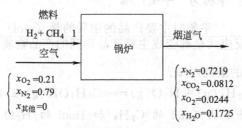

图 5-10 加热锅炉示意图

取 100mol 烟道气作基准。因此，各组分的摩尔分数 x_{N_2} 为 0.7219，x_{CO_2} 为 0.0812，x_{O_2} 为 0.0244，x_{H_2O} 为 0.1725，进入燃烧室的空气含 O_2 可用 N_2 作联系物求出：

$$n_{O_2} = 100 \times 0.7219 \times \frac{0.21}{0.79} = 19.19 \ (mol)$$

烟道气所含 8.12mol CO_2 是由 CH_4 燃烧而来，从反应式（1）可知甲烷消耗 8.12mol 和甲烷燃烧的 O_2 量为 $8.12 \times 2 = 16.24$（mol），因此，H_2 燃烧所消耗的 O_2 量为

$$n_{(H_2燃烧,O_2)} = 19.19 - 2.44 - 16.24 = 0.51 \ (mol)$$

由反应式（2）知，燃料中氢的量为

$$n_{(燃料中,H_2)} = 0.51 \times 2 = 1.02 \ (mol)$$

计算结果见表 5-7。

表 5-7 例 [5.10] 计算结果

组分	入	出		组分	入	出	
	燃料/mol	空气/mol	烟道气/mol		燃料/mol	空气/mol	烟道气/mol
H_2	1.02	0	0	CO_2	0	0	8.12
CH_4	8.12	0	0	H_2O	0	0	17.25
O_2	0	19.19	2.44	总计	9.14	91.38	100
N_2	0	72.19	72.19				

因此，燃料中甲烷与 H_2 的摩尔比为

$$\frac{8.12}{1.02} = 7.96$$

空气与（$CH_4 + H_2$）的摩尔比为

$$\frac{91.38}{9.14} = 9.998$$

5.2.2.6 利用化学平衡作物料衡算

平衡转化率是化学反应达到平衡后反应物转化为产物的百分数。它与转化率的区别在于它是一定条件下反应的最高转化率。则有

$$平衡转化率 = \frac{反应平衡后原料转化产物的物质的量（mol）}{投入原料的物质的量（mol）} \times 100\%$$

平衡转化率依赖于平衡条件，主要是温度、压力和反应物的组成。通常情况下，所说的转化率，是实际转化率而不是平衡转化率。但是，在一些化工计算中，实际转化率难以测定，常常用平衡转化率来代替，或者把平衡转化率乘以一个系数表示实际转化率。

工业上常使用"产率"（或称收率）来表示反应进行的程度。它与转化率的不同点在于前者是以原料的消耗来衡量反应的限度（它可能不完全变成产品），后者则是从获得产品的数量来衡量反应限度的。

当反应达到平衡时的产率称为"平衡产率"。

$$平衡产率 = \frac{平衡时主要产品的物质的量（mol）}{原料按反应式全部变成主要产品得到的产品物质的量（mol）} \times 100\%$$

平衡产率是化学反应产品的最高产率。

例 [5.11] 已知 $C_2H_4(g) + H_2O(g) \Longleftrightarrow C_2H_5OH(g)$ 在 400K 时，平衡常数 $K_p = 9.87 \times 10^{-3}$ kPa。若原料是由 1mol 的 C_2H_4 和 1mol 的 H_2O 组成，试求在该温度和 101.325kPa 下 C_2H_4 的转化率，并计算平衡体系中各物质的浓度（气体可当作理想气体）。

解 设 C_2H_4 的转化率为 α，那么反应平衡时系统内物料的组成为

$$C_2H_4(g) + H_2O(g) \Longleftrightarrow C_2H_5OH(g)$$
$$1-\alpha \qquad\qquad 1-\alpha \qquad\qquad\quad \alpha$$

平衡后混合物的总物质的量（mol）为：

$$(1-\alpha) + (1-\alpha) + \alpha = 2-\alpha$$

各组分的体积分数 φ 为

$$\varphi_{C_2H_4} = (1-\alpha)/(2-\alpha)$$
$$\varphi_{H_2O} = (1-\alpha)/(2-\alpha)$$
$$\varphi_{C_2H_5OH} = \alpha/(2-\alpha)$$

依据平衡常数式，则有

$$K_p = \frac{p_{C_2H_5OH}}{p_{C_2H_4} p_{H_2O}} = \frac{\dfrac{\alpha}{2-\alpha}p}{\dfrac{1-\alpha}{2-\alpha}p \times \dfrac{1-\alpha}{2-\alpha}p} = \frac{\alpha(2-\alpha)}{(1-\alpha)^2 p}$$

p 为气体总压，代入已知数值，可得

$$9.87 \times 10^{-3} = \frac{\alpha(2-\alpha)}{(1-\alpha)^2 \times 101.325}$$

解得

$$\alpha = 0.293$$

平衡后各物质的摩尔分数为

$$x_{C_2H_4} = \frac{1-\alpha}{2-\alpha} = \frac{1-0.293}{2-0.293} = \frac{0.707}{1.707} = 0.414$$

$$x_{H_2O} = \frac{0.707}{1.707} = 0.414$$

$$x_{C_2H_5OH} = \frac{0.293}{1.707} = 0.172$$

5.2.2.7 利用元素原子平衡作物料衡算

化学反应前后各元素的原子数是相等的。例如，烷类的裂解过程使碳原子数大的烃类裂解成为碳原子数小的烃（如甲烷、乙烷、丙烷、乙烯、丙烯、乙炔等）的混合物，成分变化很大，但裂解前后的碳原子数是不变的，其依据是物质不变定律。反应前后各元素的原子数相等这一原理在物料衡算中常常被利用。

例 [5.12] 做天然气一段转化炉的物料衡算，天然气的组成如下：

组分	CH_4	C_2H_6	C_3H_8	C_4H_{10}	N_2	合计
摩尔分数/%	97.8	0.5	0.2	0.1	1.4	100

原料混合气中，H_2O 与天然气的摩尔比为 2.5，气体转化率为 67%（以 C_1 计），甲烷同系物完全分解，转化气中 CO 和 CO_2 的比例在转化炉出口温度（700℃）下符合式 $CO + H_2O \longrightarrow CO_2 + H_2$ 的平衡关系。

解 一段转化炉内所进行的天然气转化反应的主反应是

$$CH_4 + H_2O \longrightarrow CO + 3H_2$$

还有一些副反应。一段转化炉出口气中含有 CO_2、CO、H_2、H_2O、CH_4 和 N_2 等组分，在出口混合气中，上述组分的物质的量（mol）分别用 a、b、c、$(250-d)$、e 和 f 表示，d 为天然气转化反应中水蒸气的消耗量。

以 100mol 天然气进料为衡算基准。

e 为一段转化炉出口混合气中 CH_4 的物质的量（mol），即未转化的 CH_4 的物质的量（mol），因此

$$e = (97.8 + 0.5 \times 2 + 0.2 \times 3 + 0.1 \times 4) \times (1 - 0.67) = 32.9 \text{（mol）}$$

N_2 是惰性的，反应前后物质的量不变，因此

$$f = 1.4 \text{（mol）}$$

一段转化炉进、出口物料情况如图 5-11 所示。

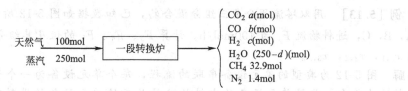

图 5-11 转化炉示意图

由碳原子平衡，可得 $97.8 + 0.5 \times 2 + 0.2 \times 3 + 0.1 \times 4 = a + b + 32.9$

由氧原子平衡，可得 $250 = b + 2a + (250 - d)$

由氢原子平衡，可得 $97.8 \times 4 + 0.5 \times 6 + 0.2 \times 8 + 0.1 \times 10 + 250 \times 2$
$$= 2c + 2(250 - d) + 32.9 \times 4$$

化简上面各式，可得

$$a = 66.9 - b$$

$$a + 0.5b - 0.5d = 0$$

$$c = d + 132.6$$

又，根据 CO 和 CO_2 的比例符合 $CO + H_2O \longrightarrow CO_2 + H_2$ 的平衡关系，可得

$$K_p = \frac{p_{CO_2} p_{H_2}}{p_{CO} p_{H_2O}} = \frac{ac}{b(250 - d)} = 1.54$$

K_p 是反应 $CO + H_2O \longrightarrow CO_2 + H_2$ 在 700℃ 的平衡常数。

解上述方程组，可得

$$a=33.1, \quad b=33.8, \quad c=232.6, \quad d=100$$

由计算结果可列出一段转化生产的物料平衡，如表 5-8 所示。

表 5-8 例 [5.12] 计算结果

组分	进料 /mol	/g	组分	出料 /mol	/g
CH_4	97.8	1564.8	CH_4	32.9	526.4
C_2H_6	0.5	15	H_2	232.6	465.2
C_3H_8	0.2	8.8	CO	33.8	946.4
C_4H_{10}	0.1	5.8	CO_2	33.1	1456.4
N_2	1.4	39.2	N_2	1.4	39.2
H_2O	250	4500	H_2O	150	2700
合计	350	6133.6	合计	483.8	6133.6

多种反应同时发生的复杂反应过程例如煤的气化、烃类的热裂解等过程用元素原子平衡的方法作物料平衡是很方便的。

5.3 化工过程的物料衡算

化工过程包含多个单元设备，各单元设备之间由物流或能量流联系起来，就物料衡算而言，不管化工过程多么复杂，总是可以分解为单元设备的串联、并联和物流的旁路、循环等基本形式。因此，这些基本形式物料衡算是复杂化工过程物料衡算的基础。

5.3.1 串联设备

例 [5.13] 用双塔流程分离三组分混合物，已知数据如图 5-12 所示，进料中的组分为 A，B，C，进料物流 F_1 为 100mol/h。计算 F_3、F_4、F_5 的值及其组分 A，B，C 的摩尔分数 $x_{3,1}$，$x_{3,2}$，$x_{3,3}$。

解 图 5-12 为典型的单元设备串联的流程，每个单元设备为一个子体系。串联的特点是物流为单向，前置单元设备的出料物流量是后续单元设备的进料物流。有时，后续单元设备还有另外的进料，前置单元设备有的出料物流也可以不流入后续单元设备。图 5-12 所示的三组分混合物的分离，只用一个分离设备不能得到三个接近纯组分的产品，需要采用"双塔流程"。第一个分离设备将混合物分离为两股物流，一股物流接近纯组分，另一股是以另外两个组分为主体，仅含有少量第一组分的混合物。第二个分离设备，将所得混合物进一步分离成两股接近纯组分的物流，两个分离设备的串联物料衡算，一般采用逐步解法。

基准：选第一塔进料流量 100mol/h 为基准。

选塔 Ⅰ 为体系，则

$$100=F_3+50$$

故

$$F_3=50 \text{ (mol/h)}$$

组分 (1) 平衡，则有

$$F_1x_{1,1}=F_2x_{2,1}+F_3x_{3,1}$$
$$100\times0.543=50\times0.154+50\times x_{3,1}$$

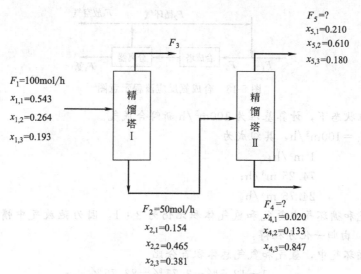

图 5-12　双塔流程分离混合物示意图

解得
$$x_{3,1}=0.932$$

组分 (2) 平衡，则有
$$100\times0.264=50\times0.465+50\times x_{3,2}$$

解得
$$x_{3,2}=0.063$$

而浓度限制式
$$x_{3,1}+x_{3,2}+x_{3,3}=1$$
$$x_{3,3}=1-0.932-0.063=0.005$$

选塔Ⅱ为体系，则
$$F_4+F_5=50$$

组分 (1) 平衡，则有
$$F_2x_{2,1}=F_5x_{5,1}+F_4x_{4,1}$$

即
$$0.154\times50=0.210F_5+0.020F_4$$

组分 (2) 平衡，则有
$$F_2x_{2,2}=F_5x_{5,2}+F_4x_{4,2}$$
$$0.465\times50=0.610F_5+0.133F_4$$

以上 3 个方程，2 个未知变量，多一个方程，可用来检验数据的正确性
解得
$$F_4=15.20 \text{ (mol/h)}, \quad F_5=(34.80) \text{ mol/h}$$

5.3.2　弛放过程

例 [5.14]　合成氨反应式 $3H_2+N_2 \Longleftrightarrow 2NH_3$ 的流程如图 5-13 所示。合成氨经分离器分离后，未反应的合成气循环使用，并部分弛放以防惰性气体积累造成不良影响。新鲜合成气中氢气和氮气体积比为 3:1。即惰性气体 1%；H_2 74.25%；N_2 24.75%。已知单程转化率 22%，总转化率 94%，弛放气含氨 3.75%，含惰性气体 12.5%。试通过物料衡算求出：① 放空比 F_5/F_1，循环比 F_2/F_1；② 在标准状态下，按 100m^3/h 进新鲜合成气时，生成合成氨的量；③ 1000t/d 合成氨装置每小时所需原料量。

设在标准状态下，F_1，F_2，F_3，F_4，F_5 的单位均为 m^3/h。

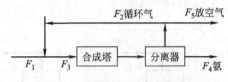

图 5-13　合成氨反应流程示意图

解　在标准状态下，计算基准为 $100m^3/h$ 新鲜合成气。

原料气　$F_1=100m^3/h$，其组成为

惰性气体：　　　　　$1\ m^3/h$；

H_2　　　　　　　$74.25\ m^3/h$；

N_2　　　　　　　$24.75\ m^3/h$。

假定弛放气和循环气中氢气和氮气体积比仍为 3：1，因为弛放气中惰性气为 12.5％，氨气为 3.75％。由归一化方程得：

弛放气和循环气中，氢气和氮气总体积百分比

$$1-12.5\%-3.75\%=83.75\%$$

其中氢气体积分数为

$$0.8375\times3/4=0.6281$$

氮气体积分数为

$$0.8375\times1/4=0.2094$$

为达到放空平衡，放空惰性气体量＝进入体系惰性气体量，则有

$$F_1\times1\%=F_5\times12.5\%$$

放空量为

$$F_5=F_1\times(1/12.5)=8\ (m^3/h)$$

放空比为

$$F_5/F_1=8/100=0.08$$

由单程转化率 22％，未转化氮气 78％，对合成塔未转化氮气建立衡算关系式，即

$$78\%(F_1\times24.75\%+F_2\times20.94\%)=(F_5+F_2)\times20.94\%$$

求得循环量为

$$F_2=382\ (m^3/h)$$

循环比为

$$F_2/F_1=3.82$$

氮气总转化率 94％，假定选择性 100％，据反应式

$$3H_2+N_2\Longleftrightarrow2NH_3$$

得生成合成氨的量：

$$F_4=2\times F_1\times24.75\%\times94\%=46.53\ (m^3/h)$$
$$=46.53/22.4\times17=35.31\ (kg/h)$$

通过物料衡算知每小时生成 35.31kg 合成氨，在标准状态下，需进新鲜合成气 $100m^3/h$，故日产 1000t/d，每小时需进新鲜合成气量为

$$100/35.31\times(1/24)\times10^6=1.18\times10^5(m^3/h)$$

5.3.3　循环过程

例 [5.15]　苯直接加 H_2 转化为环己烷，产量为 100kmol/h。输入系统中的苯 99％反

应生成环己烷，进入反应器物流的组成为 80% H_2 和 20% C_6H_6（摩尔分数，下同）。产物物流中含有 3% 的 H_2。流程如图 5-14 所示。试计算：①产物物流的组成；②H_2 和 C_6H_6 的进料速率；③H_2 的循环速率。

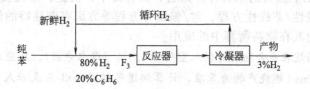

图 5-14　环己烷生产流程示意图

解　化学反应式为　　　　　$C_6H_6 + 3H_2 \longrightarrow C_6H_{12}$

以产物环己烷的量 100kmol/h 为计算基准，苯的转化率为 99%，生产 100kmol/h 环己烷需苯的摩尔流量为

$$\frac{100}{0.99} = 101.01 \ (\text{kmol/h})$$

未反应的苯的摩尔流量为

$$101.01 - 100 = 1.01 \ (\text{kmol/h})$$

设产物中 H_2 的摩尔流量为 q_n，则有

$$\frac{q_n}{100 + 1.01 + q_n} = 0.03$$

$$q_n = 3.12 \ (\text{kmol/h})$$

总产物量 $= 100 + 1.01 + 3.12 = 104.13 \ (\text{kmol/h})$

其中 C_6H_{12}、C_6H_6、H_2 摩尔分数分别为 0.96、0.01、0.03。

H_2 的进料速率为

$$100 \times 3 + 3.12 = 303.12 \ (\text{kmol/h})$$

苯的进料速率为

$$101.01 \ (\text{kmol/h})$$

设循环 H_2 的量为 R，则有

$$\frac{101.01}{101.01 + 303.12 + R} = 0.2$$

$$R = 100.92 \ (\text{kmol/h})$$

5.4　计算机辅助计算方法在物料衡算中的应用

物料衡算是通过建立物料衡算方程求解未知的物料量及组成。对于一些比较简单的物料衡算问题，列出的物料衡算方程不太复杂，用手算并不困难。但是，当遇到过程中单元设备多、流股多或物料中组分多的物料衡算时，常常列出许多联立方程，尤其是一些非线性方程，需要用迭代法求解，手算就相当费时，借助计算机解题，可以节省计算时间。通常，解线性方程组和非线性方程组的部分解法均有现成的程序可采用。不少设计手册、专门著作中都附有求解物料衡算题的源程序可供选用。目前，在化工工艺的复杂计算中，通过对模拟计算中模块的正确选择，可同时完成物料衡算和能量衡算。下面以实例来说明如何根据实际情

况利用计算机辅助计算进行物料衡算。

5.4.1　Matlab 在物料衡算中的应用

Matlab 是一种功能强大的工程计算语言,具有简单、快捷、准确及结果可视化等优点,在解决曲线拟合、线性/非线性方程、常/偏微分方程等方面有着独特的优势,下面通过烟道气组成的求解,讨论其在物料衡算中的应用。

例 [5.16]　丙烷在充分燃烧时供入空气量 125%(摩尔分数),反应式为 $C_3H_8+5O_2$ ===== $3CO_2+4H_2O$,以 100mol 燃烧产物为基准,计算烟道气组成。以 A 表示入口空气的量,mol;B 表示入口丙烷的量,mol。烟道气中 N_2 的量以 N 表示,mol;O_2 的量以 M 表示,mol;CO_2 的量以 P 表示,mol;H_2O 的量以 Q 表示,mol。

解　以 100mol 烟道气为基准,列元素平衡式,得到 6 个线性方程式:

C 平衡:　　　　　　　$0+3B+0+0-P+0=0$

H_2 平衡:　　　　　　$0+4B+0+0+0-Q=0$

O_2 平衡:　　　　　　$0.21A+0+0-M-P-0.5Q=0$

N_2 平衡:　　　　　　$0.79A+0-N+0+0+0=0$

总平衡:　　　　　　　$0+0+N+M+P+Q=100$

过剩空气中氧:　　　　$0.042A+0+0-M+0+0=0$

写成矩阵式:　　　　　$AX=B$

即:

$$
\begin{bmatrix}
0 & 3 & 0 & 0 & -1 & 0 \\
0 & 4 & 0 & 0 & 0 & -1 \\
0.21 & 0 & 0 & -1 & -1 & -0.5 \\
0.79 & 0 & -1 & 0 & 0 & 0 \\
0 & 0 & 1 & 1 & 1 & 1 \\
0.042 & 0 & 0 & -1 & 0 & 0
\end{bmatrix}
\begin{bmatrix}
A \\ B \\ N \\ M \\ P \\ Q
\end{bmatrix}
=
\begin{bmatrix}
0 \\ 0 \\ 0 \\ 0 \\ 100 \\ 0
\end{bmatrix}
$$

于是在命令窗口输入:

≫A=[0 3 0 0 −1 0; 0 4 0 0 0 −1; 0.21 0 0 −1 −1 −0.5; 0.79 0 −1 0 0 0; 0 0 1 1 1 1; 0.042 0 0 −1 0 0];

≫B=[0; 0; 0; 0; 100; 0];

≫X=A \ B

回车,并得到:

$$
X=
\begin{bmatrix}
93.7031 \\
3.1484 \\
74.0255 \\
3.9355 \\
9.4453 \\
12.5937
\end{bmatrix}
$$

故 $A=93.703$mol;$B=3.148$mol;$N=74.026$mol;$M=3.936$mol;$P=9.445$mol;$Q=12.594$mol。

5.4.2　采用单元过程计算软件进行物料衡算

现以 PRO/II 软件为例,说明化工过程的模拟计算即物料衡算和热量衡算的基本过程和步骤,并简要介绍一些单元操作过程的模拟计算。

计算的基本步骤如下。

① 确定过程计算所涉及的物质，由物质输入窗口从数据库中选取所需物质或自定义库中缺损物质。

② 如有自定义物质，由物质结构窗口选择构造自定义物质。

③ 通过单位尺度窗口，确定用户所需的各物理量的单位。

④ 选择适当的热力学估算方法。

⑤ 分析实际过程，选择适当的模拟计算单元，连接各物流，构造模拟计算流程。根据各单元模块的特点，拟计算流程有时与实际流程不完全相同。

⑥ 对各输入、输出物流进行命名，以方便对输出结果的阅读。

⑦ 输入物流参数。

⑧ 输入各单元操作参数。

⑨ 对复杂流程（带回路的）确定合理的切断流，给出初值。

⑩ 进行模拟计算，产生输出文件。

⑪ 查看输出文件得到模拟计算结果。若计算不收敛，查找原因，进行调整。

在以下的计算示例中，例［5.17］详细说明了操作步骤，以使读者掌握软件的基本使用方法。

例［5.17］ 平衡闪蒸计算。合成氨过程中，反应器出来的产品为氨、未反应的 N_2 和 H_2 以及原料物流带入的并通过反应器的少量氩、甲烷等杂质。反应器出来的产品在 $-33.3℃$ 和 $13.3MPa$ 下进入分凝器中进行冷却和分离。进料流率为 $100kmol/h$，计算分凝器出来的各物流流率和组成。进料组成如表 5-9 所示。

表 5-9　合成氨反应器出来的物料组成

组分	编号	进料摩尔分数	组分	编号	进料摩尔分数
N_2	1	0.220	Ar	4	0.002
H_2	2	0.660	CH_4	5	0.004
NH_3	3	0.114			

解　实际过程为一分凝器，模拟计算时只需选择一个闪蒸器计算模块，将给定的温度、压力值输入即可完成计算。具体操作如下。

① 打开 PRO/Ⅱ，给定文件名，建立新文件 Flash。在未按模拟计算要求将所需数据输入之前，或输入数据不足时，工具栏中有些窗口呈红色，这时无法进行计算，只有当全部工具栏窗口呈蓝色时，方可进行模拟计算。

② 点开工具栏中的物质窗口（左起第五，呈苯环标志），从数据库中选取计算所涉及物质，输入本文件。

③ 点开工具栏中的单位标尺窗口（左起第四，呈尺标志），选择适当的单位。

④ 点开工具栏中的热力学计算窗口（左起第七，呈坐标曲线标志），选择适当的计算方法。该过程压力较高，选用 S—R—K 状态方程。

⑤ 选择闪蒸器计算模块。在右面计算模块工具栏上点一下 FLASH，然后将鼠标移到中间再点一下。

⑥ 连接物流。在右面计算模块工具栏上点一下 STREAM，按需要在闪蒸器上连接 S_1、S_2 和 S_3，并对各物流进行定义说明。此时，计算机显示如图 5-15 所示。

⑦ 输入物流参数。双击 S_1，输入物流参数。

⑧ 双击闪蒸器，输入闪蒸器参数值（温度和压力）。

⑨ 此时工具栏及模拟计算流程中均无提示缺乏数据的红色显示，可点工具栏的运算窗口（箭头标志）进行计算。当计算正常并收敛时流程呈蓝色，若计算未收敛呈红色。

⑩ 点开主菜单栏中的 Output 产生输出文件，查看计算结果，打印所需数据。若不收敛，从输出文件中查找问题，修改参数，再进行计算。

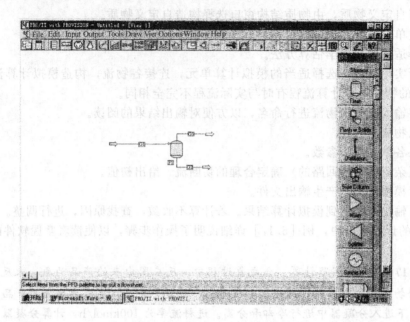

图 5-15 例 [5.17] 的计算屏幕显示

例 [5.17] 的计算结果如下：

STREAM ID	S₁	S₂	S₃
NAME	Feed		
PHASE	MIXED	LIQUID	VAPOR
FLUID RATES,KG-MOL/HR			
1 N₂	22.0000	8.1209E-03	21.9919
2 H₂	66.0000	0.0315	69.9685
3 NH₃	11.4000	10.0876	1.3124
4 AR	0.2000	2.18087E-05	0.2000
5 METHANE	0.4000	8.1092E-04	0.3992
TOTAL RATE,KG-MOL/HR	100.0000	10.1281	89.8719
TEMPERATURE,K	240.0000	240.0000	240.0000
PRESSURE,KPA	13300.0000	13300.0000	13300.0000
ENTHALPY,M * KJ/HR	1.8162E-03	−0.0315	0.0333
MOLECULAR WEIGHT	9.5790	16.9930	8.7435
MOLE FRAC VAPOR	0.1013	1.0000	0.0000

由输出物流的摩尔流率，可以很快地算出物流组成（摩尔分数）。计算结果如表 5-10 所示。

表 5-10 物流组成

物流号	摩尔流量 /(kmol/h)	物流组成/摩尔分数				
		N₂	H₂	NH₃	Ar	CH₄
S₁	100	0.22	0.66	0.114	0.002	0.004
S₂	10.13	0.008	0.0031	0.9960	0.0000	0.0001
S₃	89.87	0.2447	0.7340	0.0146	0.0022	0.0044

5.4.3 化工流程中的物料衡算

一个完整的化工生产流程一般是由原料的预处理、物料间的化学反应和产品的分离、纯化三大过程组成。它既包括物理过程（单元操作）也包括化学反应过程。因此，化工生产流程的物料衡算也就必然由组成这个流程的物理过程和化学反应过程的物料衡算构成。前述的物理过程的物料衡算和化学反应过程的物料衡算便是化工流程物料衡算的基础。在此，结合氯乙烯精馏中低沸塔系统的物料衡算实例就有关问题进行介绍。

聚氯乙烯（PVC）是我国产量最大的塑料品种之一，其原料氯乙烯单体（VC，下同）生产装置大部分采用乙炔、氯化氢为原料，以活性炭吸附氯化汞为催化剂，在列管式固定反应器中合成。从 VC 的生产流程看，最后一道工序是气体混合物的分离，其方法是将气体混合物液化后进行精馏，先在低沸塔中除去乙炔等低沸物，然后在高沸塔中除去二氯乙烷等高沸物。

5.4.3.1 低沸塔系统工艺流程

此系统包括 1 号全凝器、2 号全凝器、尾凝器、水分离器及低沸塔，其工艺流程见图5-16。

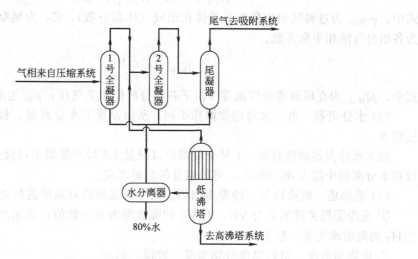

图 5-16 低沸塔系统工艺流程图

从图 5-16 中可以看出，经压缩后的气体进入 1 号全凝器冷凝液化，冷凝下来的液体 VC 与 2 号全凝器及尾凝器冷凝下来的液体 VC 一起借位差进入水分离器，借密度差连续分层，除去 80%左右的水后进入低沸塔，低沸塔塔顶气体经塔顶分凝器后，不冷凝气体与 1 号全凝器中的未冷凝气体合并后一起进入 2 号全凝器进行进一步的冷凝，未冷凝气体进入尾凝器进行再次冷凝，冷凝下来的液相进入水分离器，又回流到低沸塔，这是一个具有循环的物料流动过程。因此在对该系统进行物料衡算时，计算的复杂性增大，为了减少手算的繁琐，提高计算的精确度，采用电算法更佳。

5.4.3.2 计算模型

首先假设 2 号全凝器、尾凝器的液相量为零，则低沸塔的进料量为 1 号全凝器冷凝下来的液相量，对低沸塔采用冷凝——蒸出塔的计算过程，求出塔顶气相流量及塔釜液相流量，塔顶气相与 1 号全凝器气相合并后一起进入 2 号全凝器进行部分冷凝，对其进行物料衡算，求出液相流量与气相流量，气相进入尾凝器进一步冷凝，冷凝下来的液相与 1 号、2 号全凝器液相一起经水分离器除水后进入低沸塔，然后再对低沸塔进行物料衡算，又得到低沸塔塔底液量与塔顶气量，这样重复计算，直至塔顶气体中 C_2H_2、VC 量与上一次计算结果基本上保持一致为止。

(1) 2 号全凝器　这是一个部分冷凝器，采用等温闪蒸方程进行计算。

$$\sum \frac{\varphi_{(Q,I)}}{K_{(Q,I)}+(1-K_{(Q,I)})\times E_Q}=1 \tag{5-11}$$

式中，I 为组分数，$I=1\sim8$，其中 1 为 C_2H_2；2 为 VC；3 为反式 1,2-二氯乙烯；4 为 1, 1-二氯乙烷；5 为 H_2O；$6\sim8$ 分别为惰性组分 H_2、O_2、N_2（下同）。$\varphi_{(Q,I)}$ 为进料气相中各组分的体积组成（体积分数）；E_Q 为全凝器的液化率；$K_{(Q,I)}$ 为各组分气液相平衡常数。

$$K_{(Q,I)}=\frac{p^0_{(Q,I)}}{p_Q} \tag{5-12}$$

式中，$p^0_{(Q,I)}$ 为在全凝器操作温度 T_Q 下各组分的饱和蒸气压；p_Q 为全凝器操作压强。

(2) 尾凝器　尾凝器与全凝器相同，亦为一部分冷凝器，采用等温闪蒸方程进行计算。

$$\sum \frac{\varphi_{(w,I)}}{K_{(w,I)}+(1-K_{(w,I)})\times E_w}=1$$

式中，$\varphi_{(w,I)}$ 为进料气相中各组分的体积组成（体积分数）；E_w 为尾凝器的液化率；$K_{(w,I)}$ 为各组分气液相平衡常数。

$$K_{(w,I)}=\frac{p^0_{(w,I)}}{p_w}$$

式中，$p^0_{(w,I)}$ 为在尾凝器操作温度 T_w 下各组分的饱和蒸气压；p_w 为尾凝器操作压强。

(3) 水分离器　由于水对精馏操作不利，所以设置了水分离器，根据水与 VC 密度差分层除水。

进入水分离器的物料量＝1 号全凝器出口液量＋2 号全凝器出口液量＋尾凝器出口液量

设在水分离器中除去 80% 的水，另外组分的流量不变。

(4) 低沸塔　低沸塔为一冷凝蒸出塔。按冷凝蒸出塔对该塔进行物料衡算。

① 选冷凝段关键组分为 VC，取 VC 的吸收率为某一数值；选蒸出段关键组分为 C_2H_2，C_2H_2 的蒸出率为某一数值。

② 取塔顶温度、进料温度分别为某一数值，则有

冷凝段平均温度＝（塔顶温度＋进料温度）/2

③ 取塔釜温度为某一数值，则有

蒸出段平均温度＝（进料温度＋塔釜温度）/2

④ 取冷凝蒸出塔的操作压力为某一数值，查出冷凝段平均温度、蒸出段平均温度、塔顶温度、塔釜温度下各组分的饱和蒸气压数据 p^0_I，则有

$$K_I=p^0_I/p$$

式中，K_I 为低沸塔中各组分气液相平衡常数；p 为低沸塔操作压强。

5.4.3.3　计算程序

对低沸塔系统的物料衡算，由于计算内容多，物料又有循环，所以很难用手算来完成，因此采用电算法，用计算机语言编写计算程序进行计算，计算程序流程如图 5-17 所示。

该程序适用于氯乙烯精馏中低沸塔系统的物料衡算，可克服因参数及数据多，物料又有循环，用手算麻烦，精度较低且又易出错的缺点，计算参数可根据实际生产规模、条件灵活选取。

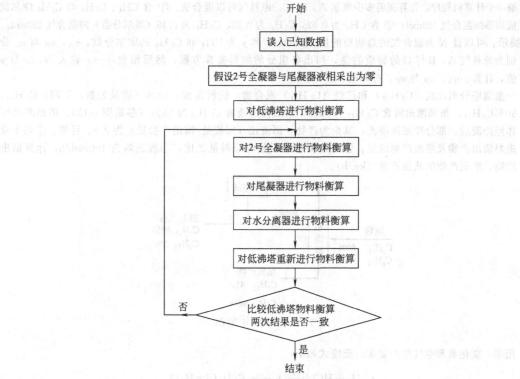

图 5-17　物料衡算计算程序流程图

习　题

5-1　海水淡化稳态过程，设海水含盐分质量分数为 0.034，每小时生产纯水 4000kg，要求排出的废盐水含盐质量分数不超过 0.1，试求需要通过的海水量为多少？

5-2　用纯水吸收丙酮混合气中的丙酮。如果吸收塔混合气进料为 200kg/h（其中丙酮质量分数为 0.20），纯水进料质量流量为 1000kg/h，得到无丙酮的气体和丙酮水溶液，设气体不溶于水中：①确定物流变量和物料平衡方程式数，设计变量数；②写出全部物料平衡方程式；③计算全部未知物流变量。

5-3　在精馏塔内，将等摩尔的混合物乙醇、丙醇和丁醇进行精馏，分离出顶流含乙醇摩尔分数为 0.6666 和丙醇而无丁醇；底流不含乙醇，只有丙醇和丁醇。试计算进料摩尔流量为 1000mol/h 时，顶流和底流的摩尔流量和组成。

5-4　将含 CH_4 为 0.80（体积分数，下同）、N_2 为 0.20 的天然气送去燃烧，所产生的 CO_2 大部分被清除用来制干冰。已知清除 CO_2 后的尾气中含 CO_2 为 0.012、O_2 为 0.049、N_2 为 0.939，试求：①CO_2 被清除的体积分数？②空气过剩系数？

5-5　作生产 1t 氯化苯的物料平衡。液态产品的组成（质量分数，下同）：苯为 0.65、氯化苯为 0.32、二氯化苯为 0.025、三氯化苯为 0.005，商品原料苯的纯度为 97.5%，工业用氯气纯度为 98%。

　　提示：过程中反应比较复杂，主要反应有：

$$C_6H_6 + Cl_2 \longrightarrow C_6H_5Cl + HCl \tag{1}$$

$$C_6H_6 + 2Cl_2 \longrightarrow C_6H_4Cl_2 + 2HCl \tag{2}$$

$$C_6H_6 + 3Cl_2 \longrightarrow C_6H_3Cl_3 + 3HCl \tag{3}$$

为防止多氯化苯的生成，必须使苯的反应量少于一半时就停止反应（从液态产品组成便看出）。

5-6　天然气（A）含 CH_4 为 0.85（摩尔分数，下同），C_2H_6 为 0.10，C_2H_4 为 0.05；
　　气体（B）含 C_2H_4 为 0.89，C_2H_6 为 0.11；
　　气体（C）含 C_2H_6 为 0.94，C_2H_4 为 0.06。

编一个计算机程序，计算需要多少摩尔 A、B、C，原料气可以混合成：① 含 CH_4、C_2H_4 与 C_2H_6 摩尔组成相等的混合气 100mol；② 含 CH_4 为 0.62，C_2H_6 为 0.23，C_2H_4 为 0.15（摩尔分数）的混合气 250mol。

提示：可以设 N 为混合气的总物质的量（mol），x 和 y 为 CH_4 和 C_2H_4 的摩尔分数，n_A，n_B 与 n_C 分别为原料气 A、B 与 C 的物质的量，列出各组分的物料衡算方程，然后编程序——输入 N，x 与 y 值，计算、n_A，n_B 与 n_C，打印结果。

5-7 一蒸馏塔分离戊烷（C_5H_{12}）和己烷（C_6H_{14}）混合物，进料组成：50%（质量分数，下同）C_5H_{12}，50% C_6H_{14}，顶部馏出液含 C_5H_{12} 为 95%，塔底排出液含 C_6H_{14} 为 96%（参见图 5-18）。塔顶蒸出气体经冷凝后，部分冷凝液回流，其余为产物，回流比（回流量/馏出产物量）为 0.6。计算：①每千克进料馏出产物及塔底产物的量；②进冷凝器物料量与原料量之比；③若进料为 100mol/h，计算馏出产物、塔底产物的质量流量（kg/h）。

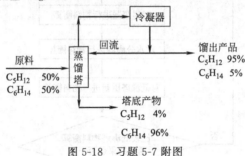

图 5-18　习题 5-7 附图

5-8 用苯、氯化氢和空气生产氯苯，反应式如下：

$$C_6H_6 + HCl + \frac{1}{2}O_2 \longrightarrow C_6H_5Cl + H_2O$$

原料进行反应后，生成的气体经洗涤塔除去未反应的氯化氢、苯以及所有产物，剩下的尾气组成为：N_2 为 88.8%（摩尔分数，下同），O_2 为 11.2%。求该过程的每摩尔空气生成氯苯的物质的量（mol）。

5-9 1000kg 对硝基氯苯（纯度按 100% 计），用含 20%（质量分数，下同）游离 SO_3 的发烟硫酸 3630kg 进行磺化，反应式如下：

$$ClC_6H_4NO_2 + SO_3 \longrightarrow ClC_6H_4(SO_2H)NO_2$$

反应转化率为 99%。计算：①反应终了时废酸浓度；②如果改用 22% 发烟硫酸为磺化剂，使废酸浓度相同，求磺化剂用量；③用 20% 发烟硫酸磺化至终点后，加水稀释至废酸浓度为 50% 的 H_2SO_4，计算加水量。

5-10 甲苯氧化生产苯甲醛，反应式如下：

$$C_6H_5CH_3 + O_2 \longrightarrow C_6H_5CHO + H_2O$$

将干燥空气和甲苯通入反应器，空气的加入量为甲苯完成转化所需理论量过量 100%。甲苯仅 13% 转化成苯甲醛，尚有 0.5% 甲苯燃烧成 CO_2 和 H_2O，反应式为：

$$C_6H_5CH_3 + 9O_2 \longrightarrow 7CO_2 + 4H_2O$$

经 4h 运转后，反应器出来的气体经冷却，共收集了 13.3kg 水。计算：①甲苯与空气进料量以及进反应器的物料组成；②出反应器各组分的物料量及物料组成。

5-11 CO 与 H_2 合成甲醇，由反应器出来的气体进冷凝器使甲醇冷凝，未冷凝的甲醇及未反应的 CO 和 H_2 循环返回反应器（图 5-19）。反应器出来的气体的摩尔流量为 275mol/min，组成为 0.106（摩尔分数，下同）的 H_2，0.64 的 CO 及 0.254 的 CH_3OH。循环气体中甲醇的摩尔分数为 0.004，求新鲜原料中 CO 与 H_2 的摩尔流量及甲醇的产量（mol/min）。

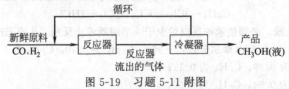

图 5-19　习题 5-11 附图

5-12 合成氨生产的原料中含有少量不反应的组分，如氩或甲烷，这些惰性组分不能冷凝，因而与未反应的 N_2 和 H_2 一起循环，为避免惰性组分在系统内积累，须从循环管线放空一部分循环气。其流程如图 5-20 所示（图中 I 表示惰性组分）：

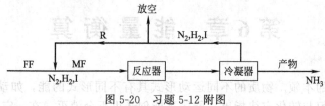

图 5-20 习题 5-12 附图

已知：新鲜原料（FF）组成为，N_2 为 0.2475（摩尔分数，下同）；H_2 为 0.7425；I 为 0.01；N_2 的单程转化率为 25％；循环气（R）中惰性组分为 0.125。计算：①N_2 的总转化率；②放空气体/新鲜原料气的摩尔比；③进反应器物料（MF）/新鲜原料（FF）的摩尔比。

第6章 能量衡算

能是物质做功的本领。物质的不同运动形式具有不同形式的能，如动能、势能、电能、化学能等。能量守恒与转化定律指出：能既不能创造也不会消灭。在一定条件下，不同形式的能可按照一定的当量关系相互转化。

化工生产过程的实质是原料在严格控制的操作条件下（如流量、浓度、温度、压力等），经历各种化学变化和物理变化，最终成为产品的过程。物料从一个体系进入另一个体系，在发生质量传递的同时也伴随着能量的消耗、释放和转化。物料质量变化的数量关系可从物料衡算中求得，能量的变化则根据能量守恒定律，利用能量传递和转化的规律，通过平衡计算求得，这样的化工计算称为能量衡算。

在化工生产中，有些过程需要消耗巨大能量，如蒸发、干燥、蒸馏等；而另一些过程则可释放大量能量，如燃烧、放热化学反应过程等。为了使生产保持在适宜的工艺条件下进行，必须掌握物料带入或带出体系的能量，控制能量的供给速率和放热速率。为此，需要对各种生产体系进行能量衡算。能量衡算和物料衡算一样，对于生产工艺条件的确定、设备的设计是不可缺少的一种化工基本计算。

此外，化工生产的能源消耗量很大，在各类工业生产中居于首位。能量消耗费用是化工产品的主要成本之一。衡量化工产品能量消耗水平的指标是能耗，即制造单位质量（或单位体积）产品的能量消耗费用。能耗大小不仅与生产的工艺路线有关；也与生产管理的技术水平有关。所以，能耗也是衡量化工生产技术水平的重要指标之一。而能量衡算可为提高能量的利用率，降低能耗提供重要的依据。

在化工生产中，需要通过能量衡算解决的问题，可概括为以下几个方面。

① 确定物料输送机械（泵、压缩机等）和其他操作机械（搅拌、过滤、粉碎等）所需功率以便于确定输送设备的大小、尺寸及型号；

② 确定各单元过程（蒸发、蒸馏、冷凝、冷却等）所需热量或冷量，以用于设计及设备的选型；

③ 化学反应常伴有热效应，导致体系温度的上升或下降，可为反应器的设计及选型提供依据；

④ 可以充分利用余热，使生产过程的总能耗降低到最低限度；

⑤ 最终确定总需求能量和能量的费用，并用来确定这个过程在经济上的可行性。

6.1 能量衡算的基本概念

6.1.1 能量存在的形式

能量守恒定律的一般表达式为

（输入系统的能量）−（输出系统的能量）＋（输入的热量）−（系统输出的功）＝（系统内能量的积累）

$$(6-1)$$

在能量平衡中，涉及以下几种能量。

① 动能（E_K）：物体由于运动而具有的能量。

② 势能（E_P）：物体由于在高度上的位移而具有的能量。

③ 内能（U）：物体除了宏观的动能和位能外所具有的能量。它是由于分子的移动、振动、转动、分子间的引力和斥力作用而具有的能量。内能的变化也可由焓值的变化计算。

④ 热（Q）：体系与环境之间由于温度差而引起越过体系边界流动的能量。习惯上规定：由环境传递给体系的热，其值为正；反之为负。热的单位由焦耳表示。

⑤ 功（W）：在体系边界上，由矢量力驱动通过矢量位移而在体系和环境之间传递的能量。习惯上规定：体系对环境做功，其值为正，反之为负。功的单位用焦耳表示。在化工过程中常见的机械功有体积功、轴功和流动功三种形式。

热和功只在能量传递过程中出现，不是状态函数。

6.1.2　普遍化能量平衡方程式

根据热力学第一定律，能量衡算方程式可写为

$$\Delta E = (U_1 + E_{K1} + E_{P1}) - (U_2 + E_{K2} + E_{P2}) + Q - W \tag{6-2}$$

式中，系统向外界放出了热量 Q；外界对系统作了净功 W（净功 W 包括轴功及流动功）；下标 1 和 2 分别代表系统的始态和终态，或分别代表进入和离开系统的物质；Δ 代表参数在始态和终态之差。

6.1.3　封闭体系的能量衡算

封闭体系是指系统与环境之间没有质量交换。在间歇过程中，体系中没有物质流动，因此也没有动能和势能的变化，式（6-2）就可简化为：

$$\Delta U = Q - W \tag{6-3}$$

在应用封闭系统能量衡算式时应注意：

① 体系的内能几乎完全取决于化学组成、聚集态、体系物料的温度。理想气体的 U 与压力无关，液体和固体的 U 几乎与压力无关。因此，如果在一个过程中，没有温度、相、化学组成的变化，且物料全部是固体、液体或理想气体，则 $\Delta U = 0$。

② 假设体系及其环境的温度相同，则 $Q = 0$，则该体系是绝热的。

③ 在封闭体系中，如果没有运动部件或产生电流，则 $W = 0$。

6.1.4　稳态下敞开流动体系的能量衡算

敞开流动体系（或称流动体系）是指过程进行时，物质通过边界连续进、出体系的过程。例如，连续过程、半连续过程。在物质连续通过体系时，任一截面上的参数不随时间变化的流动体系叫稳定流动体系。若截面上的部分参数或全部参数随时间变化，为非稳定体系或瞬时体系。

6.1.4.1　连续稳定流动过程的总能量衡算

图 6-1 表示物料的流动过程，它有一段粗细不同的流体输送管路，管路中流体作连续稳定的流动。体系以进、出口管①、②为基准面。由于体系为连续稳定流动，所以进、出物料量相等。体系输入和输出的能量（以 1kg 物料基准）见表 6-1。

其中流动功为推动进出所需的功，p_1 为基准面①处的压力，V_1 为比容（m^3/kg），A_1 为①处截面积。体系内没有能量和物质的积累，体系在其任一时间间隔内的能量平衡关系应为：

$$\text{输入的总能量} = \text{输出的总能量} \tag{6-4}$$

表 6-1 体系输入和输出的能量

项 目	输 入	输 出	项 目	输 入	输 出
内能	U_1	U_2	物料量	$m_1=1$	$m_2=1$
动能	$E_{K1}=\dfrac{u_1^2}{2}$	$E_{K2}=\dfrac{u_2^2}{2}$	传给每千克流体的热量		Q
位能	$E_{P1}=gZ_1$	$E_{P2}=gZ_2$	泵输出 1kg 流体的功		W（环境向体系做功）
流动功	p_1V_1	p_2V_2			

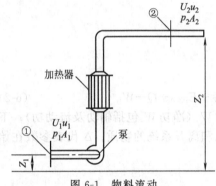

图 6-1 物料流动

基准面①处单位质量物料带入体系的总能量：

$$E_1=U_1+E_{K1}+E_{P1}+p_1V_1$$

同理，在截面②处得单位质量物料带出体系的总能量：

$$E_2=U_2+E_{K2}+E_{P2}+p_2V_2$$

从截面①处到截面②处体系的总能量变化为：

$$\Delta E=E_2-E_1=\Delta U+\Delta E_K+\Delta E_P \tag{6-5}$$

由图 6-1 可知，引起体系总能量变化的原因为：

① 体系从外界吸入了热量 Q；

② 外界对体系做了功 W。

$$U_2+E_{K2}+E_{P2}+p_2V_2-(U_1+E_{K1}+E_{P1}+p_1V_1)=Q+W \tag{6-6}$$

因为
$$H=U+pV$$

则有
$$\Delta H+\Delta E_K+\Delta E_P=Q+W \tag{6-7}$$

式中，Q 为传入体系的总热量；W 为输入体系的总功。

对于连续稳定流动过程，这个连续稳定流动过程的总能量衡算式具有普遍意义，是热力学第一定律应用于连续稳定流动过程能量衡算的具体形式。

如果流动过程中的物料不止一个，设 i 组分的物料量为 m_i，如果无混合焓变，则式（6-7）中的各项应为

$$\Delta H=\sum(m_iH_i)_2-\sum(m_iH_i)_1$$

$$\Delta E_K=\sum\left(\frac{m_iu_i^2}{2}\right)_2-\sum\left(\frac{m_iu_i^2}{2}\right)_1$$

$$\Delta E_P=\sum(m_igz_i)_2-\sum(m_igz_i)_1$$

式（6-7）在实际应用中，常常并不是各项都存在，因此可以得到相应的简化式。

① 绝热过程（$Q=0$），动能和位能差可忽略（$\Delta E_K=0$，$\Delta E_P=0$），则式（6-7）简化为

$$\Delta H=W \tag{6-8}$$

即可采用焓差来计算环境向体系所做的功。

② 对无做功的过程（$W=0$），动能和位能差可忽略（$\Delta E_K=0$，$\Delta E_P=0$），则式（6-7）变成

$$\Delta H=Q \tag{6-9}$$

③ 无功、无热传递的过程（$Q=0$，$W=0$），$\Delta E_K=0$，$\Delta E_P=0$，则式（6-7）为

$$\Delta H=0 \tag{6-10}$$

式（6-10）也称焓平衡方程。

6.1.4.2 热量衡算

对于没有功的传递（$W=0$），并且动能和位能差可以忽略不计的设备，如换热器，连续稳定流动过程的总能量衡算式（6-7）可简化成式（6-9），即

$$Q=\Delta H=H_2-H_1 \qquad (6-11)$$

或

$$Q=\Delta U=U_2-U_1 \text{（间歇过程）}$$

热量衡算就是计算在指定条件下进出物料的焓差，从而确定过程传递的热量。

式（6-9）是热量衡算的基本式，但在实际应用时，由于进出设备的物料不止一个，因此可以改写成

$$\sum Q=\sum H_2-\sum H_1 \qquad (6-12)$$

或

$$\sum Q=\sum U_2-\sum U_1 \text{（间歇过程）}$$

式中，$\sum Q$ 为过程热量之和，常包括热损失一项；$\sum H_2$，$\sum U_2$ 为离开设备的各物料焓或内能的总和；$\sum H_1$，$\sum U_1$ 为进入设备的各物料焓或内能的总和。

6.1.4.3 机械能衡算

在反应器、蒸馏塔、蒸发器、换热器等化工设备中，功、动能、位能的变化较之传热量、内能和焓的变化，是可以忽略的，因此做这些设备的能量衡算时，总能量衡算式可以简化成 $Q=\Delta U$（封闭体系）或 $Q=\Delta H$（敞开体系）。但在另一类操作中，情况刚好相反，即传热量与动能的变化、位能变化、功相比是次要的。这些操作大多是流体流入流出贮罐、贮槽、工艺设备、输送设备、废料排放设备，或在这些设备之间流动。

连续稳定流动过程的总能量衡算式可写成

$$\frac{\Delta p}{\rho}+\frac{\Delta u^2}{2}+g\Delta Z+(\Delta U-Q)=W \qquad (6-13)$$

式（6-13）是以 1kg 物料为基准建立的，其中的 W 项是环境对体系所做的功，即 1kg 流体经过泵时，泵对液体所做的功。

在液体输送过程中，内能的变化 ΔU 应等于过程中交换的热量（Q）和由于摩擦作用使部分机械能变成的热量（以 F 表示）之和，即

$$\Delta U=Q+F \qquad (6-14)$$

式中，F 实际上是 1kg 液体在输送过程中因摩擦而损失的机械能转成的热能。

将式（6-14）代入式（6-13），可得

$$\frac{\Delta p}{\rho}+\frac{\Delta u^2}{2}+g\Delta Z+F=W \qquad (6-15)$$

式（6-15）称为 1kg 不可压缩流体流动时的机械能衡算式。

对于没有摩擦损失（$F=0$）和没有输送机械对液体做功（$W=0$）的过程，机械能衡算式可简化成：

$$\frac{\Delta p}{\rho}+\frac{\Delta u^2}{2}+g\Delta Z=0 \qquad (6-16)$$

式（6-16）为理想液体的伯努利方程，即理想液体在稳定流动时，在管路的任意截面上，总能量保持不变，即

$$\frac{p}{\rho}+\frac{u^2}{2}+gZ=\text{常数}$$

对于实际液体，要加上一项摩擦损失，才能保持常数，即

$$\frac{p}{\rho}+\frac{u^2}{2}+gZ+\text{摩擦损失}=\text{常数}$$

6.1.5　能量衡算问题的分类与求解步骤

6.1.5.1　能量衡算的分类

（1）无化学反应的能量衡算　在绝大部分的化工生产中，非反应系统的能量衡算表现在两大类问题上。第一类问题是无化学反应的物料间的直接换热或间接换热，如吸收塔（物理吸收）、蒸发器、热交换器等。这类问题的能量衡算，可简单地变成热量衡算。第二类问题是流体在贮罐、装置、管道之间的输送。这类问题的能量衡算称为机械能衡算。

（2）有化学反应的能量衡算　一般的化工生产过程，多数都带有化学反应过程，并伴随着热效应的产生。有些反应过程为放热反应，有些则是吸热反应。这时，对于过程操作条件的控制，就需要向系统补充热量或由系统排出热量。这种过程的能量衡算就是以反应热的计算为中心的热量衡算。

6.1.5.2　求解步骤

为了提高能量衡算的运算效率，在计算中必须按照一定的步骤进行：

① 正确绘制系统示意图，标明已知条件和物料状态；

② 确定各组分的热力学数据，如比焓、比热容、相变热等，可以由手册查阅或进行估算；

③ 选择计算基准，如与物料衡算一起进行，可选用物料衡算所取的基准作为能量衡算的基准，同时，还要选取热力学函数的基准态；

④ 列出能量衡算式，进行求解。

6.2　热力学数据及计算

在进行热量衡算时，常会遇到手册中数据不全的情况。本节介绍常用的比热容、汽化热、熔融热、熔解热、燃烧热的计算方法。

工业过程中物料温度变化所需加入或取出的热量的计算，由热量衡算方程式可得

$$Q = \Delta U \quad （间歇过程或封闭过程）$$

或

$$Q = \Delta H \quad （连续稳定流动过程）$$

所以，要计算加热或冷却过程的过程热，应先求温度变化过程的 ΔU 或 ΔH。

（1）利用热容计算 ΔU 或 ΔH

① 恒容（定容）过程热 Q_V 或 ΔU 的计算

$$Q_V = \Delta U = n \int_{T_1}^{T_2} C_V \, dT \tag{6-17}$$

式中，n 为物质的量，mol；C_V 为恒容摩尔热容，J/(mol·K)；T_1、T_2 为初始和终了温度，K。

若物系由初始态 T_1、V_1 变为终态 T_2、V_2，可设计成以下假想的途径：先由初始态 T_1、V_1 变到中间态 T_1、V_2，再变到终态 T_2、V_2。

由于 U 是状态函数，所以 $\Delta U = \Delta U_1 + \Delta U_2$。对于理想气体、液体及固体，温度恒定时 $\Delta U_1 \approx 0$，ΔU_2 可由式（6-17）计算，所以温度从 T_1 变到 T_2 过程的 ΔU 应为

$$\Delta U = n \int_{T_1}^{T_2} C_V \, dT \tag{6-18}$$

式（6-18）对理想气体是正确的；对固体或液体很接近；对真实气体只有在恒容时才符合。

② 恒压（定压）过程热 Q_p 或 ΔH 的计算

$$Q_p = \Delta H = n \int_{T_1}^{T_2} C_p \, dT \tag{6-19}$$

式中，C_p 为恒压摩尔热容，J/(mol·K)。

若物系由初始态 T_1、p_1 变为终态 T_2、p_2，可设计成以下假想的途径：先由初始态 T_1、p_1 变到中间态 T_1、p_2，再变到终态 T_2、p_2。

ΔH_1 为恒温、变压过程的焓差，对于理想气体 $\Delta H_1 \approx 0$（因为 $p_1V_1 = p_2V_2$），对于固体或液体，$\Delta H_1 = \Delta U + \Delta(pV) \approx V\Delta p$。

ΔH_2 为恒压过程的焓差，可按式（6-19）计算。

由 $\Delta H = \Delta H_1 + \Delta H_2$ 可以得出：

$$\Delta H = n\int_{T_1}^{T_2} C_p \mathrm{d}T \tag{6-20}$$

上式对理想气体是正确的；对真实气体则只有在压力不变时才符合。

或

$$\Delta H = V\Delta p = n\int_{T_1}^{T_2} C_p \mathrm{d}T \tag{6-21}$$

式（6-21）对固体或液体也适用。

（2）恒压摩尔热容 C_p C_p 和温度的关系通常用经验公式表示，即

$$C_p = a + bT + cT^2 + dT^3 \tag{6-22}$$

或

$$C_p = a + bT + cT^2 \tag{6-23}$$

式中，a、b、c、d 是物质的特性常数，一般可在有关手册中查得。

在工程计算上，为了避免积分计算的麻烦，常应用物质的平均热容 $\overline{C}_p$，则有

$$Q = \Delta H = n\overline{C}_p(T_2 - T_1) \tag{6-24}$$

在使用平均热容 $\overline{C}_p$ 时，要注意不同的温度范围 C_p 的值是不相同的，平均热容等于 $(T_2 + T_1)/2$ 时物质的恒压摩尔热容或等于 T_2 及 T_1 时的 C_{p2} 和 C_{p1} 的算术平均值 $(C_{p2} + C_{p1})/2$。

化工生产上遇到混合物的机会较多，而混合物的种类和组成又各不相同，除极少数混合物有实验测定的热容数据外，一般都根据混合物内各物质的热容和组成进行加和计算，即

$$C_p = \sum_{i=1}^{n} x_i C_{p,i} \tag{6-25}$$

式中，x_i 为 i 组分的摩尔分数；$C_{p,i}$ 为 i 组分的恒压摩尔热容，J/(mol·K)。

使用热容公式时，要注意单位、物质的聚集状态和温度范围；不要弄错各系数的数量级，并应采用同一表上的数据计算。

化工计算中，C_p 用得最多。C_p 与 C_V 的关系如下：

对理想气体

$$C_p = C_V + R \tag{6-26}$$

对液体和固体

$$C_p \approx C_V \tag{6-27}$$

式中，C_V 为恒容摩尔热容，J/(mol·K)；R 为摩尔气体常数，J/(mol·K)。

（3）潜热计算 潜热按式（6-28）计算：

$$Q = n\Delta H_m \tag{6-28}$$

式中，Q 为相变时物料吸收或放出的热，J；n 为物料的物质的量，mol；ΔH_m 为由相变引起的焓差，J/mol。

在一般的有机化工生产中，常遇到的相变化有汽化和冷凝，熔解和凝固，而升华和凝华则较少遇到。

许多纯物质在正常沸点下的相变热已有测定，可在手册中查到。要注意不同的相变条件其相变热是不同的。当在所给条件下物质的相变热查不到时，可利用已知数据通过热力学计算求取。

例如：已知 T_1，p_1 条件下某物质 1mol 的汽化潜热为 $\Delta H_{m,1}$，可用图 6-2 所示的方法

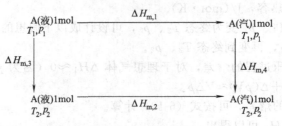

图 6-2 焓变示意图

求得在 T_2，p_2 条件下的汽化潜热 $\Delta H_{m,2}$，即

$$\Delta H_{m,2} = \Delta H_{m,1} + \Delta H_{m,4} - \Delta H_{m,3} \tag{6-29}$$

式中，$\Delta H_{m,3}$ 是液体的摩尔焓变，忽略压力对焓的影响，则有

$$\Delta H_{m,3} = \int_{T_1}^{T_2} C_{p液} \, dT \tag{6-30}$$

式中，$C_{p液}$ 为液体物料的恒压摩尔热容，J/(mol·K)；$\Delta H_{m,3}$ 为液体物料的摩尔焓差，J/mol。

$\Delta H_{m,4}$ 为温度、压力变化时的气体摩尔焓变，如将蒸气看作理想气体，可忽略压力的影响，则有

$$\Delta H_{m,4} = \int_{T_1}^{T_2} C_{p汽} \, dT \tag{6-31}$$

式中，$C_{p汽}$ 为气体物料的恒压摩尔热容，J/(mol·K)；$\Delta H_{m,4}$ 为气体物料的摩尔焓差，J/mol。

$$\Delta H_{m,2} = \Delta H_{m,1} + \int_{T_1}^{T_2} C_{p汽} \, dT - \int_{T_1}^{T_2} C_{p液} \, dT \tag{6-32}$$

或

$$\Delta H_{m,2} = \Delta H_{m,1} + \int_{T_1}^{T_2} (C_{p汽} - C_{p液}) \, dT \tag{6-33}$$

工程上常用一些经验方程式来计算汽化热随温度的变化，如

$$\Delta H_{m,2} = \Delta H_{m,1} \left[\frac{1 - T_{r2}}{1 - T_{r1}} \right]^{0.38} \tag{6-34}$$

式中，T_{r1}、T_{r2} 为分别为 T_2、T_1 所相当的对比温度。

式 (6-34) 比较简单和准确，在离临界温度 10K 以外，平均误差仅为 1.8%。

（4）化学反应热 化学反应通常都伴随较大的热效应——吸收或放出热量。为使系统的温度恒定，必须供给或移去热量。在化学反应中放出的热量取决于反应条件。

在恒压或恒容条件下进行。若过程在进行时没有非体积功，反应热就是系统反应前后的焓差 ΔH，或内能差 ΔU。根据能量守恒定律，此时在恒温、恒压下，则有

$$Q_p = \Delta H \tag{6-35}$$

在恒温、恒容下，则有

$$Q_V = \Delta U \tag{6-36}$$

如果反应物或生成物为气体且符合理想气体定律，则恒容反应热与恒压反应热的关系如下：

$$Q_p - Q_V = \Delta H - \Delta U = \Delta n RT \tag{6-37}$$

式中，Δn 为反应前后气体的量（mol）之差，即

$$\Delta n = n_{气态产物} - n_{气态反应物}$$

为了更精确地表示反应热和建立计算反应热的基础热数据，人们规定了表示反应热的标准状态，即反应物和产物具有相同温度 T，各物质纯态时压力为 1atm。标准状态下进行反

应的焓差称为标准反应热，习惯用 $\Delta H^{\ominus}$ 表示。例如：

$$N_2(g) + 3H_2(g) \longrightarrow 2NH_3(g) \qquad \Delta H_{298}^{\ominus} = -92.39kJ$$

表示在 298K，1atm 下纯气态 N_2（1mol）与纯气态 H_2（3mol）反应生成纯气态 NH_3（2mol）时放出热量 92.39kJ。

当整个反应过程中体积恒定或压力恒定，且系统没做任何体积功时，化学反应热只取决于反应的开始和最终状态，而与过程的具体途径无关，这就是盖斯定律。

计算恒温、恒压反应热的基础热数据，是标准生成焓及标准燃烧焓。

(5) 基准态的选取 显热、潜热和反应热都与温度、压力有关，所以在利用它们进行计算时，必须注意它们的值是在什么温度、压力状态下的，不能乱用。因此，要熟练掌握焓值基准态的选取。

一定数量的物料系统的焓与该系统的物质种类、组成、相态、温度和压力有关，故选取焓的基准态包括确定物料各组分的基准态，即其相态、温度和压力。对不同组分，原则上可选择不同的相态，在有些情况下甚至可选择不同的温度和压力，但必须予以指明。基准态的压力一般选 101.3kPa，基准态温度和相态的选取通常有以下几种情况。

① 选 298K 为基准温度。由于许多发表的热力学基础数据以 298K 为基准，选此温度作为基准态温度，就可以直接利用从手册中查出的数据而不必换算。

② 选取系统某物流的温度为基准温度，此物流的相态为各组分的基准相态。在压力对焓的影响可以忽略时，该股物流的焓值就为零。这对于物流组分较多，计算较繁的情况，可使计算简化。

选择不同的基准态并不影响计算结果。但基准态选择得当，将使计算过程变得简便。如果在同一个计算里的数据来自不同基准态的热力学图表中，就必须先将数据换算到相同的基准态才能进行下一步计算。

6.3 无化学反应过程的能量衡算

无化学反应过程的热量衡算，一般应用于计算指定条件下进出过程物料的焓差，用来确定过程的热量。

(1) 无相变过程的热量衡算

例 [6.1] 用泵将 5℃的水从水池吸上，经换热器预热后打入某容器。已知泵的流量为 1000kg/h，加热器的传热速率为 11.6kW，管路的散热速率为 2.09kW，泵的有效功率为 1.2kW。设地面与容器水面的高度不变，求水进入容器时的温度。

解 方法一

① 求水的内能增加值 如图 6-3 所示，以 0-0′ 面为基准面，列 1-1′、2-2′ 截面间的伯努利方程式，压力以表压计。

$$Z_1 g + \frac{p_1}{\rho} + \frac{u_1^2}{2} + W + Q + U_1 = g Z_2 + \frac{p_2}{\rho} + \frac{u_2^2}{2} + U_2$$

式中，U_1、U_2 为截面 1-1′、2-2′ 水的内能，J/kg；Q 为加热器加入水的热量，J/kg。

已知：$u_1 = u_2 \approx 0$，$p_1 = p_2 = 0$，$Z_1 = -4m$，$Z_2 = 10m$

将其代入上式，整理得

$$U_2 - U_1 = g(Z_1 - Z_2) + W + Q$$

传热速率：

$$Q = 11.6 - 2.09 = 9.51 \quad (kW)$$

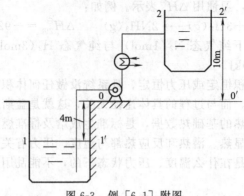

图 6-3 例 [6.1] 附图

可写成
$$Q = \frac{9.51 \times 10^3 \times 3600}{1000} = 3.42 \times 10^4 \ (\text{J/kg})$$

泵对水加入的能量：
$$W = \frac{1.2 \times 10^3 \times 3600}{1000} = 4.32 \times 10^3 \ (\text{J/kg})$$

水的内能增加值：
$$\Delta U = 9.81 \times (-4-10) + 4.32 \times 10^3 + 3.42 \times 10^4 = 3.84 \times 10^4 (\text{J/kg}) = 38.4 \ (\text{kJ/kg})$$

② 求水温　取水的比热容为 4.19kJ/(kg·℃)，则水进入容器时的温度为

$$t = 5 + \frac{3.84 \times 10^4}{4.19 \times 10^3} = 14.2 ℃$$

方法二：

① 求水的吸热速率　以 0-0′ 面为基准面，列 1-1′、2-2′ 截面间的伯努利方程式，压力以表压计。

$$Z_1 g + \frac{p_1}{\rho} + \frac{u_1^2}{2} + W = Z_2 g + \frac{p_2}{\rho} + \frac{u_2^2}{2} + \sum h_f$$

已知
$$u_1 = u_2 \approx 0 \qquad p_1 = p_2 = 0$$
$$Z_1 = -4\text{m} \qquad Z_2 = 10\text{m}$$

化简
$$\sum h_f = (Z_1 - Z_2) g + W$$

因为
$$W = \frac{1.2 \times 10^3 \times 3600}{1000} = 4.32 \times 10^3 \ (\text{J/kg})$$

所以
$$\sum h_f = (-4-10) \times 9.81 + 4.32 \times 10^3 = 4.18 \times 10^3 \ (\text{J/kg})$$

因流动阻力而产生的热量为：

$$\sum h_f = \frac{4.18 \times 10^3 \times 1000}{3600} = 1.16 \times 10^3 \ (\text{W})$$

水的吸热速率：
$$Q = (11.6 - 2.09) \times 10^3 + 1.16 \times 10^3 = 10.7 \ (\text{kW})$$

② 求水温

$$t = 5 + \frac{1.07 \times 10^4 \times 3600}{1000 \times 4.19 \times 10^3} = 14.2 \ (℃)$$

例 [6.2]　甲醇蒸气离合成设备时的温度为 450℃，经废热锅炉冷却。废热锅炉产生 0.4MPa 饱和蒸汽。已知进水温度 20℃，压力 0.45MPa。进料水与甲醇的摩尔比为 0.2。假设锅炉是绝热操作，求甲醇的出口温度。其中，CH_3OH（气）在 450～300℃ 的热容可按下式计算：

$$C_p = 19.05 + 9.15 \times 10^{-2} T \ [J/(mol \cdot K)]$$

解 做示意图，见图 6-4。

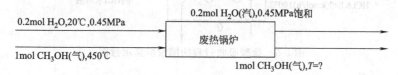

图 6-4 例 [6.2] 的题意图

基准：物料 1mol CH_3OH，0.2mol H_2O

条件：H_2O（液）0℃，CH_3OH（气）450℃

由水蒸气表查得 20℃时水（液）的焓为

$$H_{m(H_2O,l,进)} = 83.74 kJ/kg = 1507 \ (kJ/kmol)$$

0.45MPa 饱和蒸汽的焓为

$$H_{m(H_2O,g,出)} = 2747.8 kJ/kg = 49460 \ (kJ/kmol)$$

绝热操作，则有

$$Q = \Delta H = 0$$

$$n_{H_2O}(H_{m(H_2O,g,出)} - H_{m(H_2O,l,进)}) = n_{CH_3OH}(H_{m(CH_3OH,g,进)} - H_{m(CH_3OH,g,出)})$$

$$H_{m(H_2O,l,进)} = 1507 \ (kJ/kmol)$$

$$H_{m(H_2O,g,出)} = 49460 \ (kJ/kmol)$$

所以

$$H_{m(CH_3OH,g,进)} = 0 \qquad \text{（基准）}$$

$$H_{m(CH_3OH,g,出)} = \int_{723}^{T} (19.05 + 9.15 \times 10^{-2} T) dT$$

$$= 19.05(T - 723) + \frac{9.15 \times 10^{-2}}{2}(T^2 - 723^2)$$

$$= 4.575 \times 10^{-2} T^2 + 19.05T - 37688 \ (kJ/kmol)$$

代入能量衡算式，则有

$$0.2 \times (49460 - 1507) + 4.575 \times 10^{-2} T^2 + 19.05T - 37688 = 0$$

即

$$4.575 \times 10^{-2} T^2 + 19.05T - 28097 = 0$$

解得

$$T_1 = 602K = 329℃, \ T_2 = -1019K$$

显然只有 329℃才有意义，故 CH_3OH（气）的出口温度应为 329℃。

（2）相变过程的热量衡算

例 **[6.3]** 在盐酸生产过程中，如果用 100℃ $HCl(g)$ 和 25℃ $H_2O(l)$ 生产 40℃、25%（质量分数）的 HCl 水溶液 1000kg/h，试计算吸收装置中应加入或移走多少热量。

解 先进行物料衡算，计算 $HCl(g)$ 和 $H_2O(l)$ 的摩尔流量。

基准：1000kg/h、25%（质量分数）的 HCl 水溶液

$$q_{nHCl} = \frac{1000 \times 0.25}{36.5} = 6.849 \ (kmol/h)$$

$$q_{nH_2O} = \frac{1000 \times 0.75}{18} = 41.667 \ (kmol/h)$$

能量恒算示意图如图 6-5 所示。

能量衡算基准：$HCl(g)$，$H_2O(l)$、25℃。

对 HCl：

$$C_p = 29.13 - 0.1341 \times 10^{-2} T + 0.9715 \times 10^{-5} T^2 - 4.335 \times 10^{-9} T^3$$

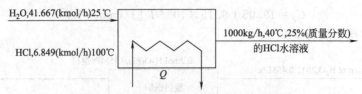

图 6-5 盐酸吸收过程的能量恒算示意图

$$H_{(HCl,g,进)} = \int_{25}^{100} C_p dT$$

$$= \int_{25}^{100} (29.13 - 0.1341 \times 10^{-2} T + 0.9715 \times 10^{-5} T^2 - 4.335 \times 10^{-9} T^3) dT$$

$$= 2.178 \ (kJ/mol)$$

$$\frac{q_{nH_2O}}{q_{nHCl}} = 41.667/6.849 = 6.084$$

$$HCl(g,25℃) + 6.084 H_2O(l,25℃) \xrightarrow{H_1} HCl(溶液,25℃) \xrightarrow{H_2} HCl(溶液,40℃)$$

由溶解热表查得

$$H_{1(HCl,l,25℃,出,6.084)} \longrightarrow -65.23 \ (kJ/mol)$$

由手册查得 25%（质量分数）的盐酸的比热容为 2.88 kJ/(kg·K)

$$C_p = 2.88 kJ/(kg·K) = \frac{2.88 \times 1000}{6.849 \times 10^3} = 0.42 \ [kJ/(mol·K)]$$

$$H_{2(HCl,l,40℃,出,6.084)} = \int_{25}^{40} C_p dT = 0.42 \times (40 - 25) = 6.3 \ (kJ/mol)$$

$$H_{(HCl溶液,出)} = H_1 + H_2 = -65.23 + 6.3 = -58.93 \ (kJ/mol)$$

$$Q = \Delta H = \sum (q_{n,i} H_i)_{出} - \sum (q_{n,i} H_i)_{进}$$

$$= 6.849 \times 10^3 \times (-58.93) - 6.849 \times 10^3 \times 2.178 = -4.19 \times 10^5 \ (kJ)$$

故吸收过程需移走热量 4.19×10^5 kJ。

6.4 反应过程的能量衡算

例 [6.4] 已知 25℃ 时 $H_2O(l)$ 的 $\Delta_r H_m^{\ominus}$ (H_2O, l, 298.15K) $= -285.8$ kJ/mol，25℃、101.3kPa 下水的蒸发焓 $\Delta_{vap} H_m^* = 44.01$ kJ/mol，求 $H_2O(g)$ 的标准摩尔焓变 $\Delta_r H_{m(H_2O,g,298.15K)}^{\ominus}$。

解 列出 $H_2O(l)$ 生成反应的热化学方程式和汽化过程的焓变关系式，然后利用盖斯定律将二式相加便得到 $H_2O(g)$ 的 $\Delta_r H_m^{\ominus}$ (298.15K)。

$$H_2(g) + \frac{1}{2} O_2(g) \longrightarrow H_2O(l), \Delta_r H_{m(H_2O,l,298.15K)}^{\ominus} = -285.8 \ (kJ/mol)$$

$$H_2O(l) \longrightarrow H_2O(g), \Delta_{vap} H_m^* = 44.01 \ (kJ/mol)$$

$$H_2(g) + \frac{1}{2} O_2(g) \longrightarrow H_2O(g)$$

$$\Delta_r H_{m(H_2O,g,298.15K)}^{\ominus} = \Delta H_{m(H_2O,l,298.15K)}^{\ominus} + \Delta_{vap} H_m^* =$$

$$= -285.8 + 44.01 = -241.8 \ (kJ/mol)$$

例 [6.5] 利用化合物的标准摩尔生成焓 $\Delta_f H_m^{\ominus}$ 数据，计算下列反应的标准摩尔焓变 $\Delta_r H_m^{\ominus}$。反应式为

① $C_6H_6(l)+HNO_3(l)\longrightarrow C_6H_5NO_2(l)+H_2O(l)$

② $C_6H_5NO_2(l)+3H_2(g)\longrightarrow C_6H_5NH_2(l)+2H_2O(l)$

③ $4C_6H_5NO_2(l)+6Na_2S(aq)+7H_2O(l)\longrightarrow 4C_6H_5NH_2(l)+3Na_2S_2O_3(aq)+6NaOH(aq)$

解 由化学手册查得下列化合物的标准摩尔生成焓数据如下：

化合物	$C_6H_6(l)$	$C_6H_5NO_2(l)$	$C_6H_5NH_2(l)$	$HNO_3(l)$	$H_2O(l)$	Na_2S	$Na_2S_2O_3$	$NaOH$
$\Delta_f H_m^\ominus$ /(kJ/mol)	49.07	22.19	35.34	−173.3	−286.1	−1563.8(s) −439.96(aq)	−1092.8(s) −1095.7(aq)	−427.03(s) −469.94(aq)

计算标准反应热

① $\Delta_r H_m^\ominus=(-286.1+22.19)-(49.07-173.3)=-139.68$ (kJ/mol)

② $\Delta_r H_m^\ominus=2\times(-286.1)+35.34-(22.19+3\times0)=-559.05$ (kJ/mol)

③ $\Delta_r H_m^\ominus=[4\times35.34+3\times(-1095.7)+6\times(-469.94)]\div4-[4\times22.19+6\times(-439.96)+7\times(-286.1)]\div4=-352.94$ (kJ/mol)

例[6.6] 从标准摩尔燃烧焓 $\Delta_c H_m^\ominus$ 数据计算下列反应在298.15K下的标准摩尔焓变 $\Delta_r H_m^\ominus$。反应式为

$$CH_3OH(l)+CH_3COOH(l)\longrightarrow CH_3COOCH_3(l)+H_2O(l)$$

式中

$$\Delta_c H_{m(CH_3OH,l,298.15K)}^\ominus=-726.6\ (kJ/mol)$$
$$\Delta_c H_{m(CH_3COOH,l,298.15K)}^\ominus=-871.7\ (kJ/mol)$$
$$\Delta_c H_{m(CH_3COOCH_3,l,298.15K)}^\ominus=-1595\ (kJ/mol)$$
$$\Delta_c H_{m(H_2O,l,298.15K)}^\ominus=0$$

解 $\Delta_r H_m=\Delta_c H_{m(CH_3OH,l,298.15K)}^\ominus+\Delta_c H_{m(CH_3COOH,l,298.15K)}^\ominus-\Delta_c H_{m(CH_3COOCH_3,l,298.15K)}^\ominus-\Delta_c H_{m(H_2O,l,298.15K)}^\ominus=-726.6+(-871.7)-(-1595)-0=3.3$ (kJ/mol)

例[6.7] 已知三氯甲烷的标准燃烧热 $\Delta_c H_m^\ominus$ 为−509.6kJ/mol，反应方程式如下

$$CHCl_3(g)+\frac{1}{2}O_2+H_2O(l)\longrightarrow CO_2+3HCl(稀的水溶液)$$

试计算 $CHCl_3$ 的标准生成热数据。

解 根据反应方程式可知，为求 $\Delta_f H_{mCHCl_3}^\ominus$，需查出 CO_2、$H_2O(l)$ 及 HCl（稀的水溶液）的生成热。

① $C+O_2\longrightarrow CO_2$ $\Delta_f H_m^\ominus(CO_2)=-393.5$ (kJ/mol)

② $\Delta_f H_{m(H_2O,l)}^\ominus=-285.8$ (kJ/mol)

③ $\frac{1}{2}H_2(g)+\frac{1}{2}Cl_2(g)\longrightarrow HCl(稀的水溶液)$ $\Delta_f H_{m(HCl,稀的水溶液)}^\ominus=-167.46$ (kJ/mol)

④ $CHCl_3(g)+\frac{1}{2}O_2+H_2O(l)\longrightarrow CO_2+3HCl(稀的水溶液)$ $\Delta_c H_{mCHCl_3}^\ominus=-509.6$ (kJ/mol)

$$\Delta_c H_{mCHCl_3}^\ominus=\Delta_f H_{mCO_2}^\ominus+3\Delta_f H_{m(HCl,稀的水溶液)}^\ominus-\Delta_f H_{m(H_2O,l)}^\ominus-\Delta_f H_{mCHCl_3}^\ominus$$

所以 $\Delta_f H_{mCHCl_3}^\ominus=(-393.5)+3\times(-167.46)-(-285.8)-(-509.6)=-100.48$ (kJ/mol)

即 $CHCl_3$ 的标准生成热为−100.48kJ/mol。

例[6.8] 200℃，101.33kPa下的一氧化碳气体与500℃的空气以1:4.5的比例进行混合燃烧。燃烧生成混合气以1000℃放出。假设一氧化碳燃烧是完全的，计算每1kmol的一氧化碳放热多少？

已知：$C_p=a+bT+cT^2$ [kJ/(kmol·K)]，其中常数 a、b、c 的值见表 6-2。

表 6-2　常数 a、b、c 的值

气　　体	a	b	c
CO	26.587	7.583×10^{-3}	-1.12×10^{-6}
O_2	25.612	13.260×10^{-3}	-4.2079×10^{-6}
N_2	27.035	5.816×10^{-3}	-0.2889×10^{-6}
CO_2	26.541	42.456×10^{-3}	-14.2986×10^{-6}

解
$$CO(g)+\frac{1}{2}O_2(g)\Longrightarrow CO_2(g)$$

以 1kmol CO 为基准，反应前后气体组成的变化如表 6-3 所示。

表 6-3　反应前后气体组成的变化

气　　体	燃烧前 $n_{入}$/kmol	燃烧后 $n_{出}$/kmol
CO	1	0
O_2	$4.5\times0.21=0.945$	0.445
N_2	$4.5\times0.79=3.555$	3.555
CO_2	0	1

由手册查出热化学数据，并计算出此反应的标准反应热，
$$\Delta_r H_m^{\ominus}=-283191.932\ (kJ)$$

$$\Delta H_{m(CO,进)}=n_{(CO,进)}\int_{298.15}^{473.15}C_{pCO}dT=26.587\times(473.15-298.15)+\frac{7.583}{2}\times10^{-3}\times$$
$$(473.15^2-298.15^2)-\frac{1.12}{3}\times10^{-6}\times(473.15^3-298.15^3)=5133.262\ (kJ)$$

$$\Delta H_{m(O_2,进)}=n_{(O_2,进)}\int_{298.15}^{773.15}C_{pO_2}dT=[25.612\times(773.15-298.15)+\frac{13.26}{2}\times10^{-3}\times$$
$$(773.15^2-298.15^2)-\frac{4.2079}{3}\times10^{-6}\times(773.15^3-298.15^3)]\times0.945=14106\ (kJ)$$

$$\Delta H_{m(N_2,进)}=n_{(N_2,进)}\int_{298.15}^{773.15}C_{pN_2}dT=50763.188\ (kJ)$$

$$(\sum n_i H_{m,i})_{进}=5133.262+14106+50763.188=70002.45\ (kJ)$$

$$\Delta H_{m(O_2,出)}=n_{(O_2,出)}\int_{298.15}^{1273.15}C_{pO_2}dT=14361.41\ (kJ)$$

$$\Delta H_{m(N_2,出)}=n_{(N_2,出)}\int_{298.15}^{1273.15}C_{pN_2}dT=108849.439\ (kJ)$$

$$\Delta H_{m(CO_2,出)}=n_{(CO_2,出)}\int_{298.15}^{1273.15}C_{pCO_2}dT=48690.623\ (kJ)$$

$$(\sum n_i H_{m,i})_{出}=14361.41+108849.439+48690.623=171901.472\ (kJ)$$

故　　　　　$\Delta H=171901.472-283191.932-70002.45=-181292.91\ (kJ)$

例 [6.9]　在一连续反应器中进行乙醇脱氢反应：
$$C_2H_5OH(g)\longrightarrow CH_3CHO(g)+H_2(g)\qquad \Delta_r H_m^{\ominus}=68.95\ (kJ/mol)$$

原料含乙醇 90%（摩尔分数）和乙醛 10%（摩尔分数），进料温度 300℃，加入反应器的热量为 5300kJ/(100mol·h)，产物的出口温度为 265℃。计算反应器中乙醇的转化率。已知热容值为：$C_2H_5OH(g)$ $C_p=0.110$kJ/(mol·℃)；$CH_3CHO(g)$ $C_p=0.080$kJ/(mol·℃)；H_2 $C_p=0.029$kJ/(mol·℃)，并假定这些热容值为常数。

解 物料流程示意如图 6-6 所示。

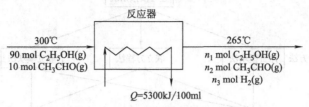

图 6-6 乙醇脱氢反应物料流程示意

基准：100mol 进料气体。

现有三个未知量，即 n_1、n_2、n_3，但本题只能列出两个物料衡算式，另一个未知量要借助于能量衡算方程式来求解。

(1) C 元素衡算 $\qquad 90\times2+10\times2=2n_1+2n_2$

$\qquad\qquad$ 整理得 $\qquad n_1+n_2=100 \qquad\qquad (1)$

(2) H 元素衡算 $\qquad 90\times6+10\times4=6n_1+4n_2+2n_3$

即 $\qquad\qquad 3n_1+2n_2+n_3=290 \qquad\qquad (2)$

(3) 能量衡算 能量衡算的参考态为 25℃，$C_2H_5OH(g)$，$CH_3CHO(g)$，$H_2(g)$。焓值计算如下：

$$H_{m(C_2H_5OH,g,进)}=0.110\times(300-25)=30.3\ (kJ/mol)$$

$$H_{m(CH_3CHO,g,进)}=0.08\times(300-25)=22.0\ (kJ/mol)$$

$$H_{m(C_2H_5OH,g,出)}=0.110\times(265-25)=26.4\ (kJ/mol)$$

$$H_{m(CH_3CHO,g,出)}=0.08\times(265-25)=19.2\ (kJ/mol)$$

$$H_{m(H_2,g,出)}=0.029\times(265-25)=7.0\ (kJ/mol)$$

$$Q=\Delta H=\Delta_rH_m^\ominus+(\sum n_iH_{m,i})_出-(\sum n_iH_{m,i})_进$$

$$5300=\frac{n_3}{1}\times68.95+26.4n_1+19.2n_2+7.0n_3-90\times30.3-10\times22.0$$

即 $\qquad\qquad 26.4n_1+19.2n_2+76.0n_3=8247 \qquad\qquad (3)$

联立解式 (1)～式 (3)

$$n_1=7.5mol\ (C_2H_5OH)$$

$$n_2=92.5mol\ (CH_3CHO)$$

$$n_3=82.5mol\ (H_2)$$

乙醇的转化率

$$x=\frac{(n_1)_进-(n_1)_出}{(n_1)_进}=\frac{90-7.5}{90}=91.7\%$$

6.5 计算机辅助化工流程中的能量衡算

目前，在化工工艺设计中，采用计算机通过流程模拟技术，可以通过整个系统的物料衡算与能量衡算来确定各部位流股的温度、压力及组成，进而显示流程系统的性能。流程模拟系统的分类如图 6-7 所示。

图 6-7 从模拟方法、模拟对象时态、应用范围、软件结构几方面对流程模拟系统进行了分类。流程模拟系统的结构如图 6-8 所示。

图 6-8 主要是针对序贯模块法流程模拟系统而言，其主要由三部分组成：输入子系统、

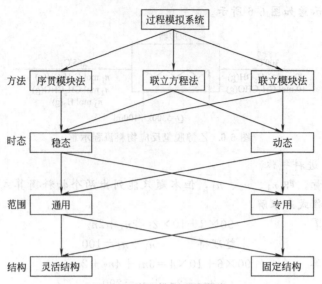

图 6-7　流程模拟系统分类

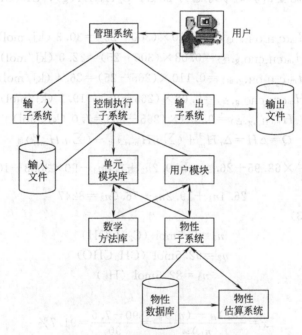

图 6-8　流程模拟系统的结构示意图

控制执行子系统和输出子系统。用户要进行流程模拟，必须为流程模拟系统提供必要的信息和数据，如描述流程系统（实际在计算机上建立流程系统数学模型）、原始物性信息、单元模块参数等，这就要求输入这些数据和信息的输入子系统。用户在完成数据输入后，就可调用流程模拟系统内的单元模块、用户针对具体情况开发的用户模块，完成具体的流程模拟计算，这就要求管理、调度、控制执行的程序，即控制执行子系统。完成模拟计算后，用户需分析、使用流程模拟计算结果，这就要求输出子系统。无论是流程模拟系统内单元模块，还是用户自行开发的用户模块，都需要一定的计算方法求解该模块的数学模型，这就要求流程模拟系统内具有一些数学计算方法程序库；另外，单元模块数学模型需要物性计算，因此，需要物性子系统提供必要的物性计算。物性子系统需要流程模拟所涉及的组分基础物性数据，这就要求有一物性数据库。但物性数据库中的物性往往是最基础的物性（如分子量、沸点、临界温度、临界压力、临界体积、偏心因子等），而流程模拟计算中用到的物性则是特定温度和压力下的性质，这需要物性估算系统来解决。

利用通用流程模拟系统软件进行流程模拟，一般分为以下几步。

（1）分析模拟问题　这是进行模拟必须首先要做的一步。针对具体要模拟的问题，确定模拟的范围和边界，了解流程的工艺情况，收集必要的数据（原始物流数据、操作数据、控制数据、物性数据等），确定模拟要解决的问题和目标。

（2）选择流程模拟系统软件，并准备输入数据　针对第一步的情况，选择用于流程模拟的模拟软件系统（看是否包括流程涉及的组分基础物性，有否适合于流程的热力学性质计算方法，有否描述流程的单元模块等情况确定），选择运行流程模拟软件系统后，进行必要的设置（如工作目录、模拟系统选项、输入输出单位制设置等，要根据不同的流程模拟系统情况进行具体设置），针对要模拟的流程进行必要的准备，收集流程信息、数据等。然后准备好软件要求的输入数据。

（3）绘制模拟流程　利用流程模拟系统提供的方法绘制模拟流程，即利用图示的方法建立流程系统的数学模型。绘制的流程描述了流程的连接关系，描述了所包括的单元模型。不同的流程模拟系统具有不同的绘制方法和风格，要参考其用户手册。

（4）定义流程涉及组分　针对绘制的模拟流程，利用模拟系统的基础物性数据库，选择模拟流程涉及的组分。选择组分等于给定这些组分的基础物性数据，只是这些数据库存在在流程模拟系统的数据库中，流程模拟系统自动调用。对于一些流程，可能涉及一些流程模拟系统的数据库中没有的组分，此时需要用户收集或估算这些组分的基础物性，采用用户扩充数据库（用户数据库）的办法，输入物性数据。

（5）选择热力学性质计算方法　流程模拟、分析、优化及设备设计都离不开物性计算，如分离计算要用到平衡参数 K 的计算，能量衡算离不开汽液相焓的计算，压缩和膨胀离不开熵的计算等。热力学性质计算方法选择的一般原则是：对于非极性或弱极性物系，可采用状态方程法；对于非极性物系，采用状态方程与活度系数方法相结合的组合法。

（6）输入原始物流及模块参数　通过以上几个步骤，模拟流程的模型建立完全，此时只要使用者提供必要的输入数据即可进行模拟。

（7）运行模拟　一旦模拟工具条处于可运行状态，使用者只需单击模拟工具条即可进行流程模拟计算。此时，模拟系统利用构建的流程模型、提供的基础物性数据、选择的热力学性质计算方法、输入的数据，采用一定的模拟计算方法（常用序贯模块法）进行模拟计算，得到物料、能量衡算结果。

（8）分析模拟结果　对流程模拟得到的结果要进行认真的分析，分析结果的合理性和准确性。

（9）运行模拟系统的其他功能　一旦模拟成功，可以利用流程模拟系统的其他功能，如工况分析、设计规定、灵敏度分析、优化、设备设计等功能进行其他计算。直至满足模拟目标为止。

（10）输出最终结果。

现以甲醇精馏工艺物料衡算与能量衡算的模拟计算及分析为例，说明化工过程计算机模拟计算即热量衡算的基本过程和步骤，简要介绍一些单元操作过程的模拟计算。

例〔6.10〕　对甲醇精馏的三塔流程进行模拟计算，掌握物料衡算与能量衡算的基本方法与步骤。

解　（1）甲醇三塔精馏流程　见图 6-9。从合成工序来的粗甲醇入预精馏塔，在塔顶除去轻组分及不凝气，塔底含水甲醇由泵送加压塔。加压塔操作压力为 0.5～0.7MPa（表压），塔顶甲醇蒸气全凝后，部分作为回流经回流泵返回塔顶，其余作为精甲醇产品送产品储槽，塔底含水甲醇则进常压塔。同样，常压塔塔顶出的精甲醇一部分作为回流，一部分与加压塔产品混合进入甲醇产品储槽。三塔流程的主要特点是，加压塔塔顶冷凝潜热用作常压塔塔釜再沸器的热源，这样既节省加热蒸汽，还节省冷却水，达到节能的目的。

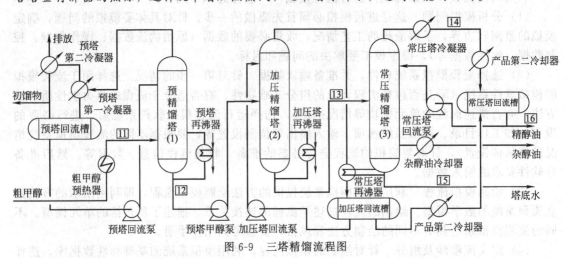

图 6-9　三塔精馏流程图

（2）模拟计算

① 基础数据　粗甲醇的组成见表 6-4。初始条件：物料（粗甲醇）总流率为 13431kg/h、温度为 40℃、压力为 4bar（表压）。

表 6-4　粗甲醇组成（质量分数）/%

组分名称	CO_2	CO	H_2	CH_4	N_2	$(CH_3)_2O$	Ar	CH_3OH	H_2O	异丁醇
组成	0.57	0.05	0.00	0.05	0.01	0.02	0.03	94.07	5.18	0.05

各精馏塔压力见表 6-5。

表 6-5　精馏塔压力（表压）/MPa

项　　目	塔顶压力	塔底压力
预精馏塔	0.05	0.08
加压塔	0.56	0.60
常压塔	0.003	0.008

② 模拟方法　计算机模拟是研究化工工艺过程的有效途径，采用化工流程模拟软件 PRO/Ⅱ 来模拟甲醇精馏系统。

a. 热力学方法　物系主要组分为甲醇和水，另外还有二甲醚、少量的 CO_2、CO、H_2、CH_4、N_2、Ar 等气体及高沸物（主要为异丁醇）。正确模拟一个化工过程，使用适当的热力学方法和精确的数据是非常重要的。醇水系统属于强非理想液体混合物，这里所用的化工流程模拟软件 PRO/Ⅱ 提供一组专门的热力学方法，即把特殊的醇数据库与 NRTL 方程相结合来计算 K 值。NRTL 方程是基于局部组成的理论而导出的液体活度系数方程，它已成功地应用于许多强非理想混合物和部分混溶系统。当使用液体活度方法时，组分的标准态逸度是纯液体的逸度，对于超临界气体以及水中的微量溶质，使用无限稀释下定义的标准状态会更方便，因此选用亨利定律以便更准确方便地模拟不凝气在甲醇及水中的溶解度。此外，三塔流程中加压塔的操作压力为 0.56～0.6MPa（表压），选用修改后的非理想气体状态方程 SRKM 来计算逸度系数。

b. 计算模块的组织 甲醇精馏系统主要是塔系的串联计算即三塔串联和双塔串联。常规塔的塔顶冷凝器相当于一块理论板，可以作为塔系的一部分一次性解出，但是甲醇精馏工艺的特点是预精馏塔的塔顶两级冷凝。这种冷凝方式显然不同于每块塔板的蒸馏过程，因此，采用撕裂回流的方法，把塔顶冷凝器作为一个独立的单元模块来模拟，即两台串联换热器的液相产品经过分离罐后作为塔顶进料引入塔系，以此模拟回流。

对于三塔精馏，加压塔塔顶冷凝器同时作为常压塔塔釜再沸器，如果严格规定分离要求分别计算两塔，由于计算值与设计值存在的误差，常压塔再沸器热负荷与加压塔顶冷凝器负荷不一定相等，而且只能核算而无法进行流程的优化研究。因此，加压塔同样采用预精馏塔的模拟方法，单独计算塔顶冷凝器，并规定其热负荷绝对值等于常压塔再沸器的热负荷。计算结果表明，这种方法模拟双效精馏是简单可行的。

c. 三塔流程物料及热量衡算计算结果 由三塔流程物热平衡设计值与计算值的结果对比见表6-6和表6-7。由表6-6可知，各物流点的温度、压力、组成以及塔顶冷凝器、塔釜再沸器负荷的计算值均与设计值吻合较好，说明该方法完全可以对甲醇精馏系统进行模拟。

表6-6 三塔流程物料衡算结果（质量分数）/%

物流名称（物流号） 项目	粗甲醇液(11)设计值	计算值	预精馏后甲醇液(12)设计值	计算值	加压塔塔底甲醇/水液(13)设计值	计算值	精甲醇气(14)设计值	计算值	甲醇精馏污水液(15)设计值	计算值	精甲醇液(16)设计值	计算值
CO_2	0.57	0.57	0.00	0.00	0.00	0.00	0.00	0.00	0.00	0.00	0.00	0.00
CO	0.02	0.02	0.00	0.00	0.00	0.00	0.00	0.00	0.00	0.00	0.00	0.00
H_2	0.00	0.00	0.00	0.00	0.00	0.00	0.00	0.00	0.00	0.00	0.00	0.00
CH_4	0.05	0.05	0.00	0.00	0.00	0.00	0.00	0.00	0.00	0.00	0.00	0.00
N_2	0.01	0.01	0.00	0.00	0.00	0.00	0.00	0.00	0.00	0.00	0.00	0.00
$(CH_3)_2O$	0.02	0.02	0.00	0.00	0.00	0.00	0.00	0.00	0.00	0.00	0.00	0.00
Ar	0.03	0.03	0.00	0.00	0.00	0.00	0.00	0.00	0.00	0.00	0.00	0.00
CH_3OH	94.07	94.07	94.67	94.69	90.70	90.77	99.90	99.91	4.16	4.79	99.90	99.93
H_2O	5.18	5.18	5.28	5.26	9.22	9.14	0.10	0.09	95.00	94.29	0.10	0.07
异丁醇	0.05	0.05	0.05	0.05	0.09	0.09	10ppm		0.84	0.92	10ppm	0.00
总流量/(kg/h)	13431	13431	13243	13240	7537	7537	15948	15939	727	727	12500	12500
温度/℃	40.00	40.00	82.00	81.51	125.00	125.76	122.00	121.18	105.00	105.00	40.00	40.00
压力（表压）/MPa	0.40	0.40	0.08	0.08	0.60	0.60	0.56	0.56	0.80	0.80	0.003	0.003

表6-7 三塔流程热量衡算结果/(Gcal/h)

项 目	塔顶冷凝器设计值	计算值	塔釜再沸器设计值	计算值
预精馏塔	0.88	0.88	1.24	1.29
加压塔	3.70	3.53	4.20	4.18
常压塔	4.11	3.97	3.70	3.53

注：设计值指国内某装置的设计值。

习 题

6-1 室温下氯气与过量的苯（杂质含量忽略不计）反应生产氯苯，副产少量二氯苯。生成的氯化液中氯苯质量分数为40%，二氯苯质量分数为2%（三氯苯含量忽略不计）。试计算处理1t原料苯时的热效应。

6-2 乙烯氧化为环氧乙烷的反应方程式如下：

$$C_2H_4(g) + \frac{1}{2}O_2 \longrightarrow C_2H_4O(g)$$

已知乙烯（g）的标准摩尔生成焓 $\Delta_f H_m^\ominus$ 为 52.28kJ/mol，环氧乙烷的标准摩尔生成焓 $\Delta_f H_m^\ominus$ 为 -51kJ/mol。试计算 0.1013MPa，25℃下的反应焓。

6-3 硝酸生产中，把经过预热的空气和氨在混合器里混合成 600℃ 含 10%（摩尔分数）氨的混合气体（氨不能预热，因为预热会使其分解成 N_2 和 H_2）。此混合气经催化氧化得 NO_2，然后用水吸收 NO_2 生成硝酸。已知温度为 25℃ 的氨以 520kg/h 的质量流量进入混合器，混合器的热损失为 7kJ/s。试计算空气进入混合器前应预热到多少摄氏度。

6-4 把含 15%（体积分数）CH_4 和 85%（体积分数）空气的混合气体在加热器里从 20℃ 加热到 350℃。混合气（标准温度和压力）进入加热器的体积流量为 3000L/min，试计算需要供给加热器的热量。

6-5 含 50%（质量分数）苯和 50%（质量分数）甲苯的原料液在 80℃ 加到一连续单级蒸发器里，在蒸发器里原料中有 60% 的苯被蒸发了。经分析发现蒸气中苯的含量为 63.1%（质量分数）。液体产物和蒸气产物都在 150℃ 离开蒸发器。试计算该过程处理每千克原料液需要多少热量。

6-6 液态的 n-己烷，在 25℃，7Pa 的压力下以 100mol/h 的摩尔流量被蒸发，并在该压力下被加热到 300℃。如果忽略压力对焓的影响，试求要以多大的速率供给该过程所需热量。

6-7 在一间歇反应器里进行化学反应：
$$C_2H_4(g) + 2Cl_2(g) \longrightarrow C_2HCl_3(g) + H_2(g) + HCl(g)$$
已知该化学反应的反应焓 $\Delta_r H_m^{\ominus}(25℃) = -420.8$kJ/mol，试计算此化学反应的 ΔU。

6-8 已知下面两个化学反应的标准反应焓
$$C + O_2 \longrightarrow CO_2 \qquad\qquad (1)$$
$$\Delta_r H_{m1}^{\ominus} = -393.51 \;(kJ/mol)$$
$$CO + \frac{1}{2}O_2 \longrightarrow CO_2 \qquad\qquad (2)$$
$$\Delta_r H_{m2}^{\ominus} = -282.99 \;(kJ/mol)$$
求反应
$$C + \frac{1}{2}O_2 \longrightarrow CO \qquad\qquad (3)$$
的标准反应焓。

6-9 计算反应 $C_2H_6 \longrightarrow CH_4 + H_2$ 的标准反应焓。

6-10 试计算生成反应 $5C(s) + 6H_2(g) \longrightarrow C_5H_{12}(l)$ 的标准生成焓。

6-11 已知苯胺的生成反应为 $6C(s) + \frac{7}{2}H_2(g) + \frac{1}{2}N_2(g) \longrightarrow C_6H_5NH_2(l)$ 试计算苯胺的标准生成焓。

6-12 已知 25℃，101.33kPa 下氨氧化时的标准反应焓 $\Delta_f H_m^{\ominus}(NH_3) = -904.6$kJ/mol，则有
$$4NH_3(g) + O_2(g) \longrightarrow 4NO(g) + 6H_2O(g)$$
氨气和氧气在 25℃，分别以 100mol/h 和 200mol/h 的摩尔流量连续稳定地加入反应器，在反应器里氨全部被消耗掉。气态产物的温度为 300℃，假定该反应是在接近 101.33kPa 下进行的，试计算反应器每小时吸收或放出的热量。

6-13 某连续等温反应器在 400℃ 进行下列反应：
$$CO(g) + H_2O(g) \longrightarrow CO_2(g) + H_2(g)$$
假定原料在温度为 400℃ 时按照化学计量比送入反应器。要求 CO 的转化率为 90%，试计算使反应器内的温度稳定在 400℃ 时所需传递的热量。

6-14 一氧化氮在一连续的绝热反应器里被氧化成二氧化氮
$$2NO(g) + O_2(g) \longrightarrow 2NO_2(g)$$
原料气中 NO 和 O_2 按化学计量比并在 700℃ 进入反应器。已知 $C_{pNO} = 37.7$J/(mol·K)，$C_{pNO_2} = 75.7$J/(mol·K)，$C_{pO_2} = 35.7$J/(mol·K)，试计算反应器出口产物的温度。

6-15 在一绝热反应器内进行下列反应：
$$CO(g) + H_2O(g) \longrightarrow CO_2(g) + H_2(g)$$
反应物在 300℃、101.33kPa 下按化学计量比进入反应器，无惰性物，反应进行完全。试计算该绝热反应器出口物料的温度。

地描述以下段落全部内容之外，而且要更全面而清楚地解决连续化、自动化，现代化、短程化、及消耗和分析数据。诸如一般后解释和校核数据以下将制的部分设计之之初始阶段，首图标、精标在此重现

第 7 章　化工工艺流程设计

7.1　概　　述

工艺流程设计是在生产方法确定后进行的工作。工艺流程设计与依此而确定的车间布置是决定整个车间（装置）基本面貌的关键性步骤，对设备设计和管道设计等单项设计也起着决定性的作用。从具体的化工设计工作进程来看，它在可行性研究中，生产工艺路线选定后就开始了，在初步设计、扩大初步设计和施工图设计各个阶段，随着工艺专业和其他专业设计工作的进展不断地进行补充和修改，几乎是在最后完成。它贯穿于整个设计过程中，是由浅入深、由定性而定量逐步分阶段地进行的。

工艺流程设计的任务包括两部分。

① 确定以下各项内容：

a. 工艺流程组织设计；

b. 物料衡算与能量衡算；

c. 设备工艺计算和选型，对于标准设备如泵、压缩机等在能量衡算的基础上选型。当无标准设备可供选择时，由设计人员根据要求进行设计；

d. 确定控制方案、选用合适的控制仪表；

e. 确定三废治理和综合利用方案；

f. 确定安全生产措施，例如设置安全阀、阻火器、事故贮槽，危险状态下发出信号或自动开启放空阀、自动停车连锁等。

② 在工艺流程设计的不同阶段，绘制不同的工艺流程图，这部分内容将在 7.3 节中介绍。

7.2　工艺流程设计的分类

工艺流程设计涉及面很广，内容往往比较复杂，在设计的不同阶段，流程图的深度也有所不同。

工艺流程设计的各个阶段的设计成果都是用各种工艺流程图和表格表达出来的，按照设计阶段的不同，先后有方框流程图、工艺流程草（简）图、工艺物料流程图、带控制点工艺流程图和管道仪表流程图等种类。方框流程图是在工艺路线选定后，工艺流程进行概念性设计时完成的一种流程图、不编入设计文件。工艺流程草（简）图是一个半图解式的工艺流程图，它实际上是方框流程图的一种变体或深入，只带有示意的性质，供化工计算时使用，也不列入设计文件；工艺物料流程图和带控制点工艺流程列入初步设计阶段的设计文件中；管道仪表流程图列入施工图设计阶段的设计文件中。

管道仪表流程图与初设阶段的带控制点的工艺流程图的主要区别在于：它不仅更为详细

地描述了该装置的全部生产过程，而且着重表达全部设备的全部管道连接关系，测量、控制及调节的全部手段。现在一般只绘制管道仪表流程图而不再绘制带控制点的工艺流程图。二者的称谓往往也互用。

7.3　工艺流程设计

7.3.1　工艺流程设计原则与方法

7.3.1.1　工艺流程设计的原则

尽可能采用先进设备、先进生产方法及成熟的科学技术成果，以保证产品质量；"就地取材"，充分利用当地原料，以便获得最佳的经济效益；采用高效率的设备，降低原材料消耗及水电汽（气）消耗，以使产品的成本降低；经济效益高；充分预计生产的故障，以便即时处理，保证生产的稳定性。

工艺流程设计的主要依据是原料性质、产品质量和品种、生产能力以及今后的发展余地等。

7.3.1.2　工艺流程设计应考虑的问题

设计工艺流程是一项复杂的技术工作，需要从技术、经济、社会、安全和环保等多方面进行综合考虑。其中应特别注意如下问题。

（1）技术的成熟程度　技术的成熟程度是流程设计首先应考虑的问题。如果已有成熟的工艺技术和完整的技术资料，则应选择成熟的工艺技术进行项目的开发与建设。这样既保证了项目开发成功的可靠性，同时也缩短了开发周期和节省了开发费用。

当采用成熟的工艺技术进行项目建设时，必须注意该项目实施的时间和空间条件，应对采用的工艺技术与实施的时间和空间条件差异做适当修改，以使工艺技术方案能符合现有时间和空间条件的目的和要求。

如果在开发中找不到成熟的工艺技术和可靠的技术资料，也应找到工艺类型相近的成熟技术资料作参考，借鉴成熟技术的经验和教训，可以提高流程设计的准确程度。

（2）采用可靠的新技术和新工艺　及时采用新技术和新工艺，但要注意技术的可靠性。有多种方案可以选择时，选直接法代替多步法，选原料种类少且易得路线代替多原料线路，选低能耗方案代替高能耗方案，选接近于常温常压的条件代替高温高压的条件，选污染或废料少的方案代替污染严重的方案等，但也要综合考虑。

作为投资建设项目的流程设计，总希望少承担些技术风险，但在保证可靠性的前提下，则应尽可能选择先进的工艺技术路线。如果先进性和可靠性二者不可兼得，则宁可选择可靠性大而先进性稍次些的工艺技术作为流程设计的基础。

（3）流程的可操作性、可控制性　流程的可操作性、可控制性是指流程中各种设备的配合是否合理，物料的运行是否畅通无阻，各种工艺条件是否容易控制和实现等。

① 尽量采用能使物料和能量有高利用率的连续过程。

② 反应物在设备中的停留时间既要使之反应完全，又要尽可能短。

③ 维持各个反应在最适宜的工艺条件下进行，多相反应尽可能增大反应物间的接触面。不同性质的或需要不同条件的分阶段的反应，宜在相应的各特殊设计的设备中进行。在同一设备中进行多种条件要求不同的反应，往往引起恶劣的后果。

④ 设备或器械的设计要考虑到流动形态对过程的影响，也要考虑到某些因素可能变化，如原料成分的变化，操作温度的变化等。

⑤ 尽可能使器械构造、反应系统的操作和控制简单、灵敏和有效。

⑥ 为易于控制和保证产品质量一致，在技术水平和设备材料等允许的条件下，大型单系列或少系列优于小型多系列，且便于实现微机控制。

(4) 投资和操作费用 在流程设计中考虑节省建设投资，可注意以下几方面：

① 多采用已定型生产的标准型设备，以及结构简单和造价低廉的设备。

② 尽可能选用条件温和、低能耗、原料价廉的技术路线。

③ 选用小而有效的设备和建筑，以降低投资费用，并便于管理和运输，同时，也要考虑到操作、安全和扩建的需要。

④ 工厂应接近原料基地和销售地域，或有相应规模的交通运输系统。

⑤ 现代过程工业装置的趋向是大型、高效、节能、自动化、微机控制；而一些精细产品则向小批量、多品种、高质量方向发展。选取工艺方案要掌握市场信息，结合具体情况，因地制宜，充分利用当地资源和有利条件。

⑥ 用各种方法减少不必要的辅助设备或辅助操作，例如利用地形或重力进料以减少输送机械。

⑦ 选用适宜的耐久抗蚀材料。既要考虑在很多情况下，跑、冒、滴、漏所造成损失，远比节约某些材料的费用要多；同时，也要考虑到化工生产是折旧率较高的部门。

⑧ 工序和厂房的衔接安排要合理。

(5) 安全 在流程设计中应重视破坏性风险分析，创造有职业保护的安全工作环境，减轻体力劳动。危险分析通常是通过事故模拟试验的考察来进行的。从模拟试验中可以了解到事故发生的原因，产生的条件和后果，以及引发事故的各种因素间的一些内在关系。通过分析，可以确定所设计的流程需要承担的安全风险。

在风险分析中对于一些随机因素，因偶然性而带来的潜在危险，也应包括进去。以使在流程设计中全面考虑安全性措施来确保流程运行的可靠性。

(6) 环境和生态 在我国，"三废"治理和环境保护已纳入法治轨道，国家规定了各种有害物质的排放标准，任何企业都必须达标排放，否则将是违法的。在开始进行生产方法和流程设计中，就必须考虑过程中产生"三废"来源和采取的防治措施。尽量做到原材料的综合利用，变废为宝，减少废物的排放。如果是工艺上不成熟，工艺路线不合理，污染问题不能解决，则是不能建厂的。

污染处理装置应与生产装置同时投入运行。

对于工业实施项目，不允许实施后对人类生产及生活活动以及工农业生产发展和生态平衡等方面带来不利影响。

7.3.1.3 工艺流程设计方法

首先要看所选定的生产方法是正在生产或曾经运行过的成熟工艺还是待开发的新工艺。前者是可以参考借鉴而需要局部改进或局部采用新技术、新工艺的问题，后者须针对新开发技术在设计上称为概念设计。它根据国内已经过中试，且有中试资料为依据，或者以国外引进的成熟的资料为依据。不论哪种情况一般都是将一个工艺过程分为四个重要部分：原料预处理过程、反应过程、产物的后处理（分离净化）和"三废"的处理过程。一般的工作方法如下。

(1) 以反应过程为中心 根据反应过程的特点、产品要求、物料特性、基本工艺条件来决定采用反应器类型及决定采用连续操作还是间歇操作。有些产品不适合连续化操作，如同一生产装置生产多品种或多牌号产品时，用间歇操作更为方便。另外，物料反应过程是否需外供能量或移出热量，都要在反应装置上增加相应的适当措施。如果反应需要在催化剂存在下进行，就须考虑催化反应的方式和催化剂的选择。一般来说，主反应过程的反应装置的设计或选择，是工业生产过程中的核心部分，也是工艺是否成功的关键所在。因此在设计中除可参考借鉴有关数据外，建设单位必须提供反应装置的完整设计数据。

（2）考虑原料预处理过程　在主反应装置已经确定之后，根据反应特点，必然对原料提出要求，如纯度、温度、压力以及加料方式等。这就须根据需要采取预热（冷）、汽化、干燥、粉碎筛分、提纯精制、混合、配制、压缩等措施。这些操作过程就需要相应的化工单元操作，并加以组合。通常不是一台、两台设备或简单过程完成的。原料预处理的化工操作过程是根据原料性质、处理方法而选取不同的装置及不同的输送方式，从而可能设计出不同的流程。

（3）产物的后处理过程　根据反应原料的特性和产品的质量要求，以及反应过程的特点，产物的后处理有多种形式，产物后处理过程的设置主要基于下面的原因。

①　反应中所存在的副产物需借助于后处理过程分离。除了为获得目的产物外，由于存在有副反应，还生成了副产物。例如烃类裂解制取乙烯的裂解炉出口，产物是非常复杂的多组分的混合物，因此乙烯产品的分离有多种方法及流程。

②　分离与合理利用未反应的组分。由于反应时间等条件的限制或受反应平衡的限制，以及为使反应尽可能完全而有过剩组分。反应结果其转化率并非百分之百，因而产物中必然有剩余的未反应的原料。例如用氢和氮合成氨的过程，通过合成塔后，会有80%以上的氮氢气未参与反应，又如用氨和二氧化碳合成尿素的过程，加入的氨是过剩的，而且反应后对二氧化碳来说其转化率也不过60%～70%。因此必然有剩余的反应物与产物混在一起，就需要进行分离、循环利用。

③　由产物的后处理过程进一步除去杂质。原料中固有的杂质往往不是反应需要的，在原料的预处理中并未除净，因而在反应中将会带入产物中，或杂质参与反应而生成无用且有害的物质。例如合成氨的原料气制造中，如采用煤的蒸气转化制取，由于煤中含有硫化物，则产品原料气中将会有硫化氢等有害气体，在送入下一工序时必须脱硫。又如某些无机盐的生产中，多因天然矿物原料含有某些杂质，而使产物不纯，为提高产品质量，又增设一些复杂的分离提纯过程。

④　产物的集聚状态要求，也增加了后处理过程。某些反应过程是多相的，而最终产物是固态的。例如氨碱法制造纯碱过程，主要反应是在碳化塔中进行，过程是气、液、固多相的。从碳化塔取出的产物是固液混合物，为获取固体产物，须有过滤分离装置。又如前述尿素生产中，从尿素合成塔取出产物为混合溶液，为获取固体尿素，需要经一系列分解、蒸发浓缩和结晶的相变过程。

除上述原因外，还有其他各种各样的原因，相应地要采用不同措施进行处理。因此用于产物的净化、分离的化工单元操作过程，往往是整个工艺过程中最复杂、最关键的部分，有时是制约整个工艺生产能否进行的一环，即保证产品质量的极为重要的步骤。因此，如何安排每一个分离净化的设备或装置以及操作步骤，它们之间如何连通，能否达到预期的净化效果和能力等，都是必须认真考虑的。为此要掌握大量的资料和丰富的实践经验，比较多种方案，确定这部分流程设计。

（4）产品的后处理　经过前述分离净化后达到合格的目的产品，有些是下一工序的原料，可加工为其他产品；有些可直接作为商品，往往还须进行后处理工作，如筛选、包装、灌装、计量、贮存、输送等过程。这些过程都需要有一定的工艺设备装置、工艺操作。例如气体产品的贮罐、装瓶；液体产品的罐区设置（也包装原料）、装桶，甚至包括槽车的配备；固体产品的输送、包装和堆放装置等。

（5）未反应原料的循环或利用以及副产物的处理　由于反应并不完全，剩余组分在产物处理中被分离出来，一般应循环回到反应设备中继续参与反应。例如合成氨或合成甲醇等生产中，有大量未反应原料气，都通过冷却分离，加压循环返回到合成塔。因此循环方式就必须精心设计。有些生产中未反应的原料气，也可以引出加工成其他副产物；或者在反应器中因副反应而产生的副产物，也要在产物的后处理中被分离出来。为此，根据产品的特点和质量要求，分别或同时设计出相应的化工单元操作过程，当然也应包括副产品的包装、贮运等处理过程。例如乙烯生产过程中，同时可生产许多重要的副产物，如丙烯、丁二烯、汽油等，都是需要在产物处理中同时考虑的。

(6) 确定"三废"排出物的处理措施　在生产过程中，不得不排放的各种废气、废液和废渣，在现有的技术条件下，尽量综合利用，变废为宝，加以回收。而无法回收的应妥善处理。"三废"中如含有有害物质，在排放前应该达到排放标准。因此在化工开发和工程设计中必须研究和设计治理方案和流程，要做到三废治理与环境保护工程、三废治理工艺与主产品工艺同时设计、同时施工，而且同时投产运行。按照国家有关规定，如果污染问题不解决，是不允许投产的。三废处理方法可参照有关专业资料进行。

(7) 确定公用工程的配套措施　在生产工艺流程中必须使用的工艺用水（包括作为原料的饮水、冷却水、溶剂用水以及洗涤用水等）、蒸汽（原料用汽、加热用汽、动力用汽及其他用汽等）、压缩空气、氮气等以及冷冻、真空都是工艺中要考虑的配套设施。还有生活用电、上下水、空调、采暖通风都是应与其他专业密切配合的。

(8) 确定操作条件和控制方案　一个完善的工艺设计除了工艺流程等以外，还应把投产后的操作条件确定下来，这也是设计要求。这些条件包括整个流程中各个单元设备的物料流量（投料量）、组成、温度、压力等，并且提出控制方案（与仪表控制专业密切配合）以确保生产能稳定地生产出合格产品来。

(9) 制定切实可靠的安全生产措施　在工艺设计中要考虑到开停车、长期运转和检修过程中可能存在各种不安全因素，根据生产过程中物料性质和生产特点，在工艺流程和装置中，除设备材质和结构的安全措施外，在流程中应在适宜部位上放置事故槽、安全阀、放空管、安全水封、防爆板、阻水栓等以保证安全生产。

(10) 保温、防腐的设计　这是在工艺流程设计中的最后一项工作，也是施工安装时最后一道工序。流程中的管道和设备，根据介质的温度、特性和状态以及周围环境状况决定管道和设备是否需要保温和防腐。

① 保温的任务　根据管内或设备容器的温度否需要保温，一般具有下列情况之一的场合均应保温：

a. 凡设备或管道表面区温度超过 50℃，减少热损失；

b. 设备内或输送管道内的介质要求不结晶不凝结；

c. 制冷系统的设备和管道中介质输送要求保冷；

d. 介质的温度，低于周围空气露点温度，要求保冷；

e. 季节温度变化大，有些常温湿气或液体，冬季易冻结，有些介质在夏季易引起蒸发、汽化。

保温的任务就是选择合适的保温材料，确定一个经济合理的保温厚度，即最佳经济厚度，可参考有关设计手册确定，同时根据所选保温材料确定保温结构。

② 防腐设备和管道的防腐处理　化工生产中的物料介质，大多数都具有或轻或重的腐蚀性，因此所选用的设备和管道常常选用能够抵抗介质侵蚀的耐腐蚀材料，除此之外，还要采用防腐措施，一般有衬里和涂层两类措施。

衬里：一般在金属容器内壁，衬以一定厚度的有机或无机材料衬里，以隔断介质与金属的接触。有机衬里如橡胶、塑料或其他有机高聚物，主要为热固性的树脂，无机衬里一般为玻璃、瓷砖、耐腐水泥、辉绿岩板等。

在设备和管道外表面，因为大气的腐蚀，尤其在周围环境可能含有酸性气体时，都要进行防腐处理。

在保温和防腐的设计中，要列出保温和防腐材料消耗表。

7.3.2　工艺流程图的绘制

7.3.2.1　方框流程图

工艺流程示意图也称方框流程图，通常是用来向决策机构、高级管理部门提供该工艺过程的快速说明，如可行性研究报告中所提供的就是流程示意图。工艺过程的总体概念用方框流程图按不同的部分表示，每个方框根据不同的详略要求，可以是整个工艺流程的一个部分，也可以是一个操作单元。

图 7-1 所示为日本的 Nissan 法生产三聚氰胺的方框流程图。

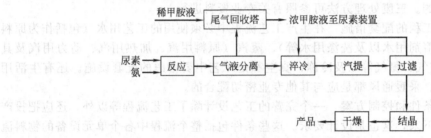

图 7-1　三聚氰胺生产的方框流程图

将熔融尿素加压到 10.0MPa，洗涤吸收离开反应塔的尾气中残余的三胺后，与加压到 10.0MPa 的液氨一同加入反应塔，在温度 380～400℃ 的条件下，尿素转化为三聚氰胺。工艺流程见图 7-1。

流程示意图一般用细实线矩形框表示，流程线只画出主要物流，用粗实线表示，流程方向用箭头画在流程线上，并加上其他必要的注释等。

流程示意图中的方框，除了标注操作名称外，有时还要注上部分号码，这些号码可以与以后的工艺流程图上的相关物流编号相互参照。

7.3.2.2　工艺流程草图（简图）

为一种仅定性表示物料由原料转化为产品的变化过程和流向顺序，以及生产中所采用的化工单元过程及设备的流程图。当生产方法确定以后，就可以开始设计绘制一个草图（尚未进行定量计算）。

（1）工艺流程草图的内容

① 设备示意图，按设备大致几何形状画出，甚至画方框图也可以；

② 流程管线及流向箭头，包括全部物料管线和部分辅助管线，如水、汽、气等；

③ 文字注释，如设备名称、物料名称、来自何处、去何处等。

（2）工艺流程草图的绘制与标注　工艺流程草图由左至右展开，设备轮廓线用细实线、物料管线用粗实线，辅助管线用中实线画出。在图的下方或其他显著位置，列出各设备的位号。设备位号由四个单元组成，分别为由设备类别代号、设备所在主项的编号、主项内同类设备顺序号、相同设备的数量尾号组成。

设备类别代号，一般取英文名称的第一个字母（大写）做代号。具体规定见表 7-1。

主项编号采用两位数字，从 01 开始，最大为 99。

设备顺序号按同类设备在工艺流程中流向的先后顺序编制，采用两位数字，从 01 开始，最大 99。

表 7-1 设备类别代号

设 备 类 别	代 号	设 备 类 别	代 号
塔	T	火炬、烟囱	S
泵	P	容器(槽、罐)	V
压缩机、风机	C	起重运输设备	L
换热器	E	计量设备	W
反应器	R	其他机械	M
工业炉	F	其他设备	X

两台或两台以上相同设备并联时,它们的位号前三项完全相同,用不同的数量尾号予以区别。按数量和排列顺序依次以大写英文字母 A、B、C……作为每台设备的尾号。

同一设备在施工图设计和初步设计中位号相同。初步设计经审查批准取消的设备及其位号在施工图设计中不再出现;新增的设备则应重新编号,不准占用已取消的位号。

设备位号在流程图、设备布置图及管道布置图中书写时,在规定的位置画一条粗实线——设备位号线。线上方书写位号,线下方在需要时可书写名称。

图 7-2 所示为合成氨厂变换工段工艺流程草图。

7.3.2.3 工艺物料流程图

工艺物料流程图只在物料衡算和热量衡算后绘制,简称 PFD(Process Flow Diagram)。物料计算的内容包括过程中每一个设备的进出口,也即管道内的原料、半成品、成品和副产品以及与物料有关的废水、废物等的数量和规格组成。计算完成后,即着手绘制工艺物料流程图。此图是以图形与表格相结合的形式来反映物料衡算结果,它可作为设计审查的资料,并为进一步设计的重要依据,同是也为日后生产操作的参考。

(1)工艺物料流程图的内容 物料流程图一般包括如下内容。

① 图形 设备的示意图和流程线。

② 标注 设备的位号、名称及特性数据等。

③ 物料平衡表 物料代号、物料名称、组分、流量、压力、温度状态及来源去向。

④ 标题栏 包括图名、图号、设计阶段等。

(2)工艺物料流程图的绘制 工艺物料流程图图样采用展开图形式,一般以车间为单位进行。按工艺流程顺序,自左至右依次画出一系列设备的图形,并配以物料流程线和必要的标注与说明。在保证图样清晰的原则下,图形不一定按比例。图纸常采用 A2 或 A3。长边过长时,幅面允许加长,也可分张绘制。图 7-3 为某车间的部分物料流程图。

① 设备表示法

a. 图形 设备示意图用细实线画出设备简略外形和内部特征(如塔的填充物、塔板、搅拌器和加热管等)。目前很多设备的图形已有统一规定,其图例可参见 HG 20519.31—92。

b. 标注 图上应标注设备位号及名称。

ⅰ. 标注的内容 设备在图上应标注位号和名称,设备位号在整个系统内不得重复,且在所有工艺图上设备位号均需一致。位号组成如图 7-4 所示。

其中,设备类别代号见表 7-1。

ⅱ. 标注的方法 设备位号应在两个地方进行标注,一是在图的上方或下方,标注的位号排列要整齐,尽可能地排在相应设备的正上方或正下方,并在设备位号线下方标注设备的名称;二是在设备内或其近旁,此处仅注位号,不注名称。但对于流程简单,设备较少的流程图,也可直接从设备上用细实线引出,标注设备位号。

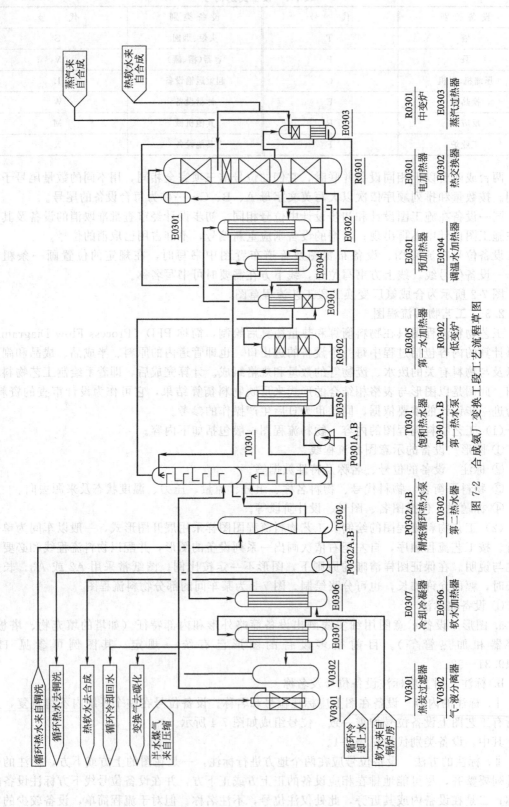

图 7-2 合成氨厂变换工段工艺流程草图

蒸汽来 自合成	热软水来 自合成		
R0301 中变炉	E0303 蒸汽过热器		
E0301 电加热器	E0302 热交换器		
E0301 预加热器	E0304 调温水加热器		
E0305 第一水加热器	R0302 低变炉		
T0301 饱和热水器	P0301A,B 第一热水泵		
P0302A,B 精炼循环热水泵	T0302 第二热水器		
E0307 冷却冷凝器	E0306 软水加热器		
V0301 焦炭过滤器	V0302 气一液分离器		

循环热水来自铜洗
循环热水去铜洗
热软水去合成
循环冷却回水
变换气去碳化
半水煤气
来自压缩
循环冷却上水
软水来自锅炉房

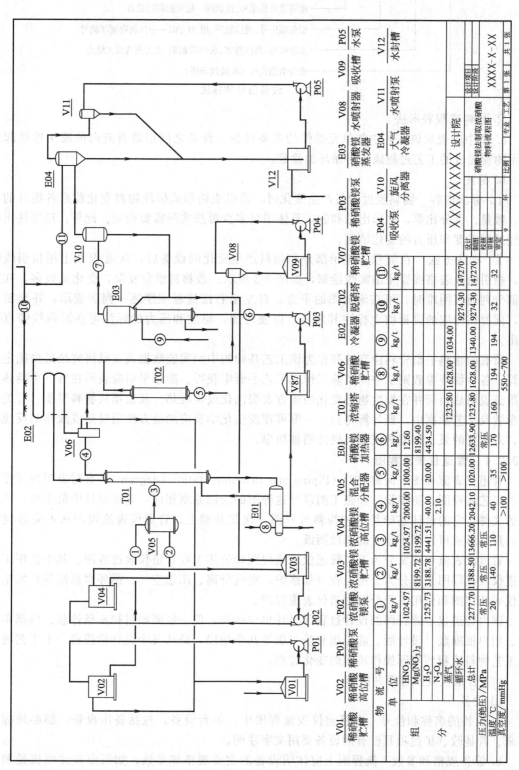

图 7-3 某车间的部分物料流程图

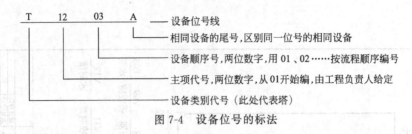

图 7-4　设备位号的标法

② 物料流程表示法

a. 图中应表示该工艺中各单元操作的主要设备,设备之间用带有流向的箭头连接起来表示物流通过的工艺过程或进行循环的途径。

b. 标注

ⅰ. 标注内容　物料经过设备产生变化时,需以表格形式标注物料变化前后各组分的名称、数量、百分比等,并标出总和数,具体项目多少可按实际需要而定。此外,还要注出物料经过时温度和压力的变化情况。

ⅱ. 标注方法　在流程的起始部分和物料产生变化的设备后,从流程线上用指引线引出,指引线及表格线皆用细实线绘制,如图 7-3 所示。若物料组分复杂,变化又较多,在图形部分列表有困难时,可在流程图的下方,自左至右按流程顺序逐一列表表示,并编制序号,同时在相应的流程线上标注其序号,以便对照。温度和压力的标注可在流程线旁直接注出。

所有的物料平衡资料应当按照作为该工艺基础的中间实验数据或文献研究结果来确定或计算,各种物理参数则从中间实验工作或工艺手册中获得。能量平衡应表示在每一个换热设备附近说明热负荷并在发生物态变化的地方表明汽化或熔融热。其数据从物料平衡、有关物理参数及工艺数据中,经计算得到。一般可在发生化学反应的地方注明吸热或放热的反应热量,对重要的泵、压缩机或鼓风机注明轴功率。

7.3.2.4　管道仪表流程图

管道仪表流程图,简称 PID (Piping and Instrumentation Diagram),有时也叫做带控制点的工艺流程图。初步设计和施工图设计这种图的绘制原则相同,它是设计中最重要、最基础的文件,它的设计基础是工艺物料流程图。在此基础上,管道仪表流程图从不完善到完善,最终形成可以用于施工的基础图纸。

管道仪表流程图又分为工艺管道仪表流程图和公用工程管道仪表流程图。其中公用工程管道仪表流程图又可分为公用工程(如锅炉、空气分离、压缩空气、循环水系统等)发生管道仪表流程图和公用工程分配管道仪表流程图。

国内管道仪表流程图的设计过程因设计单位而异,但一般要经过初步条件版、内部审核版、用户批准版、设计版、施工版和竣工版等几个阶段,是从各个设计阶段将一个工艺流程从工艺物料流程到实际操作流程的变化过程。

(1) 管道仪表流程图的内容

① 设备

a. 设备的名称和位号　在管道仪表流程图中,每台设备,包括备用设备,都必须标示出来。若是改、扩建项目已有的设备要用文字注明。

b. 设备规格和参数　流程图上应注明设备的主要规格和参数,如泵应该注明流量和扬程,容器应注明直径和长度(高度),换热器要注明换热面积或换热量。

c. 接管和连接形式　管口尺寸、法兰面形式和法兰压力等级均应详细标注。若设备管口的尺寸、法兰面形式、压力等级与相接管线、管路尺寸、法兰面形式、压力等级一致，则不需要标注；若不一致，则要特别加以说明。

d. 标高　对安装高度有要求的设备须标出设备要求的最低标高。塔或立式容器须标明自地面到塔或容器下切线的实际距离或标高；卧式容器应标明容器内底部标高或到地面的实际距离。

e. 驱动装置　泵、风机和压缩机的驱动装置要注明驱动机类型，有时还要标出驱动机功率。

f. 泄放条件　流程图上应标明容器、塔、换热器等设备和管线的放空、放净去向，如排放到大气、泄压系统等。若排往下水道，要分别注明排往生活污水、雨水还是含油污水系统。

② 配管

a. 管线规格　所有的工艺、公用工程管道要注明管径、管道等级和介质流向。公用工程管道与设备相接的部分要画在流程图上。而干管与引出支管则画在公用工程分配管道仪表流程图上。对间断使用的管线，要注明"开车"、"停车"等条件。两相流管线由于容易产生"塞流"而造成管道振动，所以要特别注明。

b. 管口　开车、停车、试车用的放空口、放净口、蒸汽吹扫口和冲洗口等，在流程图上要清楚地标示出来。

c. 其他管线　蒸汽伴热管、电伴热管、夹套管和保温管等要标示出来。埋地管线要标出始末点的位置。装置内管线与装置外管线连接时，要画"联络图"，并列表标出管线号、管径、介质名称和连接点等。管线坡度、对称布置和液封高度要求均须注明。

d. 管件　各种管路附件，如阀门、补偿器、软管、过滤器、盲板、疏水器、可拆卸短管和非标准的管件等都要在流程图上标出来。有时还要注明尺寸，标上编号。

正常运行时常闭的阀门或需要保证开启或关闭的阀门要注明"常闭"、"铅封开"、"铅封闭"、"锁开"、"锁闭"等字样。所有的阀门（仪表阀门除外）在流程图上都要标示出来，并用图例示出阀门的形式。阀门尺寸与管线尺寸不一致时，要注明。阀门的压力等级与管线的压力等级不一致时，要标示清楚。特殊的阀门，如双阀、旁通阀在流程图上要标示清楚。

e. 取样点　取样点的位置要标示清楚，并注明接管尺寸。

③ 仪表与仪表配管

a. 调节阀　调节阀及其旁通阀要注明尺寸，并标明气开或气闭，是否可手动等。要注明仪表使用压力值。

b. 安全阀　安全阀要注明连接尺寸、阀孔面积和定压值。

c. 冲洗、吹扫　仪表的冲洗、吹扫要标示出。

④ 标题栏　注写图名、图号、设计阶段等。

图 7-5 为工艺管道仪表流程图。

(2) 管道仪表流程图的绘制

① 图幅　管道仪表流程图一般用 A1 图纸绘制，并按长边加长。按生产工艺过程的顺序将各设备的简单图形从左至右绘制在图纸上。在图的下方画一条细实线作为 0.00 的标高。如有必要，还可以将各层楼面的高度分别标出。

② 比例　图上的设备图形按其实际高低的相对位置大致按 1∶100 或 1∶200 的比例用细实线绘制。对于过大或过小的设备，要适当缩小或放大绘制比例，使得整幅图中的设备都表达清楚。因此标题栏中的"比例"一项，不予注明。

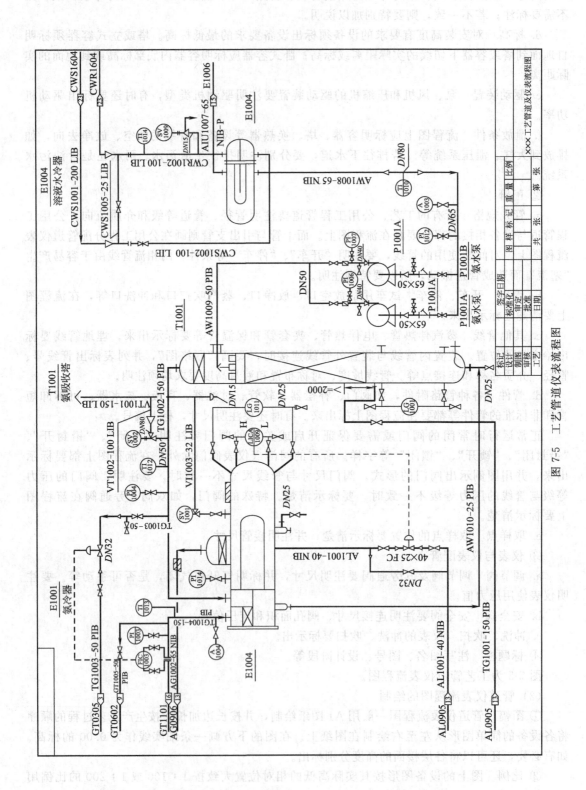

图 7-5 工艺管道仪表流程图

　　一般工艺管线由图纸左右两侧方向出入，与其他图纸上的管线连接。放空或去泄压系统的管线，在图纸上方离开。

　　公用工程管线有两种表示方法。一种方法同工艺管线一样，从左右或低部出入图纸，或就近标出公用工程代号以及相邻图纸号。另一种是在相关设备附近注上公用工程代号，然后在公用工程分配图上详细示出与该设备相接的管线尺寸、压力等级及阀门配置等。

　　所有出入图纸的管线，都要带箭头，并注出连接图纸号、管线号、介质名称和相连接设备的位号等相关内容。

　　绘图时，必须在每张图纸的右下角画出标题栏。对于标题栏的格式，国家标准 GB 10609.1—89 已作了统一规定。标题栏的外框线一律用粗实线绘制，其右边与底边均与图框线重合；标题栏的内容分格线均用细实线绘制。

　　当一个流程中包括有两个或两个以上相同的系统（如聚合釜、气流干燥、后处理等）时，可以绘制出一个系统的流程图，其余系统以细双点划线的方框表示，框内注明系统名称及其编号。当这个流程比较复杂时，可以绘制一张单独的局部系统流程图。在总流程图中，局部系统采用细双点划线方框表示，框内注明系统名称、编号和局部系统流程图图号。如图 7-6 所示。

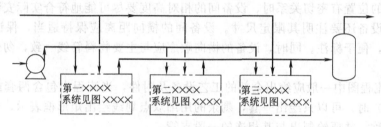

图 7-6　总流程图中局部系统表示方法

　　③ 图线（GB 4457.4—84）与字体（GB/T 14691—93）　工艺流程图中，工艺物料管道用粗实线，辅助物料管道用中粗线，其他用细实线。图线宽度见表 7-2。在图样中书写汉字、字母、数字时，字体的高度（用 h 表示）的公称尺寸系列为：1.8mm，2.5mm，3.5mm，5mm，7mm，10mm，14mm，20mm，如需要书写更大的字，其字体高度应按 $\sqrt{2}$ 的比率递增，字体的高度代表字体的号数。图纸和表格中的所有文字写成长仿宋体，并采用国家正式公布推行的简化字。

　　④ 设备的表示方法

　　a. 设备的画法

　　ⅰ. 图形　化工设备在流程图上一般按比例用细实线绘制，画出能够显示形状特征的主要轮廓。对于外形过大或过小的设备，可以适当缩小或放大。常用设备的图形画法已标准化，参见附录。对于表中未列出的设备图形应按其实际外形和内部结构特征绘制，但在同一设计中，同类设备的外形应一致。

　　如有可能，设备、机器上全部接口（包括人孔、手孔、卸料口等）均画出，其中与配管有关以及与外界有关的管口（如直连阀门的排液口、排气口、放空口及仪表接口等）则必须画出。管口一般用单细实线表示，也可以与所连管道线宽度相同，允许个别管口用双细实线绘制。一般设备管口法兰可不绘制。

　　对于需隔热的设备和机器要在其相应部位画出一段隔热层图例，必要时注出其隔热等级；有伴热者也要在相应部位画出一段伴热管，必要时可注热类型和介质代号。如图 7-7 所示。

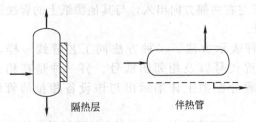

隔热层　　　　　　　　伴热管

图 7-7　隔热层、伴热管标注方法

设备、机器的运动支撑和底（裙）座可不表示。

复用的原有设备、机器及其包含的管道可用框图注出其范围，并加必要的文字标注和说明。

设备、机器自身的附属部件与工艺流程有关者，例如柱塞泵所带的缓冲罐、安全阀；列管换热器板上的排气口；设备上的液位计等，它们不一定需要外部接管，但对生产操作和检测都是必需的，有的还要调试，因此图上应予以表示。

ⅱ．相对位置　设备的高低和楼面高低的相对位置，一般也按比例绘制。如装于地平面上的设备应在同一水平线上，低于地面的设备应画在地平线以下，对于有物料从上自流而下并与其他设备的位置有密切关系时，设备间的相对高度要尽可能地符合实际安装情况。对于有位差要求的设备还要注明其限定尺寸。设备间的横向距离应保持适当，保证图面布置匀称，图样清晰，便于标注。同时，设备的横向顺序应与主要物料管线一致，勿使管线形成过量往返。

ⅲ．工艺流程图中一般应绘出全部的工艺设备及附件，当流程中包含两套或两套以上相同系统（设备）时，可以只绘出一套，剩余的用细双点划线绘出矩形框表示，框内需注明设备的位号、名称、并要绘制出与其相连的一段支管。

b．设备的标注　标注内容与方式同物料流程图。

⑤ 管道的表示方法

a．管道的画法　流程图中一般应画出所有工艺物料管道和辅助物料管道及仪表控制线。工艺流程图中图线的画法见表 7-2。物料流向一般在管道上画出箭头表示。工艺物料管道均用粗实线画出，辅助管道、公用工程系统管道用中实线绘出与设备（或工艺管道）相连接的一小段，并在此管段标注物料代号及该辅助管道或公用工程系统管道所在流程图的图号。对各流程图间衔接的管道，应在始（或末）端注明其连续图的图号（写在 30mm×6mm 的矩形框内）及所来自（或去）的设备位号或管段号（写在矩形框的上方）。仪表控制线用细实线或细虚线绘制。

表 7-2　工艺流程图中图线的画法

类　别	图线宽度/mm		
	0.9～1.2	0.5～0.7	0.15～0.3
带控制点工艺流程图	主物料管道	辅助物料管道	其他
辅助物料管道系统图	辅助物料管道总管	支管	其他

当管线改变管路等级时，应标明分界点位置及管路等级。管线和管件、阀门的图例见附录。

绘制管线时，为使图面美观，管线应横平竖直，不用斜线。图上管道拐弯处，一般画成直角而不是圆弧形。所有管线不可横穿设备，同时，应尽力避免交叉，不能避免时，采用一线断开画法。采用这种画法时，一般规定"细让粗"，当同类物料管道交叉时尽量统一做法即全部横让竖或竖让横。

管道上的放空管，排放管，取样管，液封管，管道视镜，防爆泄压管以及管路中的阻水器，特殊管件，如下水漏斗、蒸汽疏水阀、异径管等都要画出。

公用工程管道仪表流程图的布置及其他要求与工艺管道仪表流程图相同。可以将几个公用工程（如蒸汽、压缩空气、工艺水、冷却水等）的分配系统画在同一张图上，并将类似介质放在一起，如水包括冷却水、饮用水、工艺用水等。

当一个工艺流程图分成几张图表示时，进入本张图纸的物流画在图纸的左边，以空箭头表示方向并在空箭头内注明来处，流出本张图的物流画在图纸的右边，用空箭头注明去处，并在相应高度位置进入下一张图，如图 7-8 所示。

图 7-8　进出流程的物流表示法

b. 管道的标注

ⅰ. 标注的内容　每一根管道在管道仪表流程图中均要进行编号和标注，标注内容包括管道号（也称管段号，其包括物料代号、主项代号、管道分段顺序号三个单元）、管径（公称通径）、管道等级和隔热（或隔声）代号四个部分，且每根管道必须配画表示流量的箭头。

ⅱ. 标注方法　如图 7-9 所示。

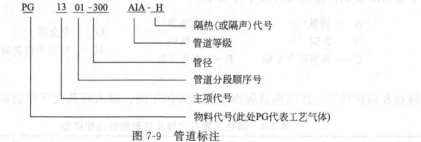

图 7-9　管道标注

物料代号　按 HG 20519.36—92 填写，常用物料代号见表 7-3。对于物料在表中无规定的，可采用英文代号补充，但不得与规定代号相同。

表 7-3　常见物料代号

物料名称	代号	物料名称	代号	物料名称	代号	物料名称	代号
工艺空气	PA	高压蒸汽	HS	锅炉给水	BW	仪表空气	LA
工艺气体	PG	高压过热蒸汽	HUS	循环冷却水上水	CWS	排液、排水	DR
气液两相工艺物料	PGL	低压蒸汽	LS	循环冷却水回水	CWR	冷冻剂	R
气固两相工艺物料	PGS	低压过热蒸汽	LUS	脱盐水	DNW	放空气	VT
工艺液体	PL	中压蒸汽	MS	饮用水	DW	真空排放气	VE
液固两相工艺物料	PLS	中压过热蒸汽	MUS	原水、新鲜水	RW	润滑油	LO
工艺固体	PS	蒸汽冷凝水	SC	软水	SW	原料油	RO
工艺水	PW	伴热蒸汽	TS	生产废水	WW	燃料油	FO
空气	AR	燃料气	FG	热水上水	HWS	密封油	SO
压缩空气	CA	天然气	NG	热水回水	HWR		

主项代号　一般采用二位数字，从 01～99，应与设备位号的主项一致。

管道分段序号　按生产流向依次编号，采用两位数字 01，02……表示。由主项代号和管道分段顺序号就构成了工艺中某一管段的惟一性。

以上三个单元组成管道号（管段号）。

公用工程分配管道仪表流程图中，公用工程管线编号的原则与工艺管线相同。

管径 一般用标准公称直径 DN（D_g）表示，以毫米（mm）为单位，只注数字，不注单位。凡采用 HGJ 35—90 标准中Ⅱ系列外径管者，只需注数字，如"200"；若采用 HGJ 35—90 中Ⅰ系列外径管（ISO 管子），则需在数字后加"B"，如 200B。

管道等级 管道等级由管道的公称压力、管道顺序号、管道材质的类别三个单元组成，如图 7-10 所示。

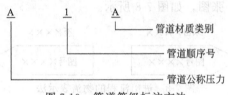

图 7-10　管道等级标注方法

管道的公称压力（MPa）等级代号，用大写英文字母表示。A～K 用于 ANSI（美国国家标准协会）标准压力等级代号（其中 I，J 不用），L～Z 用于国内标准压力等级代号（其中 O，X 不用）。

顺序号，用阿拉伯数字表示，由 1 开始。

管道材质类别，用大写英文字母表示。

A——铸铁	D——合金钢	G——非金属
B——碳钢	E——不锈钢	H——衬里及内防腐
C——普通低合金钢	F——有色金属	

隔热及隔声代号 按隔热及隔声功能类型的不同，以大写英文字母表示，见表 7-4。

表 7-4　隔热及隔声代号及其表示的功能类型

代　号	功　能　类　型	备　注
H	保温	采用保温材料
C	保冷	采用保冷材料
P	人身防护	采用保温材料
D	防结露	采用保冷材料
E	电伴热	采用电热带和保温材料
S	蒸汽伴热	采用蒸汽伴管和保温材料
W	热水伴热	采用热水伴管和保温材料
O	热油伴热	采用热油伴管和保温材料
J	夹套伴热	采用夹套管和保温材料
N	隔声	采用隔声材料

管道标注 在一般情况下，横向管道标注在上方，竖向管道标注在管道左侧。

⑥ 阀门与管件的表示方法

a. 图形 在管道上需用细实线画出全部阀门和部分管件的符号，并标注其规格代号。工艺流程图中管道、管件及阀门的图例见附录。管件中的一般连接件如法兰、三通、弯头及管接头等，若无特殊需要，均不予画出。竖管上的阀门在图上的高低位置应大致符合实际高度。

b. 标注 带各类阀体的管道标注如下。

ⅰ. 同一管段号只是管径不同时，可以只标注管径。如图 7-11（a）所示。

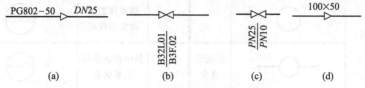

图 7-11 带各类阀体的管道标注方法

ⅱ. 同一管段号而管道等级不同时，应表示出等级的分界线。如图 7-11（b）所示。在管道等级与材料选用表未实施前，可暂按图 7-11（c）标注。

ⅲ. 异径管标注大端公称直径乘小端公称直径。如图 7-11（d）所示。

⑦ 仪表控制点的表示方法 工艺生产流程中的仪表及控制点以细实线在相应的管道上用符号画出。符号包括图形符号和字母代号，二者结合起来表示仪表、设备、元件、管线的名称及工业仪表所处理的被测变量和功能。

a. 仪表位号

ⅰ. 图形符号 用一个直径约 10mm 的细实线圆表示，并用细实线引到设备或工艺管道的测量点上，如图 7-12 所示。常用流量检测仪表和检出元件的图形符号见表 7-5。仪表安装位置的图形符号见表 7-6，图中圆圈为直径 10mm 的细实线圆。

图 7-12 仪表位号图形符号的画法　　图 7-13 仪表位号标注方法

表 7-5 常用流量检测仪表和检出元件的图形符号

序号	名称	图形符号	备注	序号	名称	图形符号	备注
1	孔板			4	转子流量计		圆圈内应标注仪表位号
2	文丘里管及喷嘴			5	其他嵌在管道中的检测仪表		圆圈内应标注仪表位号
3	无孔板取压接头			6	热电偶		

ⅱ. 标注 在仪表图形符号上半圆内，标注被测变量、仪表功能字母代号，下半圆内注写数字编号，如图 7-13 所示。

字母代号 字母代号表示被测变量和仪表功能，第一位字母表示被测变量，后继字母表示仪表的功能，表示被测变量和仪表功能字母代号见表 7-7。一台仪表或一个圆内，同时出现下列后继字母时，应按 I、R、C、T、Q、S、A 的顺序排列，如同时存在 I、R 时，只注 R。

表 7-6　仪表安装位置的图形符号

序号	安装位置	图形符号	备注	序号	安装位置	图形符号	备注
1	就地安装仪表	○		3	就地仪表盘面安装仪表	⊖	
		⟞○⟝	嵌在管道中	4	集中仪表盘后安装仪表	⊝	
2	集中仪表盘安装仪表	⊖		5	就地安装仪表盘后安装仪表	⊜	

表 7-7　表示被测变量和仪表功能的字母代号

字母	首位字母 被测变量	首位字母 修饰词	后继字母功能	字母	首位字母 被测变量	首位字母 修饰词	后继字母功能
A	分析		报警	N	供选用		供选用
B	喷射火焰		供选用	O	供选用		节流孔
C	电导率		控制	P	压力或真空		试验点(接头)
D	密度	差		Q	数量或件数	积分、积算	积分、积算
E	电压		检出元件	R	放射性	累计	记录或打印
F	流量	比(分数)		S	速度或频率	安全	开关或联锁
G	尺度		玻璃	T	温度		传达(变送)
H	手动(人工接触)			U	多变量		多功能
I	电流		指示	V	黏度		阀、挡板
J	功率	扫描		W	重量或力		套管
K	时间或时间程序		自动、手动操作器	X	未分类		未分类
L	物位		指示灯	Y	供选用		计算器
M	水分或湿度			Z	位置		驱动、执行的执行器

数字编号：数字编号前两位为主项（或工段）序号，应与设备、管道主项编号相同。后二位数字为回路序号，不同被测量变量可单独编号。

图 7-13（a）为集中仪表盘面安装仪表，其中第一位字母代号"T"为被测变量（温度），后继字母"RC"为仪表功能代号（记录、调节）；图 7-13（b）为就地安装仪表，仪表功能为压力指示，编号为 401。分析取样点在选定的位置（设备管口或管道）标注和编号，其取样阀（组）、取样冷却器也要绘制和标注或加文字说明。如用 ⒶⓅ₁₃₀₁ 表示，1301 为取样点编号，13 为主项编号，01 为取样点序号。

b. 控制执行器　执行器的图形符号由调节机构（控制阀）和执行机构的图形符号组合而成。如对执行机构无要求，可省略不画。常用执行机构组合图形符号见表 7-8。执行机构和阀组合图形符号示例如图 7-14 所示。

⑧ 附注　设计中一些特殊要求和有关事宜在图上不宜表示或表示不清楚时，可在图上加附注，采用文字、表格、简图加以说明。例如对高点放空、低点排放设计要求的说明；泵入口直管段长度的要求；限流孔板的有关说明等。一般附注加在图签附近（上方或左侧）。

表 7-8 常用执行机构组合图形符号

序号	形式	图形符号	备注	序号	形式	图形符号	备注
1	通用执行机构		不区别执行机构	6	电磁执行机构	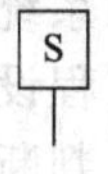	
2	带弹簧的气动薄膜执行机构			7	执行机构与手轮组合(顶部或侧边安装)		
3	无弹簧的气动薄膜执行机构			8	带能源转换的阀门定位器的气动薄膜执行机构		
4	电动执行机构			9	带人工复位装置的执行机构及带远程复位装置的执行机构	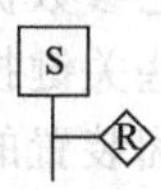	
5	活塞执行机构	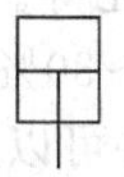		10	带气动阀门定位器的气动薄膜执行机构		

(a) 气动薄膜调节阀
(能源中断时,阀开)

(b) 气动薄膜调节阀
(能源中断时,阀关)

(c) 气动活塞式调节阀

(d) 气动三通调节阀

(e) 气动角形调节阀

(f) 电动蝶形调节阀

(g) 气动薄膜调节阀(带手轮)

(h) 电磁调节阀

(i) 带气动阀门定位器的气动薄膜调节阀

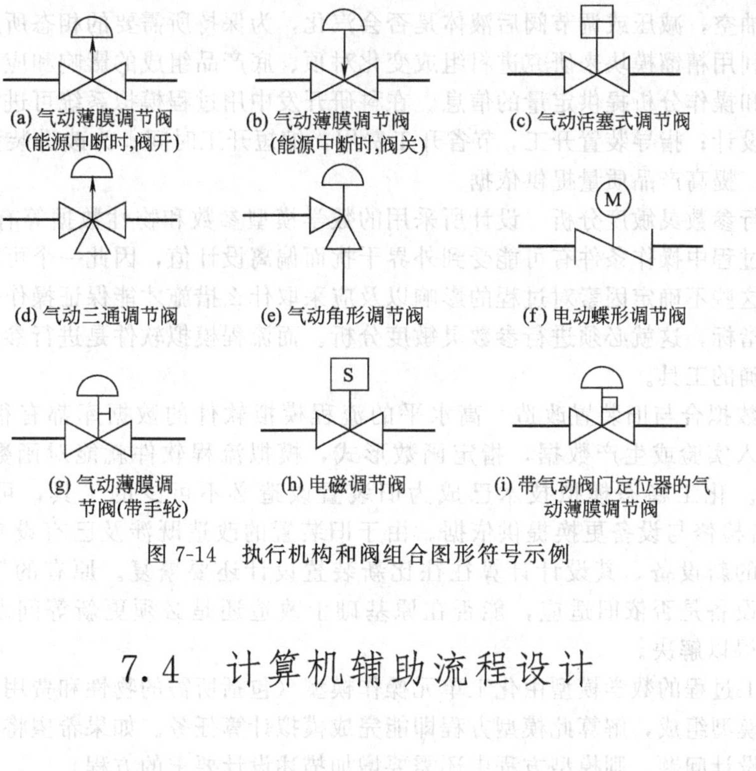

图 7-14 执行机构和阀组合图形符号示例

7.4 计算机辅助流程设计

7.4.1 概述

一个现代化的化工企业,生产装置为数众多,生产方案也多种多样,所需的原材料及产品种类繁多,且原料与产品之间又可相互转化,构成了一个纵横交错、庞大而复杂的系统。这个系统内任何部分(如生产装置、生产方案等)的变化都可引起经济效益的变化,因此,化工企业存在着生产方案的对比及决策问题。这些重大问题的解决,仅凭经验和手工计算,不仅费时费力,而且由于问题的复杂性,不可避免地存在着考虑不周等缺点。化工流程模拟是指应用计算机辅助计算手段，以工艺过程的机理模型为基础，采用数学方法来描述化工过程，对化工过程进行物料衡算、热量衡算、设备尺寸估算和能量分析，做出环境和经济评价。随着化工系统工程这门学科的发展，化工流程模拟成为化工系统最优设计的一个重要手段，它能为工程设计、流程剖析、新工艺的开发提供强有力的工具，不仅具备从整个系统的角度来分析、判断一个装置优劣的手段，而且还可以对开发新的工艺过程提供可靠的预测，因此，流程模拟在化工生产的最优规划、设计、操作、控制管理等方面起到了重要的作用。流程模拟软件有如下用途。

(1) 合成流程，得出在不同的操作条件下的性能评价数据　利用流程模拟软件对几个候选的方案流程中的物料、能量以及单元设备进行计算，得出在新过程设计中工厂在不同的操作条件下的性能评价数据，通过结果的比较做出决策。

(2) 工艺参数优化　利用流程模拟软件可在单元设备的建模、控制和优化上取得丰富的成果，在一些关键技术上达到了国际先进水平。目前流程模拟软件在国内的使用领域主要包括：原油蒸馏装置的建模和过程优化技术、催化裂化装置的建模和先进控制、聚合过程的建模和过程优化技术、板式精馏塔的非平衡级模型及过程优化等。在节能上，用"夹点技术"对一般化工厂能量回收系统进行分析，可以实现节能 20%～30%。

(3) 为设计和操作分析提供定量的信息　流程模拟软件可以认为是一个具有各种单元设备的实验装置，能得到一定物流输入和过程条件下的输出。例如可以用闪蒸模块来研究泵的进口是否会抽空，减压或调节阀后液体是否会汽化，为保持所需要的相态所应有的温度和压力等；也可利用精馏模块来研究进料组成变化对顶、底产品组成的影响和应怎样调节工艺参数，为设计和操作分析提供定量的信息。在科研开发中用过程模拟系统可进行小试之后中试之前的概念设计；指导装置开工，节省开工费用，缩短开工时间；为改进装置操作条件，降低操作费用，提高产品质量提供依据。

(4) 进行参数灵敏度分析　设计所采用的数学模型参数和物性数据等有可能不够精确，在实际生产过程中操作条件有可能受到外界干扰而偏离设计值，因此一个可靠的、易控制的设计应研究这些不确定因素对过程的影响以及应采取什么措施才能保证操作平稳，以始终满足产品质量指标，这就必须进行参数灵敏度分析。而流程模拟软件是进行参数灵敏度分析最有效和最精确的工具。

(5) 参数拟合与旧装置改造　高水平的流程模拟软件的数据库都有很强的参数拟合功能，即输入实验或生产数据，指定函数形式，模拟流程软件就能对函数中各种系数进行回归计算。化工稳态模拟技术已成为旧装置改造必不可少的工具，可分析装置"瓶颈"，为设备检修与设备更换提供依据。由于旧装置的改造既涉及已有设备的利用，又可能增添必需的新设备，其设计计算往往比新装置设计还要繁复。原有的塔、换热器、泵以及管线等设备是否依旧适应，能否在原基础上改造还是必须更新等问题均可在过程模拟的基础上得以解决。

描述化工过程的数学模型由化工单元操作模型（包括所需的物性和费用计算方程）和化工过程结构模型组成，解算此模型方程即能完成模拟计算任务。如果希望将模拟系统功能扩展到能解决设计问题，则模型方程中还需要增加描述设计要求的方程。

目前，流程模拟技术的研究越来越深入，开发应用的模拟方法有序贯模块法、联立方程法和联立模块法。化工流程模拟系统通常是指稳态化工过程的模拟系统。此外，还有一类对非定态化工过程进行模拟计算的软件系统，称为动态模拟系统，可用于对间歇操作的化工过程进行模拟，也可以用于研究化工过程的动态特性，为过程的控制和检测提供依据，又能指导生产的开、停工，模拟生产事故和培训生产人员等。

流程模拟软件根据其结构和适应性，又可分为专用模拟系统和通用模拟系统。专用模拟系统是针对特定的流程（通用流程模拟系统难以模拟的那些流程）所开发的，而应用最广泛的是通用流程模拟系统。通用流程模拟系统是指并非针对特定流程开发的、对不同流程均可适用的、带有通用性的流程模拟系统。目前多数通用性的流程模拟系统只能用来模拟涉及气、液相物料的流程，而不能处理涉及固体物料的流程。部分这类系统限定了它所能模拟的流程中含有的单元不得超过多少个，物流不得超过多少。又如这类系统中备存的、可供用户选用的单元模块的种类、物性数据库中包括的组分种类，也都只能是有限的。目前这类系统通常都具有允许用户根据自己的特殊需要插入系统中原来包括的单元模块和物料的功能，以扩展其通用性。

为了能够具有通用性，这类系统的结构就比专用系统要复杂得多（见图 7-15）。目前的通用化工流程模拟系统主要是按照处理模拟型问题的要求而开发编制的，但多数也兼具有能够处理某些设计型和优化型问题的能力。通用流程模拟系统中的计算机程序，通常是采用某种标准的高级程序设计语言（多为 FORTRAN、C、C++）编写的。但也有的系统，除在其内部仍采用标准语言编写其程序的主体部分以外，采用了让用户使用专门设计的某种"面向问题的语言（Problem-Oriented Language，POL）"输入数据的方式。这种面向问题的语言，采取了同一般科技人员针对其面对的问题开列各项需要输入的数据时的常用写法，更加接近的用语和格式，从而使用户感到使用这种系统更加方便（系统具有首先将这种用非标准语言写出的输入文件翻译成标准语言，例如 FORTRAN 语言形式的功能，然后用计算机即可执行）。

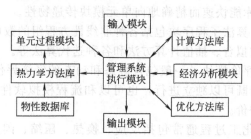

图 7-15 通用流程模拟系统的基本结构

7.4.2 流程模拟软件的组成

流程模拟软件是化工过程合成、分析和优化最有用与不可缺少的根据，化工过程与设计开发过程中如果不利用流程模拟软件就不能得到技术先进合理、生产成本低的化工过程设计。一个化工过程的设计人员如果不了解流程模拟的基本原理，不会应用流程模拟软件，就不能利用这个有效工具进行训练。通用流程模拟软件通常由输入、输出模块，单元模块，物性数据库，算法子程序块，单元设备估算模块，成本估算、经济评价模块和主控模块等几个部分组成，其相互关系见图 7-15。

（1）输入、输出模块 输入模块主要输入以下必要的信息：

① 化工过程系统的结构信息；

② 原料流的信息，包括原料的组分、组成、温度、压力、流率等，以及一些必要的物性；

③ 单元模块的设计参数，例如换热器的传热系数、精馏塔的板数、回流比等；

④ 计算精度；

⑤ 其他，如费用的信息、用户给定的计算次序表等。

输出模块能将用模块计算得到的大量信息以容易阅读与理解的格式输出，并可根据用户的要求输出信息。

（2）物性数据库　物性数据库供给各模块在运算中所需的物性数据。它主要存储物性数据信息和各种物性估算程序，常由三部分组成。

① 基础物性数据库　该数据库存储基础物性数据，包括以下这些物性数据。

a. 与状态无关的物质固有属性，如相对分子质量、临界温度、临界压力、临界分子体积、临界压缩因子、偏心因子等。

b. 标准状态下物质的某些属性，如标准生成热、标准生成焓、绝对熵、标准沸点、标准沸点下汽化热、零焓系数以及物性估算程序所需各种系数，如安托万常数、亨利常数、二元交互作用系数等。

c. 一定状态下物质的某些属性，如比热容、饱和蒸气压等，这些属性常被关联成一定形式的计算公式。公式中的参数和功能团参数也属于基础物性数据。

② 物性估算程序　用于估算单元模块计算所需的基础物性数据，以及一定压力、温度下纯组分和混合物的基础物性、热力学性质及传递性质，如逸度、活度、汽液平衡常数、熵、焓、密度、黏度、热导率、扩散系数、表面张力等。

③ 实验数据处理系统　存储用户提供的实验数据，并按用户的要求对实验数据进行检验、筛选、变换以及数据回归和参数估值。

物性数据库在流程模拟中有重要作用。有了物性数据库，可以节省物性数据收集工作所需的大量时间。应用较精确的物性数据，可提高模拟计算的可靠程度。由于在流程模拟计算中，有时物性计算会占据大量的计算时间（在精馏、闪蒸之类平衡级过程中的计算尤为明显），因而要求物性数据库能快速而精确地向单元模块传递物性。

（3）算法子程序块　算法子程序块包括各种非线性方程组的数值解法、稀疏线性方程组解法、最优化算法、参数拟合、插值计算方法和各种迭代算法等。

① 成本估算和经济评价模块　一般包含静态和动态的经济评价指标和各要素的估算方法。成本估算和经济评价既可以独立进行，也可以和流程模拟软件连接在一起，进行投资、操作费用和经济分析的评价。

② 单元操作模块　化工过程通常包括反应、换热、压缩、闪蒸、精馏或吸收等单元。每一类单元过程都可用一个相应的模块表达。模块的数学模型，包括物料平衡、能量平衡、相平衡和速率方程等。在输入单元的物流变量、设计变量，自物性数据库取得物性数据后，求解这些方程就能得到输出物流变量和单元中的状态变量。

7.4.3　工艺流程模块计算中应注意的问题

（1）正确模拟工艺流程　在工艺流程模块软件中，虽然划分了各单元模块，但模块的划分并不一定与实际工艺流程中单元过程或设备相对应。

例如多段绝热固定床反应器，在实际工艺流程中只是一个单元设备，而在工艺流程模块中就要用多个反应过程模块和多个混合模块予以模拟。

模块的划分应以符合模拟软件的要求为原则，应能正确模拟流程，便于建立数学模型和便于运算。

（2）正确选择决策变量　在工艺流程系统中，每个单元模块都有许多变量，其中对设计起决定作用的变量即为"决策"变量。如何选择好决策变量，对于计算单元模块，使之获得所需的正确结果很重要。这就要求设计者应对工艺过程特性作仔细分析，从许多变量中选出对工艺过程影响最大和必须考察的参数作为决策变量。如果发现几个参数都很重要，则可选择其中较易估算的参数作为决策变量。

（3）正确确定决策变量的数值　当决策变量确定之后，如何选择该变量的数值进行计算，则是一个优化问题。并不是任意取值都能满足设计计算的要求。

例如蒸馏单元模块的计算，如果已选定塔顶气相物料体积流量为决策变量，确定气相物料体积流量值的正确方法应从物料衡算求出。如果任意取较大的值，会使塔顶馏出的产品不合格；如果取值过小，又会使塔釜排放的溶液夹带较多的产品。当计算结果表明塔的分离不符合要求时，如果不从决策变量数值上去寻找原因，只盲目地调节回流比和理论塔板数这样两个参数，无论怎样调节都难以使分离达到要求。

（4）逐步扩大工艺流程模块软件的计算范围　对于一个包括了许多单元模块的流程软件，在计算时，应从第一个单元模块开始，依次一个接一个往下计算，不要急于求成，企图一次完成全流程的计算。只有先把各单元模块的计算逐步完成之后，再把所有模块连接起来，作全流程计算，才能得出正确的计算结果，原因如下。

① 每个单元模块的计算，都要输入数量不等的若干数据。只要其中一个数据的取值不当，就会导致错误的计算结果。如果不在单元模块的计算时经过反复校验，就有可能把错误的计算结果带入全流程的计算中。

② 如果不知前一单元模块的计算结果，则很难对下一单元模块的输入变量作出正确设定。这是由序贯模块法的特性决定的。

③ 每个单元模块输入参数都有优化问题，只有保证各单元模块输入参数优化的基础上，才能达到全流程的最优。不可能在全流程计算时，再对各单元模块的输入变量进行优化，那样会使全流程计算涉及的变量太多，不仅造成很大的计算工作量，而且计算操作也十分繁难。

④ 有效选择单元模块。在工艺流程的模拟中，反应、分离、换热等单元操作都可用不同的模块表示，但模块的函数形式应根据任务和要求来选择。

例如，当工艺流程中有循环物料时，由于各单元模块的输出是输入物料流量及其操作参数和物性参数的函数，因此，正确设计循环物料有关变量的初值很重要。

在确定循环物料变量的初值时，对于反应过程，可用产率模块；对于精馏、吸收、蒸发、蒸馏等过程，可用已建立的分离器模块。这样选择可以正确地设定循环物料变量的初值，并可简化计算过程。

关于工艺流程模拟软件中的平衡分离模块目前都是核算型的，即设定总理论塔板数和进料板的位置，求出产品的分离程度或者回流比。如果进料板位置或者理论塔板数设定不当，就会导致过高或过低的回流比而影响产品质量和生产成本。此时如果采用严格的精馏模块进行反复计算，求出理论塔板数，则增加了计算的工作量。为了简化计算过程，可在先设定产品的分离程度和回流比与最小回流比的比值（R/R_{min}）后，用简捷计算的精馏模块（如芬斯克方程和吉利兰图）计算出最小回流比和理论塔板数，然后再用严格精馏模块计算，确定理论塔板数和回流比。

总之，在流程模拟的各个阶段，根据任务和要求可用不同水平的模块模拟，其模拟过程也是由简到繁，用最少的计算工作量，求出模型决策变量的设定值。从而使全流程的计算得以简化。

7.4.4　化工流程模拟软件应用举例——氯碱工程设计中的氯氢处理流程模拟开发

ASPEN PLUS10.0版中有较为全面的汽液平衡回归出来的二元交互作用参数，下面主要介绍用该流程模拟软件对离子膜烧碱氯氢处理工序进行物料平衡和热量平衡的计算，并与工厂实际数据进行比较，获得了满意的结果。

（1）工艺流程　氯处理工序的任务就是将电解槽出来的湿氯气经过冷却、干燥，再经氯气压缩机将干燥氯气送到下游工序。本例采用两段间接冷却流程。具体过程如下：

从电解工段来的湿氯气进入钛冷却器间接换热。氯气被冷却到 15～20℃左右，在冷却水温度较高的情况下，为获得较低温度的氯气可采用两段冷却，即第一段用循环水冷却到 40℃左右，第二段用 5～10℃冷冻水将氯气冷却到 15℃左右。为了降低干燥过程中硫酸的耗量，有的工厂将氯气冷却到 12℃。采用间接冷却流程具有操作简单、易于控制、操作费用低、氯水量少、氯损失少的特点。流程见图 7-16。

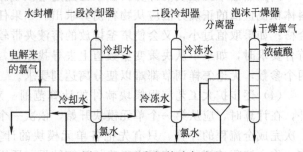

图 7-16 两段间接冷却流程

（2）模拟计算 以两段间接冷却流程作为研究对象，采用 ASPEN 公司的 ASPEN PLUS 模拟流程系统软件 10.0 版进行流程模拟计算。

① 模拟框图 如图 7-17 所示。

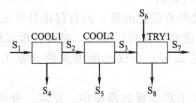

图 7-17 ASPEN PLUS 输入框图

② 热力学方法及模块选择 氯气冷却及干燥流程模拟过程中，热力学方法的选择十分重要，直接影响计算结果的准确性。在 ASPEN PLUS10.0 版中有较为全面的汽液平衡回归出来的二元交互作用参数。通过反复模拟计算比较，本模拟将以上流程分为两部分，分别采用不同的热力学方法进行模拟，前面部分为氯气冷却部分，组分主要有 Cl_2、H_2O、O_2、CO_2、H_2 等，为一典型的相变过程，需要采用活度系数模型的热力学方法。本模型采用 NRTL（non-random two liquids，非无序双液）方法，可以较为准确地模拟冷却系统。ASPEN PLUS10.0 版提供有 Cl_2-H_2O、O_2-H_2O 等的二元交互作用参数，提高了计算精度。NRTL 数学模型如式（7-1）所示：

$$\ln\gamma_i = \frac{\sum\limits_j x_j\tau_{ji}G_{ji}}{\sum\limits_k x_kG_{ki}} + \sum\limits_j \frac{x_jG_{ij}}{\sum\limits_k x_kG_{kj}}\left[\tau_{ij} - \frac{\sum\limits_m x_m\tau_{mj}G_{mj}}{\sum\limits_k x_kG_{kj}}\right] \quad (i=1,2,3,\cdots) \qquad (7-1)$$

式中，γ_i 为 i 组分的活度系数；τ_{ji}、τ_{mj}、G_{ji}、G_{ki}、G_{ij}、G_{kj}、G_{mj} 为 NRTL 模型参数。

选用日本某厂装置的数据进行比较计算，从计算结果看与工厂数据吻合。干燥部分考虑介质主要有 Cl_2、H_2O、H_2SO_4 等组分，可将 H_2SO_4、H_2O 作为电解质处理，采用 ASP-EN PLUS10.0 版中 ELECN RTL 模型来进行模拟，通过计算，结果数据较为吻合。模块选择：闪蒸分离模拟及基于平衡理论的严格精馏模块。

（3）模拟结果 模拟计算结果与日本某电解专利商生产工厂数据比较，见表 7-9。

（4）计算结果分析 从比较结果可知：表 7-9 数据误差很小，最大为 0.8%，小于 1%，在工程设计误差允许范围之内。由此可见，采用 ASPEN PLUS 模拟氯氢处理工序是可行的，开发后的模拟流程可用于此工段的物料平衡和热量平衡，同时也可通过流程模拟进行工况研究、方案比较及参数优化等。

表 7-9　物热平衡比较

项　目		日本某工厂数据	ASPEN PLUS 模拟结果	误差/%
原料	Cl₂/(kg/h)	2467.5	2467.5	
	O₂/(kg/h)	7.9	7.9	
	H₂O/(kg/h)	416.2	416.2	
	温度/℃	87	87	
	压力/kPa	129.6	129.6	
一段冷却器出口	Cl₂/(kg/h)	2466.3	2465.545	0.03
	O₂/(kg/h)	7.9	7.9	
	H₂O/(kg/h)	37.7	37.883	0.49
	温度/℃	40	40	
	压力/kPa	128.92	128.92	
二段冷却器出口	Cl₂/(kg/h)	2466.1	2465.299	0.03
	O₂/(kg/h)	7.9	7.9	
	H₂O/(kg/h)	11.5	11.596	0.8
	温度/℃	20	20	
	压力/kPa	128.22	128.22	
干燥后的组成	Cl₂/(kg/h)	2466	2465.286	0.029
	O₂/(kg/h)	7.9	7.9	
	含水量/10⁻⁶	200	0.408(平衡数据)	
	温度/℃	25	25	
	压力/kPa	128.22	128.22	

表中的数值经过了转换，Cl_2、O_2、H_2O的单位为kg/h，含水量的单位为10^{-6}。

习　题

7-1　选择某一典型的化工产品，分析其工艺流程的特点，指出工艺流程可改进之处。

7-2　管道仪表流程图包括哪些内容，其作图步骤是什么？

7-3　说明流程模拟软件的分类及特点。

7-4　结合生产实际说明化工流程模拟软件的应用，评价使用效果。

第8章 化工过程放大

对于化学工业过程来说,将实验室研究成果转化为生产规模的技术活动,称为化工过程放大。化工过程有两种类型,一是传递过程,包括传动、传热和传质过程,属于没有物系组成变化的物理过程;二是化学反应过程,属于有组分变化的化学过程。这些过程是在设备中实现的,所以过程放大就是设备能力的放大。过程放大一般经历下列阶段:

① 实验室研究阶段;

② 小量试制阶段;

③ 按预定工艺规模进行概念设计;

④ 中试,着重解决概念设计中遇到的问题;

⑤ 编制工艺软件包;

⑥ 按要求的规模进行工程设计;

⑦ 工业装置的建设和投产。

化工过程采用的模拟放大方法有:经验放大法、数学模型法、部分解析法和相似放大法。无论哪一种方法在应用时都比较复杂,而且各有其适应的对象和条件,并不是任一过程都可以取四种方法之一,就可以获得简捷而有效的放大。有时为了取得良好的开发效果,对于一些较复杂的过程往往还需考虑用几种方法综合,因此,在化工过程开发中如何选择合适的开发放大方法,就成为优化开发过程的一项重要工作。

在化工过程开发中,反应过程的放大是关键,因此,本章重点以化学反应过程的放大加以说明。

8.1 反应过程放大的基本方法

随着化工过程规模的增加,反应器也要相应增大,但要增加到多大才能达到预期的效果,这即是工业反应器放大问题。化学加工过程不同于物理加工过程,物理过程只发生量变,而没有质变,按相似规律成比例放大在技术上不会有什么问题,其结果只是数量上的重复与扩大;化学加工过程不仅发生量变,而且发生质变,将相似理论用于反应过程的放大,使其既满足物理相似又满足化学相似是无法做到的。长期以来反应器放大的工程实践中主要形成了两种放大方法,即逐级经验放大和数学模型放大。

8.1.1 逐级经验放大

逐级经验放大是一种经典的放大方法,曾被长期广泛地采用,至今仍有较大的应用范围。所谓逐级经验放大,就是通过小型反应器进行工艺试验,优选出操作条件和反应器形式,确定所能达到的技术经济指标。据此再设计和制造规模稍大一些的装置,进行所谓模型试验。根据模型试验的结果,再将规模增大,进行中间工厂试验(中试),由中间试验的结果,放大到工业规模的生产装置。如果放大倍数太大而无把握时,往往还要进行多次不同规模的中间试验,然后才能放大到所要求的工业规模。逐级经验放大的依据主要是前一级试验所取得的研究结果和数据，它是经验性质的放大。因此，放大的倍数一般在 50 倍以内，而且每一级放大后还必须对前一级的参数进行必要的修正。因此，经验放大的开发周期长，人力、物力消耗较大。

8.1.1.1　研究方法

化学反应过程的开发主要解决如何合理选择反应器的形式，确定最佳工艺条件和反应器的放大。逐级经验放大法是通过模型试验取得设备选型、条件优化和设备放大的信息和结论。一方面反映了设备由小型经中型再到大型的逐级放大的过程。另一方面也表明了开发过程的经验性质，即开发是依靠经验探索逐步来实现的。具体过程一般按下述几个步骤进行。

(1) 反应器的选型　反应器的选型通常都在小试中进行。采用不同形式和结构的反应器，在实验室对所开发的反应过程进行研究。从试验结果的优劣来确定反应器形式。试验时主要是考察设备的结构和形式对反应的转化率和选择性的影响。因此又称为"结构变量试验"。

(2) 优化工艺条件　在设备选型试验后就在选定的小型试验设备中进行优化工艺条件试验。

试验时主要是考察各种工艺条件对反应的转化率和选择性的影响，并从中筛选出最佳工艺条件。以改变工艺操作条件，观察指标的变化，故又称为"操作变量试验"。

试验规模放大后，反应器内物料所具有的一些物理规律会有相应的改变，故由小试确定的工艺条件，在以后的模型实验和中间工厂试验中会有相应的改变，但小试确定的最佳工艺条件仍然是今后开发研究工作的基础。

(3) 反应器放大　逐级经验放大法的反应器放大研究是采用模型装置的方式进行逐级放大的，每放大一级都必须重复前一级试验确定的条件，考察放大效应，并取得设备放大的有关数据和判据。原则上由实验室小试规模放大到生产规模须经过若干级，用调整工艺条件或改变设备结构等措施来抑制放大效应。由于是重点考察反应器的几何尺寸改变后，对反应的转化率和选择性的影响。故又称为"几何变量试验"。

通过上述三种独立的变量试验，基本上可以取得化工过程开发所需要的设备形式、最优工艺条件，以及放大的判据和数据，为建立生产装置提供可靠的数据。

8.1.1.2　基本特征

(1) 只综合考察输入变量和输出结果的关系，未能深入研究过程的内在规律　在逐级经验放大法中，无论设备的选型和操作条件的优化，还是设备的模拟放大，试验所考察的只是结构变量、操作变量和几何变量等外部输入条件和试验结果之间的关系。该方法着眼于外部联系，不研究内部规律。逐级经验放大方法在各级放大过程中，以反应结果好坏为标准，评选出所谓最佳反应器形式，决定适宜的工艺条件，推测进一步放大到工业规模的反应结果，进而完成设计、施工。这实际上是将反应过程视为"黑箱"，只考察其输入与输出的关系，即外部联系，也即仅仅依据试验，将小试结果不断外推，而不考察过程的内部规律。当人们对一些反应过程知之不多，或过程对象极为复杂，暂时无法分解时，不得不采用逐级经验放大。

在复杂的反应过程中，反应结果除受化学反应热力学和动力学内在规律的影响外，还受到反应器内物料的流动和混合，以及传热和传质等外界条件的影响。而逐级经验放大法事先不需知道反应器内进行的实际过程，试验研究之后也不了解反应过程的内在规律。如果只考察输入变量与反应结果的关系，则很难从众多因素中查明哪些是影响反应结果的主要因素，以及各种因素对反应结果的影响程度。当反应器放大后，一旦放大结果发生改变，就无法找出变化的原因，只能简单地将这种改变统统归咎于"放大效应"。在逐级经验法放大中，研究者只能根据现象进行分析，凭经验来调整变量再进行试验，以减少放大效应。

(2) 试验次序人为规定，并非科学合理的研究程序　逐级经验放大法的试验步骤是依次改变设备的选型、工艺条件和反应器的尺寸，这一研究次序是人为地将结构、操作和几何变量三种相互影响的变量分割开来，忽略它们之间的相互联系，导致前后试验中所得结果相互矛盾。

按照这种思维模式，小试中优选反应器形式，大型化后也必然是最好的，即反应器选型与反应器的尺寸无关。在化工过程中确有这样的情况，小试中优选的反应器，放大后仍为好的反应器形式。但也有不少相反的情况，例如，在小试时流化床的效果比固定床好，但放大时流化床的效果反而比固定床差，结果反应效果不好。说明小试的选型结论不一定可靠，实际情况往往不是这样，小试中确定的最优工艺条件，放大后往往需要改动调整。原因是因为小试时各种工程因素的影响并不明显，所以原来确定的最佳工艺条件不一定是最优工艺条件。

尽管逐级经验放大法在研究程序上有上述缺陷，但该方法简单，事先不需要对过程有深刻地了解；而且所得的技术信息都来自试验，经过了实践检验，并非凭空设想。此外，这种研究程序也无法改变，因为不可能用大型设备来作选型试验，否则，就变成了先建厂后研究了。

(3) 放大过程是外推的，并不一定完全可靠　逐级经验放大方法中进行几种不同尺寸反应器的试验，从中考察几何尺寸的影响，然后进行放大设计，即进行外推。外推只适用于线性规律。在化工过程开发研究的各种规律中，大多数情况呈非线性关系或者只在一定的范围内接近线性关系，如果不分对象一律当成线性规律加以放大，就难免使放大造成偏差。正因为如此，在放大时可建议缩小放大倍数，把局部曲线规律当成直线处理，以提高放大的准确度。但又势必增加开发费用和延长开发周期。

以上特征是从研究方法本身的利与弊来讨论逐级经验放大法的。如果考虑化工过程开发已积累的实践经验以及化学工程学科的发展和日趋成熟，从事研究和开发的工作人员已可运用理论分析和经验判断解决化工过程开发的许多问题，从开发程序上可以弥补经验放大法的缺陷，故经验放大法至今仍然被广泛使用。

例 [8.1]　磷钨杂多酸催化剂（HPW）制备工艺的放大研究。

杂多酸是酸强度较为均一的纯质子酸，其酸性不但强于硅酸铝和各种分子筛等固体酸，也强于氢氟酸、硫酸等液体酸。本例采用经典酸化-乙醚萃取法间歇制备12-磷钨杂多酸。工艺流程如图 8-1 所示。

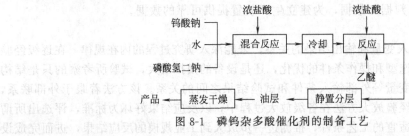

图 8-1　磷钨杂多酸催化剂的制备工艺

采用红外光谱法（IR）确定产品结构，用 X 衍射（XRD）测定产品晶体中晶粒度，用热重分析法（TG-DSC）检验产品的热稳定性和结晶水数量；酸性表征采用 Hammlett 指示剂法测定产品的酸强度；催化活性表征采用在同一反应条件下，测试催化剂对酯化反应的催化效果。

(1) 反应器选型　由于前期实验中采用经典酸化-乙醚萃取法间歇制备12-磷钨杂多酸，故放大研究中选择间歇釜式反应器进行研究。

(2) 条件优化　在前期实验中已得到最优制备条件为：钨酸钠 12.5g，磷酸氢二钠 2.75g，加酸量为 8mL，在 93℃ 的温度下反应 2.5h，磷钨酸的产率可达 94.1%，混合二元酸与正丁醇酯化反应的酯化率达到 99.6%。

(3) 反应器的放大　按照逐级经验放大法放大 20 倍进行研究。考虑到钨酸钠的价格，将其用量定为 250g，以磷酸氢二钠的用量、加酸量、回流时间和回流温度为影响因素，磷钨杂多酸收率为衡量标准，设计四因素三水平的正交实验。结果见表 8-1。

表 8-1 正交实验方案和结果

序号	Na_2HPO_4 A/g	HCl B/mL	时间 C/h	温度 D/℃	收率 /%
1	40	155	2.5	80	84.71
2	40	160	3.0	85	89.43
3	40	165	3.5	90	84.45
4	50	155	3.0	90	84.43
5	50	160	3.5	80	80.11
6	50	165	2.5	85	85.38
7	60	155	3.5	85	85.58
8	60	160	2.5	90	88.76
9	60	165	3.0	80	78.79
k_1	86.2	84.9	86.3	81.2	
k_2	83.3	86.1	84.2	86.8	
k_3	84.4	82.9	83.4	85.9	
极差 R	2.9	3.2	2.9	5.6	

由表 8-1 可得到如下结论：①直接比较 9 个催化剂样品的收率，发现 2 号样品的收率高于其他 8 个样品，低于放大前的收率，表明放大后体系因素的交互作用直接影响产品收率；②从各因素的极差 R 来看，因素的主次顺序是回流温度＞加酸量＞回流时间≈磷酸氢二钠的用量；③在因素考察水平内，制备工艺条件的最佳组合为 $A_1B_2C_1D_2$，按此条件合成 10 号样品，并进行三次验证实验，产品平均收率达到 89.3%，低于前期优化实验。分析原因认为：反应放大后，反应时间对体系影响不大，但是传热与传质相对于放大前不均匀，导致反应物反应不完全；此外用盐酸和乙醚萃取反应液会有部分白色浑浊液体生成，且随放置时间延长，下层萃取液颜色变绿色，使磷钨酸的收率相对降低，进一步表明放大后体系因素的交互作用直接影响产品收率。

（4）放大效应分析

① 结构分析　放大前产品的红外吸收带峰值分别为 1080cm⁻¹、984cm⁻¹、889cm⁻¹、802cm⁻¹；而放大后产品的峰值分别为 1081cm⁻¹、985cm⁻¹、889cm⁻¹、800cm⁻¹，差异甚微。放大前后产品的 XRD 谱图，衍射峰的 2θ 位置一致。放大前产品的 TG 曲线在 290℃左右时 HPW 失重 3.67%，确定结晶水个数为 6，DSC 曲线在 171.4℃出现吸热峰，578.4℃出现放热峰，归属于 HPW 结构的破坏；放大后 TG 曲线在 235℃左右时 HPW 失重 3.79%，确定结晶水个数为 6，DSC 曲线在 177.5℃出现吸热峰，表明失去结晶水，580.4℃出现放热峰，可归属于 HPW 结构的破坏。用 Hammett 指示剂法测定的催化剂酸强度放大前后一致，表明催化剂结构无明显改变。

② 性能分析　放大前以混合二元酸与正丁醇的酯化反应为探针反应，测得的酯化率达到 99.4%，放大后酯化率虽有所下降，但对酯化反应仍表现出很好的催化活性，无明显的放大效应。

本例用逐级经验放大法进行了磷钨杂多酸催化剂的放大研究，得到最优的制备条件为：钨酸钠 250g，磷酸氢二钠 40g，加酸量 160mL，在 85℃的温度下反应 2.5h，磷钨酸的收率可达到 89.3%。比较放大前后产品的结构和性能，结果表明，设备规模放大 20 倍后，制备工艺无显著的放大效应。

8.1.2　数学模型法

数学模型法是随着化学反应工程学和计算机科学技术的进步，在 20 世纪 60 年代发展起来的一种比较理想的反应器放大方法。从放大原理来看，它并不需要通过试验去取得反应器放大的判据或数据，而是在充分认识过程的基础上，运用理论分析，找到描述过程运行规律的数学模型与实际过程等效，即可用于反应器的放大计算。数学模型方法所建立的数学模型是否适用取决于对反应过程实质的认识，而认识又来源于实践，因此，试验仍然是数学模型法的主要依据。但是，这与逐级经验放大无论是方法或是目的都截然不同。

8.1.2.1 研究方法

逐级经验放大方法从方法论的角度来看，还有一个较严重的缺陷。工业反应器中所发生的过程有化学反应过程和传递过程两类。在设备自小型而被放大的过程中，化学反应的规律并没有发生变化，设备尺寸主要影响到流动、传热、传质等过程的规律。逐级经验放大法不将化工过程分解为几个子过程分别加以研究，并在最后予以综合。而数学模型的方法首先将工业反应器内进行的过程分解为化学反应过程和传递过程，然后分别地研究化学反应规律和传递过程规律。如果经过合理的简化，这些子过程都能用方程表述，那么工业反应过程的性质、行为和结果就可以通过方程的联立求解获得。这一步骤可称作过程的综合，以表示它是分解的逆过程。数学模型法一般包括下列步骤。

（1）实验室研究化学反应规律　研究反应规律的内容是鉴别化学反应的类型和控制步骤，测定反应动力学和热力学数据，而不是反应器的选型及条件优化，分析反应过程中产生的一些特殊现象，以及确定工艺参数变化的范围等。因此，在研究内容、研究手段等方面均与逐级经验放大法有所不同。在研究过程中要尽可能排除外界因素对过程内在规律的影响和干扰。要求实验室测定的精度高，实验步骤不一定是生产装置的模拟。

（2）大型冷模试验研究传递过程规律　由于化学反应规律不因设备而异，所以化学反应规律完全可以在小型实验装置中测取。传递规律受设备的尺寸影响较大，则必须在大型装置中进行。但是由于需要考察的只是传递过程，无需实现化学反应，所以完全可以利用空气、水和沙子等廉价的模拟物料进行试验，以探明传递过程的规律。冷模试验研究指的是没有化学反应参与的情况下，考察物料的流动、混合、热量传递、质量传递等物理过程的规律。

冷模试验研究的是大型反应器中的传递规律。它是反应器的属性，基本上不因在其中进行的化学反应而异。例如，固定床反应器内的流动、传热和传质规律与所进行的化学反应的类别并无直接关系。特定的工业反应过程只是特定的化学反应的规律和这些传递规律的结合。对于一个特定的工业反应过程而言，化学反应规律是其个性，而反应器中的传递规律则是其共性。一旦对某一类反应器的传递规律有了透彻的了解，那么，采用这一类反应器的工业反应过程的开发实验就只限于小试验测定反应规律和中试的检验，无需再进行大型冷模试验了。

（3）建立数学模型　确立表示化学反应和传递过程特征规律的两种函数关系式之后，便可以用数学方法予以综合，建立数学模型。这样的模型充分考虑到化学反应的内在规律和环境影响等因素，经过检验可靠性以后，可以用于运算求解。由于数学模型所描述的是特定反应器和特定的化学的化学反应的动态规律，因此，运用数学模型进行工业反应器的设计是一般不会产生放大效应的。

建立数学模型必须找到化学反应和传递过程两种规律的结合点，然后才能用数学手段予以描述。这个结合点主要体现于物理过程规律对于反应温度和反应物浓度的影响。即所谓"温度效应"和"浓度效应"。通常是把化学反应动力学方程和反应器的物料衡算式及热量衡算式联立，即可达到建立数学模型的目的。如果在反应器内物料运行的压强发生变化，则在数学模型中还应加入动量衡算式。

（4）通过中试检验数学模型的等效性　按上述步骤建立的数学模型，一般都经过了若干简化，这样的数学模型是否会与实际过程等效，必须经过检验来确认。

检验数学模型的方法通常是建立中试装置来进行中试，将中试结果与数学模型在相同条件下的计算结果对照，如果两者相同或十分相近，则证明该数学模型与实际过程等效，即可直接得出工业反应器的各种性能的结论，进行工业反应器的设计。否则，应修正数学模型后再进行检验。

8.1.2.2　基本特征

（1）过程分解　数学模型法最明显的特征是分解过程，即将化学与物理过程交织在一起的复杂反应过程分解为相对独立或联系较少的两个子过程：化学过程（实验室研究）与物理过程（大型冷模实验），分别研究各子过程本身特有的规律，再将各子过程联系起来（小型实验、建立数学模型、中间实验），以探索各子过程之间的互相影响和总体效应。这样做的优点是由简到繁，先考察局部，后研究整体。

（2）简化过程运行规律，建立等效模型　由于化工过程的复杂性，不简化过程规律，则不易建立实用的数学模型。故数学模型法研究的侧重点，还在于找到简化过程的合理途径。

经过简化后建立起来的数学模型，并不要求理论规律上的完整模拟，只要求解结果与实际过程运行结果的偏差在允许的范围之内即可，即应建立等效模型。化学工程学已经建立起来的一些概念和理论，例如返混、停留时间分布函数、双膜理论、边界层概念、摩擦阻力以及热阻等，都是对复杂化工过程进行了等效简化。如能灵活应用这些概念和理论分析复杂的化工过程，就可以得到简化途径。

（3）建立和检验数学模型　试验研究是数学模型法中不可缺少的重要环节。其目的不是一般的考察因素，而是建立数学模型和检验数学模型。数学模型法中的试验研究对试验装置、试验操作以及测量精度有较高的要求。从方法论的角度来看，数学模型法与经验放大法是完全不同的两种开发放大方法。前者是从了解过程的运行规律着手，建立数学模型作为放大依据；后者则把过程当成"黑箱"看待，靠综合考察获得的试验结果作为放大的依据。显然数学模型法具有经验放大法不可替代的优点，它可以实现高倍数放大，缩短开发周期，减少人力和物力的消耗，但建立正确的数学模型难度较大。虽然当前完全运用数学模型法来开发放大的化工生产过程的实例还不多见，但该方法将是化工过程技术开发的主导方向。

例 [8.2]　用数学模型法放大外环流氨化反应器。

外环流氨化反应器，利用反应管和循环管之间物料的密度差造成物料环流循环，无需机械搅拌装置。其中物料湍动剧烈，气泡分散，混合均匀，传质面积大，具有反应速度快，停留时间较短，体积小，投资少，无气体泄漏污染环境，产生的二次蒸汽可以利用等优点，是一种适合中品位磷矿生产磷铵的氨化设备。

本例研究的是磷酸氨化反应体系。气氨进入反应器与磷铵料浆中的磷酸发生反应，生成磷酸一铵，同时生成几乎与氨等质量的水蒸气。氨汽混合物沿反应管上升，氨继续反应，直至反应完毕。排出反应器的是含微量氨的水蒸气。磷铵料浆是固含量为 50 % 左右的浆状物料。前期研究表明，磷酸氨化反应的动力学整个过程为受气膜传质控制的气液快速反应。

（1）流动模型　本系统的流动模型涉及气相与液相（料浆）。气相因不参与循环，可近似按平推流处理。已有研究表明，液相流动模型主要取决于液相的循环比。对磷酸-氨系统，本例用置换法测定了反应器的停留时间分布，并按多级搅拌槽模型计算了模型参数 m。实验测得循环比 β 与级数 m 列于表 8-2。

由表 8-2 可见，随 β 增大，m 减小。当 $\beta = 22.1$ 时，$m \approx 1.10$，此时可认为外环流氨化反应器相当于一个全混流反应器。一般生产条件下，β 约为 15，通过物料衡算可知，此时将反应器近似视作全混流反应器，亦不会产生大的偏差。

表 8-2 不同循环比条件下的全混流反应器级数

实验号	磷酸流量 /m³·h⁻¹	氨流量 /kg·h⁻¹	料浆中和度 R	磷铵料浆		循环比 β	级数 m
				$w(P_2O_5$ 有效$)/\%$	$w(P_2O_5$ 水溶$)/\%$		
1	3.0	219.2	1.16	18.94	16.42	9.9	2.1
2	2.3	189.1	1.19	22.79	21.01	12.3	1.65
3	2.0	177.0	1.18	22.37	20.55	15.9	1.46
4	1.65	132.4	1.15	20.78	19.01	17.5	1.23
5	1.30	113.1	1.17	22.89	21.07	22.1	1.10

（2）宏观动力学模型

① 模型的选择与简化　如前所述，磷酸与氨的反应生成磷酸一铵是受气膜传质控制的快速气液反应。因此，外环流氨化反应器的气膜传质系数是反应器设计放大的关键参数。

根据对现有理论的分析，本例采用 Кафаров 提出的"界面动力状态"模型。该模型用界面动力学因子 f 来表征对流扩散对传质的贡献。根据该理论，f 可表示为

$$f = A \left(\frac{W}{G}\right)^{b_1} \left(\frac{\rho_g}{\rho_l}\right)^{b_2} \left(\frac{\mu_l}{\mu_g}\right)^{b_3} \left(\frac{L}{r}\right)^{b_4} \tag{1}$$

式中，A 为随系统流体力学条件而变化的系数；W、G 为液相和气相的质量流量，kg/s；ρ_g、ρ_l 为气、液相的密度，kg/m³；L、r 为设备的几何尺寸，m；μ_g、μ_l 为气液两相的黏度，Pa·s；b_1、b_2、b_3、b_4 为待定参数。

同时，气液两相间的传质可用下列无量纲特征数方程表示

$$Sh = b_5 Re^{n_1} Sc^{n_2} (1+f) \tag{2}$$

式中，$Sh = kL/D$，为舍伍德数；$Sc = \mu/(\rho D)$，为施密特数；$Re = uL\rho/\mu$，为雷诺数；k 为传质系数；D 为扩散系数；u 为流体流速；ρ 为流体密度；b_5 为系数。式中，b_5、n_1、n_2 和 f 为随流体力学状态而变化的系数，$n_1 = 0 \sim 1$，$n_2 = \frac{1}{3} \sim 1$，f 自 0 随湍动情况加剧而不断增大。在本题条件下，气氨喷速在 $100\,\text{m·s}^{-1}$ 以上，气液两相极度湍动，此时 $n_1 = 1$、$n_2 = 1$，$f \gg 1$，故式（2）变为

$$Sh = b_6 Re Sc f \tag{3}$$

将 Sh、Re、Sc 和 f 代入式（3），整理后有

$$k = b_6 u_{s,g} f = b_6 u_{s,g} A \left(\frac{W}{G}\right)^{b_1} \left(\frac{\rho_g}{\rho_l}\right)^{b_2} \left(\frac{\mu_l}{\mu_g}\right)^{b_3} \left(\frac{L}{r}\right)^{b_4} \tag{4}$$

式中，对磷酸与氨反应这一特定系统，液气比 W/G 与 β、中和度 R 有关；$u_{s,g}$ 为反应管内表观气速，m·s^{-1}；b_6 为系数。

$$\frac{W}{G} = (1+\beta)\frac{\rho_k Q_k}{\rho_a Q_a} = (1+\beta)\frac{\rho_k}{\rho_a} \times \frac{Q_k}{Q_a} = (1+\beta)\frac{K\rho_k\beta}{\rho_a R(1+\beta)} = \frac{\rho_k K}{\rho_a} \times \frac{\beta}{R} \tag{5}$$

式中，β 为循环比，其值为液相的循环体积流量与进反应器的磷酸体积流量之比；Q_k 为进反应器的磷酸体积流量，m³/s；Q_a 为进反应器的气氨体积流量，m³/s；ρ_k、ρ_a 为磷酸和氨的密度，kg/m³；K 为 Q_k/Q_a 值换算成 R 值的换算系数；R 为磷铵料浆中和度，$n_{NH_3}/n_{H_3PO_4}$。

关于设备尺寸，因反应管中气含率约为 30%，对于大装置，为使反应管和循环管中液相流通截面匹配，D_r/D_R'（换算的反应器直径与循环管直径的比值）之值为 0.77，在文献中最佳比值 $0.58 \sim 0.9$ 范围内。有文献认为 H_r（反应段高度）/D_r 增加，$k_L a$（以 Δc 为推动力的液相传质系数）略有增加，对反应器操作有利，但对气含率无影响。H_r/D_r 太大，因产生负反馈，使循环液速 $u_{R,l}$（磷铵料浆循环速度）降低。工艺实验表明，当 $H_r > 2\text{m}$ 时，$u_{R,l}$ 基本上为一常数。当 $H_r > 3\text{m}$ 时，反应器易产生水击，引发振动，这是不允许的。研究

的目标是要求过程的诸因素有一个最佳匹配，使反应器达到要求的生产能力，反应完全，逸出气体中的氨含量达到攻关指标。通过工艺实验已确定了反应器的适宜高度和工艺条件。

在反应器结构尺寸和工艺条件已被优化的情况下，体积传质系数 k_Ga（以 Δc 为推动力的气相传质系数，s^{-1}）仅与单位体积中相界面积（气泡大小及其数量）和两相的湍动程度有关。当体系一定时，气泡大小除与气相的空塔气速和液相的湍动程度有关外，还与氨喷入液相后被分散的程度有关，最终取决于喷氨质量通量，气泡体积仅与喷氨量有关。湍动程度表征气液两相的混合程度、相对运动速度和表面更新强弱。当气泡直径一定，喷氨量少，单位体积相界面积 a 小，湍动程度也弱，k_Ga 小；反之，k_Ga 增加。但喷氨量不可能无限制地增加，而应有一个最佳值。对不同的反应段直径，其最佳喷入量是以反应管单位截面负荷强度 q_a（反应管氨负荷强度，$kg \cdot m^{-2} \cdot s^{-1}$）表示的。$q_a$ 为最佳时，a 最大，且两相湍动混合最好，k_Ga 最大。

以上分析表明，当其他条件一定时，k_Ga 仅与喷氨质量通量和反应管的氨负荷强度有关。就结构参数而言，这就只涉及反应器的喷嘴截面积 S_t 和反应段的截面积 S_r。经过长期反复研究，设备几何尺寸 L/r 可用 S_t/S_r 表示。若 n 个喷孔孔径 d_i 相同，反应管直径为 D_r，并令 $r = D_r$ 和 $L = n\sqrt{n}d_i$，则

$$\left(\frac{L}{r}\right)^{b_4} = \left(\frac{\sqrt{n}d_i}{D_r}\right)^{b_4} = \left(\frac{nd_i^2}{D_r^2}\right)^{\frac{b_4}{2}} = \left(\frac{S_t}{S_r}\right)^e$$

式中，$S_t = nS_i$；$e = b_4/2$。n 为气氨喷孔孔数；S_i 为氨喷孔截面积，m^2。

在优化工艺条件下，稳态运行的全混流反应器中物系性质变化很小，可把上列各式中的物性参数并入常数，并考虑到 A 也是 $u_{s,g}$ 的函数，且由物料衡算知，对于给定的系统，$u_{s,g}$ 和 $u_{g,0}$（气氨喷速，$m \cdot s^{-1}$）间存在对应的函数关系，并用 k_Ga 代换 k，故式（4）变为

$$k_Ga = A'u_{g,0}^x \left(\frac{\beta}{R}\right)^{b_1} \left(\frac{S_t}{S_r}\right)^e \tag{6}$$

测定不同 $u_{g,0}$、β、R 和 S_t/S_r 条件下的传质系数 k_Ga，用非线性最小二乘法确定模型参数 A'（随流体力学条件而变化的系数）、x、b_1 和 e，即可得磷酸和氨反应的传质模型。

② 实验及模型的参数估值　测定 k_Ga 的装置流程见图 8-2。反应管和循环管直径均为 17.9mm，高 3m，分离器直径 60mm、高 200mm，反应器有效容积 2.48L。实验用磷酸和氨同流动模型测定用的磷酸和氨。

对给定的氨喷嘴，调节氨压力为一定值，并调节磷酸流量使磷铵料浆中和度 R 达到要求值，待系统稳定后，从反应管上的 10 个取样口取样，测定料浆的 pH 值、氮、P_2O_5 和水分含量，并分析尾气中的氨含量，记下磷酸流量、氨流量、温度和压力。改变氨喷嘴截面积、氨压力和料浆 R 值，按上法重复实验，测定各参数。根据测得的各参数，按下述方法计算 k_Ga。

在长度为 H_r 的反应段内氨与磷酸的反应，传质速率 G_a 为

$$G_a = k_Ga V_r \Delta c_m \tag{7}$$

式中，V_r 为反应体积；Δc_m 为气相平均传质推动力

$$\Delta c_m = \frac{(c_1 - c_1^*) - (c_2 - c_2^*)}{\ln \dfrac{(c_1 - c_1^*)}{(c_2 - c_2^*)}} \tag{8}$$

式中，c_1，c_2 分别为反应段始末端气相中氨的质量浓度，$kg \cdot m^{-3}$；c_1^*，c_2^* 分别为反应段始末端气相中氨的平衡质量浓度，$kg \cdot m^{-3}$。

在实验条件下，反应器近于全混流，可认为 $c_1^* \approx c_2^*$，并且 c_1^*、c_2^* 比 c_1 和 c_2 小得多，

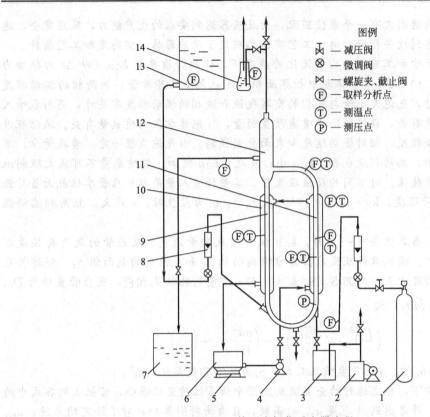

图 8-2　外环流氨化反应器流程

1—液氨钢瓶；2—空压机；3—缓冲瓶；4—热水泵；5—电炉；6—开水锅；

7—料浆贮槽；8—转子流量计；9—循环管；10—保温夹套；

11—反应管；12—蒸发器；13—磷酸高位槽；14—取样瓶

故上式可简化为

$$\Delta c_m = \frac{c_1 - c_2}{\ln \dfrac{c_1}{c_2}} \tag{9}$$

在同一高度 H_r 的反应段内，作物料衡算，有

$$G_a = Q_1 c_1 - Q_2 c_2 \tag{10}$$

式中，Q_1，Q_2 分别为反应段始末端气相流量，$m^3 \cdot s^{-1}$。$Q_1 c_1$ 和 $Q_2 c_2$ 分别代表进氨量 G_1 和逸出氨量 G_2。联立式（7）、式（9）和式（10），可得体积传质系数的计算公式为

$$k_G a = \frac{Q_1 c_1 - Q_2 c_2}{V_r (c_1 - c_2)} \ln \frac{c_1}{c_2} \tag{11}$$

由式（11），根据实验测得的氨浓度、Q_1、反应段长度 H_r 和截面积 S_r 以及由物料衡算求得的气相流量 Q_2 可求得 $k_G a$。

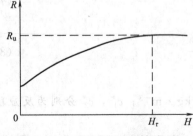

图 8-3　作图法求反应段高度 H_r

反应段高度 H_r 是根据在反应管不同高度上取样，测定料浆的中和度 R，用作图法求得的，如图 8-3 所示。当 R 不再变化，即 $R = R_u$ 时的高度即是反应段高度 H_r。高度的基点取气氨喷入口所在的水平面。图 8-3 中的 0 点。

部分实验数据列于表 8-3 中。表中料浆循环比 β 是根据磷酸进料点前后的分析数据由物料衡算计算得出。

表 8-3　模型实验数据

试验号	$u_{g,0}$ /m·s^{-1}	$(S_t/S_r)/$ ×10^2	β	R	H_r/m	G_1 /kg·h^{-1}	G_2 /×10^2 kg·h^{-1}	k_Ga /s^{-1}	k_Ga^* /s^{-1}	相对偏差/%
1	178.3	1.20	13.7	1.02	1.741	2.492	0.754	13.04	12.47	-4.5
2	261.1	0.471	16.57	1.07	1.312	2250	0298	1627	1763	+8.4
3	265.2	0.471	16.7	1.14	1.402	2.289	1.181	15.11	15.62	+3.4
4	173.4	1.31	10.8	0.93	2.494	2.645	0.312	9.29	9.38	+1.0
5	178.1	1.31	11.5	1.05	2.276	2.417	1.169	9.14	8.34	-8.8
6	241.4	0.940	14.7	1.19	1.695	2.586	0.507	12.43	11.70	-5.9
7	241.7	0.940	15.1	1.09	1.502	2.646	1.654	15.75	15.43	-2.0
8	239.6	0.940	15.0	1.08	1.573	2.623	1.180	14.97	15.67	+4.7
9	287.3	0.471	18.3	1.00	0.911	1.576	0.176	16.11	16.92	+5.0
10	283.1	0.471	19.0	1.10	0.936	1.553	0.688	15.09	14.39	-8.9
11	280.2	0.471	19.6	1.15	0.865	1.537	1.292	14.96	13.72	-8.3
12	158.0	2.48	13.70	1.14	1.988	4.363	2.004	18.33	18.67	+1.9

由实验数据 $u_{g,0}$、β/R 和 S_t/S_r，对式（6）进行多元线性回归分析，最小二乘法估计。参数 A'、x、b_1 和 e 的结果为：$A'=1.64\times10^{-3}$，$x=1.56$，$b_1=2.40$ 和 $e=1.22$。故传质系数的计算式为

$$k_Ga=1.64\times10^{-3}u_{g,0}^{1.56}\left(\frac{\beta}{R}\right)^{2.40}\left(\frac{S_t}{S_r}\right)^{1.22} \tag{12}$$

表 8-3 中列出了传质系数的实验值 k_Ga 和式（12）的模型值 k_Ga^*。方程式（12）的相关系数为 0.961，最大相对偏差 8.9%，平均相对偏差 5.2%。

（3）中试对模型的修正　上面所得模型的装置，年生产能力为 200～250t 磷酸一铵。本例在放大 40～50 倍的中试情况下，即生产能力为 10～13kt 条件下对其模型进行修正和完善。

根据实验室模型试验结果，取气氨喷速 $u_{g,0}=200$m·s^{-1}、$S_t/S_r=1.31\times10^{-2}$，则可求得反应管直径 $D_r=127$mm，圆整为 125mm。此外取反应器稳定运行时 β 和 R 值分别为 15 和 1.13，则可由式（12）计算得到 $k_Ga=15.95$s^{-1}，再由式（11）计算反应体积 $V_r=0.0238$m^3，故反应段高度 $H_r=2.35$m。因为年产 10kt 磷酸一铵的外环流氨化反应器是工厂的生产装置，考虑到生产运行负荷的波动，取 $H_r=3.00$m。

分离器的设计可按通常的方法进行，取反应器稳定运行时分离器中空塔气速为 0.4m·s^{-1}，则可求得分离器直径 $D_f=0.587$m，圆整为 0.6m。同时，取分离器内蒸汽体积汽化强度 $V_s=0.08$kgH$_2$O·m^{-3}·s^{-1}，则分离器高 $H_f=2.45$m，取为 2.5m。

① 液相流动模型的修正　测定流动模型的装置流程见图 8-4。与模试一样，采用阶退法测定生产条件下中试装置外环流氨化反应器的液相停留时间分布，并按多级搅拌槽模型计算模型参数 m。在中试条件下，测得 β 的平均值约为 15（见表 8-4）。可见，中试反应器的流动模型与模试基本相符，即在正常工业生产条件下亦可将反应器视作全混流反应器。

② 传质模型的修正　在应用式（12）进行反应器设计时，气氨喷速不仅与温度、压力有关，而且与反应器的液柱高度有关，且在生产条件下气氨偏离理想气体，故将式（6）中的喷速 $u_{g,0}$ 用喷氨质量通量 W_a 代替。对于一定的系统，磷酸铵料浆的中和度 R 与其 pH 值对应，将式（6）中的 R 换成 pH 值，并取 β 的正常值等于 15，则式（6）变为

$$k_Ga=b_7W_a^{\alpha_1}\left(\frac{1}{pH}\right)^{\alpha_2}\left(\frac{S_t}{S_r}\right)^{\alpha_3} \tag{13}$$

式中，b_7，$\alpha_1\sim\alpha_3$ 为待定参数，中试装置流程同图 8-4。部分实验结果列于表 8-4。

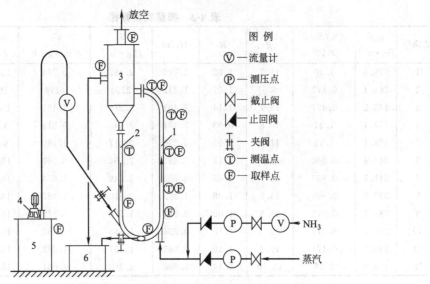

图 8-4　外环流氨化反应器流程简图

1—反应管；2—循环管；3—蒸发室；4—液下泵；5—酸贮槽；6—料浆贮槽

表 8-4　放大模型实验结果

试验号	$(S_t/S_r)/\times10^2$	G_1 /kg·h⁻¹	G_2 /×10²kg·h⁻¹	pH	β	W_a /kg·m⁻²·s⁻¹	q_a /kg·m⁻²·s⁻¹	H_r/m	k_Ga /s⁻¹	k_Ga^* /s⁻¹	相对偏差/%
1	1.25	178.6	12.81	5.33	12.8	322.2	4.03	1.72	17.94	18.36	+2.3
2		149.2	15.80	5.39	14.6	269.1	3.36	1.81	13.36	14.01	+4.9
3		138.9	4.35	5.27	13.7	250.5	3.13	1.87	12.59	12.78	+1.5
4		126.9	3.84	5.05		228.8	2.86	1.97	12.24	10.99	−10.2
5	0.641	117.1	2.26	5.31	16.6	414.4	2.65	1.98	11.80	11.99	+1.6
6		111.0	14.50	5.17	18.6	392.3	2.51	1.53	11.52	11.06	4.0
7		115.6	5.96	5.33	16.7	409.0	2.62	1.79	11.50	11.76	+2.3
8	1.38	168.0	11.55	5.22	10.8	274.5	3.79	1.76	16.61	16.26	−2.1
9		149.0	9.07	5.27	12.2	243.5	3.36	1.88	13.58	13.64	+0.4
10		135.5	7.62	5.08		221.5	3.06	1.85	12.97	11.78	−9.2
11		171.9	8.89	5.26	11.0	280.2	3.87	1.83	16.82	16.76	−0.4
12	0.922	131.7	2.93	5.35	14.7	323.7	2.97	1.82	12.45	12.75	+2.4
13		119.2	2.33	5.07		293.1	2.70	1.97	12.23	11.05	−9.6
14		131.8	8.24	5.42	15.2	324.2	2.99	1.91	12.10	12.85	+6.2
15		130.7	6.06	5.30	15.0	323.7	2.96	1.89	12.54	12.69	+1.2
16	0.461	100.1	1.95	4.31	18.3	323.7	2.98	1.41	12.83	12.22	−4.8
17		91.3	1.64	5.16		447.4	2.06	1.95	9.49	9.07	−4.4
18		99.3	4.54	5.53	19.0	486.5	2.24	1.94	9.29	10.29	+10.8
19		98.9	8.14	5.16	19.6	484.5	2.23	1.75	9.47	10.23	+8.0
20	2.45	229.5	16.20	5.37	9.1	211.8	5.18	1.51	21.09	21.89	+3.8
21		177.4	18.90	5.37		163.7	4.03	2.01	14.33	14.98	+4.5
22	1.38	219.2	6.17	5.27	9.9	358.2	4.94	1.56	24.23	24.18	−0.2
23		181.2	2.28	5.27		296.1	4.09	1.92	18.19	18.21	+0.1

　　将实验时 W_a、pH 值和 S_t/S_r 的有关数据用最小二乘法回归式（13）中的模型参数 b_7、α_1、α_2 和 α_3，经圆整后的结果为

$$k_Ga = 20W_a^{1.5}(\text{pH})^{-2.1}\left(\frac{S_t}{S_r}\right)^{1.2} \tag{14}$$

在正常生产条件下，料浆中和度 $R = 1.1 \sim 1.15$，对应的 pH $= 5.25$ 左右，将其代入式 (14)，有

$$k_Ga = 0.61W_a^{1.5}\left(\frac{S_t}{S_r}\right)^{1.2} \tag{15}$$

式 (15) 可改写为

$$k_Ga = 0.61W_a^{0.3}q_a^{1.2} \tag{16}$$

式中

$$q_a = W_aS_t/S_r$$

式 (16) 对实验值的最大相对误差为 10.8%，平均相对误差为 4.13%，置信水平达 99%。

式 (12) 是模试得到的计算 k_Ga 的关系式，而式 (16) 是中试得到的结果。若将式 (12) 在中试条件下整理成式 (16)，可得 $k_Ga = 0.52W_a^{0.34}q_a^{1.22}$。此式的计算值比式 (16) 小 4% $\sim$ 5%，说明在模试中因条件限制未能考查的工程因素和放大后流体流动混合状况的变化对宏观动力学的影响。通过中试的修正，使模型更好地反映大型装置的实际规律。

式 (16) 说明 k_Ga 主要与反应管的单位截面生产强度 q_a 有关。可以看出，当 q_a 由小逐渐增加时，k_Ga 将逐渐增大，流动状况将由安静鼓泡区变为泡状、弹状流，q_a 再连续增加，流动状况将转为柱状流或喷雾状，液相分率减小，气相成为连续相，k_Ga 大大降低。因此，要使反应器稳定地最优地运行，q_a 存在一个最佳值。此时，k_Ga 大，传质速率高，反应体积小，生产运行稳定。q_a 一定，气泡分率亦一定，β 一定，反应器流动模型也不再变化。可见 q_a 是影响外环流氨化反应器的关键因素，是反应器放大的重要参数。

本例由于实验条件限制，q_a 未达最大值。

(4) 模型放大与验证

① 工业装置设计　放大是在年产 60kt 装置上进行的。

a. 反应管放大设计　根据年产 60kt 磷酸一铵 (MAP) 的生产规模，确定以氨计的反应器的生产能力 G_a，取喷氨质量通量 $W_a = 250\text{kg} \cdot \text{m}^{-2} \cdot \text{s}^{-1}$，反应管负荷强度 $q_a = 4$ $\text{kg} \cdot \text{m}^{-2} \cdot \text{s}^{-1}$，则可由式 (17) 求反应管直径

$$D_r = \sqrt{G_a/(0.785q_a)} \tag{17}$$

再由式 (16) 求 k_Ga，然后由式 (11) 计算 H_r（由 V_r 求得）。循环管截面积按 70% 反应管截面积进行设计。

根据 G_a 和 W_a 求喷孔总截面积。由试验确定的适宜喷孔直径 d_i 求喷孔数。

b. 分离器的放大设计　由物热衡算得到的蒸汽生成速率 G_s、分离器中的蒸汽线速度 u_f（取反应管蒸汽线速度 $u_{r,s}$ 的 1/20）和操作状态下的蒸汽密度 ρ_s，由式 (18) 求分离器直径 D_f

$$D_f = \sqrt{G_s/(0.785u_f\rho_s)} \tag{18}$$

根据中试测得的蒸汽体积汽化强度 V_s 的正常值，由式 (19) 求分离器高度

$$H_f = G_s/(0.785D_f^2V_s) \tag{19}$$

上面两项的计算结果如表 8-5 所示。

② 模型的验证　反应器设计放大时，若由式 (16) 求得的传质系数偏大，就可能达不到设计的生产能力，若强求达到，就可能反应不完全，尾气中大量逸出氨；反之，则反应体积将会太大，q_a 距最佳值更远，传质速率下降，只有在大一些的生产能力下反应器才能达到较佳的状态，使反应器的产量偏大。表 8-6 列出了部分生产运行数据。由表 8-6 可见，磷

表 8-5　年产 6 万吨磷酸一铵的外环流氨化反应器结构参数

项目	D_r/m	H_r/m	D_R/m	n	D_f/m	H_f/m
计算值	0.297	1.78	0.251	42.5	1.204	4.10~4.92
修正值	0.300	2.00	0.250	42	1.20	4.50

注：D_R、D_f 分别为循环管直径和分离器直径，m。

酸一铵的产量达到设计能力，并有 10% 左右的富余，产品中和度在 $1.1\sim1.15$ 左右，符合磷酸一铵的质量要求。尾气含氨 $\leqslant0.5g\cdot m^{-3}$，达到攻关目标要求，说明设计的反应体积尤其是按模型求得的反应管截面积和高度是合理的。

表 8-6 中还列出了 k_Ga 的实测值和由式（16）的计算值，相对偏差在 4% 以内，说明经中试修正的模型更为合理。

表 8-6　年产 6 万吨磷酸一铵的外环流氨化反应器 k_Ga 值与部分运行数据

编号	反应段的进氨量 $G_1/kg\cdot h^{-1}$	进反应器磷酸体积流量 $Q_k/m^3\cdot h^{-1}$	$R(NH_3/H_3PO_4)$	$c_2/g\cdot m^{-3}$	以 MAP 计的反应器生产能力 $G_{MAP}/t\cdot h^{-1}$	k_Ga/s [式(16)]	k_Ga/s	相对偏差 /%
1	800.0	19.0	1.14	0.296	9.51	11.59	11.22	+3.3
2	760.0	18.0	1.15	0.410	9.00	10.74	10.99	−23
3	773.0	17.5	1.16	0.501	9.19	11.01	10.68	+3.1
4	736.0	16.7	1.14	0.248	8.75	10.23	10.60	−3.7

8.2　冷模试验

利用空气、水和砂等惰性物料替代化学物料在实验装置或工业装置上进行的实验称为冷模试验。冷模试验是以模型与原型相似为基础，运用相似原理来考察生产设备内物料的流动与混合，以及传热和传质等物理过程，寻找产生放大效应的原因和克制的方法，为过程的放大或建立数学模型提供依据。例如利用空气和水并加入示踪剂可进行气液传质的实验研究，为气液传质设备的设计和改造提供参数；利用空气和砂进行流态化的实验研究，为流化床反应器设计提供依据。冷模试验法的优点如下。

① 冷模试验结果可推广应用于其他实际流体，将小尺寸实验设备的实验结果推广应用于大型工业装置，使得实验能够在物料种类上"由此及彼"在设备尺寸上"由小见大"。

② 直观、经济，用少量实验，结合数学模型法或量纲分析法，可求得各物理量之间的关系，使实验工作量大为减少。

③ 可进行在真实条件下不便或不可能进行的类比实验，减少实验的危险性。

值得指出的是，冷模试验结果必须结合化学反应的特点和热效应行为等，进行校正后才可用于工业过程的设计和开发。

8.2.1　相似现象

冷模试验是以相似理论为基础的，在化工过程中存在多种相似现象，这些现象有以下几种。

（1）几何相似　两个大小不同的体系，其对应尺寸具有相同的比例，一个体系中存在的每一个点，另一个体系中都有其对应点，使几何尺寸不同的两个体系形状相同。

（2）时间相似　在两个几何相似的体系中，任意两对应点间对应的时间间隔成比例，且比例常数与对应距离的比例常数相等。

（3）运动相似　在几何相似的两个体系中，各对应点和对应时刻的速度方向相同、大小成比例。

（4）动力相似　在几何相似的两个体系中，各对应点承受的作用力方向相同、大小成比例。

（5）热相似　在两个几何相似的体系中，任意两对应点的温度相等。

（6）化学相似　在两个几何相似的体系中，任意两对应点的各种化学物质的浓度相同。

8.2.2　相似理论

（1）相似第一定律　彼此相似的现象一定具有数值相同的相似特征数。这是相似现象所具有的重要性质。由此定律出发，可引出相似现象的相似性质。

① 由于相似现象属于同一类现象，因此，可用相同的数学物理方程及单值条件来描述。

② 用来表述某种现象的一切量，在相似空间中对应的各点、在时间上对应的各瞬间，各自互成一定的比例关系，即各相同量间有一定的相似倍数。

③ 因受数理方程和性质的约束，相似倍数不是任意的，它们彼此之间相互约束。

④ 对于彼此相似的现象，存在着相同数值的综合量，即相似特征数。

相似第一定律说明了进行实验时应测试哪些参数，即各相似特征数中包含的所有量。

（2）相似第二定律　对同一类现象当单值条件相似时，并且由单值条件的物理量所组成的相似特征数（定性特征数）在数值上相等时，现象一定相似。相似第二定律叙述了相似现象应满足的条件，进行冷模试验时应遵循这些条件，即：

① 相似现象可以用同一个数理方程来描述；

表 8-7　常用的无量纲特征数

名　称	符号	定　义	意　义	应　用
阿基米德数	Ar	$gl^3\rho(\rho-\rho_0)/\mu^2$	重力/摩擦力	不同密度流体的流动
阿累尼斯数		$E/(RT)$	活化能/热能	反应速率
拜恩斯坦数	Bo	ul/D_0	宏观运动的物质/返混物质	流动介质中的混合过程
达姆克勒数Ⅰ	D_{I}	$l/(u\tau_r)$	反应掉的物质/加入的物质	
达姆克勒数Ⅱ	D_{II}		反应掉的物质/扩散的物质	
达姆克勒数Ⅲ	D_{III}	$R_mQl/(\rho c_p uT)$	反应热/对流传热量	化学反应
达姆克勒数Ⅳ	D_{IV}		反应热/传导的热量	
得拉格数	CD	$(\rho-\rho_0)l/(\rho u^2)$	重力/动能	多相流动
欧拉数	Eu	$\Delta p/(\rho u^2)$	压力降/惯性力	流体在管道中的摩擦
弗劳德数	Fr	$u^2/(gl)$	惯性力/重力	搅拌、气力输送等
伽利略数	Ga	$l^3 g\rho^2/\mu^2$	重力/摩擦力	流体在重力场中的流动
格拉晓夫数	Gr	$l^3 g\rho^2\beta\Delta T/\mu^2$	密度差引起的浮力/摩擦力	自然对流
路易斯数	Le	Sc/Pr	热传导/扩散	热质同时传递的过程
努塞尔数	Nu	al/λ	热对流/热传导	传热过程
贝克莱数	Pe	$lu\rho c_p/\lambda$	$Pe=Re\cdot Pr$	传热过程
普朗特数	Pr	$c_p\mu/\lambda$	分子动量传递/热量传递	传热过程
雷诺数	Re	$lu\rho/\mu$	惯性力/黏性力	流体流动
施密特数	Sc	$\mu/(\rho D)$	分子动量传递/物质传递	传质过程
舍伍德数	Sh	kl/D	总传质/扩散	传质过程
韦伯数	We	$u^2\rho l/\sigma$	惯性力/表面张力	气泡、雾化
流体混合特征数	H	$\rho_1 u_1^2/(\rho_2 u_2^2)$	两股流体动量比	射流混合
西勒数	φ	$Q^{0.5}l/[(\lambda T)^{0.5}D_{\mathrm{IV}}^{0.5}]$		催化剂中反应

注：β 为膨胀系数，K^{-1}；ρ_0 为较稀介质密度，kg/m^3；c_p 为恒压比热容，$J/(kg\cdot K)$；σ 为表面张力，N/m。

② 单值条件一定相似，例如，几何条件相似、物理条件相似、边界条件相似；

③ 相似特征数一定相等。

（3）相似第三定律　描述相似现象各种量之间的关系，通常可采用相似特征数（π_1，π_2，$\cdots$，π_n）之间的函数关系。即

$$f(\pi_1, \pi_2, \cdots, \pi_n) = 0 \tag{8-1}$$

定性相似特征数的个数等于物理方程中的变量数减去基本量纲数。

相似第三定律指明了如何整理实验结果，即可将实验结果整理成特征数关系式。

8.2.3　相似特征数

相似特征数是当两体系相似时，对应点上必须具有的、数值相等的、单值条件相似的并有一定物理意义的数组。相似特征数可采用量纲分析法、相似变换法、积分类比法导出。相似模拟中常用的无量纲特征数列于表 8-7 中，以供参考。

例 [8.3]　固体颗粒在气流中运动规律的测定。

固体颗粒在气流中的运动的研究，在煤粉气化、气体分离过程的研究中有重要的意义。固体颗粒在气流中的运动机理比较复杂，有受重力作用的沉降运动，有随气流带动的随气运动，还有受气流旋转离心力作用的旋转运动等。当气体中固体含量较高时，固体颗粒间还会相互碰撞。这些现象对气、固混合体系的运动速度分布、浓度分布和压力分布以及摩擦阻力等都产生影响。至今尚不能用单纯的数学手段回答这些问题，需借助于冷模实验考察。

（1）相似特征数和特征数方程的导出　从对过程的分析了解到影响固体颗粒在气流中运动规律的因素有：固体颗粒的运动速度 u_s，气体的运动速度 u_g，固体颗粒的密度 ρ_s，气体的密度 ρ_g，气体的黏度 μ_g，气体的热导率 λ_g，气体的恒压比热容 $c_{p,g}$ 以及设备的直径 d，长度 l，自由落体加速度 g 和气体的压力 p 等。这些物理量均可以质量、长度和时间三个基本量来表示它们的量纲。按照相似第二定律，模拟模型与原型相似特征数相同是两者相似的条件之一；根据相似第三定律，相似特征数的个数应为 8 个，即 $11-3=8$。它们是：

斯托克斯数

$$St = \frac{\rho_s u_g^n d^{n+1}}{C_0 \mu_g^n l \rho_g^{1-n}}$$

弗劳德数

$$Fr_g = \frac{u_g^2}{gl}$$

雷诺数

$$Re_g = \frac{\rho_g u_g l}{\mu_g}$$

普朗特数

$$Pr_g = \frac{\mu_g c_{p,g}}{\lambda_g}$$

则相似特征数方程为

$$f\left(St, Fr_g, Re_g, Pr_g, \frac{u_s}{u_g}, \frac{\rho_s}{\rho_g}, \frac{u_s t}{l}, \frac{u_s}{gt}\right) = 0 \tag{1}$$

式中，C_0 为阻力系数，n 为常数，t 为时间。由实验求出的 C_0 和 n 的值如下：

当 $Re < 1$，$\qquad C_0 = 24$，$\qquad\qquad n = 1$；

$1 < Re < 50$，$\qquad C_0 = 23.4$，$\qquad\quad n = 0.725$；

$50 < Re < 700$，$\qquad C_0 = 7.8$，$\qquad\quad n = 0.425$；

$700 < Re < 2 \times 10^5$，$\quad C_0 = 0.48$，$\qquad\quad n = 0$；

$Re > 2 \times 10^5$，$\qquad C_0 = 0.18$，$\qquad\quad n = 0$。

以上是从量纲分析推导获得的，对于一些特定过程则可以简化。例如固体颗粒悬浮于气流中，随气体一道作稳定运动，则 $\frac{u_s}{u_g}$，$\frac{u_s t}{l}$，$\frac{u_s}{gt}$ 等特征数可以忽略不计，而有关物性特征数如 $\frac{\rho_s}{\rho_g}$，Pr 等也可以作为常数而计入特征方程的系数中。因此，这种情况下的特征数方程，就只含三个特征数，即：

$$f(St, Re_g, Fr_g) = 0 \tag{2}$$

（2）冷模试验

① 考察 Fr_g 数的影响

a. 对离心分离器进行试验，发现固体粒径 $d < 100\mu m$ 时，分离效率不随弗劳德数 Fr_g 的改变而改变。Fr_g 数对离心分离器内的气、固相分离的影响可以忽略。

b. 对粉煤燃烧炉进行试验，当固体粒径 $d < 200\mu m$ 时，Fr_g 数也不影响喷射器出口粉煤在气流中的分布。

c. 对含固体颗粒的气流运动进行变向或转弯试验，当气流速度 $u = 2.5 \sim 20 m/s$，固体颗粒粒径 $d = 9 \sim 16.5\mu m$ 时，Fr_g 数对于气、固相分离无影响。而 $d = 25 \sim 189.5\mu m$ 时，则有影响。

d. 用旋风分离器进行试验，当气体流动的雷诺数 $Re_g > 700$（用固体颗粒粒径 d 计算）时，Fr_g 数的大小不影响分离效果。当 $Re < 1$，而 Fr_g 数 $= 1.635 \sim 2.65$ 的范围内，Fr_g 数也不影响分离效率。试验还发现，当 $St < 0.4$，$Fr_g = 2.2 \sim 136$ 范围以内，Fr_g 数也不影响颗粒的运动规律。

以上试验结果表明：在离心分离器，燃烧粉煤的旋风炉和旋风分离器等气、固相共存设备中，Fr_g 数的影响均很小，可以忽略不计。

② 考察固体颗粒随气流运动 当气体流动的雷诺数 Re_g 值大于某一临界值时，固体流态化体系就与单一的气流一样，Re_g 值的大小，不影响固体颗粒运动的规律。

此外，当 $\frac{\rho_s}{\rho_g} = \left(\frac{1}{100}\right) \sim \left(\frac{1}{1000}\right)$ 范围以内，气流处于强制对流的情况下，$\frac{\rho_s}{\rho_g}$ 值不影响颗粒的运动规律，可以忽略。

以上结论，对于研究流化床、气流输送、炉膛燃烧、烟道、以及旋风分离器等设备中固体颗粒的运动规律都极为有用。

③ 用叶片式离心分离器进行模型试验 测定了特征数方程中的系数和各特征数的指数值。

当气体中含固体颗粒的质量分数为 3% 时：

$$\frac{\rho_s d_{max}}{\rho_g l} = 1.1 \left(\frac{\rho_s d}{\rho_g l}\right)^{0.425} \left(\frac{u_g}{gl}\right)^{0.093} \left(\frac{\rho_g u_g d}{\mu_g}\right)^{-0.375} \tag{3}$$

当气体中固体颗粒的质量分数为 50% 时：

$$\frac{\rho_s d_{max}}{\rho_g l} = 3.72 \left(\frac{\rho_s d}{\rho_g l}\right)^{0.72} \left(\frac{u_g}{gl}\right)^{0.085} \left(\frac{\rho_g u_g d}{\mu_g}\right)^{-0.352} \tag{4}$$

式中，d_{max} 为分离后颗粒的最大直径；l 为设备的特征尺寸，如离心分离器的直径；u_g 为直径 l 处气体的径向速度；d 为颗粒的特征尺寸，对于球形颗粒，取平均直径。

以上特征数方程的系数和各指数，都是由冷模试验测定的。

例［8.4］ 双级料腿循环流化床中颗粒停留时间分布。

双级料腿循环流化床垃圾焚烧炉采用分级转化技术，燃烧前脱氯，有效解决了高温腐蚀和二 英造成的二次污染。垃圾在双级料腿循环流化床第二级料腿中停留时间的长短直接影响垃圾的热解效率，如垃圾中的氯是否完全以氯化氢的形式溢出。由于垃圾与床料颗粒（主

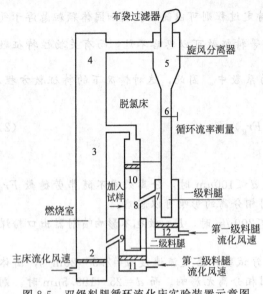

图 8-5 双级料腿循环流化床实验装置示意图

要为沙子）特性的差异，因此，实验用不同种类的大颗粒物料来模拟垃圾中的不同组分，研究了不同密度、粒径的大颗粒物料在双级料腿循环流化床第二级循环料腿中停留时间的分布，建立了适用于本实验条件的停留时间分布数学模型。

（1）实验装置的建立　根据几何相似原理，建立了如图 8-5 所示的双级料腿循环流化床垃圾焚烧炉冷态实验装置，图中 1～12 为实验中所设的测压点，以监测实验工况的变化。脱氯床上加入定量的沙子来模拟实际的脱除氯化氢吸收剂。为了便于观察实验现象，实验装置全部用有机玻璃管构成。实验所用窄筛分床料为普通河沙，空气流化。各种实验用料的物性参数如表 8-8 所示。主床采用 $\phi70mm$ 的有机玻璃管，热解室采用

$\phi50mm$ 的有机玻璃管构成，主床高 8.2m。在旋风分离器下部设置了一个循环流率的测量点，以测量瞬时循环流率。两级回料腿采用一种简易的流动密封阀。

表 8-8　实验物料的物性参数

参　数	d_p/mm	ρ_p/kg·m^{-3}	U_{mf}/m·s^{-1}	类　型
沙	0.29	2600	0.06	B
红豆	6.0	1318	1.37	D
绿豆	3.6	1360	0.82	D
塑料珠	6.0	850	1.06	D
玻璃珠	2.0	2650	0.78	D

开启循环流化床，调节流化气速 u_1、u_2 和 u_3，大约 2min 后，各点的压力不再变化，流化稳定。把事先称量好的大颗粒物料从图 8-5 所示位置迅速加入到二级料腿中，同时开始计时，t_1 时间后，关闭整个循环流化床。关闭的顺序是首先关闭二级料腿进气阀门，然后依次是燃烧室进气阀门和第一级料腿的进气阀门。取出热解室中的大颗粒物料称量，然后再取出燃烧室中的大颗粒物料称量，两次称量的物料量总和应等于最初加入的物料量。对应的 1 个时间 Δt_1，一般重复做 3 次，取平均值，作为 1 个实验数据点。取时间 Δt_2（$\Delta t_2 > \Delta t_1$），重复上述的操作。直到第二级循环料腿中加入的大颗粒物料量接近于零。一般对应一种大颗粒物料取 8 个数据点左右。

（2）实验　通过改变主床流化风速，第一、二级循环料腿的流化风速、大颗粒的种类和重量以及改变通过脱氯床的阻力，分别测得了各种工况条件下大颗粒物料的停留时间分布（RTD）。如图 8-6～图 8-11 所示。

图 8-6 所示为主床流化风速 u_1 对大颗粒物料停留时间分布特性（RTD）的影响。u_1 增大，循环流率 R[kg/(m^2·s)] 增加，单位时间内颗粒的溢出量增加，因此，颗粒总的停留时间降低。图 8-7 所示为第二级循环料腿流化风速 u_2 对 RTD 的影响。从图中可以看出，改变 u_2，对大颗粒的停留时间影响不大。这是因为，u_2 的变化对循环流率的贡献较小。同时，由于轻质的大颗粒在重质流化床中本身有上浮分离的趋势，而增加流化风速 u_2，气泡数量和大小增加，床内扰动增强，颗粒的轴向返混加强。综合考虑这几个因素，使得颗粒的停留时间变化较小。图 8-8 所示为第一级循环料腿流化风速对 RTD 的影响。u_3 增大，系统的循

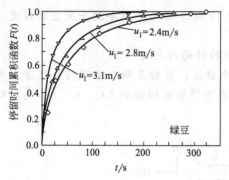

图 8-6　不同主床流化风速对 RTD 的影响

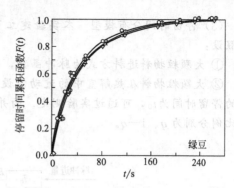

图 8-7　第二级循环料腿流化风速对 RTD 的影响

$_\bullet\, u_2 = 0.12\text{m/s}$；$_\triangle\, u_2 = 0.19\text{m/s}$；

$_\circ\, u_2 = 0.15\text{m/s}$；$_\triangledown\, u_2 = 0.25\text{m/s}$

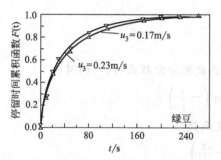

图 8-8　第一级料腿流化风速对 RTD 的影响

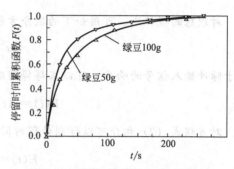

图 8-9　不同进样量对 RTD 的影响

环流率增加，在 u_2 保持不变的情况下，单位时间从第二级料腿中溢流出的颗粒量增加，因此，颗粒总的停留时间减小。

图 8-9 所示为不同进样量对 RTD 的影响。当初始的大颗粒的质量分数降低时，颗粒总的停留时间基本不变，这说明在实验操作工况条件没有变化时，颗粒总的停留时间可能是一个与颗粒的物性参数有关的量。图 8-10 所示为第二级料腿上部脱氯床层高度变化时对 RTD 的影响。脱氯床层高度增加引起通过脱氯床层的压力增加，使得脱氯床下部空间压力增大。但是，由于系统的循环流率没有变化，表观流化气速没有变化，所以，颗粒在流化床中的混合特性不变，最终的停留时间也不会改变。

图 8-11 所示为不同种类粒子 RTD 的比较。对密度相等的绿豆和红豆两种粒子，颗粒直径增大，总的停留时间基本不变。密度不等的轻质粒子塑料珠，停留时间不仅比同粒径的红豆低，而且也低于粒径较小的绿豆的停留时间。这说明，颗粒密度对停留时间的分布要比颗粒直径影响大。由玻璃珠和沙子组成的等密度体系，两种粒子发生明显的分离。除了大约不到10％的玻璃珠在前期从第二级循环料腿口排出外，其余的玻璃珠粒子都沉积在流化床的底部。

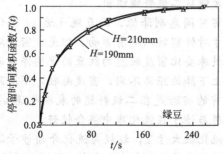

图 8-10　脱氯床高度 H 对 RTD 的影响

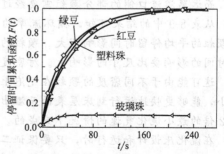

图 8-11　颗粒尺寸、密度对 RTD 的影响

（3）停留时间分布模型 本实验建立了如图 8-12 所示的两并联全混釜反应器模型。模型假设：

① 大颗粒物料进料方式为脉冲函数，并在很短的时间内完成。

② 大颗粒物料在热解室中的流动假设首先为平推流，然后是两个并联的全混釜。平推流的停留时间为 $\overline{t_0}$，可通过实验测定。两并联的全混釜停留时间分别为 $\overline{t_1}$、$\overline{t_2}$，$\overline{t_2} > \overline{t_1}$，所占的比例分别为 q、$1-q$。

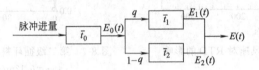

图 8-12 停留时间分布模型示意图

对理想的搅拌池，可用如下的微分方程描述：

$$\overline{t}\frac{dc}{dt} + c = c_0 \tag{1}$$

对于脉冲输入信号的响应，可以求得停留时间累积函数微分方程式（1）的解为

$$F(t) = c(t) = 1 - \exp\left(-\frac{t}{\overline{t}}\right) \tag{2}$$

对方程式（2）积分可以得到停留时间分布密度函数

$$E(t) = \frac{1}{\overline{t}}\exp\left(-\frac{t}{\overline{t}}\right) \tag{3}$$

根据模型提出的假设，可直接得到轻质颗粒在第二级循环料腿中的停留时间分布密度函数为

$$E(t) = 0 \qquad t < \overline{t_0} \tag{4}$$

$$E(t) = q(1/\overline{t_1})\exp\left[-(t-\overline{t_0})/\overline{t_1}\right] + (1-q)(1/\overline{t_2})\exp\left[-(t-\overline{t_0})/\overline{t_2}\right] \qquad t \geq \overline{t_0} \tag{5}$$

$$F(t) = 1 - q\exp\left[-(t-\overline{t_0})/\overline{t_1}\right] - (1-q)\exp\left[-(t-\overline{t_0})/\overline{t_2}\right] \qquad t \geq \overline{t_0} \tag{6}$$

利用最小二乘法，可以对所测得的实验数据曲线进行拟合，求得模型参数 $\overline{t_1}$、$\overline{t_2}$ 和 q 的值。其中 $\overline{t_0}$ 的值由实验测得。根据模型的假设，大颗粒物料在第二级循环料腿中的平均停留时间 $\overline{t}$ 为

$$\overline{t} = q\overline{t_1} + (1-q)\overline{t_2} \tag{7}$$

（4）模型结果与讨论 图 8-6～图 8-11 中实线所示为模型计算的结果，不同实验工况下的模型参数 $\overline{t_1}$、$\overline{t_2}$、q 见表 8-9。从图中实验数据与模型计算结果的比较来看，该模型很好地模拟了实验结果，平均误差小于 5%。模型的物理意义可以解释为：轻质大颗粒从热解室底部端口进入二级料腿后，颗粒流量进行了不均匀分配，一部分颗粒停留时间短，而另一部分颗粒停留时间较长。其中靠近溢流口侧的部分颗粒能以较短的平均停留时间从二级料腿溢出，而远离溢流口侧的部分颗粒需要经过较长时间才能从二级料腿溢出。

从表 8-9 中的结果可知，循环流率的增加使停留时间急剧降低。而表观气速 u_2 变化对大颗粒的平均停留时间影响不大。颗粒的密度和尺寸对停留时间均有影响，但是，密度对停留时间的影响要比尺寸的影响大。对密度较轻的塑料珠要比密度较重的红豆的平均停留时间短。这可能由于不同密度的颗粒在气泡上升的通路上下降的距离不同，密度越轻，下降距离越小，能够更快地运行到床层表面而溢出。本例所有的实验是在二级料腿的表观气速 u_2 大于 2 倍的最小流化气速的情况下完成的。大颗粒物料与沙子在流化床中混合较好。

在流化床设计和运行时，只要保证二级料腿的流化数大于 2，垃圾与流化介质沙子混合良好，这对垃圾的完全热解是必要的。垃圾中不可燃的重质组分在流化床中一般沉积于床底，

表 8-9 工况条件及模型参数值

序号	试样	质量 m/g	u_1 /m·s⁻¹	u_2 /m·s⁻¹	u_3 /m·s⁻¹	R /kg·m⁻²·s⁻¹	H /mm	$\overline{t_1}$ /s	$\overline{t_2}$ /s	q	$\overline{t}$ /s
1	绿豆	100	2.4	0.12	0.17	31.3	210	11.2	77.8	0.298	58.1
2	绿豆	100	2.8	0.12	0.17	37.6	210	11.4	66.3	0.370	46.0
3	绿豆	100	3.1	0.12	0.17	53.7	210	6.7	39.2	0.488	23.3
4	绿豆	100	2.8	0.15	0.17	41.8	210	20.0	63.8	0.462	45.6
5	绿豆	100	2.8	0.19	0.17	47.0	210	18.6	60.5	0.344	46.1
6	绿豆	100	2.8	0.25	0.17	47.0	210	17.8	55.8	0.269	45.6
7	绿豆	100	2.8	0.12	0.23	41.8	210	16.8	60.3	0.432	41.5
8	绿豆	50	2.8	0.12	0.17	37.6	210	14.6	76.1	0.67	34.9
9	绿豆	100	2.8	0.12	0.17	37.6	190	9.5	68.4	0.367	46.8
10	红豆	100	2.8	0.15	0.17	41.8	210	0.4	53.9	0.081	49.6
11	塑料珠	100	2.8	0.15	0.17	41.8	210	41.7	85.6	0.927	44.9
12	玻璃珠	100	2.8	0.15	0.17	41.8	210	—	—	—	—

要使这部分物料在流化床底部聚集到一起,从排渣口定期排出。由于垃圾中的可燃组分以轻质物料(与沙子相比)居多,轻质的垃圾组分具有明显的上浮趋势,造成部分垃圾停留时间较短,热解不完全。同时,大颗粒物料在细颗粒流化床中还表现出了横向混合较弱的特点。所以,在第二级循环料腿设计中,布风板、溢流口的设计就显得尤为重要。同时,合理的配风,增加流化床内颗粒的扰动,使混合加强,有利于垃圾组分在停留时间内达到完全热解。通过对实验结果的分析,本例得到了如下的结论。

① 采用两并联的全混流来模拟轻质大颗粒物料在第二级循环料腿中的停留时间分布特性,建立了停留时间分布数学模型,模型较好地模拟了实验结果,平均误差小于 5%。结果表明,在流化数大于 2 时,轻质颗粒与床料混合较好,没有明显的分离现象发生。

② 影响颗粒停留时间的主要因素是循环流率、表观流化气速、颗粒的密度和尺寸。循环流率增大,停留时间急剧降低。表观气速对停留时间影响较小。颗粒密度对停留时间的影响比尺寸要大。颗粒越轻,停留时间越短。当颗粒密度达到循环沙子的密度时,两种粒子分层,大颗粒的粒子绝大部分沉积在床底,不能从溢流口排出。

8.3 中 试

中试是中间工厂试验的简称,为介于小型工艺试验与工业装置之间的研究型试验,是实验室研究以及小试成果放大为工业生产规模之前的一种系统试验。一个新化工生产过程能否在工业规模上实现,它的开发期限有多长以及所达到的水平如何?技术方面的关键问题之一即是放大问题,它贯穿于从小试验直到完成工业生产的整个过程之中,包括各级放大的方案和设备设计、具体的试验、试验结果的处理及应用等。完成中试后,化工过程还要取一个相对较大的安全系数才能放大到工业装置上。即使对过程传递机理及反应动力学研究得较为透彻的一些过程,用计算机进行数学模拟放大是有成效的,但是一个完善的数学模型也要经过多次试验验证后,才能用于工程设计。

8.3.1 中试的任务

中试对于过程的模拟比较接近实际生产情况,因此能反映出小试中许多观察不到的现象，有利于考察工程因素对于过程的影响。

中试的内容和任务随着研究对象和采用的开发放大方法以及对于试验的要求不同而有差别，主要有以下几项：

① 检验小试确定的工艺方法和工艺条件，以及工艺系统连续运转的可靠性、安全性；

② 考察过程放大中的问题，特别是反应过程中的"放大效应"问题；

③ 验证模型与实际过程的等效性；

④ 验证原料预处理方案，考核杂质的积累对过程的影响；

⑤ 验证反应产物的后处理方案的可行性、分离技术和设备形式的适用性；

⑥ 考察环境污染和安全卫生状况，研究防治措施；

⑦ 考察物料对于设备材质的腐蚀作用；

⑧ 确定实际的消耗定额和技术经济指标；

⑨ 提供一定量的产品供进一步加工应用考察；

⑩ 发现工程问题，为工业设备的设计提供可靠的技术资料和技术数据。

8.3.2 中试和实验室研究及工厂生产的差异

实验室研究与工厂生产之间存在巨大差异。

(1) 原料纯度不同 实验室中人们可以用试剂级的纯化学品做原料，其费用增加有限，而排除原料中杂质的干扰的作用很大；但在化工厂生产时，经济效益是首要因素，为降低成本，原料价格越低越好，因此必须采用工业化学品做原料。原料纯度不同，有时会对反应或反应产物产生重要影响。例如，为开发石油品的加氢脱硫过程，实验室中所用氢气一般采用电解制氢，而生产中出于经济原因多采用天然气转化制氢。天然气转化所得氢气中含有一氧化碳，一氧化碳会使加氢脱硫催化剂中毒。再如，从工厂分离出的液化石油气中含有少量的硫化氢，这对铜有很强的腐蚀性，在出售之前必须先除去硫化物，这需要设置除硫工艺和设备。

(2) 对收率要求不同 实验室中，只要求合理的转化率，对收率没有严格的要求。因此，在实验室里，未转化的反应物往往排弃；而在工厂生产时，出于经济效益的考虑，未转化的组分往往加以回收、分离、净化并循环使用。此外，实验室中原料的杂质、反应中产生的副产物一般都简单地弃置，而在工厂生产时就必须加以收集或加以利用。再如，在实验室中用于反应或萃取的溶剂，用量一般没有严格限制，而在工厂生产时溶剂用量必须减至最低限度，溶剂也需要回收、净化和重复使用。

(3) 设备不同 实验室中，为了便于安装、拆卸，便于清洗，大多数试验设备是玻璃器皿，玻璃是透明的，易于观察实验现象，一般情况下不存在腐蚀问题；但这些设备易破碎、不耐高温、不耐压。

工厂生产用的设备一般是由金属制成的，不便组装、拆卸、清洗，常常遇到腐蚀问题。碳钢设备价格相对较低，不锈钢相对耐腐蚀一些，但设备价格昂贵，玻璃衬里材料或钛材等价格更贵，如设计不合理，会使投资费用显著增加。金属设备不透明，不易直接观察试验现象，一般需要借助仪表。金属设备的优点是不易破碎、耐温、耐高压。

化工生产中设备耐腐蚀问题十分重要，如试验室研究中有酸参与反应时往往使用盐酸，工程中往往希望用硫酸替代盐酸，因为钢铁可以耐硫酸但不耐盐酸。

实验室中的化学反应一般在玻璃三口瓶中进行。而工业生产中，化学反应是在工业规模的设备中完成的。工业规模与实验室规模设备的主要差异有：

① 工业反应器一般耐高温、耐高压；

② 为保证压力，搅拌轴与反应器接口处要密封或润滑；

③ 液体加料一般不用漏斗而用计量泵；

④ 固体加料时多用加料器；

⑤ 测温时一般不用温度计多用热电偶；

⑥ 过滤多用压滤机或真空抽滤机；

⑦ 萃取多用搅拌混合器或沉降分离器或逆流萃取设备；

⑧ 精馏的塔型多用板式塔、塔釜多为管壳式蒸发器；

⑨ 试验室玻璃设备大小往往可以随意、不十分严格；而工厂设备则需要与生产能力相平衡、与市场需要相适应，工厂设备要仔细计算、认真选择。

（4）工艺操作不同

① 反应时间　实验室研究对反应时间并不十分追求，而工业生产则要争分夺秒，以提高设备的利用率、节省能源。

② 加热方法　工厂常采用蒸汽加热，实验室常用电加热或明火加热。

③ 反应热的转移　这在实验室不是什么问题，通常反应器周围的空气就可以使系统的反应热自然冷却，必要时，冰浴、液氮冷却等方法都非常有效。但工业规模反应器的比表面积小，传热能力差，因此必须准确计算反应热，设计适当的冷却装置。如吸热反应则应提供恰当的加热措施。

④ 真空环境　实验室较为容易提供真空环境，简单的抽气泵、循环水泵、机械式真空泵可供选择。而工业规模生产不易提供足够的真空环境。

⑤ 压力环境　实验室中，由于玻璃器皿不耐高压，常采用常压操作。即使需要高压环境，其高压气体进料可直接取自高压气瓶。而工业规模生产时却必须另行压缩处理。

⑥ 气相反应的控制　实验室进行气相反应时，流量和温度的控制较为困难，而工业上就很容易解决。

⑦ 连续操作　实验室中不易进行，而工业上容易做到。

（5）废弃物的处理　实验室中，除少数剧毒物质以外，一般的废水可以直接排入下水道、废渣排入废料箱。而工厂中所有的排放物都必须符合环境保护的相关标准，必要时还需作特殊处理。

8.3.3　中试的分类

由于中试费用相当大，所以确定合适的中试类型和规模非常必要。

（1）微型中试　微型中试是近几年发展起来一种中试方法，伴随着放大理论的发展，若干研究相当透彻的过程，其放大系数已有把握达到 $10^3 \sim 10^4$。因此，出现了微型中试，微型中试的反应器体积为 $50 \sim 5000 \text{mL}$，物料处理量降至 $40 \sim 5000 \text{mL/h}$，但是其规模足以维持连续操作，它可采用工业原料，配备有各种先进的在线检测手段和计算机数据采集处理系统，可取得工业化设计所需数据，也可以直接根据实验分析结果拟合出比较可靠的数学模型以预测生产装置的性能与优化操作条件。微型装置投资少，操作灵活性大，也易于根据需要进行不同的组合改变流程，是一个发展方向。

（2）部分流程中试　化工流程一般包括原料处理、化学反应、产品处理、物料回收循环四大部分。一项新产品或新工艺的开发放大工作，并非上述所有过程都是生疏的。例如，对某些工艺流程，仅仅要求对某一关键步骤作详细研究，以便求取较为精确的工艺和工程设计数据，而对其他步骤已经掌握其规律，并不需要做试验。若试验装置只限于研究反应过程，就称为模型反应器中试。部分流程中试强调：只对那些缺乏认识的反应器、涉及多相操作（如结晶、萃取等）的关键设备和过程进行中试放大研究，测取必要的数据，而对已经有把握的单元操作（如换热、精馏等）按理论或经验直接放大。

（3）全流程中试　全流程中试包括上面提到的四大部分。在全流程试验时，因反应结果和前后加工是紧密相连的，所以要求装置的所有部分都能正常运转，这样才能保证提供完整的试验结果。正因为如此，在全流程的中试装置中，其操作条件只能在一个较窄的范围内变化。进行全流程中试的优点是，可暴露实际将面临的各种潜在隐患和一切难以预料的问题，包括原料的处理、物料回收循环使用、杂质累积的影响、辅助设施和操作控制中存在的问题等，确保全流程畅通。

（4）全规模中试　全规模中试是直接在工业装置上进行的试验，也称为工业性试验。全规模试验多见于有关催化剂的更新换代试验。试验在其他条件改动不大的情况下进行，目标明确，结论可靠。

8.3.4　中试应注意的几个问题

除了技术上的任务之外，中试面临的主要问题是资金与时间。它们又具体表现为中试的尺度（规模）、中试的完整性（全系统还是局部）、中试的周期（运行时间）、中试考察的范围与深度（试验与测试内容）四个方面。中试的规模越大、系统越完整，试验时间越长、试验内容也越广、越深，一般地说，向工程研究提供的信息也越可靠，因而花费的时间也越长，代价也越高。

（1）中试装置的规模　由于产品工业化的规模不同，中试装置规模的大小可以有很大差异。

小规模中试装置的优点是：投资少，建造快，操作费用低，操作安全，装置易于改装。缺点是：规模与生产装置差距大，不易做到生产过程的真实模拟，工艺参数的调节、测量数据的选择都可能产生问题；不易提供足够研究的样品量。因此，中试装置规模一般要根据研究目标对中试的要求而定：如果放大效应不明显，工程因素不多，不必提供较多的产品，中试装置规模可以尽可能缩小。但如影响到工艺参数的调节和测量数据的选择，导致试验结果不可靠，规模缩小就失去意义。中试装置规模缩小意味着放大倍数的增大，如果放大倍数过高、把握不大，应考虑适当增大中试装置的规模。

化工过程开发放大倍数要依据掌握的过程规律的程度决定。如果过程简单、过程规律十分清楚，一次放大可以达到上万倍甚至 10 万倍；如果过程复杂、过程规律不清楚，有时一次放大 10 倍可能都有困难。因此，要根据研究目标的性质对放大效应产生的可能性或强烈程度有一定的估计，然后再决定中试装置的规模。研究目标开发放大时，其中各种因素的放大难度可能不同，要以最困难的部分为依据拟定中试计划。有时，也可以做局部的放大或某些因素的放大，不一定建立完整的中试装置、做全面的考察。

中试环节可能是逐步渐进的过程，一步一步放大到生产规模。

决定中试装置的规模可参考以下基本原则。

① 气固相催化反应器的催化剂颗粒尺寸，中试应与工业装置相同。只有当中试反应器直径和长度分别为催化剂颗粒尺寸的 30 倍和 100 倍以上时，催化剂颗粒内部及催化剂床层的传递过程才能与工业过程基本相同。

② 中试对象是有气泡、液滴、颗粒参加的反应过程，中试装置的尺寸应保证上述三者大小与工业装置基本相同。例如分布孔、筛孔、喷射孔不能按比例缩小，以保证泡内、滴内、颗粒内的传递过程与工业条件大体相同。中试装置尺寸还应当满足泡外、滴外、颗粒外的传递过程与工业装置基本相当。

③ 工业反应装置为列管式时，中试装置可采用相同尺寸的单管。

④ 中试的搅拌反应釜的搅拌器形式与尺寸、反应釜壳体和进出口位置应与工业装置严格相似，单位体积的搅拌功率应相当。

⑤ 中试装置规模应适应产品应用试验、仪器、仪表的安装和调节控制、取样及安全生产、环境保护评价等方面的要求。

⑥ 中试装置的设备尺寸应能满足内部零部件（例如搅拌器、换热装置、喷淋及鼓泡装置、大型内衬等）的加工安装要求。

⑦ 中试装置应是批量生产装置，其规模应由试产期间的市场需要量而定。

⑧ 如果反应过程中有固相或高黏度物生成（例如结晶、析炭、黏稠物），中试装置尺寸应特别注意空隙率、壁效应、界面接触效应与工业装置基本相同。

（2）中试装置的完整性　一个完整的化工流程包括原料预处理、化学反应过程、产物分离提纯及后处理、物料回收及循环等四大部分。

传统的中试装置完全是一个小型的生产装置，其投资大，试验时间长。根据现代化工过程开发理论，中试装置不一定完全模拟工业生产的全过程，而是根据对过程技术的掌握程度和对中试本身的要求，可以进行全流程中试，也可以只对部分流程甚至局部的过程或关键设备进行中试。全流程中试不仅要花费巨大的人力、物力和时间，而且还要承担风险，因为在过程开发的进程中，对整个流程及设备要作一部分修改。那么应进行何种形式的中试，一般根据下列原则确定。

① 下列情况必须进行全流程中试：

a. 需要在小试的基础上对整个工艺过程进行综合研究；

b. 需要提供一定批量的样品进行应用试验；

c. 物料循环对生产的影响不可预测，而且对生产的影响大。

② 化学反应过程要进行中试。反应器是化工过程开发的核心，因此，一般化学反应过程要进行中试。由于精馏、吸收、萃取及换热、泵等化工过程数学模型比较成熟，不需要进行试验。所以，可用对反应产物的在线分析仪表的信息和实时计算机代替实际的分离装置及泵循环等，省略后面的分离提纯中试。

③ 凡新物系分离、新分离方法和设备使用等要进行中试。若原料预处理、产物的分离提纯及后处理的物系属于新物系，物性数据不全或不可靠；或者采用了新的分离方法和设备；或者采用了干燥、结晶、沉降、过滤等单元操作，则应与反应过程一起进行中试。

④ 考察再循环过程对生产影响时要进行中试。若反应的单程转化率较低，相当数量的未反应原料需回收循环使用；或在蒸发结晶、吸收解吸、共沸精馏、萃取精馏等过程中存在物料的循环，杂质在循环过程中不断积累，会造成催化剂中毒、降低溶剂吸收或再生效果、造成起泡和结垢、影响结晶生长、污染产品等不良后果，甚至由于易爆组分的积累造成严重的安全事故。因此，应在中试中详细考察再循环过程对生产造成的影响，并通过试验确定去除杂质的方法。

⑤ 为节约中试经费并减轻工作难度，中试一般可采用逐步增加的措施来进行。对全流程中试，可先做关键步骤的试验，像反应器的中试。等反应器或已有的过程步骤均得到充分研究后，再逐步加入其他的单元操作。而对于涉及物料回收循环的中试，可在完成无循环工艺操作的中试后，再进行有循环的试验。这样可以保证整个开发过程的某种可变性，集中人力物力，逐一打通整个流程。

（3）中试装置的运行周期和检测控制

① 中试装置的运行周期　中试装置的运行周期取决于所开发的化工过程特点，通过运行取得可靠的放大设计数据。下面列出的装置运行周期仅供参考。

a. 对新型催化剂的开发研究，中试运行时间不能少于 1000h，最好运行 2000h 以上。

b. 中试装置要对整个工艺过程的整体功能进行考核时，对连续化工过程至少要连续稳定操作 72h 以上，一般应连续稳定操作 720h 以上。对间歇化工过程应重复操作多次。

c. 中试要对设备、材质、仪表及阀门等进行考核时，其运行时间应在半年以上。

② 中试装置的检测控制　为了便于对过程进行详细研究，中试装置的检测控制点的数目、检测精度及检测控制范围均应超过工业装置。因此，不但所用的仪器仪表比工业装置多，而且仪器仪表的测量精度也要比工业装置高。中试装置还要便于拆装，便于观察与取样，以获取检验与完善数学模型的数据，以及进行过程灵敏度分析所必需的数据。

（4）测试深度　测试深度是指中试期间测试数据的范围，测试项目（内容）的多少，并非从微观结构研究问题。众所周知，工业装置的测试内容是有限的，除了提供控制所必需的数据，显示产量与消耗的数据外，其他测试内容很少，而且这些数据一般只有相对的概念，准确性较差。因此，要想通过工业数据研究分析问题、决定开发依据，往往是行不通的。

中间试验是过程开发的一个阶段，是一个认识过程，主要目的是获取可靠的设计与放大依据。为了便于对过程的研究，中试装置必须比工业装置测试更多的内容，测量点的数目、测试精度以及控制范围等都远远超过今后对工业装置的要求。因此，所用仪器仪表要比工业装置多。因为试验装置涉及相对较少的物料量，所以必须使用更精密的测量仪表。例如主要设备进出口的流量、温度、压力和成分的测试；开发对象（核心反应器）的轴向、径向温度和浓度的测试；原料、产品、副产品、杂质的计量与成分分析等。总之，应尽量获取检验与修改数学模型（设计依据）和进行灵敏度分析（工业装置操作依据）所必需的数据。

8.3.5　中试设计中的危险识别与控制

在化工中试设计时，必须预测分析工艺过程中的潜在危险因素，通过安全设计把这些危险因素消除或控制在一定的容许范围之内。

危险识别与控制，是对项目生产工艺的全过程、使用和产出的物质、主要设备和操作条件进行解剖和分析，摸清危险因素和有害因素产生的方式、种类、位置及其产生的原因，提出合理可行的消除、预防或降低装置危险性，提高装置安全运行的对策、措施及建议。尽量防止采取不安全的技术路线，避免使用危险物质、工艺和设备。如必须使用，也可从设计和工艺上考虑采取安全防护措施，使这些危险因素不至发展成事故。主要可从下面几方面考虑中试设计中的危险识别与控制问题。

（1）工艺物料　生产中的原料、材料、半成品、中间产品、副产品以及贮运中的物质在不同的状态下分别具有相对应的物理、化学性质及危险、危害特性。因此，了解并掌握这些危险特性是进行危险辩识、分析、评价的基础。物质危险的辩识应从其理化性质、稳定性、化学反应活性、燃烧及爆炸特性、毒性及健康危害等方面进行分析和辩识。

（2）工艺路线　在反应工艺路线的选择上应优先考虑能消除或减少危险物质量的路线。尽量使用无害的、低危险性物料取代有害的、高危险性物料；尽量缓和过程条件苛刻度，如采用催化剂或更好的催化剂，稀释危险性物料以缓解反应的剧烈程度；尽量采用新设备、新技术，取消或缩小中间贮罐，以减少危险介质贮藏量；尽量减少生产废料；过程用原料、助剂等应考虑是否可循环使用或综合利用，减少对环境的污染。

（3）化学反应装置　化学反应是整个中试的核心，在反应器的设计和选型前，要考虑可能会发生怎样的事故、反应器中导致反应失控的因素及搅拌器的影响等。

① 反应器的选型　反应装置的特性是由构成装置的设备特性和组成装置的工艺流程所决定的。工艺特性和工艺设备特性之间有着密切的关系，在设备选型时，要认真地研究工艺的适应性、安全性问题，应根据工艺总的操作范围和操作特性之间的关系，通过对各设备的分析来确定设备的形式。

② 反应条件控制　化学反应的种类繁多，因此在控制上的难易程度相差很大。一些容易控制的反应器，控制方案十分简单。但是，当反应速度快、放热量大，或由于设计上的原

因使反应器的稳定操作区域很小时，反应器控制方案的设计成为一个非常复杂的问题。

在工艺设计中采用减少进料量、控制某种物料的加热速度，加大冷却能力如外循环冷却器的方法，或采用多段反应等措施来控制反应。如还不能避免，则应考虑其他的保护措施，如给反应器通入低温介质，使反应器降温；向反应器内输入易挥发的液体，通过其挥发来吸收热量；可向反应器内加入阻聚剂来抑制反应速度。当设备内部充满易燃物质时，要采用正压操作，以阻止外部空气渗入设备内等。

（4）安全防护装置 在进行反应等操作时，有时会偏离正常的运转状态而超温、超压。因此，在安全上需设置压力控制装置，如安全阀、放泄阀、排泄管、防爆板、通风管；稳定装置，如反应控制剂注入装置、冷却装置；紧急控制装置，如报警装置和与此联锁，并用自动或手动进行动作的控制装置。装置中除了产品之外，还会有很多废物或泄漏物。这些废物或泄漏物都具有一定的危险性，也必须进行安全处理，常需设置排放设备、排水器、放空管以及废气、废液处理设备。

对于一些特别危险或重要的操作，应采用全自动控制系统或程序控制装置、联锁机构或联动机构等。

（5）电气 电气设计中，应结合工艺的要求，按照工作环境是否属于爆炸和火灾危险环境、危险程度和危险物质状态的不同，采取相应的措施，防止由于电气设备、电气线路设计不当引起爆炸事故。

电气配管配线时，应将开关、电缆集管设置在没有危险的地方，平面布置时也应考虑到不使动力线的保护层受腐蚀性介质的侵害。

（6）仪表及自控 设计中应检查是否有足够的仪表来指示生产工况和报警，在装置的整个设计过程中是否考虑了仪表的安全功能和控制功能的统一。

爆炸危险区内的仪表、分析仪表、控制器均选择相应防爆结构或正压通风结构。散发有害气体或蒸气的场合，应设置监测报警设施，火灾爆炸危险区内仪表线缆应采用非燃材料型或阻燃型。仪表配管、配线应将仪表设置在仪表室内集中管理，仪表配管配线应与电气配线分开敷设。

化工中试设计，是在实验室装置基础上进行的放大设计，要严格、正确地执行政府法规、标准规范，并通过对化工过程的综合分析找出过程中的潜在危险因素，发现设计缺陷并及时加以改进，以达到控制和防止事故的发生，实现本质安全的目的。

例 [8.5] 合成异丙苯中试研究及工业放大试验

本例是在经小试评价筛选、研制出以 β 沸石为基质的分子筛催化剂，及小试工艺条件的基础上，在 500t/a 中试装置进行液相法合成异丙苯试验，以进一步考察液相工艺的可行性，确定适宜的工艺流程，考察温度、苯烯比、空速及循环比及丙烷等因素对反应的影响，优化工艺条件，为工业放大提供依据。

（1）中试流程 液相中试采用 FX-01 催化剂，反应器内催化剂分 4 段装填。中试流程示意图见图 8-13。反应原料苯、丙烷、丙烯分别按给定的流量通入混合罐 001-CD 混合，再经泵 001-P 送入预热器 001-C，预热至给定温度后从反应器底部进入烃化反应器 001-D，反应器压力由调节阀控制。反应生成的烃化液经过滤器 002-L 过滤后，一部分经冷却器冷却后由外循环泵送回反应器作为循环液，一部分作为产品返回工业装置。试验用原材料见表 8-10，分析仪器见表 8-11。

（2）工艺流程选择 原引进装置采用固体磷酸催化剂生产异丙苯时，考虑在磷酸强酸性下丙烷的存在可减少丙烯齐聚，需要加入部分丙烷；采用沸石分子筛催化剂后是否保留丙烷的引加，这关系到工艺流程的方案确定，所以首先通过试验，考察丙烷的影响，见表 8-12。试验条件：反应器出口压力 3.0MPa、反应器入口温度 170℃，液相质量空速 3h^{-1}，循环比 1。

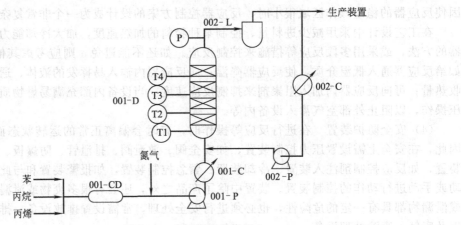

图 8-13　中试流程示意图

表 8-10　原材料及规格

原料及规格	来源	原料及规格	来源
n(苯)：n(丙烷)：n(丙烯)＝8：2：1	来自生产车间	丙烷	来自生产车间
苯含量 70%～80%	来自生产车间	FX-01 球形催化剂	东大化工试验厂
丙烯(聚合级)	来自生产车间		

表 8-11　分析仪器及规格

样品	分析仪器	色谱柱	检测器
气体	HP-6890	Al_2O_3 25m×0.5mm	FID
液体	HP-6890	HP-1 25m×0.2mm×0.33μm	FID
水	卡尔费休水分仪		

表 8-12　丙烷的影响

n(苯)：n(丙烷)：n(丙烯)	正丙苯含量/%	HB 含量/%	丙烯转化率/%	异丙苯选择性/%
8：2：1	0	0.1378	100	94.38
8：0：1	0.0062	0.3262	100	91.59

注：HB 为三异丙苯以上重组分。

　　由表 8-12 可以看出，丙烷存在时，烃化液检测不到正丙苯，HB 含量少，异丙苯选择性高，丙烷的存在有利于烷基化反应。这是因为反应体系加入丙烷后，一方面使丙烯分散性得到加强，丙烯浓度降低，局部苯烯比增大，有效抑制副反应发生，杂质生成量减少。另一方面丙烷与丙烯分子大小比较接近，丙烷分散于丙烯中，也使扩散到催化剂表面的丙烯浓度降低，从而减少并抑制了丙烯齐聚的发生，由此生成的副产物相应减少，异丙苯的选择性相应提高。故液相法合成异丙苯工艺加入丙烷效果更好。但是丙烷存在，精制系统需增加脱丙烷塔及配套设施，使投资和生产费用增加。不加丙烷，反应效果和产品质量同样能够得到保障，只是因二异丙苯生成量增加，使异丙苯选择性稍有下降，但多生成的二异丙苯可以通过烷基化转移反应加以回收。综合考虑，在液相烷基化时，采用不加丙烷稀释的工艺。

　　(3) 催化剂稳定性试验　采用液相法合成异丙苯，对工艺的可行性和操作的稳定性进行考察。试验条件：反应器出口压力 3.0MPa，反应器入口温度 150℃，液相质量空速 $2h^{-1}$，n（苯）：n（丙烷）：n（丙烯）＝8：2：1，循环比 1。由图 8-14 可以看出，中试装置经 1000h 连续运转，操作较为平稳。虽然在开车初期及装置运转过程中出现过波动，但总体操作稳定。丙烯全部反应，异丙苯选择性保持在 94%～96%。催化剂床层温升也比较恒定，

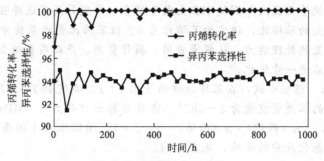

图 8-14　操作稳定性曲线

最大 15℃。烷基化反应主要产物是异丙苯和副产物二异丙苯，正丙苯未检出，三异丙苯以上的重组分很少，其他杂质的生成量也都非常小。这表明在沸石催化剂 FX-01 上采用液相法合成异丙苯工艺可行，操作较稳定。

（4）工艺条件试验

① 温度的影响　根据小试结果，在苯烯物质的量比 4∶1、压力 3.0MPa、苯质量空速 4h^{-1} 的条件下，液相法合成异丙苯适宜的反应温度为 160～175℃。

中试通过改变反应器入口温度，考察温度对烷基化反应的影响。其他试验条件为：反应器出口压力 3.0MPa、液相质量空速 2h^{-1}、循环比 1、进料 n（苯）∶n（丙烷）∶n（丙烯）＝ 8∶2∶1。试验表明，反应器入口温度提高时，整个床层的温度也随之提高，但床层温升基本不变，最大温升约为 15℃。试验结果见图 8-15、图 8-16。

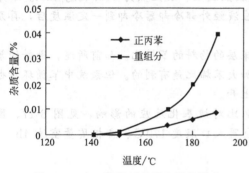

图 8-15　入口温度对杂质含量的影响

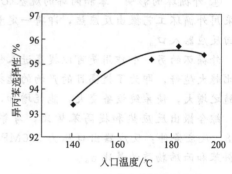

图 8-16　入口温度对选择性的影响

图 8-15 表明，随着入口温度升高，正丙苯和三异丙苯以上的重组分含量迅速增加。图 8-16 表明，异丙苯选择性先是随着温度的升高而逐渐增大，当温度达到 175℃ 左右时选择性最大，然后开始下降。因此，液相法合成异丙苯适宜的反应温度为 160～175℃，与小试结果相符。

② 苯烯比的影响　根据小试，在苯质量空速 4h^{-1}、温度 160℃、压力 3.0MPa 下，适宜的苯烯比为 4～6。中试在反应器出口压力 3.0MPa、反应器入口温度 170℃、液相质量空速 4h^{-1}、循环比为 6 的条件下，考察了苯烯比对烷基化反应的影响，见表 8-13。

表 8-13　苯烯比的影响

苯烯比	HB含量/%	丙烯转化率/%	异丙苯选择性/%
6	0.2164	100	92.14
4	0.3045	100	88.74

由表 8-13 可以看出，苯烯比由 6 降为 4 后，丙烯虽仍可全部转化，但烃化液中 HB 含量明显增加，异丙苯选择性大大降低，这对于烷基化反应不利。原因在于苯烯比减小时，丙

烯浓度增加，深度烷基化反应加剧使 HB 生成量增多，导致异丙苯选择性下降。因此液相法合成异丙苯应取较大的苯烯比，适宜的苯烯比为 6。但苯烯比影响系统中苯循环量，从而影响设备的大小、装置的处理能力。从投资费用、操作费用、产品质量综合考虑，工业装置苯烯比可在装置开车后进一步优化。

③ 空速的影响　根据小试，在苯烯物质的量比 4∶1、温度 160℃、压力 3.0MPa、无外循环条件下，适宜的苯质量空速为 3～4h⁻¹。在反应器出口压力 3.0MPa、反应器入口温度 150℃、进料 n（苯）∶n（丙烷）∶n（丙烯）＝8∶2∶1、循环比为 1 的条件下，中试考察了液相质量空速对烷基化反应的影响，见表 8-14。

表 8-14　空速的影响

空速/h⁻¹	HB 含量/%	丙烯转化率/%	异丙苯选择性/%
2	0.0427	100	94.23
4	0.0306	100	95.33

由表 8-14 看出，液相质量空速在 2h⁻¹、4h⁻¹ 时，丙烯都能全部转化。但后者烃化液中 HB 含量更低，异丙苯选择性更高。原因在于进料苯烯比较大，进料中带有丙烷，丙烯的质量空速较低，操作条件都在催化剂生产能力范围内，此时空速提高后反应器内物料流率增大，传质过程加快，烃化液在床层内的停留时间缩短，有利于主反应进行而抑制了副反应发生。结果表现为杂质含量下降，异丙苯选择性提高。因此液相质量空速在 2～4h⁻¹ 内都可选用，但液相质量空速为 4h⁻¹ 时更优。

④ 外循环的影响　苯和丙烯的烷基化过程是放热反应，反应热为 110.46kJ/mol。本中试采用外循环工艺撤出反应热，即将一定量的反应液经外部冷却器冷却到一定温度后，再泵送回反应器入口。

外循环的另一个作用是可以提高进入催化剂床层的物料的苯烯比。如前所述，进料的苯烯比越大越好，即为了提高目的产物的选择性，加大苯烯比是有利的。但系统中苯循环量也会随之增大，使系统设备变大，能耗增加，成本上升。

综合撤出反应热和提高苯烯比，考察了循环比对烷基化反应的影响，见图 8-17、图 8-18。反应条件：反应器出口压力 3.0MPa、反应器入口温度 170℃、液相质量空速 4h⁻¹、进料苯和丙烯物质的量比 6。

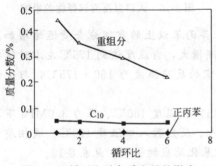

图 8-17　循环比对杂质含量的影响

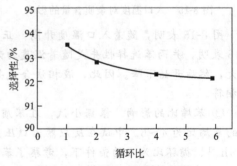

图 8-18　循环比对选择性的影响

由图 8-17 可知，随着循环比的增加，烃化液中 C_{10} 类杂质及重组分含量逐渐下降。仅在无外循环时有微量生成正丙苯，而在外循环存在时烃化液中检测不到正丙苯。

由图 8-18 可以看出，异丙苯选择性随着循环比的增大而有所下降（二异丙苯量增加），但异丙苯收率却增加（由图 8-17 看出，反应生成的其他杂质总量减少）。这是因为循环液是反应器出口的烃化液，异丙苯含量约 20％左右，异丙苯浓度的增高使异丙苯与丙烯接触概率增加，丙烯＋异丙苯——→二异丙苯反应的推动力增大，二异丙苯生成量增加，结果表现为异丙苯的选择性下降，但变化不大。因二异丙苯、三异丙苯可通过烷基化转移反应转化为异丙苯，从烃化和反烃化结合考虑，异丙苯收率增加。所以从反应的总体效果来看，循环比增大有利于反应进行。但循环比增加后，循环泵功率增加。以工业装置苯进料量40t/h计，各循环比下的循环量见表8-15。循环比为4时，循环量160t/h，55kW循环泵电机还能用，循环比大于4后，循环泵电机要选择110kW，能耗大。因此从节能角度考虑，循环比不宜过大，应在4以下。适宜的循环比为2～4。最佳值要在工业装置上进一步确定，以产品质量、装置能耗、投资及操作费用的综合指标作为评价标准。

表 8-15　不同循环比对应的循环量

循环比	2	3	4	5	6
循环量/t·h^{-1}	80	120	160	200	240

注：苯进料量40t/h。

根据试验结果，工业装置烃化改造推荐流程：采用液相法异丙苯工艺，原料选用苯和丙烯，催化剂床层分四段，苯和丙烯分段进入，下进上出，烃化液进行外循环；体系不加丙烷，精制系统可通过三塔流程实现。

中试结果表明，新工艺比传统工艺有显著的优点。

a. 液相法合成异丙苯中试流程设计合理，操作正常，运转平稳，达到了预期的效果，表明采用分子筛催化剂的液相法合成异丙苯工艺是可行的。

b. 采用液相法合成异丙苯，丙烷的加入有利于液相烷基化反应进行。但综合评价，无丙烷存在时异丙苯精制采用的三塔流程更为简单，投资和操作费用更低。

c. 液相法合成异丙苯适宜的工艺条件：反应温度160～175℃，压力3.0MPa，液相质量空速2～4h^{-1}，进料苯烯物质的量比6，循环比2～4。考虑装置处理能力、操作费用、产品质量综合因素，各条件可进一步优化。

（5）工业放大　在小试、中试试验基础上，1998年、2001年分别将FX-01和YSBH-1两代催化剂应用于两套苯酚丙酮工业装置的扩产改造，使异丙苯生产能力扩大，装置运行平稳，标定成功。标定结果表明，异丙苯单元的实际生产能力满足了苯酚丙酮装置扩大产量的需要。苯耗656.1kg/t，丙烯耗358.6kg/t，异丙苯的纯度99.9％以上，异丙苯溴值≤10，异丙苯选择性达到95％以上，异丙苯收率达到98.7％。综合评比，液相法异丙苯工艺水平大幅度提高，居国内领先水平，装置改造取得成功，见表8-16。

表 8-16　中试与工业装置对比

指标	中试装置	工业装置	指标	中试装置	工业装置
原料	苯、丙烯、丙烷	苯、丙烯	异丙苯溴值	—	＜10
异丙苯产量	500t/a	67kt/a	异丙苯选择性/%	98.36	＞95
温度/℃	160～175	159～167	异丙苯收率/%	—	＞98.7
压力/MPa	3.0	2.89～3.07	正丙苯质量分数/%	0	0.0176
苯烯比	6	6～6.6	重组分质量分数/%	0.28	0
液相质量空速/h^{-1}	2～4	2.4	每吨异丙苯消耗		
循环比	2～4	3.5～3.9	苯/kg		656.1
丙烯转化率/%	100	100	丙烯/kg		358.6
异丙苯纯度/%	—	＞99.9			

注：中试装置空速为液相质量空速，其他装置空速为苯质量空速。

8.4 反应器的设计

化学反应器是将反应物通过化学反应转化为产物的装置，是化工生产及相关工业生产的关键设备。由于化学反应种类繁多、机理各异，因此，为了适应不同反应的需要，化学反应器的类型和结构也必然差异很大。反应器的性能优良与否，不仅直接影响化学反应本身，而且影响原料的预处理和产物的分离。因而，反应器设计过程中需要考虑的工艺和工程因素应该是多方面的。

反应器设计的主要任务首先是选择反应器的形式和操作方法，然后根据反应和物料的特点，计算所需的加料速度、操作条件（温度、压力、组成等）以及反应器体积，并以此确定反应器主要构件的尺寸，同时还应考虑经济的合理性和环境保护等方面的要求。

8.4.1 工业反应器的类型和选择原则

实际工业反应器，必须考虑适宜的热量传递、质量传递、动量传递和流体流动等特定的工程环境，以实现规定的化学反应。由此可知，化学反应器内的过程十分复杂，加之化学反应种类繁多，因此，反应器的类型从不同的角度考虑可以有不同的分类。

8.4.1.1 化学反应器的分类

表 8-17 列出了化学反应器的分类。

表 8-17 化学反应器的分类

相 态		流型	操作方法	形状	传热
均相	非均相	平推流	间歇式	管式	绝热
气相	气-液相	全混流	半连续式	塔式	换热
液相	气-固相	非理想流	连续式	釜式	等温
	气-液-固相				
	液-液相				
	液-固相				

① 按相态可分为均相和非均相；
② 按物料流动状态（流型）可分为平推流型（活塞流）、全混流型和非理想流型；
③ 按操作方法可分为间歇式、半连续式和连续式；
④ 按传热特征可分为等温型、绝热型及换热型（非等温非绝热型）；
⑤ 按构造形式可分为管式反应器、搅拌釜式反应器、固定床反应器、移动床反应器、流化床反应器、气液相鼓泡反应器等。

表 8-18 列出了反应器的类型与特性。

8.4.1.2 化学反应器的工艺特点

（1）固定床反应器 固定床反应器广泛应用于氨合成、SO_2 氧化制 SO_3、甲烷蒸汽转化、加氢脱硫、丁烯氧化脱氢、乙烯氧化制环氧乙烷、甲醇氧化制甲醛、乙醇氧化制乙醛、甲醇合成等工业过程。

根据以上的工艺，固定床反应器大致有以下一些形式。

① 径向或轴向固定床反应器，大多数反应器为轴向反应器，但当生产能力大，且压降要求小的场合，也可采用径向反应器，如合成氨或合成甲醇反应器。

② 多段间接换热式或多段直接换热式（冷激式），在 SO_2 氧化转化为 SO_3 时，由于是放热反应，受到平衡的限制，因此为达到所需的转化率，必须进行换热和 3～5 段的接触，因

表 8-18　反应器的类型与特性

形式	适用的反应类型	混合特性	温度控制性能	其他特性	应用举例
管式	气相,液相,气液相	返混很小	比传热面大,温度易控制	管内可加构件,如静态混合器	烃热裂解制乙烯、石油树脂、高压裂解乙烯
空塔或搅拌塔	液相、液液相	返混程度与高径比有关	轴向温差较大	结构简单	尿素合成,苯乙烯本体聚合
搅拌釜	液相,液液相,液固相	物料混合均匀	温度均匀,容易控制	可间歇操作或连续操作	苯硝化,丙烯聚合,氯乙烯聚合
通气搅拌釜	气液相	返混大	温度均匀,容易控制	气液界面和持液量均较大,搅拌器密封结构复杂	微生物发酵
绝热固定床	气固相,液固体	返混小	床层内温度不能控制	结构简单,投资和操作费用低	苯烃化制乙苯,丁烯氧化脱氢
列管式固定床	气固相,液固相	返混小	传热面大,温度易控制	投资和操作费用介于绝热固定床和流化床之间	乙苯脱氢,乙烯制醋酸乙烯
流化床	气固相,液固相	返混较大,不适于高转化率或有串联副反应的系统	传热好,温度容易控制	颗粒输送方便,但能耗大,适用于催化剂失活快的反应,操作费用大	丙烯氨氧化制丙烯腈,催化裂化
移动床	气固相,液固相	固体返混小	床内温差大,温度调节困难	颗粒输送方便,但能耗大,适用于催化剂失活快的反应,操作费用大,允许的气(液)固比范围大	石脑油连续重整,煤气化
板式塔	气液相	返混小	如需传热,可在板间加换热管	气液界面大,持液量较大	异丙苯氧化
填料塔	气液相	返混小	床层内温度不能控制	气液界面大,持液量较大	CO_2 脱除,合成气 CO 脱除
鼓泡塔	气液相,气液固相	气液返混小,液相返混大	如需传热,可设置换热管,温度容易控制	气相压降较大,气液界面小,持液量大	乙醛氧化制醋酸,丙烯氯醇化
喷射反应器	气相,液相	返混较大	流体混合好,直接传热速度快	操作条件限制严格,缺乏调节手段	氯化氢合成,丁二烯氯化
喷雾塔	气液相	气相返混小	无传热面,床层内温度不能控制	结构简单,气液界面大,持液量小	高级醇连续磺化
涓流床	气液固相	返混较小	不能用传热方法调节温度	气液均布要求高	碳三炔烃加氢,丁炔二醇加氢
浆态反应器	气液固相	返混大	如需传热,可设置换热管,温度容易控制	催化剂细粉回收、分离困难	乙烯溶剂聚合

此有多段间接换热式和多段冷激式。

③ 间接换热式或冷激式，在合成氨生产中，中小型规模采用的合成塔为间接换热式，大型合成氨厂基本上采用冷激式合成塔。

④ 多个固定床反应器串联，在轻汽油馏分催化重整中，由于反应是吸热反应，为使温度控制在480~500℃，防止绝热温降过大，影响反应，故采用多个固定床反应器串联，原料预热及通过反应器后的物料，均进入加热炉加热至500℃。

⑤ 薄层反应器，对于反应速率非常快的情况，宜在薄层反应器中进行。例如甲醇氧化制甲醛的过程，甲醇与空气混合物在630~650℃，通过20~30mm电解银催化剂床层，甲醇大部分转化为甲醛。类似的还有乙醇氧化制乙醛，氨氧化制氧化氮等。

⑥ 列管式固定床反应器，以上①~⑤反应器形式均为绝热式固定床反应器。若化学反应过程反应热较大，可采用等温反应器形式，即列管式固定床反应器。例如乙烯氧化制环氧乙烷，为控制反应温度，采用列管式换热器，在管程中装有催化剂，反应器壳程间采用冷却剂将反应热移走。

(2) 流化床反应器

① 气相催化反应　在气-固相反应中，气相为原料，固相为催化剂的反应称为气相催化反应。流化床的固体颗粒直径通常在0.1mm以下，当气体速度确定后，气固接触良好，床层稳定均匀，催化剂流动性较好，操作稳定，这类反应如丙烯腈的合成反应，丁烯氧化脱氢等。

② 气相非催化反应　在气-固相反应中，若气相与固相均为原料，而称为气相非催化反应。固体颗粒直径通常在0.25mm以上，也称为粗粒流化床。煤炭的流化床燃烧（FBC）是一种洁净的燃烧技术，德国 Lurgi 公司首先推出循环流化床燃烧技术，目前此技术已可使锅炉容量达410t/h，气速为5~6m/s，携带率为3~5kg颗粒/kg烟气。

③ 特殊形式的流化床

a. 快速流化床　在流化床中，以高速气流吹散微粉状固体颗粒而反应，同时以塔顶的旋风分离器捕集粒子，再循环至塔底流化床。

b. 喷射流化床（spouted bed）　喷射流的特点是气体的吹入方法与颗粒的循环运动在床层底部，使气体以喷射流动方式吹入床层中心部分，颗粒随气体而上升，器壁部分的颗粒则下降，因此颗粒在床层中循环，并与气体接触而反应。

(3) 搅拌釜式反应器　搅拌釜式反应器借助于搅拌桨叶充分混合釜内流体，尽量使釜内各点的浓度和温度均匀。搅拌釜式反应器除了均匀液相反应外，也广泛用于液-液相反应、气液相反应、气液固催化反应等非均相反应。

① 单一的搅拌釜式反应器，反应流体的流动接近于完全混合，在连续操作时，其反应收率低于活塞流（管式反应器），为此采用多釜串联，使流体在反应装置中的流动接近于活塞流。

② 搅拌使釜内的浓度与温度趋于均匀。根据使用情况可分为：低黏度液的均匀液相搅拌，高黏度（聚合反应溶液）的搅拌，气液相搅拌。

(4) 气液相反应　鼓泡反应器是最常用的气液反应器。各种有机化合物的氧化、各种生化反应、废水处理和氨水碳化等过程，常采用鼓泡反应器。它具有较大的持液量和较高的传质传热效率，适于缓慢化学反应和高速放热的情况。鼓泡反应器主要有空塔式、内置水箱式、内置筛板式、气提式和喷射式。另外还有发生化学反应的吸收过程（吸收塔），可以是填料塔，也可以是板式塔。气液搅拌反应器适合于气体与黏性液体或悬浮性溶液反应系统。

8.4.1.3 反应器的选型原则

在选择反应器时，首先应考虑反应是何种相的形态，其次再考虑在该相态下可选择哪类反应装置。表 8-19 列出反应相态和反应器形式的关系。

表 8-19 反应相态和反应器形式

反应相态 / 反应器形式	气相	液相	气固催化	气固	气液	气液固	液液	液固	固固
固定床			○	△	○	○	△	○	
移动床			△	○				△	△
流化床						△			
搅拌釜		○			○	○	○	○	
鼓泡塔					○				
管式 加热炉	○	△			△				
管式 气液两相流					○	△			
火焰反应器	○			△					
板式塔					○	△			
转窑									○

注：○为适用；△为较少使用。

（1）气固相反应器

① 对气固相催化反应，由表 8-19 可见，主要反应器为固定床或流化床。如果反应的热效应较小，可选用固定床，通过移热，反应较易控制；如果热效应稍大，可选用列管式固定床反应器；对于强放热反应器（如丙烯腈生产过程，放热量达 750kJ/mol），一般选用流化床反应器。

所以，这类反应器的选择主要考虑：反应的热效应，绝热温升，催化剂允许的温度范围等。

② 对气固相非催化反应，例如石灰石的煅烧，选择移动床（石灰煅烧窑）较好，因为其结构简单，运转费用较低，对洁净煤技术的流化床燃烧反应，实际是流化床与火焰反应器的结合。

（2）气液相反应器 气液相反应器的选型主要考虑：生产强度，即单位时间单位体积反应器的生产能力；能耗；存在副反应时，反应器形式对选择性的影响；设备投资；操作性能等。关键因素是应使反应器的传递特征和反应动力学特征相适应。

在气液相反应器内，决定其性能的重要参数有持液量、气液界面积、气液相膜内传质系数。以持液量的大小可将气液相反应器分为两类，持液量小的有固定床、板式塔、管式反应器、喷雾塔；持液量大的有搅拌釜式或鼓泡塔。对于反应速率较慢的反应，宜选用持液量大的搅拌釜式或鼓泡塔；对于反应速率快的反应宜选用填料塔、板式塔、湿壁塔、喷雾塔等反应器。

填料塔适于处理腐蚀性强的气液体系，发泡性大的液体。一般散装填料的压降稍大些，但新型的散装填料和规整填料压降均较小。板式塔的持液量可保持一定，同时适宜于含有固体的气体吸收过程，当反应热量大时，可在塔板上设置冷却管移去热量，板式塔的缺点是压降较大。湿壁塔的装置单位体积的接触面积小，容易除去管壁的反应热，可用于磺化或苯的氯化等放热量大的气液反应。喷雾塔应用较少，主要用于压降低及气体中含固体的场合，如电厂烟气脱硫的石灰石膏法。

8.4.2　几种工业常用反应器的设计

8.4.2.1　搅拌釜反应器

搅拌釜反应器又称釜式反应器（反应釜），是化工生产中使用最广泛的反应器之一。目前国家已有 K 型和 F 型反应釜系列。K 型反应釜的长径比较小，而 F 型的长径比较大。材质有碳钢、不锈钢和搪瓷等数种。高压反应釜、真空反应釜、常减压反应釜和低压常压反应釜均已系列化生产、供货充足，选型方便，有些化工机械厂家还可接受修改图纸进行加工，设计者可根据工艺要求提出特殊要求，在反应釜系列的基础上进行修改。

在反应釜系列中，传热面积和搅拌形式基本上都是规定了的，在选型时，如果传热面积和搅拌形式不符合设计项目的要求，可与制造厂家协商进行修改。

如果在反应釜系列中没有设计项目合用的型号，工艺设计人员可向设备设计人员提出设计条件自行设计非标准反应釜。

（1）搅拌釜反应器的设计内容

① 确定反应釜的操作方式　根据工艺流程的特点，确定反应釜是连续操作还是间歇操作。

间歇操作是原料一次装入反应釜，然后在釜内进行反应，经过一定时间，达到要求的反应程度后便卸出全部物料，接着是清洗反应釜，继而进行下一批原料的装入、反应和卸料，所以这种反应釜又叫分批式反应釜或间歇反应釜。连续操作是连续地将原料加入反应器，反应后的物料也连续地流出反应器，所使用的反应釜叫连续反应釜。

间歇式反应釜特别适用于产量小而产品种类多的生产过程例如制药工业和精细化工；对于反应速率小、需要比较长的反应时间的反应过程，使用间歇反应釜也是合适的。连续反应釜用于生产规模较大的生产过程。

② 汇总设计基础数据　设计基础数据包括物料流量、反应时间、操作压力、操作温度、投料比、转化率、收率、物料的物性数据等。

③ 计算反应釜的体积。

④ 确定反应釜的台数和连接方式

a. 间歇反应釜　从釜式反应器的标准系列中选定设计采用的反应釜后，釜的体积就确定了，将反应需要的反应体积除以每台釜的体积所得的数值即为反应釜的台数，此值若不是整数，应向数值大的方向圆整为整数。

b. 连续反应釜　对连续操作的反应釜，当按单釜计算得到的反应体积过大而导致釜的加工制造发生困难时，需要使用若干个体积较小的反应釜，根据釜内所进行的反应的特点来选择串联或并联操作。对有正常动力学的反应（即反应速率随反应物浓度的增大而增大），釜内反应物浓度越高对反应越有利，在这种情况下，采用串联方式比较好，因为串联各釜中，反应物的浓度是从前到后逐釜跳跃式降低的，在前面各釜内能够保持较高的反应物浓度，从而获得较大的反应速率。而对有反常动力学的反应，反应物含量越低反应速率越大，这时应采用各小釜并联的连接方式，因为并联各釜均在对应于出口转化率的反应物含量（即最低反应物含量）下操作，根据反常动力学的特点，可获得高的反应速率。

应该注意，采用串联釜时，串联各釜的体积之和并不等于按单釜计算需要的反应体积，而要按串联釜的体积计算方法另行计算。换句话说，就是串联操作时所需釜的台数并不等于按单釜操作所需反应体积除以小釜体积所得的商，而是要用串联釜的计算方法来确定釜的台数。采用并联釜时情况与串联釜不同，根据理论推导，在按并联各釜空时相等的原则分配各釜物料处理量的条件下，并联各釜的体积总和的值是最小的，此值等于按一个大釜计算出来的反应体积。如果并联各釜的空时不相等，则并联各釜的体积总和大于按一个大釜计算出来的反应器体积，也就是说，如果决定了采取并联操作方式，设计时按并联各釜空时相等的原则分配各釜物料流量是最经济的方案。据此可知，如果用若干个体积相同的小连续釜并联操作代替一个大连续釜时，当各小釜的物料处理量相同时，小釜的台数等于单釜操作所需体积除以小釜体积所得的商。这样的安排由于符合各并联釜空时相等的原则，是一种经济的安排。

⑤ 确定反应釜的直径和筒体高度　如按非标准设备设计反应釜，需要确定长径比。长径比一般取 1～3，长径比较小时，反应釜单位体积内消耗的钢材量少，液体表面大；长径比趋于 3 的反应釜，单位体积内可安排较大的换热面，对反应热效应大的体系很适用，但材料耗量大。

长径比确定后，设备的直径和筒体高度就可以根据釜的体积确定。釜的直径应在国家规定的容器系列尺寸中选取。

⑥ 确定反应釜的传热装置的形式和换热面积　反应釜的传热可在釜外加夹套实现。但夹套的传热面积有限，当需要大的传热面积时，可在釜内设置盘管、列管或回形管等。釜内设换热装置的缺点是会使釜内构件增加，影响物料流动。釜内物料易粘壁、结垢或有结晶、沉淀产生的反应釜，通常不主张设置内冷却器（或内加热器）。

传热装置的传热面积的计算方法同一般的换热体系。需要由换热装置取出或供给的热量叫做换热装置的热负荷。热负荷是由反应釜的热衡算求出的。

⑦ 选择反应釜的搅拌器　搅拌器有定型产品可供选择，详细内容可参考有关手册或产品说明。

(2) 搅拌釜反应器体积的计算　化学反应器的设计同所有化工单元过程设计类似，遵循的基本规律是反应器内的能量守恒、物料守恒，除此之外，还必须考虑反应器内化学反应的进程。计算反应器体积时，可以对整个反应器或反应器某一个微元进行物料平衡和动量平衡分析，建立数学模型方程。

① 间歇釜　间歇反应操作过程中没有原料加入和产品流出，对反应物 A 作物料衡算，如反应物相是均匀的，则在釜内的积累速率与消耗速率的关系为

$$\frac{1}{V} \times \frac{dn_A}{dt} = -r_A \tag{8-2}$$

以转化率表示为

$$\frac{n_{A0}}{V} \times \frac{dx_A}{dt} = r_A \tag{8-3}$$

式中，n_A，r_A 为间歇釜中 A 组分的物质的量和摩尔反应速率；t 为反应时间，s、min 或 h；V 为混合物体积，m^3。

式 (8-3) 积分可求得反应从初始转化率 x_{A0} 反应到所需转化率 x_{Af} 的反应时间为

$$t = n_{A0} \int_{x_{A0}}^{x_{Af}} \frac{1}{V r_A} dx_A \tag{8-4}$$

反应物浓度 $c_A = n_A/V$，对恒容过程有 $c_A = c_{A0}(1-x_A)$，则式 (8-4) 可写成

$$t = \int_{c_{A0}}^{c_{Af}} \frac{1}{-r_A} dc_A \tag{8-5}$$

间歇反应釜体积计算公式为

$$V_r = v_0(t+t_0) \tag{8-6}$$

式中，V_r 为反应釜有效体积，m^3；t_0 为辅助生产时间，是卸料、装料、清洗、升温、降温等时间之和，s、min 或 h；v_0 为按照生产能力计算出来的单位时间需要处理的原料液体体

积，m^3/s、m^3/min 或 m^3/h。

② 连续釜 为连续进出料，且由于搅拌，釜内物料达到完全混合状态，组成和温度均匀，并等于出口处的组成和温度。对整个反应器（图 8-19）作物料衡算：

$$0=F_{A0}-F_A-V_r r_A \tag{8-7}$$

得连续釜的体积计算公式为

$$V_r = \frac{F_{A0}-F_A}{r_A} \tag{8-8}$$

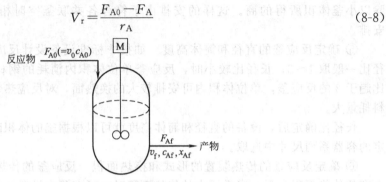

图 8-19 连续釜示意图

恒容时，流出和流进反应器的体积流速 v_0 不变，以 $\tau = V_r/v_0$ 表示反应物料在釜内的平均停留时间，式（8-8）可改写为

$$\tau = \frac{V_r}{v_0} = \frac{c_{A0}-c_A}{r_A} = \frac{c_{A0}x_A}{r_A} \tag{8-9}$$

无论是连续釜还是间歇釜，都应考虑釜的装料系数，一般来说，对于处于沸腾状态或会起泡的液体物料，应取小些的系数如 $0.4 \sim 0.6$，而对于不起泡或不处于沸腾状态的液体，可取 $0.7 \sim 0.85$。

例 [8.6] 以少量硫酸为催化剂，在不同的反应釜中进行乙酸和丁醇反应生产乙酸丁酯

$$CH_3COOH + C_4H_9OH \xrightarrow{k} CH_3COOC_4H_9 + H_2O$$

反应在 100℃ 等温进行，反应动力学方程

$$r_A = kc_A^2 \text{ 或 } k=17.4\text{L/(kmol·min)}$$

下标 A 代表乙酸，其初始浓度 $c_{A0}=0.00175\text{kmol/L}$，每天生产乙酸丁酯 2400kg，若乙酸转化率 50%，求两种情况下反应釜的体积。①间歇釜，设每批操作的辅助时间为 0.5h；②连续釜。

解 该反应为液相反应，物料的密度变化很小，可近似认为是恒容过程。首先由每天生产乙酸（摩尔流量 116g/mol）2400kg，转化率 0.5，折算单位时间原料处理量

$$v_0 = \frac{2400}{24 \times 116} \times \frac{1}{0.5} \times \frac{1}{0.00175} = 985(\text{L/h})$$

（1）间歇釜体积 由式（8-5），计算净反应时间

$$t = -\int_{c_{A0}}^{c_{Af}} \frac{dc_A}{r} = -\int_{c_{A0}}^{c_{Af}} \frac{dc_A}{kc_A^2} = \frac{1}{k}\left(\frac{1}{c_{Af}} - \frac{1}{c_{A0}}\right)$$

$$= \frac{1}{kc_{A0}}\left(\frac{x_{Af}}{1-x_{Af}}\right) = \frac{0.5}{17.4 \times 0.00175 \times (1-0.5)}$$

$$= 32.8(\text{min}) = 0.547(\text{h})$$

只考虑反应时间的处理量，所需的净反应体积为

$$V_r^0 = v_0 t = 985 \times 0.547 = 539(\text{L})$$

间歇操作还需考虑辅助时间，故间歇反应釜的体积为

$$V_r = v_0(t + t_0) = 985 \times (0.547 + 0.5) = 1031(L)$$

取装料系数 0.75，则反应釜实际体积为

$$\frac{1031}{0.75} = 1374(L) = 1.374(m^3)$$

（2）计算连续反应釜体积　由方程式 (8-9)

$$\tau = V_r/v_0 = (c_{A0} - c_{Af})/r_A = c_{A0}x_A/r_A$$

得

$$V_r = \frac{v_0 c_{A0} x_{Af}}{k c_{A0}^2 (1 - x_{Af})^2}$$

$$= \frac{(985/60) \times 0.5}{17.4 \times 0.00175 \times (1 - 0.5)^2} = 1078(L)$$

取装料系数 0.75，则反应釜实际体积为

$$\frac{1078}{0.75} = 1437(L) = 1.437(m^3)$$

与连续釜相比，间歇釜所需要的体积小。

8.4.2.2　固定床气固相催化反应器的设计

（1）固定床气固相催化反应器的类型　见表 8-20。

表 8-20　固定床气固相催化反应器的类型

		单段绝热式	
绝热式		多段绝热式	中间间接换热式
			原料气冷激式
			非原料气冷激式
换热式		自热式	
		外热式	

①　单段绝热式固定床反应器　此类反应器的反应过程中催化剂床与外界没有热交换，反应物料在绝热情况下只反应一次。多段绝热式固定床反应器则是多次在绝热条件下进行反应，反应一次之后经过换热以满足所需的温度条件再进行下一次的绝热反应，每反应一次称为一段。

单段绝热式固定床催化反应器的优点是结构简单，空间利用率高，造价低。这种反应器适用于下列场合。

a. 反应热效应小的反应。

b. 温度对目的产物收率影响不大的反应。

c. 虽然反应热效应大，但单程转化率较低的反应或有大量惰性物料存在使反应过程中温升不大的反应。

乙烯直接水合制乙醇的工业反应器就是单段绝热式固定床反应器，乙烯直接水合制乙醇的反应的热效应小（25℃时反应热为 44.16kJ/mol），单程转化率亦不高（一般为 4%~5%）。

②　多段绝热式固定床反应器　此类反应器多用以进行放热反应，如合成氨、合成甲醇、SO_2 氧化等。

多段绝热式固定床反应器按段间冷却方式的不同，又分为中间间接换热式、原料气冷激式和非原料气冷激式三种，这些类型的反应器的示意图见图 8-20。

图 8-20（a）所示为四段间接换热式催化反应器。原料气经第 1、2、3、4 换热器预热后，进入第 Ⅰ 段反应。由于反应放热，经第一段反应后，反应物料温度升高，第一段出口物

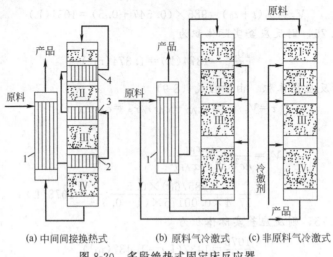

(a) 中间间接换热式   (b) 原料气冷激式   (c) 非原料气冷激式

图 8-20 多段绝热式固定床反应器

料经第 4 换热器冷却后，再进入第Ⅱ段反应。第Ⅱ段出来的物料，经换热后进入第Ⅲ段。第Ⅲ段出来经过换热的物料，最后进入第Ⅳ段反应。产品经预热器 1 回收热量，送入下一工序。总之，反应一次，换热一次，反应与换热交替进行，这就是多段绝热反应器的特点。这种形式的反应器，在一氧化碳-蒸汽转化、二氧化硫氧化制三氧化硫的工业生产上采用得比较普遍。

直接换热式（或称冷激式）反应器与间接换热式不同之处在于换热方式。前者系利用补加冷物料的办法使反应后的物料温度降低；后者则使用换热器。图 8-20（b）所示为原料气冷激式反应器，共四段，所用的冷激剂为冷原料气，亦即原料气只有一部分经预热器 1 预热至反应温度，其余部分冷的原料气则用作冷激剂。经预热的原料气进入第Ⅰ段反应，反应后的气体与冷原料气相混合而使其温度降低，再进入第Ⅱ段反应，以此类推。第Ⅳ段出来的最终产物经预热器回收热量后送至下一工序。如果来自上一工序的原料气温度本来已很高，这种类型的反应器显然不适用。图 8-20（c）所示为非原料气冷激式反应器，其道理与原料气冷激式相同，只是采用的冷激剂不同而已。非原料气冷激式所用的冷激剂，通常是原料气中的某一反应部分。例如一氧化碳变换反应中，蒸汽是反应物，采用非原料气冷激式反应器时，段与段之间就可通过喷水或蒸汽来降低上段出来的气体温度。这样做还可使蒸汽分压逐段升高，对反应有利。又如二氧化硫氧化也有采用这种形式的反应器的，以空气为冷激剂，反应气体中氧的分压逐段提高，对反应平衡和速率都是有利的。

冷激式与间接换热式相比较，其优点之一是减少了换热器的数目。此外，各段的温度调节比较简单灵活，只需控制冷气的补加量就可以了，流程相对简单。但是，催化剂用量与间接换热式相比要多，是其缺点。对于非原料气冷激，还受到是否有合适的冷激剂这一限制，而原料气冷激式又受到原料气温度及反应温度范围的限制。间接换热式的限制条件较少，应用灵活，有利于热量回收，与冷激式相比，催化剂用量较少，但流程复杂，操作控制较麻烦，换热器数目多，以致基建投资大，是其缺点。

实际生产中还有将间接换热式与冷激式联合使用的，即第一段与第二段之间采用原料气冷激，其他各段间则用换热器换热，工业上的二氧化硫氧化反应器就有采用此种形式的。

③ 外热式固定床催化反应器 图 8-21 是外热式固定床催化反应器的示意图。催化剂可放在管内或管间，但以放在管内为常见。从图 8-21 可看出，原料气自反应器顶部向下进入催化剂床层，从底部流出，载热体在管间流动。若进行吸热反应，则热载体为化学反应的热源，对于放热反应，热载体为冷却介质。对外热式固定床催化反应器，载热体的选择很重

要，是设计者必须重视的问题，它往往是控制反应温度和保持反应器操作条件稳定的关键。载热体的温度与床层反应温度之间的温度差宜小，但又必须能将反应放出的热带走（或供应足够的热量）。一般反应温度在 200℃ 左右时，宜采用加压热水为载热体，反应温度在 250～300℃ 可采用挥发性低的矿物油或联苯与联苯醚的混合物为载热体；反应温度在 300℃ 以上可采用无机熔盐为载热体；对于 600℃ 以上的反应，可用烟道气作载热体。载热体的流动循环方式有沸腾式、外加循环泵的强制循环式和内部循环式等几种形式。

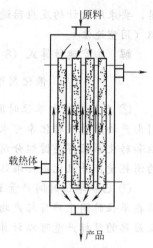

图 8-21 外热式固定床催化反应器示意图

外热式固定床催化反应器在工业上广泛使用，例如，乙烯环氧化制环氧乙烷、由乙炔与氯化氢生产氯乙烯、乙苯脱氢制苯乙烯、烃类蒸汽重整制合成气、邻二甲苯氧化制苯酐等过程的反应器就是采用此类反应器，这类反应器由于反应过程中不断地有冷却剂取出热量（对放热反应），或不断地有加热剂供给热量（对吸热反应），使床层的温度分布趋于合理。对可逆放热反应，有可能通过调整设计参数使温度分布接近最佳温度曲线以提高反应器的生产效率。

④ 自热式固定床催化反应器 自热式固定床催化反应器是换热式固定床催化反应器的一种特例，它以原料气作为冷却剂来冷却床层，而原料气则被预热至所要求的温度，然后进入床层反应。显然，它只适用于放热反应，而且是原料气必须预热的系统。工业上合成氨反应器中的一种类型就是自热式固定床催化反应器。

（2）固定床气固相催化反应器催化剂用量的确定 固定床气固相催化反应器设计中最主要的是确定催化剂的用量。工业上经常根据在实验室装置、中间试验装置或工厂现有生产装置上所得到的操作条件数据，如空速、时空产率、生产强度等，按反应装置的生产要求对催化剂用量进行估算。设计的前提是所设计反应器与提供数据的反应装置应具有相同的操作条件，如催化剂性质、粒径、原料组成、气体流速、温度、压力等。这种方法主要依赖实验和生产经验，叫做经验设计法。根据不同的参考数据，催化剂用量（床层体积）的计算方法主要有以下几种。

① 已知空速和原料气流量 空速指单位时间单位堆体积催化剂所处理的原料气体积，其计算式为：

$$空速 = \frac{原料气体的体积流量}{催化剂床层体积} \qquad (8\text{-}10)$$

空速的单位为 $m^3/(m^3$ 催化剂·h），原料气体积以标准状态下体积或操作条件下体积计，需注明。工业反应活性评价装置上，通常测定在与反应器气体进料组成、温度条件相同情况下达到给定转化率的气体空速，也可以从操作条件相同的反应器中计算出达到给定转化率的气体空速。

对于有液体参加的反应，如轻油制氢、渣油加氢等过程，工业上也经常使用液体的体积流量表征空速（即使有时反应器进口使用液体蒸气进料），此时的空速称为液空速。利用空速经验数据计算反应床层催化剂体积时，必须保证测定空速的各种参数与所设计的反应器相同，对于有相同规模、使用相同催化剂的反应器可以借鉴时，设计通常较准确。但如采用实验反应器数据时，其温度、浓度分布很难与工业反应器完全相同，特别是工业反应器是绝热的情况，由于实验室反应器绝热性能较差，估算误差较大。计算见例 [8.7]。

例 [8.7] 乙烯直接氧化制环氧乙烷所用的反应器是外部换热式固定床催化反应器，从工业装置测得其空速（标准状态）为 5000m^3（m^3 催化剂·h），设计一个上述类型的反应器，要求所设计的反应器进口气体流量（标准状态）为 8900m³/h，求反应器的催化剂堆体积（用空速法）。

解 由空速计算式（8-10）得

$$催化剂堆体积 = \frac{原料气的体积流量}{空速} = \frac{8900}{5000} = 1.78 (m^3)$$

② 已知空速和单位时间产量 首先由单位时间产量求取原料消耗量。若为单一反应，则由产物产量及转化率可求得关键组分消耗量；若为复合反应，则由产物产量及得率或选择性和转化率求得关键组分消耗量。若原料不只关键组分，应根据原料配比计算总原料混合物的消耗量，并且化成标准体积流量，然后就可由式（8-10）求得催化剂床层体积。

③ 已知单位时间产量 W 及反应器生产强度 S_t 反应器生产强度是指单位体积催化剂床层在单位时间生产目标产物的质量。有的催化剂厂家提供催化剂的生产强度指标，根据实际反应器的目标产量可以计算催化剂床层体积

$$催化剂床层体积 = \frac{W}{S_t} \tag{8-11}$$

工业上还有一些估算催化剂体积的经验方法，如根据吨产品催化剂用量估算反应器催化剂用量，但催化剂的经验估算必须建立在有成熟的催化反应器样本或完整的催化剂活性评价基础上。如果没有相同操作条件的催化反应器可借鉴或反应器操作条件变更时，经验估算法是不可靠的。通常需要由小的实验反应器逐级放大，放大过程中不断修正参数。由于放大过程中反应器内的浓度、温度等参数分布、流体分布、扩散特性等都随反应器尺寸的改变不断变化，放大倍数不能太大，这在新反应器的开发上会带来很大的投资浪费和放大风险。

④ 模型法 数学模型法是 20 世纪 60 年代迅速发展起来的先进方法。它是在对反应器内全部过程的本质和规律有一定认识的基础上，用数学方程式来比较真实地描述实际过程，即建立过程的数学模型，并运用计算机进行比较准确的计算。目前，固定床反应器的数学模型被认为是反应器中比较成熟可靠的模型。它不仅可用于设计，也用于检验已有反应器的操作性能，以探求技术改造的途径和实现最佳控制。

下面介绍几种固定床催化反应器的模型法设计。

a. 绝热式固定床反应器的催化剂用量 求解催化剂堆体积的模型方程见式（8-12）。

$$V_r = F_{A0} \int_{x_{A0}}^{x_{Af}} \frac{1}{r_A} dx_A \tag{8-12}$$

$$r_A = f(x_A, T) \tag{8-13}$$

$$T = T_0 + \lambda(x_A - x_{A0}) \tag{8-14}$$

式中，r_A 为反应速率，kmol/[m³·h] 或 mol/[L·h]；V_r 为催化剂的堆体积，m³ 或 L；F_{A0} 为反应器进口气体中关键组分 A 的摩尔流量，kmol/h 或 mol/h；x_{A0} 为反应器进口气体中关键组分 A 的转化率；x_{Af} 为反应器出口气体中关键组分 A 的转化率；T_0 为反应器进口气体温度，K；λ 为绝热温升，$\lambda = \dfrac{F_{A0}(-\Delta H_r)}{F_t \overline{C}_{pt}} = \dfrac{y_{A0}(-\Delta H_r)}{\overline{C}_{pt}}$；$F_t$ 为反应气体总摩尔流量，若忽略反应过程中总物质的量的变化，则等于进口气体总摩尔流量，kmol/h 或 mol/L；y_{A0} 为进口气体中关键组分 A 的摩尔分数；$\overline{C}_{pt}$ 为气体的平均摩尔热容，kJ/(kmol·K) 或 J/(mol·K)；$-\Delta H_r$ 为反应热，kJ/kmol 或 J/mol。

式（8-13）$r_A = f(x_A, T)$ 是动力学方程式，指反应速率与转化率和温度的函数关系。联立求解式（8-12）、式（8-13）和式（8-14）便可求出催化剂堆体积。

b. 外部换热式固定床催化反应器的催化剂用量 此类反应器的数学模型有一维模型和二维模型。只考虑床层轴向的浓度和温度差别而不考虑床层径向的浓度和温度差别的模型是

一维模型；既考虑轴向又考虑径向的浓度和温度差别的模型为二维模型。二维模型计算比一维模型复杂，一般只在大直径床的设计中使用。一维模型方程是由物料衡算方程、热量衡算方程和动力学方程组成的一个常系数微分方程组，它是常微分方程初值问题，可用改进尤拉法和龙格-库塔法求解。

一维模型求解后可得到沿床层轴向的温度分布和沿轴向的浓度（或转化率）分布数据，图 8-22 是用一维模型计算得到的乙苯脱氢固定床催化反应器（外热式）的转化率和温度沿床层轴向的分布图。在纵坐标上找到 $X = X_{Af}$ 的点（X_{Af} 为最终转化率，即反应器出口转化率），过此点画横坐标的平行线，此平行线与 X_A-T 曲线相交于 A 点，A 点对应的 Z 值为 Z_f，Z_f 即为所求的床层高度。催化剂的堆体积便可根据床层高度与床的横截面积求出。

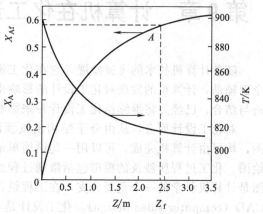

图 8-22　乙苯脱氢固定床催化反应器
的轴向温度及转化率分布

需要说明的是，由于乙苯脱氢反应是吸热反应，所以床层温度先降后升。但对放热反应，床层温度应是先升后降，床层温度有一个最高点，此温度称为"热点"温度，这点温度是生产控制上最为关键的控制点。

习　题

8-1　逐级放大法与数学模型法的步骤和特征是什么？

8-2　冷模试验的理论基础是什么？

8-3　化学反应器有哪些主要类型？可依据什么原则选用？

8-4　中试的试验的目的和作用是什么？指出中试中应注意的问题。

第9章 计算机在化工过程开发与设计中的应用

随着计算机技术的飞速发展，它在化工设计中的应用范围日益扩大，由局部辅助发展到全面辅助，计算机的发展对化工设计的影响也越来越重要。计算机与化工两者互相影响、渗透与结合，已经并将继续给化工设计带来影响与改变。

对化工设计而言，从由分子结构出发预测物质的物性到工艺过程的设计、分析直至绘图，均可由计算机完成，可以用一句话简单地概括计算机在化工设计中的作用，模拟计算和绘图。化工过程所涉及的模拟包括微观过程或结构分子模拟到研究宏观过程的流程模拟。绘图是计算机科学的一个重要分支，在工程设计中用计算机绘图通常为计算机辅助设计，简称CAD（computer aided design）。化工设计是一个系统工程，除了工艺路线设计、设备计算、绘图等外，还有环境评估，经济效益，社会效益等大量的工作。这些都可以借助计算机。

9.1　分　子　模　拟

近年来，随着高技术学科的飞速进步，各项科学研究都发生了翻天覆地的变化。化工学科也不例外，除多年来已形成的理论和实验研究之外，一种完全独立而新颖的研究手段——分子模拟飞速发展起来。纵观过去的20年，随着计算机硬件和算法的发展，分子模拟在化学、制药、材料等相关的工业中发挥着越来越重要的作用。

目前，科学家和工程师们对分子模拟抱有很高的期望，在美国化学会、化工学会、化学品生产协会等发布的2020年技术展望中，它被认为是到2020年实现化学工业从产品到过程设计完全自动化的一个关键技术。分子模拟之所以受到这样的重视，与它自身的特点和相关学科的发展是密不可分的。

随着分子模拟方法和高性能计算的高速发展，分子模拟已经可以运用于很多重要的问题研究中。这种优势在于：在进行昂贵的实验合成、表征、加工、组装和测试之前先利用计算机进行材料的设计、表征和优化，理论和模拟可以预测出目前实验条件所无法测出的结果并可对整个新材料的合成、设计进行高效周全的思考。

9.1.1　研究范围

随着计算技术的发展，在20世纪困扰理论化学和物理学家多时的求解问题也得到了相当程度的解决。在计算量子化学方面，Pople等人的工作最为引人注目，Gaussian程序在1997年获得了诺贝尔化学奖，分子模拟的软件也在最近的十年中有了长足进步，Cerius2、DLPOLY、CHAR2MM、Gromacs等软件都已经发展得相当完善，并得到了广泛的应用。这些计算技术成熟使人们对分子模拟的理解不仅仅停留在计算物性、补充实验手段上，更多地可以作为一种新兴的研究手段运用在机理研究、产品设计等方面。

目前的分子动力学模拟技术已经可以方便地得到许多有用的性质，例如在热力学性质方面，可以得到状态方程、相平衡和临界常数；在热化学性质方面，可以得到反应热和生成热、反应路径等；在光谱性质方面，可以得到偶极振动光谱等；在力学性质方面，可以得到应力应变关系、弹性模量等；在传递性质方面，可以得到黏度、扩散系数、热导率等；在形状变化信息方面，可以得到生物分子在晶体表面附着的位置和方式等。通过计算量子化学手段可以准确得到物质的标准生成焓、偶极矩、键能、几何构型、电荷分布、各种光谱性质等。

目前化学工业受关注的新技术包括单元操作集成技术、表面及界面技术、膜技术、超临界技术、纳米技术、生物化工技术等。这些技术涉及聚合物、两亲分子、电解质、生物活性分子等复杂物质，临界和超临界、液晶、超导、超微等复杂状态，界面、膜、溶液、催化等复杂现象。在这些方面除了准确的物性数据外，更要对各种复杂现象的机理有深刻了解。

9.1.2　研究方法

（1）量子化学方法（computational quantum chemistry，CQC）　量子化学方法是基于量子力学的分子模拟，它借助计算分子结构中各微观参数，如电荷密度、键序、轨道、能级等与性质的关系，设计出具有特定性能的新分子。它们的共同点是对电子的相互作用采用量子化学的知识进行描述，而不是采用经验性的势能函数来表示，这种方法有很强的理论基础。

量子化学方法可以分为从头计算法（ab initio）和半经验法（semi-empirical）两类。著名的从头计算程序有系列 Gaussian 程序，如 Gaussian98，Gaussian03 等。其中从头计算法不借助任何经验参数，它以 Hartree-Fock-Roothann 方程为出发点，适当地选择表示原子轨道的基本集后，计算各种所需的积分，然后进入自洽求解。它广泛用于计算平衡几何形状、扭转势以及小分子的电子激发能。从头计算方法可提供有关键立体结构和构象的可靠信息，当传统工艺不能直接运用或很难得到复杂体系的立体几何结构与构象能的关系的情况下，从头计算法能得到较好的结果。随着计算机硬件和算法的发展，已将此技术用到大分子，包括聚合物的低聚物、生物大分子在内的模型，并有较好的结果。半经验方法是对从头计算中的许多积分采用经验参数替代的简化方法，所使用的经验参数是通过对实验数据的拟合得到的。另外，半经验方法还采用了价电子近似，假定分子中各原子的内层电子可以看作对分子不极化的原子实的一部分，而只处理价电子，这样进一步减少了计算时间。量子力学的半经验计算法如 CNDO（全略微分重叠法 complete neglect of differential overlap）、MNDO（修略微分重叠法）、AMI（Austin 模型 I）、PRDDO、密度泛函理论（density function theory）以及 PM3（parametric method3）等用于计算构象能与结构的 X 射线结果分析，以此分析平衡态性质。

（2）分子力学法（molecular mechanics）　分子力学法又称 force field 方法，是在分子水平上解决问题的非量子力学方法。其原理是，分子内部应力在一定程度上反映被计算分子结构的相对位能大小。该法可用来确定分子结构的相对稳定性，广泛地用于计算各类化合物的分子构象、热力学参数和谱学参数，其中很重要的是要知道怎样计算原子间的相互作用。分子力学从几个主要的典型结构参数和作用力来讨论分子的结构变形，即通过表征键长、键角和二面角变化以及非键相互作用的位能函数来描述分子结构改变所引起的分子内部应力或能量的变化。分子模拟的系统是实际系统的一部分，要使模型能反映研究对象的特征，模型中还需设置符合实际系统的原子间的作用势和晶体边界条件。常用的边界条件有自由边界、刚性边界、柔性边界和周期性边界。作用势采用从量子力学原理推算出的作用势或采用实验数据和光谱数据的经验性作用势。

分子力学是通过分子力场（force field）这个分子模拟的基石来实现的。分子力场是原子尺度上的一种势能场，它是由一套势函数与一套力常数构成，由此描述特定分子结构的体系能量。该能量是分子体系中成键原子的内坐标的函数，也是非键原子对距离的函数。分子力场近年来的发展才使分子力学有了用武之地，使分子模拟方法从不能区别化学特征的理论物理研究小组，进入能在化学上区分的分子设计实验室。

早期的分子力场，如 CFF、MM2、MMP2、MM3、AMBER 等，仅能够描述有限的几种元素与一些轨道杂化的原子，在物理化学、生物学研究领域有很多的应用，但还不能满足发展的需要。20 世纪 90 年代以来发展的 DRRIDING、UFF、COMPASS 分子力场，几乎覆盖了整个元素周期表，也用于生物大分子。

（3）分子动力学方法　分子动力学模拟的基本原理是建立一个合适的粒子系统，利用牛顿运动方程确定系统中粒子的运动，通过求得粒子动力学方程组的数值解，决定系统中各个粒子在相空间中的运动规律，然后按照统计物理和热力学原理得出系统相应的宏观物理特性。分子动力学的目标是研究体系中与时间和温度有关的性质，通过求解运动方程（如牛顿方程、哈密顿方程和拉格朗日方程），分析系统中各粒子的受力情况，用经典的或量子学的方法求解系统中各粒子在某时刻的位置和速度，来确定粒子的运动状态。分子动力学可用于蛋白质结构预测、折叠-解折叠、蛋白质-配体识别、核酸（DNA，RNA）结构模拟等分子生物学领域。

（4）蒙特卡罗法　蒙特卡罗法（Monte Carlo，MC）因利用"随机数"对模型系统进行模拟以产生数值形式的概率分布而得名，作为一种独立的方法，20 世纪 40 年代中期才开始发展。此法与一般计算方法的主要区别在于它能比较简单地解决多维或因素复杂的问题，它要利用统计学中的许多方法，又称统计实验方法。

该方法不像常规数理统计方法那样通过真实的实验来解决问题，而是抓住问题的某些特征，利用数学方法建立概率模型，然后按照这个模型所描述的过程通过计算机进行数值模拟实验，以所得的结果作为问题的近似解。因此，蒙特卡罗法是数理统计与计算机相结合的产物。如果所要求解的问题是某种事件出现的概率，或者是某个随机变量的期望值，就可用蒙卡特罗法得到这种事件出现的概率，或者以这个随机变量的平均值作为问题的解。这就是 Monte Carlo 法的基本原理。如何用数学方法在计算机上实现数值模拟实验，便构成了 Monte Carlo 法最独特的内容。

例如聚合大分子由大量的重复单元构成，聚合反应存在着随机性。分子量的大小分布、共聚物中的序列分布、大分子的构象、降解，都存在着随机性问题，无疑成为 Monte Carlo 法研究的最佳对象。Monte Carlo 法没有迭代问题也没有数值不稳定的情况，收敛性可得到保证，但是否收敛得解要由所取模型的正确性决定。蒙特卡罗法的收敛速度与维数无关，而且误差容易确定，计算量没有分子动力学那样大，所需时间少些。

9.1.3　分子模拟软件及其应用

9.1.3.1　Gaussian03 软件

（1）Gaussian 基本功能　Gaussian 程序是一个功能强大的量子化学综合软件包。其可执行程序可在不同型号的大型计算机，超级计算机，工作站和个人计算机上运行，并相应有不同的版本。

高斯主要可以进行以下计算：①分子能量和结构；②过渡态能量和结构；③键能和反应能量；④分子轨道；⑤原子电荷和电势；⑥振动频率；⑦红外和拉曼光谱；⑧核磁性质；⑨极化率和超极化率；⑩热力学性质；⑪反应路径。

计算可以对体系的基态或激发态执行。可以预测周期体系的能量、结构和分子轨道。因此，Gaussian 可以作为功能强大的工具，用于研究许多化学领域的课题，例如取代基的影响、化学反应机理、势能曲面和激发能等。

（2）Gaussian03 的应用　Gaussian03 是 Gaussian 系列电子结构程序的最新版本。它在化学、化工、生物化学、物理化学等化学相关领域方面的功能都进行了增强。

① 研究大分子的反应和光谱 Gaussian03 对 ONIOM 做了重大修改，能够处理更大的分子（例如，酶），可以研究有机体系的反应机制、表面和表面反应的团簇模型、有机物光化学过程、有机和有机金属化合物的取代影响和反应，以及均相催化作用等。

ONIOM 的其他新功能还有：定制分子力学力场；高效的 ONIOM 频率计算；ONIOM 对电、磁性质的计算。

② 通过自旋-自旋耦合常数确定构象 当没有 X-射线结构可以利用时，研究新化合物的构象是相当困难的。NMR 光谱的磁屏蔽数据提供了分子中各原子之间的连接信息。自旋-自旋耦合常数可用来帮助识别分子的特定构象，因为它们依赖于分子结构的扭转角。

除了以前版本提供的 NMR 屏蔽和化学位移以外，Gaussian03 还能预测自旋-自旋耦合常数。通过对不同构象计算这些常数，并对预测的和观测的光谱做比较，可以识别观测到的特定构象。另外，归属观测的峰值到特定的原子也比较容易。

③ 研究周期性体系 Gaussian03 扩展了化学体系的研究范围，它可以用周期性边界条件的方法（PBC）模拟周期性体系，例如聚合物和晶体。PBC 技术把体系作为重复的单元进行模拟，以确定化合物的结构和整体性质。例如，Gaussian03 可以预测聚合物的平衡结构和过渡结构。通过计算异构能量、反应能量等，它还可以研究聚合物的反应，包括分解、降解、燃烧等。Gaussian03 还可以模拟化合物的能带隙。

PBC 的其他功能还有：a. 二维 PBC 方法可以模拟表面化学，例如在表面和晶体上的反应；用同样的基组，Hartree-Fock 或 DFT 理论方法还可以用表面模型或团簇模型研究相同的问题；Gaussian03 使得对研究的问题可以选择合适的近似方法，而不是使问题满足于模块的能力极限；b. 三维 PBC 方法可以预测晶体以及其他三维周期体系的结构和整体性质。

④ 预测光谱 Gaussian03 可以计算各种光谱和光谱特性。包括：IR 和 Raman；预共振 Raman；紫外-可见；NMR；振动圆形二色性（VCD）；电子圆形二色性（ECD）；旋光色散（ORD）；谐性振-转耦合；非谐性振动及振-转耦合；g 张量以及其他的超精细光谱张量。

⑤ 模拟在反应和分子特性中溶剂的影响 在气相和在溶液之间，分子特性和化学反应经常变化很大。例如，低位构象在气相和在（不同溶剂的）溶液中，具有完全不同的能量，构象的平衡结构也不同，化学反应具有不同的路径。Gaussian03 提供极化连续介质模型（PCM），用于模拟溶液体系。这个方法把溶剂描述为极化的连续介质，并把溶质放入溶剂间的空穴中。

Gaussian03 的 PCM 功能包含了许多重大的改进，扩展了研究问题的范围：可以计算溶剂中的激发能，以及激发态的有关特性；NMR 以及其他的磁性能；用能量的解析二级导数计算振动频率、IR 和 Raman 光谱以及其他特性；极化率和超极化率；执行性能上的改善。

9.1.3.2 Materials Studio 软件

Accelrys 公司（美国）由四家软件公司于 2001 年 6 月 1 日合并组建的世界领先的科学软件公司，是分子模拟、材料设计以及化学信息学和生物信息学方面解决方案的供应商。这样的材料科学软件被广泛应用于石化、化工、制药、食品、石油、电子、汽车和航空航天等工业及教育研究部门。目前用于材料科学研究的主要产品包括运行在 UNIX 工作站系统上的 Cerius^2 软件，以及全新开发的基于 PC 平台的 Materials Studio 软件。下面主要介绍 Materials Studio 软件。

Materials Studio 采用了大家非常熟悉的 Microsoft 标准用户界面，允许用户通过各种控制面板直接对计算参数和计算结果进行设置和分析。目前，Materials Studio 软件主要包括如下功能模块：Materials Visualizer、DISCOVER、COMPASS、Amorphous Cell、Reflex、Reflex Plus、Equilibria、DMol3、CASTEP、VAMP、DPD、Forcite、MesoDyn、X-Cell、QSAR、Polymorph Predictor。Materials Studio 主要的功能模块的应用介绍如下。

(1) Materials Visualizer 提供了搭建分子、晶体及高分子材料结构模型所需要的所有工具，可以操作、观察及分析结构模型，处理图表、表格或文本等形式的数据，并提供软件的基本环境和分析工具以及支持 Materials Studio 的其他产品。是 Materials Studio 产品系列的核心模块。

(2) DISCOVER Material Studio 的计算引擎。使用多种分子力学和动力学方法，以仔细推导的力场作为基础，可准确地计算出最低能量构型、分子体系的结构和动力学轨迹等。

(3) COMPASS 支持对凝聚态材料进行原子水平模拟的功能强大的力场。是第一个由凝聚态性质以及孤立分子的各种从头算和经验数据等参数化并经验证的从头算力场。可以在很大的温度、压力范围内精确地预测孤立体系或凝聚态体系中各种分子的结构、构象、振动以及热物理性质。

(4) Amorphous Cell 允许对复杂的无定型系统建立有代表性的模型，并对主要性质进行预测。通过观察系统结构和性质之间的关系，可以对分子的一些重要性质有更深入的了解，从而设计出更好的新化合物和新配方。可以研究的性质有：内聚能密度（CED）、状态方程行为、链堆砌以及局部链运动等。

(5) Reflex 模拟晶体材料的 X 光、中子以及电子等多种粉末衍射图谱。可以帮助确定晶体的结构，解析衍射数据并用于验证计算和实验结果。模拟的图谱可以直接与实验数据比较，并能根据结构的改变进行即时的更新。包括粉末衍射指标化及结构精修等工具。

(6) Reflex Plus 是对 Reflex 的完善和补充，在 Reflex 标准功能基础上加入了已被广泛验证的 PowderSolve 技术。Reflex Plus 提供了一套可以从高质量的粉末衍射数据确定晶体结构的完整工具。

(7) Equilibria 可计算烃类化合物单组分体系或多组分混合物的相图，溶解度作为温度、压力和浓度的函数也可同时得到，还可计算单组分体系的 virial 系数。适用领域包括石油及天然气加工过程（如凝析气在高压下的性质）、石油炼制（重烃相在高压下的性质）、气体处理、聚烯烃反应器（产物控制）、橡胶（作为温度和浓度的函数的不同溶剂的溶解度）。

(8) DMol3 独特的密度泛函（DFT）量子力学程序，是唯一的可以模拟气相、溶液、表面及固体等过程及性质的商业化量子力学程序，应用于化学、材料、化工、固体物理等许多领域。可用于研究均相催化、多相催化、分子反应、分子结构等，也可预测溶解度、蒸气压、配分函数、熔解热、混合热等性质。

(9) CASTEP 先进的量子力学程序，广泛应用于陶瓷、半导体、金属等多种材料，可研究：晶体材料的性质（半导体、陶瓷、金属、分子筛等）、表面和表面重构的性质、表面化学、电子结构（能带及态密度）、晶体的光学性质、点缺陷性质（如空位、间隙或取代掺杂）、扩展缺陷（晶粒间界、位错）、体系的三维电荷密度及波函数等。

(10) VAMP 半经验的分子轨道程序，适用于有机和无机的分子体系。VAMP 可快速计算分子的多种物理和化学性质，其计算的速度和精度介于基于力场的分子力学方法和量子力学的第一原理方法。经过优化的 VAMP 程序可以在 PC 机上稳定、快速、交互地进行计算。

(11) DPD DPD（dissipative particle dynamics）是先进的介观模拟方法，用于研究复杂的流体现象，包括颜料、药物、化妆品以及药物控释等。DPD 可以提供流体在平衡态、剪切受力以及受限在狭窄空腔等条件下的结构和动力学性质，而且研究的时间和空间尺度超越了传统的基于原子水平的分子动力学方法。

(12) Forcite 先进的经典分子力学工具，可以对分子或周期性体系进行快速的能量计算及可靠的几何优化。包含 Universal、Dreiding 等被广泛使用的力场及多种电荷分配算法。

(13) MesoDyn 相对于分子水平的模拟，MesoDyn 是一种可以在更大的时间和空间尺度上研究复杂流体体系的动力学模拟方法，可以研究的体系包括高分子熔体及高分子共混体系。

（14）X-Cell　已申请专利的 X-Cell 是一种全新、高效、综合、易用的指标化算法，它使用"消亡决定"（extinction-specific）的二分法方法对参数空间进行详尽无遗的搜索，最终给出可能的晶胞参数的完整清单。

（15）QSAR　QSAR（定量构效关系）包括了一组用于化学和材料研究的统计学工具，可以帮助研究人员快速找到具有最佳理化性质的物质和材料。

（16）Polymorph Predictor　使用快速的 Monte Carlo 模拟方法，根据化合物的分子结构直接预测其可能的多晶型结构。

9.1.3.3　Hyperchem

Hyperchem 是一款以质量高、灵活易操作而闻名的分子模拟软件。通过 3D 对量子化学计算、分子力学及动力学进行模拟。Hyperchem 提供比其他 Windows 软件更多的模拟工具：图形界面，半经验计算方法（AM1，PM3 等），UHF，RHF 和 CI7.0 版新增加的密度泛函。可进行单点能计算，几何优化，分子轨道分析，蒙特卡罗和分子力学计算，预测可见-紫外光谱。Hyperchem 软件的功能介绍如下。

① 结构输入和对分子操作。

② 显示分子。

③ 化学计算。用量子化学或经典势能曲面方法，进行单点、几何优化和过渡态寻找计算。可以进行的计算类型有：单点能计算，几何优化，计算振动频率得到简正模式，过渡态寻找，分子动力学模拟，Langevin 动力学模拟，Metropolis Monte Carlo 模拟。支持的计算方法有：从头计算，半经验方法，分子力学，混合计算等。

④ 可以用来研究的分子特性有：同位素的相对稳定性，生成热，活化能，原子电荷，HOMO-LUMO 能隙，电离势，电子亲和能，偶极矩，电子能级，MP2 电子相关能，CI 激发态能量，过渡态结构和能量，非键相互作用能，UV-VIS 吸收谱，IR 吸收谱，同位素对振动的影响，对结构特性的碰撞影响，团簇的稳定性。

⑤ 支持用户定制的外部程序。

⑥ 其他模块：RAYTRACE 模块，RMS Fit，SEQUENCE 编辑器，晶体构造器，糖类构造器，构象搜寻，QSAR 特性，脚本编辑器。

⑦ 新的力场方法：Amber 2，Amber 3，用于糖类的 Amber，Amber 94，Amber 96。

⑧ ESR 谱。

⑨ 电极化率。

⑩ 二维和三维势能图。

⑪ 蛋白质设计。

⑫ 电场。

⑬ 梯度的图形显示。

此外，最新版 Hyperchem 7.0 新增加了以下新功能：密度泛函（DFT）理论计算，NMR 模拟，数据库，Charmm 蛋白质模拟，半经验方法 TNDO，磁场中分子计算，激发态几何优化，MP2 相关结构优化，新的芳香环图，交互式参数控制，增强的聚合物构造功能，新增基组。

9.1.3.4　其他软件

（1）量子化学软件　量子化学软件有剑桥量子化学计算软件的 CADPAC；解决 ab initio 计算出现问题的物质、方法的软件 List of Computationally Sick Species；量化从头计算软件包 PSI3 和 Q-Chem；量化从头计算分子电子结构程序集 COLUMBUS；半经验量子化学计算软件 AMSOL；第一原理电子结构计算软件 ADF（amsterdam density functional）等。

（2）分子力学软件　分子力学软件有：采用从头计算量子力学的分子力学软件 VAMP/VASP；大分子分子力学模拟计算软件 CHARMM；分子力学计算程序 MacroModel；分子力学力场模拟程序 AMBER 等软件。

（3）分子动力学软件　分子动力学软件有：分子动力学并行模拟软件 DPMTA；ab initio 分子动力学计算软件 CPMD（Car-Parrinello）；用于分子动力学计算的软件 GROMACS、ProtoMol、MDRANGE、MDynaMix、NAMD、Virtual Molecular Dynamics LaboratoryDoD-TBMD 等。

（4）分子设计软件　分子的物理化学性质在线计算软件用于结构的药物设计，可计算 $\log P$、PSA 等；化学反应设计软件 SynGen；分子设计软件 TINKER；药物设计软件 SimBioSys；分子模拟和药物发现平台 SYBYL/Base 等。

（5）蛋白质模拟软件　蛋白质模拟软件有：螺旋膜蛋白拓扑结构显示与编辑程序 VHMPT；模拟蛋白质的并行分子动力学计算程序 EGO；配体蛋白质对接计算在线服务 TarFisDock；蛋白质结构、蛋白质分子动力学可视化模拟软件 Swiss PDB Viewer；蛋白质及其他 3D 分子物理模型快速成型技术 3D Molecular Designs 等。

（6）蒙特卡罗模拟软件　蒙特卡罗模拟软件主要是指 BOSS 模拟软件；此外还有用于蛋白质和核酸的蒙特卡罗模拟软件 MCPRO。

9.2　流程模拟

流程模拟是过程系统工程中最基本的技术，不论过程系统的分析和优化，还是过程系统的综合，都是以流程模拟为基础的。化工过程流程模拟就是借助电子计算机求解描述整个化工生产过程的数学模型，得到有关该化工过程性能的信息。

流程模拟系统的快速准确对多种流程方案的分析和对比提供保证。流程模拟技术所用数学模型主要有两种方式：一是稳态数学模型，用于离线调优；二是动态数学模型，用于在线实时控制。

化工流程模拟系统 ASPEN PLUS 是美国 ASPEN. TECH 公司推出的当今先进的化工流程模拟系统。ASPEN PLUS 把一个工艺过程视作一个集成化的系统，而不是单元操作过程的堆积。可分析部分流程的变化对全局乃至经济效益的影响。它对工厂进行完整的成本估算及经济评价，且还有灵敏度分析、工况研究、石油处理、实验数据分析等。在用于老厂技术改造、新厂的设计和新过程的开发中都显示出巨大的威力。

在我国 ASPEN. PLUS、PROCESS 等具有一定数量的用户，国产软件 ECSS 也在使用。20 世纪 80 年代后期，兰州石化设计院和大连理工大学合作开发的合成氨模拟程序、青岛化工学院的 ECSS 系统、北京设计院以布兰丁方程为基础开发的催化裂化反应-再生模拟软件 CCSOS 等具有较高水平。大连理工大学于 1989 年推出 CHEEST 开发环境，它集成了化工领域知识库、常用模型库、图形库及面向对象的化工数据库。但是，这些软件就其综合水平看，在应用深度和广度、软件的商品化程度等各个方面，还远不及发达国家。

9.2.1　稳态过程模拟

（1）单元操作过程模型的建立　在这方面，20 世纪 80 年代最突出的进展当推用基于速率方程的级分离模型取代传统的相平衡级分离模型。

以 Sorel 平衡级模型为基础的分离过程模型为化学工程已服务了近 100 年，其计算机算法也广泛应用了 30 年。但是这种"理论塔板模型"有以下明显缺点：多组分系统中对不同组分的板效率差别很大、难以适用，板效率计算不准。

基于传递速率的模型假定：分离程度取决于两相接触中能量及质量传递，由相间传热及传质系数计算；因为它完全立足于"三传"的坚实基础上；因为取消了"理论塔板"概念，特别适合于现场操作模拟，便于发现塔操作的失误。现在美国 ASPEN 技术公司已开发出基于速率方程的级分离商品化计算软件 RATEFRAC。

固体加工过程经常涉及复杂物体，固体的单元操作研究比气液系统落后。20 世纪 80 年代，已开发出像 ASPEN 这样的可以模拟固体物流加工过程的流程模拟软件，固体加工单元操作的数学模拟也成为研究热点。应当提到前苏联新西伯利亚学派把催化反应器的研究方法用于研究结晶过程，取得显著进展。

单元操作的物料及热量衡算往往涉及代数及超越方程组，如果有一个以上为非线性方程，则可能存在多个解，数学模型全部多解的寻求。用一般迭代方法，从一个初始估值出发只能找到一个解，而这个解未必就是最好的。为了找到全部解就要采用同伦拓展方法，这方面问题首先在解算复杂塔时碰到。20 世纪 80 年代数学家们已开发出算 $N-M$ 个线性方程及 M 个非线性方程的同伦拓展法软件包 HOMPACK（1987）和 COSOL（1987），为化工数学模拟提供了方便。

（2）稳态过程模拟软件及应用　稳态模拟是化工过程流程模拟研究中开发最早、应用最普遍的重要技术，包括物料与能量衡算、设备尺寸与费用计算、过程的技术经济评价等。化工过程的稳态模拟是计算机辅助化工过程系统工程的核心。稳态模型为动态仿真提供初值和起始状态。稳态模拟还是过程综合和优化的基础。几种典型的稳态模拟系统如表 9-1 所示。

表 9-1　几种典型的稳态模拟系统

类　型	系统名称	推出年代	开发单位	备　注
序贯模块法	ASPEN PLUS	1981	美国麻省理工学院	约 50 万条 FORTRAN 语句
	PROCESS	1979	美国模拟科学公司	约 15 万条 FORTRAN 语句
	ECSS	1987	青岛化工学院（现青岛科技大学）	我国第二代模拟系统，微机用
联立方程法	SPEEDUP	1988	英国帝国学院第一个商品化的软件	
	QUA SIL IN	1978	英国剑桥大学	可以用于优化
	ASCEND-Ⅱ	1980	美国卡奈基梅隆大学	可以同时优化
双层法	在 ASPEN PLUS 基础上改进	1986	美国麻省理工学院	

（3）稳态模拟系统　稳态过程模拟在 20 世纪 80 年代已成为工艺设计及过程分析的常规手段，是一个相当活跃的研究开发领域。稳态流程模拟系统分为专用系统和通用系统两大类。专用流程模拟系统是针对某一具体过程开发的，模拟计算效率高，结果准确。通用流程模拟系统具有柔性结构，可用于各种工艺过程。一般商品化的流程模拟系统由以下几部分组成：输入、输出系统；单元操作模块库；物性数据库；数值解算模块库；执行系统。

稳态过程模拟一直沿着两条路线前进：序贯模块法和联立方程法。①序贯模块法形成了 ASPEN PLUS，PROCEED 等一些商品化软件。但这种方法处理再循环流，设计规定及优化计算要经过层层迭代收敛，因而很费机时。②联立方程法开发的 SPEEDUP 软件要求大规模代数方程组算法、较好的初始值及防止收敛失败的措施，因而使其通用化不如序贯法容易实现。

联立模块法吸收了前两种方法的长处，既能继承序贯模块法多年来积累的大量单元模块，又能在流程计算中联立求解模型方程和设计规定方程，使流程计算与设计计算同步完成。同时，由于是联立求解简化模型，从而解决了联立方程法中遇到的计算问题。其计算思路示意图见图 9-1。

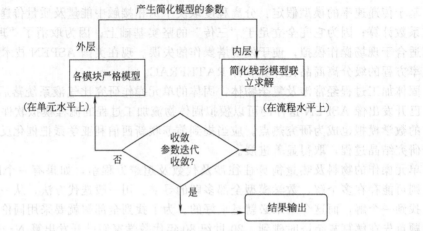

图 9-1 联立模块法计算思路

9.2.2 动态过程模拟

（1）研究动态模拟的原因　动态模拟广泛地应用于各种过程动态特性的研究。研究过程参数随时间变化的规律，从而得到有关过程的正确的设计方案或操作步骤。过程的动态特性并非完全可以从静态特性或者根据经验推断出，而且往往这类推断是片面的、有错误的。而认识判断的失误又往往是导致事故的根源。因而对于重要的过程，采用动态模拟，深入研究、分析其动态特性是十分必要的。

化工过程的动态变化是必然的、经常发生的。归纳引起波动的因素主要有以下几类。

① 计划内的变更，如原料批次变化、计划内的高负荷生产或减负荷操作、设备的定期切换等。

② 事物本身的不稳定性，如同一批原料性质上的差异和波动、冷却水温度随季节的变化、随生产时间的增加而引起催化剂活性的降低、设备的结垢等。

③ 意外事故、设备故障、人为的误操作等。

④ 装置的开停车。

以上的种种波动和干扰，都会引起原有的稳态过程和平衡发生破坏，而使系统向着新的平衡发展。这一过程中，人们最为关心的问题是：

① 整个系统会产生多大的影响？产品品质、产量会有多大的波动？

② 有无发生危险的可能？可能会导致哪些危害？危害程度如何？

③ 一旦产生波动或事故，应当如何处理、调整？最恰当的措施、步骤是什么？

④ 干扰波动持续的时间有多久？克服干扰、波动到系统恢复正常需要多长时间？

⑤ 开停车的最佳策略。

（2）稳态模拟和动态模拟的异同　稳态模拟是在装置的所有工艺条件都不随时间而变化的情况下进行的模拟，而动态模拟是用来预测当某个干扰出现时，系统的各工艺参数如何随时间而变化。就模拟系统构成而言，它们之间的比较如表 9-2 所示。

表 9-2　稳态模拟和动态模拟的比较

稳态模拟	动态模拟	稳态模拟	动态模拟
仅有代数方程	同时有微分方程和代数方程	严格的热力学方法	严格的热力学方法
物料平衡用代数方程描述	物料平衡用微分方程描述	无水力学限制	有水力学限制
能量平衡用代数方程描述	能量平衡用微分方程描述	无控制器	有控制器

对于稳态模拟，尽管从理论上讲，存在多种流程计算的方法，但几乎所有的商业化的稳态模拟软件都采用序贯法（sequential method）来进行流程计算。序贯法要求每一单元过程的模型（model）和算法（algorithm）组合在一起，构成所谓的模块（module）。计算过程按模块逐一进行。每次只能解算一个模块。处于后面的模块必须待前面的模块解算完毕才能进行计算。如果流程中存在返回物料，就得要通过多次迭代，才能获得收敛解。

对于动态模拟，其单元过程的模型则仅仅是描述该过程的一组方程组。每一单元过程中并不包括该方程组的任何解法。模型的组集方式称为开放形式的方程或面向方程的形式（open form equation，equation-oriented form）。其特点是可以随意指定约束和变量。流程的计算是采用通用的解法软件，同时处理所有单元过程的全部方程组，并联立解所有的方程。

由于动态模拟是联立解所有的方程，它的计算速度很快，但是必须要求有较好的初值，否则无法收敛。故通常都采用稳态模拟的结果作为动态模拟的初值。

9.2.3　过程模拟软件

化工过程模拟系统可以分为两大类：专用化工过程模拟和通用化工过程模拟。专用化工过程模拟是对特定单元的模拟，针对性强，同时应用范围窄；通用化工过程模拟系统一般采用标准的高级程序设计语言编写，应用范围广，其规模很大，一般的化工流程均可模拟，具体应用时需进行艰巨的二次开发工作。使用序贯模块法、联立模块法联合方法的有美国的 ASPEN PLUS，使用联立方程法的软件有美国的 ASCEND 和 FLOWSIM；使用序贯模块法的有日本的 CHESS，美国的 CONCEPT Ⅳ、DESING 2000、SPEEDUP、FLOWTRAN，加拿大的 HYSIM，中国的 Micro、SAPROSS 和 ECSS。

化工过程模拟系统可以分为两大类：专用化工过程模拟和通用化工过程模拟。专用化工过程模拟是对特定单元的模拟，针对性强，同时应用范围窄；通用化工过程模拟系统一般采用标准的高级程序设计语言编写，应用范围广，其规模很大，一般的化工流程均可模拟，具体应用时需进行艰巨的二次开发工作。使用序贯模块法、联立模块法联合方法的有美国的 ASPEN PLUS；使用联立方程法的软件有美国的 ASCEND 和 FLOWSIM；使用序贯模块法的有日本的 CHESS，美国的 CONCEPT Ⅳ、DESING 2000、SPEEDUP、FLOWTRAN，加拿大的 HYSIM，中国的 Micro、SAPROSS 和 ECSS。

9.2.3.1　ASPEN PLUS 静态过程模拟软件

ASPEN PLUS 是大型通用流程模拟系统，源起于美国能源部在 20 世纪 70 年代后期在麻省理工学院（MIT）组织会战，要求开发新型第三代流程模拟软件。这一大型项目于 1981 年底完成。1982 年 ASPEN TECH 公司成立将其商品化，称为 ASPEN PLUS。这一软件经过 15 年不断改进、扩充、提高，已经历了九个版本，成为全世界公认的标准大型流程模拟软件，用户接近上千个。全世界各大化工、石化生产厂家及著名工程公司都是 ASPEN PLUS 的用户。它以严格的机理模型和先进的技术赢得广大用户的信赖，它具有以下特性。

① ASPEN PLUS 有一个公认的跟踪记录。在一个工艺过程的制造的整个生命周期中提供巨大的经济效益，制造生命周期包括从研究与开发经过工程到生产。

② ASPEN PLUS 使用最新的软件工程技术通过它的 Microsoft Windows 图形界面和交互式客户-服务器模拟结构使得工程生产力最大。

③ ASPEN PLUS 拥有精确模拟范围广泛的实际应用所需的工程能力，这些实际应用包括从炼油到非理想化学系统、含电解质和固体的工艺过程。

④ ASPEN PLUS 是 ASPEN TECH 的集成智能制造系统技术的一个核心部分，该技术能在整个过程工程基本设施范围内捕获过程专业知识并充分利用。

在实际应用中，ASPEN PLUS 可以帮助工程师解决快速闪蒸计算、设计一个新的工艺过程、查找一个原油加工装置的故障或者优化一个乙烯全装置的操作等工程和操作的关键问题。流程模拟的优越性有以下几点：a. 进行工艺过程的能量和质量平衡计算；b. 预测物流的流量、组成和性质；c. 预测操作条件、设备尺寸；d. 缩短装置设计时间，允许设计者快速地测试各种装置的配置方案；e. 帮助改进当前工艺；f. 在给定的限制内优化工艺条件；g. 辅助确定一个工艺约束部位（消除瓶颈）。ASPEN PLUS 的重要功能：固体处理，严格的电解质模拟，石油处理，数据回归，数据拟合，优化，用户子程序。

9.2.3.2　DESIGN Ⅱ 工艺流程模拟软件

DESIGN Ⅱ 工艺流程模拟软件是由美国 Winsim Inc. 公司开发的化工流程模拟软件，是强大的流程模拟计算工程，它可以为大量的管线和单元操作做热量平衡和物料平衡。DE-SIGN Ⅱ for Windows 提供自由格式文字窗口，只需要很少量的输入数据和 DESIGN Ⅱ 命令，并提供了一些先进的特性如：热交换器和分离器的核算及设计计算。DESIGN Ⅱ for Windows 包括了 879 种纯组分的数据库以及直到 C_{20} 的绝大部分碳氢化。也包括了 38 种已知特性的世界原油数据。

DESIGN Ⅱ for Windows 软件的应用包括：物性，两相管线模型，膨胀机和解吸油装置，乙二醇装置，胺吸收装置，采油和运输，严格油品塔模型，热交换器的设计与核算，分离器的设计与核算。

（1）气液相和液液相的数据回归　不论是对一个简单的压力降问题能做出很快的回答，还是完成一个大型装置的流程模拟，DESIGN Ⅱ for Windows 都是最好的。流程中的单元操作，物流以及组分的规模和复杂性，都是由计算机构成流程的能力所限制的。流程的建立可根据用户的需要，通过 Windows 的窗口输入，通过关键词输入，或两者结合输入来完成。

（2）混合胺吸收系统　DESIGN Ⅱ for Windows 提供了一流的基于流量的胺吸收气体加工模型。

（3）基于流量的塔模型　采用精确的动力学模型确定反应速率和对塔的操作的影响。将动力学和水利学的严格计算用于对气体进行选择性加工的设计和装置的操作中。避免了不足的设计（排出极少量的 CO_2）或过度的设计（过剩的 CO_2 排出，降低了选择性及增加了 H_2S 在脱硫气体中的组成）。热力学模型（Kent-Eisenberg 或 Deshmukh-Mather）对溶剂的离子性、传质速率、传热效率和传导强度均做了严格的计算。反应动力学确定了传质增强因子和选择性脱除率。

（4）选择性气体和溶剂组成　DESIGN Ⅱ for Windows 用 MEA，DEA，DGA，DIPA，MDEA 中的一种或两种的混合物作为溶剂进行模拟，可以有选择性地脱除 H_2S 和 CO_2。例如，用户可以模拟 DEA 塔的出口或降低从 MDEA 塔来的脱硫气体中 CO_2 的组成。也允许用户组成所需要的最好的溶剂，从而降低胺吸收系统的操作费用。

（5）实际塔的模拟　不论是板式塔还是填料塔都有模型来描述其实际的结构。填料塔既不需要转换成塔板（HETP 等板高度）也不需要与平衡板相当的实际板。DESIGN Ⅱ for Windows 计算了一块实际板或一段填料的实际质量传递。用户可以规定塔进口的压降、每块板的压降或程序所需要计算的压降、实际塔参数用于：①板式塔包括，实际板的数量、塔板面积百分数、塔板形式、板间距、溢流堰高度、塔板通道数；②填料塔，包括填料高度、填料形式、填料尺寸、填料因子、特性面积；③流程的预调，这些流程在收敛上是很敏感的。DESIGN Ⅱ for Windows 允许采用一个已经收敛的流程，填上数据，或新建一个所需的流程。此外，还应用于酸气处理、尾气处理、废气改良等。

（6）ChemTran　ChemTran 可以提供所有流程模拟所需的物性并与 DESIGN Ⅱ for Windows 进行整合。对于非理想性的化工系统和轻烃系统中一些必须计算的不常用的性质来说，这是最好的方法。ChemTran 用自动耗时预测来提高工程效率，还可以对纯组分和混合物的热力学性质进行关联。

①　纯组分　ChemTran 包含一个最大的工业用的纯组分数据库。包括 879 种纯组分的全部的热力学性质。分子结构的输入简化了官能团技术对物性的估算。

②　混合物　支持大部分的回归方法。ChemTran 回归方法包括二元、三元、四元系统的回归。回归方法可由常用的各种平衡数据估算出热力学性质。这些方法可以处理气-液平衡，液-液平衡，气-液-液平衡，气-液-液-液平衡。

③　适用性　ChemTran 的特征很容易理解，关键词输入，容易读，具有很好的输出格式。数据是用十一种通用的公式回归的，因此确保满足要求。每种性能的资料都在很容易找到的标题下进行了很好的编排。每种特性的特殊指导都很完全和容易理解。

（7）先进的特性　在线 FORTRAN 能够将 FORTRAN 66 的命令直接连到 DESIGN Ⅱ 的输入文件中。通常一些有精细需求的特定的流程模拟则需要这种技术。

流程优化是 DESIGN Ⅱ 的一项强大的功能，它可以化简繁重的设计工作及节省时间。只需几个简单的关键词就可以规定设计变量从最小到最大的变化区间，以使目标达到流程的限定值。

工况研究模块可使工程师同时运行几种相近的工况，从而进行流程的灵敏度分析。工况研究允许生成结果数据表以及将影响因素打成图。这一功能也提高了设计效率。每个流程中只允许有一个工况研究模块，每个工况研究模块最多只允许有 25 个工况。所有的参数均被改变，然后将新的参数送入流程，对流程进行重新模拟。

DESIGN Ⅱ for Windows 提供了完善的管线模型和设计应用。不仅是简单地计算压降。例如单相流、双相流及管网均可以计算：压降；流速；流速与声速比；公称直径。DESIGN Ⅱ for Windows 也能严格计算所有的传热及与管网相连的标高。材质可选用从铝到不锈钢的所有材质。也能得到管线系统中有关凝液移动的活塞流分析。这在轻烃系统中是非常重要的，如油田中的天然气采集。

9.2.3.3　Aspen Dynamics 动态过程模拟软件

Aspen Dynamics 是一套基于 Windows95/NT 的动态建模软件，可方便地用于工程设计与生产操作全过程，模拟实际装置运行的动态特性，从而提高装置的操作弹性、安全性，增加处理量。Aspen Dynamics 使用起来非常简单，将数据通过 Excel 与其他应用软件共享；还能用于实际工厂操作：如故障诊断、控制方案分析、操作性分析和安全性分析等；对塔开车、间歇过程、半间歇过程和连续过程都可以建立精确的模型。可以帮助用户在装置设计和生产操作的全部过程中发挥最大的潜力；可以和 ASPEN PLUS 紧密结合，让稳态工艺模型进一步发挥价值。从而减少开发投资，降低操作费用。

（1）Aspen Dynamics 的优点

①　已经包容了一整套完整的单元操作和控制模型库。Aspen Dynamics 的单元操作模型建立在完善的高品质的 ASPEN PLUS 工程模型基础之上。

②　提供开放的用户化的过程模型，这些模型对用户完全透明，用 Aspen Custom Modeler 工具软件可以针对特定的过程开发更详细的用户化模型。

③　运用 Properties Plus 作精确可靠的物性计算，与稳态模拟建立在完全一致的基础上。动态模拟能连续不断地校正工作点附近局部物性回归算式，从而保证高性能与模拟精度。

④　运用成熟的隐式积分与数值方法来做鲁棒性强、稳定性好精确的动态流程模拟。

⑤　不仅提供简单物流平衡动态模拟法，还提供更精确的压力平衡动态模拟法。压力体系是在每一单元操作中，将压力与流速取得关联来展开，这一功能在气体处理过程和压缩机控制研究中具有重要的实用价值。

⑥　任务语言（task lanuage）使用户能定义基于时间或事件驱动的输入改变。例如：将

输入流量在某一时刻逐渐增加或减少；当容器满时关闭进料流量。

⑦ Aspen Dynamics 支持 Microsoft OLE 交互操作特征，比如复制/粘贴/链接和 OLE 自动化。这些功能方便了与其他应用程序之间的数据交换，也可让用户建立像 MsExcel 那样的用户操作界面。

（2）Aspen Dynamics 应用　Aspen Dynamics 对于相变、干塔和容器溢流等复杂的不连续过程的模拟问题。

① 利用 Aspen Dynamics 改善过程设计品质　传统的过程设计方法主要依赖于稳态分析，对于操作性能和控制问题通常在工艺流程完成以后才去考虑。利用 Aspen Dynamics 则可以在研究稳态性能的同时来考虑可操作性。以下这些实例都是在工艺流程设计过程中碰到的，运用 Aspen Dynamics 能成功地处理这些设计难题。

a. 在精馏塔系中，为了节能要考虑换热网络的集成设计，但是由稳态设计取得的方案是否具有可操作性？当处理量提高或降低后如何？那些需要增加的加热器和冷却器又应如何放置才能保证系统的可操作性？

b. 当设计放热反应器和它的冷却器系统时，必须针对多种情况检验所设计的系统。当进料中包含过多的反应物时会怎么样？当添加的催化剂过量时又会发生什么情况？如果冷却系统失灵，应该在多少时间内切断进料才能避免反应事故和超压危险？

c. 当设计一个新流程，这个流程中会包含多台反应器、塔和反应物循环流，基于对于类似过程的经验，预期全装置的控制会面临严重的挑战，需要快速评价各种工艺流程方案的可操作性，是否可以用单一的技术来评估稳态性能和控制系统品质以加速工艺设计过程？

② 用 Aspen Dynamics 解决操作问题　除了上面的设计问题以外，生产操作中的问题也会直接影响生产利润。Aspen Dynamics 能很好地处理诸如下面所述的各种问题。

a. 对塔 K-102 的控制遇到了麻烦，是否需要改变控制方案或增设一只进料罐以减少进料扰动？

b. 对于不同的原料，最佳的进料位置应该不同，但并不想轻易切换进料板，因为这样控制系统便无法在切换过程中保证产品的纯度，在实施切换方案之前，是否能作出评估？

c. 每当要对本工段的处理量作一个大幅度的改变，操作员和工程师必须连续调整 14h，才能重新生产出合格产品，如何开发出一套控制方案使得这种处理量的调整是自动平滑地快速实现？

9.2.3.4　ECSS 模拟软件

ECSS（Engineering Chemistry Simulation System），称为 ECSS 化工之星，是青岛化工学院于 1987 年开发成功的工程化学模拟系统，综合运用化学工程、应用化学、工程数学、系统工程和计算机科学等理论，结合大量工程实践经验开发而成的计算机软件系统，属信息技术在过程工业应用的高新技术成果。ECSS 可广泛应用于石油、化工、医药、能源、冶金、食品加工等行业，为辅助过程设计、过程研究、开发、设计方案的技术经济评估和寻优、运行装置的分析、挖潜改造等提供了有力而先进的软件工具、知识库和专家参谋系统。ECSS 具有物性查询、推算、流程模拟、反应器模拟、分离和传热设备计算，经济评价和实验数据处理的功能。该系统内容丰富，功能齐全，可扩展性好，系统的总体设计合理，模型算法有所创新，具有 20 世纪 80 年代国际水平，ECSS 已在国内五十余家石油、化工、轻工等行业的设计院、研究院和大型企业中装机运行，并在这些单位的新装置开车、技术改造、设计计算和科研开发过程中取得了显著成效。在这里将它的应用领域和所包含的十一个软件包介绍如下。

（1）ECSS 应用领域

① 新过程设计；

② 过程选择；

③ 过程改造（扩产、节能、节水等）；

④ 发现过程瓶颈及去瓶颈分析；

⑤ 过程最优化；

⑥ 过程环境影响评价；

⑦ 化工设备设计及核算。

（2）ECSS 的十一个软件包　ECSS 是一种大规模组合型过程系统模拟软件，它有十一个软件包，可在各种微型计算机及 VAX 系列机上运行。

① 数据库及物性推算子系统　可提供 1034 种化合物的 39 项基础物性和关联式参数。可采用多种方法推算纯物质的基础物性、纯组分或混合物在各种状态下的传递性质和热力学性质。用户还可根据需要增加新组分及处理石油馏分。

② 单级过程模拟子系统　可对各种物流进行热力学计算，给出有关的热力学数据，可进行泡露点、定焓、定熵、定冷凝率或定温、定压等单级过程模拟。

③ 分离过程模拟子系统　可对精馏、吸收、蒸发、萃取等不同分离过程采用多种算法进行设计或模拟计算。主要有三对角矩阵法、新松弛法、牛顿法、修正的流量加和法等算法。

④ 化学反应器模拟子系统　包括两种黑箱方法，两种热力学方法，两种动力学方法和反应器潜平衡产率等模拟算法，可由已知的反应物流及操作条件计算得到相应的生成物流，同时进行多种类型的能量计算，还可以通过对复杂反应体系中各反应的类别分析，预测产物的产率在理论上可能达到的最高限度。

⑤ 流程模拟子系统　作为 ECSS 的核心部分，共设有 25 个单元功能模块，可用来模拟设计的或已有的工艺流程，得到各设备的物料和能量平衡计算结果。

⑥ 压缩制冷流程模拟子系统　综合了工程上常用的几种多级压缩制冷流程，用户只需给出压缩级数、冷负荷、冷却剂的组成等条件，通过计算得到各股物流流量及压缩机的输出功率等参数。

⑦ 蒸汽动力系统模拟子系统　采用 IFC（国际公式化委员会）提出的水及水蒸气热力学性质计算式，在已知透平所需功率及加热器热负荷的情况下，依据一定的动力合成原则，通过优化给出合理的蒸汽动力、热力系统及其工艺参数和蒸汽流量、热效率等。

⑧ 塔板设计核算子系统　可用于各种板式塔、填料塔设备的结构设计，或对现有塔装置的结构进行校核计算，自动给出水力学性能负荷图。备有 5 种方法预测汽、液塔的板效率。

⑨ 换热器设计核算子系统　可对工程中 15 种管壳式换热器采用较精确模型进行设计与校核，得到其传热性能或结构尺寸。设计的换热器符合部颁系列标准。计算所需的韧性可由程序自动估算或用户提供，能处理各种管内外流型。也可用于指定管长或壳径的非标设计。

⑩ 经济评价子系统　以设备的类型、工艺尺寸、材质及各项消耗额作为经济评价的出发点，可得到工艺设备出厂价格、公用工程建设费、总固定资本、产品成本、流动资金、开车费及基建总投资等。

⑪ 数据处理子系统　由两个常规数据处理模块和 5 个专用模块组成。可对实验数据或现场数据进行统计检验、因素分析、参数估值、曲线拟合及插值、过失数据的剔除及正交筛选法自动建立数学表达式，还可回归有关的热力学方程参数，建立化学反应动力学方程等。

此外还有 Aspen Custom Modeler 是一套建立在联立微分——代数方程组求积分解基础上的动态模拟系统。它包括一套单元操作的动态模型库（其中包括各种控制和阀门模型）。它使用和 ASPEN PLUS 一样的物性数据库（PROPERTIES PLUS），这样可使稳态及动态模拟计算结果保持一致性。它与一些其他工具软件 MATLAB、G2、各种 DCS 有接口。

9.2.4 流程模拟技术在化工设计中的应用

ASPEN PLUS 平台模拟包括流化床、渣处理、蒸汽发生和烟气换热循环流化床（CFB）流程。

（1）过程的描述

图 9-2 所示的 CFB 烟道流程描述了 Foster Wheeler 循环流化床的过程。

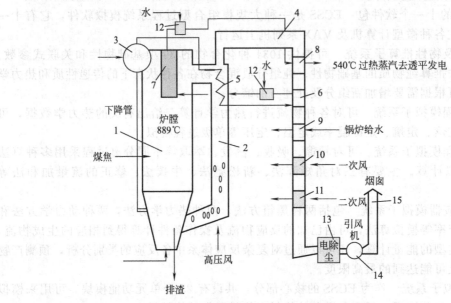

图 9-2　CFB 烟道流程

1—炉膛；2—下降腿；3—气包；4—烟道；5—包覆过热器；6—Ⅰ级蒸汽过热器；7—Ⅱ级蒸汽过热器；8—Ⅲ级蒸汽过热器；9—省煤气；10，11—一次风和二次风预热器；12—换热器；13—电除尘；14—引风机；15—烟囱

　　锅炉内包括了炉膛、旋风分离器、固体颗粒再循环装置：J 形阀，气包，置入旋风内的包覆过热器，三个蒸汽过热（再热）器，省煤器，一次风和二次风预热器。炉膛的燃烧室由水冷壁环绕。炉膛的下部导入燃料、石灰石和循环灰。底部分布多个燃气或者油的喷嘴，用于开车和灰的排出。大部分的燃烧过程发生在燃烧室的下部，对水冷壁的辐射和对流传热主要发生在燃烧室的上部。由一次风预热器加热的一次风从下部吹入，起主要的流化作用，二次风由燃烧室的中部导入，以补充进一步燃烧需要的氧气。气包顶部引出的蒸汽通过置入旋风内的包覆过热器过热，加入减温水，依次通过置入烟道里的第一过热器，置入炉膛内的第二过热器，再加入减温水，以控制蒸汽的过热温度，最后导入置入烟道内的第三过热器，产生 540℃过热蒸汽，驱动透平发电，燃料煤、焦和石灰石被磨碎机磨成很小的颗粒，送入炉膛的下部后，由下部的流化空气吹入旋风分离器。99％以上的颗粒被旋风分离，落入 J 形阀中，由于高压风（AIR3）的松动作用，J 形阀中的灰循环回 CFB 炉，循环灰一般为进料固体量的 10～20 倍。带有少量粉尘的烟气离开旋风分离器，依次将其 800℃左右的余热传给蒸汽、锅炉给水、一次风和二次风，由电除尘除灰后，被引风机导入烟囱。炉渣由炉下部排出，经风冷后排出。

　　（2）模拟的要求和简化假设　模拟的目的是对一个 Foster Wheeler 设计的流程装置进行能量和物料核算。为进一步装置节能改造提供依据。模拟的说明如下。

　　① 进行的是稳态模拟，所有的变量不随时间变化。不计算流程的压力和压力降，压力和压力降作为单元模块的设定条件。

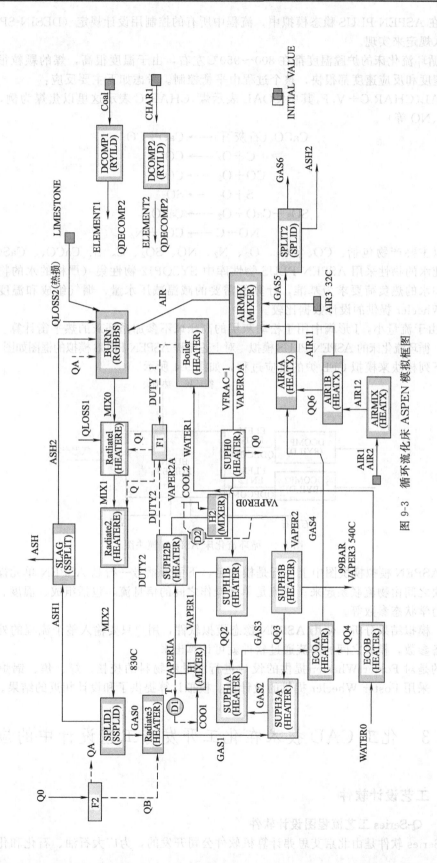

图 9-3 循环流化床 ASPEN 模拟框图

② 在 ASPEN PLUS 稳态模拟中，流程中所有的控制用设计规定（DESIN-SPEC）或模块的输入规定来实现。

③ 循环流化床的炉膛温度都在 800～950℃左右，由于温度很高，煤的颗粒很小，煤的热分解速度和反应速度都很快，整个过程由平衡控制。考虑如下主要反应：

COAL(CHAR C＋V.P，其中 COAL 表示煤，CHAR C 表示这里以焦煤为例，V.P 包括
H_2、SO_2、NO 等）

$$CaCO_3（石灰石）\longrightarrow CaO+CO_2$$
$$C+O_2 \longrightarrow CO$$
$$CO+O_2 \longrightarrow CO_2$$
$$S+O_2 \longrightarrow SO_2$$
$$SO_2+CaO+O_2 \longrightarrow CaSO_4$$
$$NO+C \longrightarrow CO_2+N_2$$

所以主要产物包括：CO、CO_2、O_2、N_2、NO、SO_2、C、S、$CaCO_3$、$CaSO_4$、CaO，蒸汽和纯水的物性采用 ASPEN PLUS 物性库中 SYSOP12 物性集（严格的水的物性表格），以蒸汽和水的热负荷要求为基准，计算所需的减温减压水量、烟气组成和温度分布，和 Foster Wheeler 提供的设计数据比较。

④ 由于流量小，J 形阀中用于松动灰层的高压风不参加循环灰的热平衡计算。

（3）循环流化床的 ASPEN PLUS 模拟 对上述流程 ASPEN PLUS 模拟的框图如图 9-3 所示。用下列模块来模拟 CFB 炉的反应过程，如图 9-4 所示。

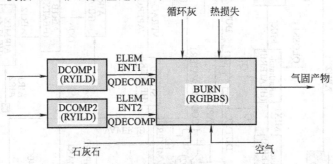

图 9-4 循环流化床 ASPEN 模块图

在 ASPEN 模拟模块图中上一行是模块名，下面带括号一行是 ASPEN 单元操作的算法名。模块之间由物流联系起来。物流是单元操作之间的信息流，包括组成、温度、压力、流量和热力学状态参数等。

（4）模拟结果分析 使用 ASPEN 稳态模拟软件，用户只要输入整个流程的外界输入物流和设备参数，模块之间的物流通过软件就可计算出来。

目的是对 Foster Wheeler 提供的设计进行能量和物料的校核。煤、焦、锅炉给水为输入物流。采用 Foster Wheeler 提供的设计值。模拟计算提供了和设计相近的结果。

9.3 化工 CAD 技术在化工开发与工艺设计中的应用

9.3.1 工艺设计软件

9.3.1.1 Q-Series 工艺流程图设计软件

Q-Series 软件是由北京艾思弗计算机软件公司开发的，为广大石油、石化和化工等管道

工程设计人员开发的一系列应用软件。它包括：QP&ID（流程图设计），QPIPING［二维（2D）管道设计］，QMTO（管道材料统计）。QP&ID 软件是基 AutoCAD2000 以上版本开发的二维工艺安装专业的绘图工具。QP&ID 针对工艺安装专业的特点，开发了一系列的模块，通过等级驱动及参数化程序设计，联合 AutoCAD 本身具有的功能，能够提高数倍的绘图效率，并可生成管道特性表。

QPIPING 针对工艺安装专业的特点，开发了一系列的工具，通过等级驱动及参数化程序设计，联合 AutoCAD 本身具有的功能，能够提高数倍的绘图效率，并可统计材料。QPIPING 操作简单，符合工程设计习惯，可满足石油、化工、石化、电力等行业工艺安装专业的出图要求。

（1）程序模块及其功能　程序包括以下几个模块，如表 9-3 所示。

表 9-3　QPIPING 程序所包括的模块

模　块	功　能
设备	卧式容器,立式容器,二级容器,塔,油罐,换热器及泵,支持自定义设备
管道	提供四种线宽的管线,支持管道等级表。多种标注方式可供选择,自动提取属性,可视化定位
管件及小型设备	在线管件包括大小头,三通,封头,八字盲板,过滤器等
小型设备	包括漏斗,搅拌器,冷却器,阻火器,混合器,消声器等
仪表及仪表	位号调节阀,孔板,仪表线,仪表位号,自动标注
阀门	常用国标阀门,参数化生成,等级驱动。支持阀组。多种标注方式可供选择,自动提取属性,可视化定位
实用工具	等级分界,在线管件删除,进出界,管道连续符号,交叉断线,手动连线,尺寸查询等

（2）程序主要特点

① 符合工程设计习惯。使用 QPIPING 绘图，不用改变现有的设计模式及习惯，使用更方便。已经成功应用于工程设计中，并完全支持 AutoCAD 所有命令，客户反映良好。工作界面如图 9-5 所示。

② 采用 AutoCAD 最新技术开发，速度更快，稳定性更强。标准的 Window 对话框，交互式操作更简单。使用专有工具栏直接单击图标调用命令。操作更为方便。

③ 等级驱动。QPIPING 内置国内标准管道等级表，在管道绘制、管件选择、阀门及法兰的选用等方面，给用户提供了最大的帮助。

④ 与管道等级表结合。与管道等级表的紧密结合，可以使管道具有完整的属性，带动等级驱动的完成，同时也使管道的标注更方便。

⑤ 参数化设计。软件的数据库支持标准的阀门、法兰及管件的尺寸数据，完全参数化绘图，并且支持文字标注。数据文件全部开放，方便用户编辑修改。

⑥ 管道材料自动统计功能，生成 MTO 报表。

9.3.1.2　CADWorx Plant Professional 工艺流程图设计软件

CADWorx Plant Professional 2008 是美国 COADE 公司研发的基于 AutoCAD 平台的三维（3D）工厂设计软件。它利用了 Autodesk 的最新 Object 技术（ObjectARX）。提供了完整的自动画图和编辑技术，大大节省了时间，同时确保图形的完整性和准确性。

（1）主要内容　软件主要包括以下几个部分：CADWorx Pipe（管道）、CADWorx Steel（结构）、HVAC（采暖通风）、CADWorx Equipment（设备）、Full Personal Isogen（管段图）、NavisWorks Roamer（漫游）、Live External Database（实时数据库）。操作界面如图 9-6 所示。

（2）特点

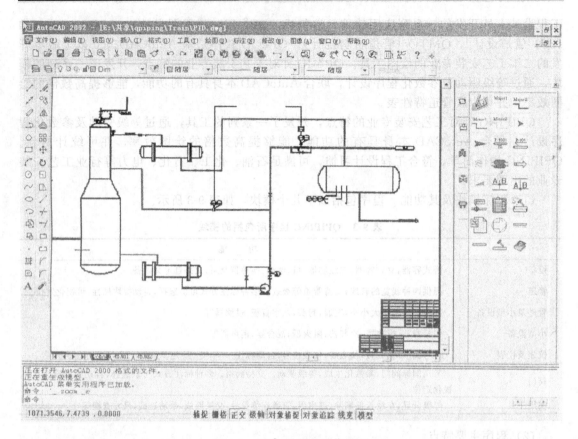

图 9-5　QP&ID 软件工作界面

① 软件内置有完备的管道规范，在 Cadworx PIPE-2D/3D（管道设计模块）中，包含公称压力 150psi、300psi、600psi、900psi、1500psi、2500psi（1psi＝1bf/in² ＝6894.76Pa）等管件的详细规范和数据文件，同时软件内置有国内的 JB，HG，SY，GB 等系列规范。这些规范可以复制和修改以适应不同工作的需要。用户可以方便快捷地定义自己的元件库和管道等级文件。

② 具有灵活/方便的 3D 建模功能，可以方便地建立结构模型，如图 9-6（a）所示。建立用户的管架和框架。可以建立各种设备和容器。可以建立暖通风道（HVAC）。CAD-Worx 以完全摆脱其他 CAD 配管软件的约束。3D 模型建立可以通过搭积木方式建立，也可以使用自动选择布管工具，画一条简单的二维或三维多义线，然后用内设的自动布管功能增加管子或弯头，可以在任意角度、任一方向布管。可以用对焊、承插焊或螺纹、法兰管道迅速而方便地建立管道模型。仍然可以使用全部的 AutoCAD 命令。

③ 可以自动生成立面图和剖视图，如图 9-6（b）和图 9-6（c）所示。可以从平面图自动生成正交立面图，修改立面图然后重新插入平面图。是从修改后的立面图生成平面图，还是从修改后的平面图生成立面图完全由用户决定。建立完 3D 模型后，用户可以自由选择模型范围和剖切深度来生成所希望的管道平、立面图纸，如图 9-6（d）所示。用户可以抽取 3D 模型的属性来标注管号、设备位号、标高、仪表位号等信息。

④ 自动生成材料表。含有项目如：2D/3D 模型转换；动布管；自动在现有管线上插入管件；重新计算，自定义管线号；自动标注尺寸添加附注、图形符号；自动加垫片、螺栓；

⑤ 自动连接功能。

⑥ 软件可以检查碰撞使用外挂数据库（SQL Server/Oracle/Access 等）。

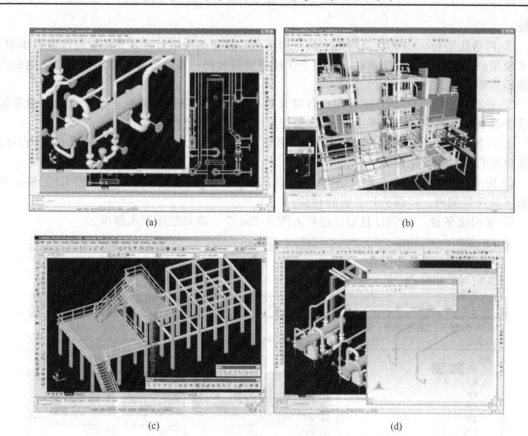

图 9-6　CADWorx Plant Professional 操作界面

9.3.1.3　CPPID V1.2 网络版

在化工设计中，PID 的绘制是必须的，为了提高绘制效率，业已开发了许多相关软件。这些软件的共同特征是做一些图块、绘制一些幻灯片、写一段 LSP 程序，最后把它挂到 AutoCAD 的菜单上，再绘图使通过插入图块到当前图形中来提高绘图速度。

化工工艺 PID 图的绘制是化工工艺设计的重要环节之一。手工绘制不仅速度慢、成品质量差、不易修改错误、不便保存和重复利用，而且由于同一个符号或设备每次绘图的结果都不尽相同，难保证 PID 图纸的一致性。不同绘图者的水平相差悬殊时，不能方便地共享优秀作品。CAD 技术的出现使 PID 图纸绘制发生了从手工到自动化的飞跃，这是计算机技术在化工设计中的无数应用之一。直接使用 CAD 软件可以绘制基本的图形元素，如点、线、圆、矩形等，它们是构成各种复杂图形的构件。CAD 技术的强大功能允许用户开发自动化程度更高的绘图系统，以便提高 CAD 的绘图质量和效率。举一个十分简单的例子：在 AutoCAD 上可以绘制一个蒸馏塔，并把它作为基本的图块保存，之后可以把此块直接插入所有的图形中。CPPID 从应用的角度看就是一个化工工艺 PID 图符库，含有大量的 PID 图纸必需的符号，但它不是符号的简单堆积。CPPID 支持 Windows 网络，是一个多用户版本的应用软件；CPPID 使用先进的数据库技术管理基本图块，用户可以方便扩充系统；CP-PID 是外挂的支持软件，和 AutoCAD 相对独立，便于系统管理和安装。CPPID 软件操作界面如图 9-7 所示。

CPPID 软件设计具有以下 6 个方面的特色。

① 外挂式平台　CPPID 相对独立于 AutoCAD，它是可独立运行的软件，只是在 Auto-CAD 启动后才能够与之协调工作。支持 AutoCAD R14 以上版本和 Windows98 以上操作

系统。

② 网络化平台 CPPID 是网络上的应用平台，真正的网络软件，支持的终端数量不限。由于使用的是同一个图块数据库，有利于保持图形符号的一致性、重复使用性，极大地提高绘图质量和效率。

③ 开放式平台 CPPID 支持用户自定义图块，用户可以把本单位长期积累的、但零散存放的图块加以整理，迅速存入 CPPID 数据库中，作为系统图块使用。

④ 开发者平台 CPPID 不仅可自定义图块，且允许定义 LISP 命令、封装 LISP 程序，从而使用户构造参数化设计平台。

⑤ 安全性平台 用户自定义的图块、LISP 命令和 LISP 程序，一旦被 CPPID 封装，即实施了反拷贝加密，以保护开发者的利益。

⑥ 实用化平台 CPPID 目前已经存入图块 258 个，满足绘图基本要求。

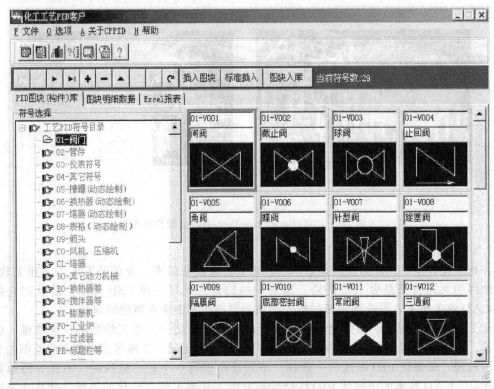

图 9-7 CPPID 软件操作界面

9.3.1.4 其他软件

(1) CADWorx/PIPE 2D/3D 单线或双线及实体建模工厂配管设计软件 CADWorx/PIPE 提供所有建模方式。用户可以使用二维双线绘制传统的管道布置图或建立三维模型从中抽取单线轴测图。转化成单/双线平面图、立面图或三维面图。实体建模提供完美的 3D 模型和工业界最好的管段图，并且非常轻松就能做到。软件引导用户通过选择和配置过程，处理管段图的生成。每一张轴测图都可自动标注尺寸，生成材料表和螺栓表，生成轴测图时自动添加图框说明。CADWorx/PIPE 独有的比例算法不仅产生工业界最好的轴测图，而且也是最吸引人的。

CADWorx/PIPE 与 COADE 公司著名的软件 CEASAR Ⅱ 可无缝链接，这是第一个 CAD 与应力分析软件之间的智能化、功能齐全的链接。借助于这个强有力的联系，应力分析工程师和管道设计人员一起工作，节省了时间，提高了精确度。

（2）QMTO 管道材料开料统计软件　QMTO 管道材料开料统计软件是基于数据库的智能管道材料统计及材料处理软件。它可以快速建立工艺管线信息表，生成工艺管线表。配管工程师可结合 2D 配管图设计，快速建立每条管道的管道材料，并产生管段表（含管子、保温及伴热、管件、阀门、法兰、垫片和螺栓等材料）。同时，用户可生成工艺安装专业分区料单的统计和总料单的合并。

QMTO 充分利用工艺管线信息（公称直径、管道等级、起止信息、保温和伴热等）和管道等级表（对管道材料的定性和规格等定义），通过管道开料模块把数据结合在一起，避免了数据传递过程中带来的人为错误，保证了数据的一致性，提高了效率，是管道材料统计最好的选择。

（3）PlantWise 工厂概念设计专家系统　PlantWise 软件是由美国 Design Power 公司与 Flour Dariel 公司合作开发的，用于工厂概念（Concept）及方案研究的专业软件。该软件共有两部分组成：Plant Builder（工厂设计专家）及 Auto Router（自动布管专家）两部分组成。Plant Builder 的关键点是快速、灵活。管道铺设部分也如此，Auto Router 基于前面的设备布置，自动布置管道和在线管件（调节阀、安全阀、流量计等）。

（4）化工流程图绘制软件 HEPID14　HEPID14 软件为化工流程图辅助设计系统，适用于化工、轻工、石油、制药行业的流程图绘制，采用原化工部 HG 20519.32—92《管道及仪表流程图中管道、管件及管道附件图例》，并结合实际应用设计。

软件采用数字化的设计，在管线绘制时记录管道信息；软件具有管件的编辑功能，可以在管线上移动、删除管件，此时不必对管线做任何编辑；可以进行管线的智能标注；软件图库提供标准图幅、图框、常用设备图块，图块符号可以扩充。

9.3.2　管道工程设计

9.3.2.1　Q-Series 软件管道模块的设计

Q-Series 软件是由北京艾思弗计算机软件公司开发的，为广大石油、石化和化工等管道工程设计人员开发的一系列应用软件。

QP&ID 采用全新工作界面，将所有用户使用的软件工具全部放在用户的眼前，方便选取。工作工具共分为：管道、管件、阀门、仪表、设备等。软件的操作界面选取工作工具如图 9-8 所示，选取管道工具上的初始化按钮如图 9-9 所示。

图 9-8　工作工具　　　　　　　　图 9-9　选取管道工具上的初始化按钮

管线设置：可以设置不同线段的线宽。箭头长度：绘制箭头的长度大小。管线初始化界面和管线设置分别如图 9-10 和图 9-11 所示。

栅格/捕捉：分别设置栅格和捕捉的间距。

断线间距：管线断线时断开的间距。

夹套管宽：设置夹套管的宽度。

文字高度：标注中文字的高度。

设备比例：仅仅针对设备绘制时有效，随着图框的改变而改变，如果是 A0 的图框，绘制固定大小的设备时，设备大小将以 A0 为默认大小。

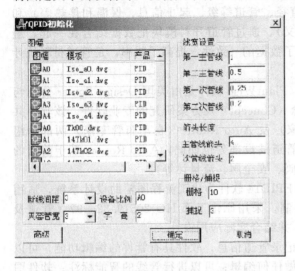
图 9-10　管线初始化界面

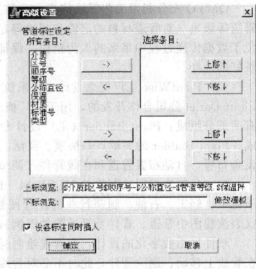
图 9-11　管线设置

点上边的 ───→ （图 9-11）将选择上标的条目传进标上标栏，同时可以把想要标注的条目内容放到"选择条目"中，然后通过"上移""下移"来决定上标注内容的先后顺序，←─── 为反方向命令。点下边的 ───→ 将选择标底的条目传进标下标栏。"修改模板"可以用来保存用户的设置，以便下次直接使用。"设备标注同时插入"按钮可以确定在绘制设备时，设备的标注是不是随设备的完成而同时插入的。利用模块 QPIPING（2D 管道设计）设计实例如下。

例［9.1］　在管道模块中点击 来新建输入管道，出现新建输入管道对话框，如图 9-12 所示。

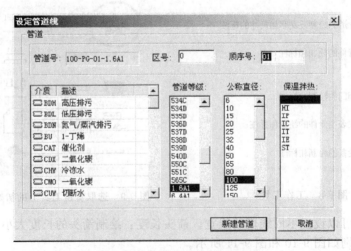
图 9-12　新建输入管道对话框

① 首先在 List 框中选择所需要介质、区号、顺序号（每次新建管道可自动加 1），选择需要的等级和公称直径、保温拌热。

② 新建管道：各项属性设置好后可创建一个新管道的命令。由上到下流入二级容器，如图 9-13 所示。

通过对管道介质属性的设置（图 9-14），可以生成物料平衡表（表 9-4）。表中所列是默认的初始值均为"0"，可以自行设置。

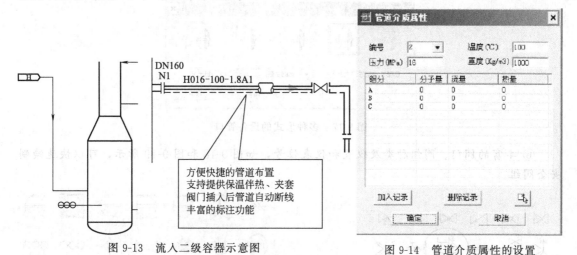

图 9-13　流入二级容器示意图　　　　　图 9-14　管道介质属性的设置

表 9-4　物料平衡

流程图物料		1		2		3	
温度		100		100		100	
压力		16		16		16	
重度		1000		1000		1000	
组分	分子量	流量	热量	流量	热量	流量	热量
A	0	0	0	0	0	0	0
B	0	0	0	0	0	0	0
C	0	0	0	0	0	0	0

③ 内建丰富的标准设备模型，如图 9-15 所示。使得用户可以快速而又简洁地绘制各种设备。

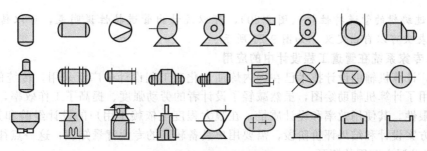

图 9-15　标准设备模型

④ 支持自定义设备如图 9-16 所示。

图 9-16　自定义设备

⑤ 可以由用户选择自由拼接，最后由合成命令来组合为 QP&ID 系统识别设备。多种形式的设备管口如图 9-17 所示。

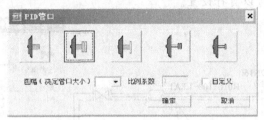

图 9-17　多种形式的设备管口

⑥ 丰富的阀门、阀组种类及仪表和仪表位号，如图 9-18 和图 9-19 所示，可以快速绘制安全阀组。

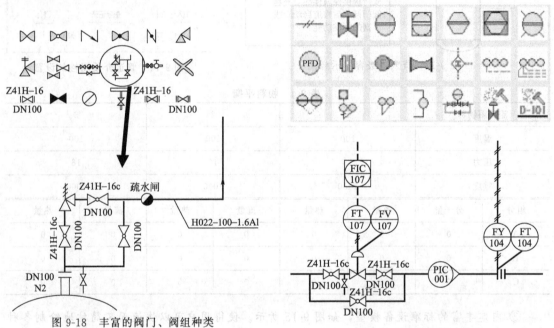

图 9-18　丰富的阀门、阀组种类

图 9-19　仪表和仪表位号

⑦ 通过编辑的管道特性框（图 9-20），可以统计出管道特性说明表，可以传输到 EX-CEL 中。表头可以自由定义，如图 9-21 所示。

9.3.2.2　专家系统在管道工程设计中的应用

目前，计算机辅助设计技术已在国内炼油及化工工程设计中广泛采用，传统的 CAD 技术仅仅应用了计算机辅助绘图，虽然减轻了设计者的劳动强度、提高了工作效率，但由于其技术的局限性，其使用效率和设计质量，在很大程度上依赖于用户的设计经验和知识水平，尤其是在方案设计和结果评价阶段，需要用户具备较高的专业背景知识，这一点往往成了影响 CAD 技术深入应用的瓶颈。

随着 CAD 技术的普及应用和深入发展，人们希望它除了具有原来的优势以外，还能代替设计人员完成必要的智力工作，从而减少 CAD 过程对人的依赖。这样，在 CAD 技术中

图 9-20　管道特性框

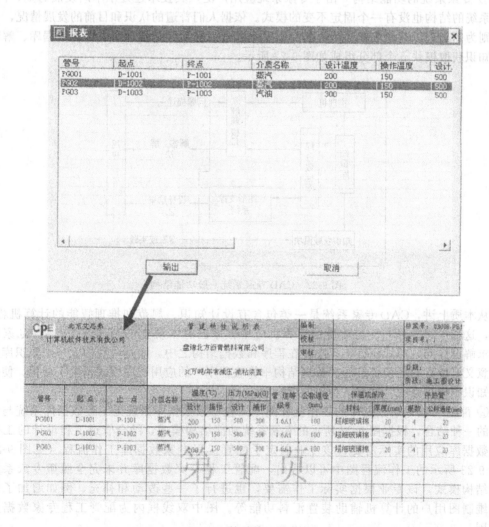

图 9-21　管道特性说明表

引入专家系统已成为必然趋势，因为专家系统能够将传统设计中需要设计人员依据经验和知识才能确定的过程置于 CAD 系统内部，除了 CAD 的数据库外，还有专业知识库、设计规则库和各种知识获取、推理和咨询功能，从而为用户提供一个近似其专业领域的工作环境。

河南洛阳石油化工工程公司（LPEC）使用 CAD 技术进行工程设计，其所属的配管室管道设计专业（下称该专业）采用的三维制图软件有美国 INTERGRAPH 公司的 PDS（Plant Design System）软件、Rebis 公司的 Auto Plant 软件，这两套三维制图软件的工作原理都是以数据库驱动和支撑的，数据库的二次开发是开发这两套软件最基础最核心的工作。实践证明，如果没有一套功能完备的工程数据库，CAD 的应用水平及工作效率都将是很低的。

洛阳石化工程公司即开始与协作单位合作采用专家系统的功能结构模式开发配管工程专家数据库。这个数据库是集管道设计专业技术、计算机应用技术的工程专家数据库系统，它具有向 PDS、Auto Plant 两种三维制图软件生成专用数据库、装置汇料、专家维护、图文查询辅助设计等多项功能。在这套工程专家数据库系统的帮助和功能支持下，技术水平较低的用户也可以设计出可与高水平专家相媲美的高质量设计结果。

（1）配管工程专家数据库的工作原理

① 专家系统的功能结构　由于专家系统应用广泛，其技术还处于不断发展时期，因而，专家系统的结构也没有一个固定不变的模式。依据人们普遍的认识和目前的发展情况，一个以规则为基础，以问题求解为中心的专家系统通常由知识库、推理机、综合数据库、解释接口、知识获取模块五个部分组成如图 9-22 所示。

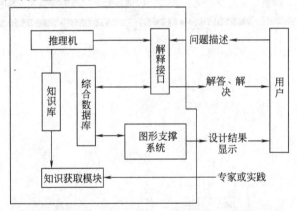

图 9-22　CAD 专家系统一般功能结构

从本质上讲，CAD 专家系统是一类包含有设计知识、规范和推理智能的计算机程序。但是，这种"智能程序"与传统的计算机应用程序已有本质上的不同。在 CAD 专家系统中，求解设计问题的知识已不再隐含在程序和数据结构之中，而是单独构成一个知识库。从一定意义上说，它已使传统的"数据结构＋算法程序"的应用程序模式发生了变化，使之成为"知识＋推理系统"这样一种新的结构模式。

② 配管工程专家数据库的工作流程图　工程专家数据库系统是工程数据库系统与专家系统的一种结合，根据图 9-22 所示的专家系统功能结构模式，结合管道工程设计的工作方式及数据库应用的实际需要，该专业制定了配管工程专家数据库工作流程（见图 9-23）。从图 9-23 所示的工作流程图中可以看出，配管工程专家数据库并未完全照搬专家系统的功能结构模式，该专业根据实际工作需要，也进行了一些改动和补充，例如增加了针对非三维制图用户的计算机辅助装置汇料功能等。图中双线框内为配管工程专家数据库工作范围。

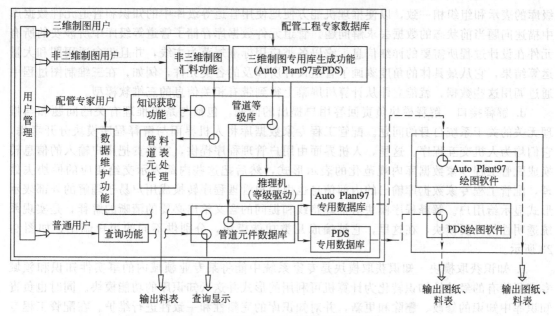

图 9-23 配管工程专家数据库工作流程

a. 知识库 基于规则的知识库是 CAD 专家系统的核心之一，其主要功能是存储和管理专家系统中的知识。在这里，管道等级库就是一种知识库，它是管道设计工程师在长期工程设计实践中所获得的设计经验及管道设计领域中的理论、规范等的集成。管道等级库中存储的知识主要有两种类型：一类是管道设计和分析领域中的公开性知识，包括管道设计专业的理论、标准规范等；另一类是管道设计工程师的个人知识，它们是管道设计工程师在长期业务实践中所获得的设计经验。管道等级库的主体内容包括管道等级表、隔热材料表、防腐材料表、定型支吊架表等。

管道等级表是针对某一种或同类操作介质的特性以及工艺装置要求，并综合考虑安全性和经济性而制定的管子、管件、阀门、法兰、螺栓、垫片等器材的选用表。该专业在理顺国家标准（GB）、机械行业标准（JB）、石化行业标准（SH）、化工行业标准（HG）及美国国家标准（ANSI）五类应用标准体系的基础上，经过大量的科学运算并结合管道设计专家长期工程设计的成功经验，共形成 139 个管道等级表，基本上代表了 LPEC 在石油化工装置设计方面管道器材选用的最高水平。隔热材料表、防腐材料表也是根据标准规范，按照工艺要求、地区特点及气候条件等相关因素进行计算后编制成隔热等级表、防腐等级表。定型支吊架表则是 LPEC 在管道工程设计及应用实践中的总结，它以通用图的形式存在。

b. 推理机 专家系统中的推理机是一组计算机程序，其主要功能是协调控制整个系统，决定如何选用知识库中的有关知识，对用户提供的证据进行推理，最终对用户提出的问题做出回答。在专家系统中，问题的求解有赖于系统对已存贮的各类常规的和专门的知识的综合运用。配管工程专家数据库采用数据驱动型推理，它是由原始数据出发向结论方向进行推理，系统根据用户提供的工艺装置原始信息，例如工艺流程图、仪表流程图、管道表等，在管道等级库中寻找与之匹配的规则，利用等级驱动的方式最终形成一套该装置专用的管道等级表、隔热材料表、防腐材料表。

c. 综合数据库 综合数据库是专家系统中用于存放反映系统当前状态的事实数据的"工作存储器"。其数据包括用户输入的事实、已知的事实以及推理过程中得到的中间结果等。它能反映系统要处理问题的主要状态和特征，是系统操作的对象。在配管工程专家数据库中，综合数据库就是管道元件数据库，管道元件数据库中的数据的表示和组织，与管道等级库的表示和组织相一致，以使推理机能方便地使用管道等级库中的知识和管道元件数据库中描述问题当前状态的数据去求解问题。管道元件数据库存储了管道等级库中所涉及的所有元件在设计过程所需要的详细信息，它以各类应用标准规范为主线，并且包含通用图和大量运算结果，它从最具体的角度刻画了管道设计所涉及的各类元件，例如，在三维制图过程中通过调用这些数据，就能立即从计算机屏幕上得到带有相关信息的三维软模型。

d. 解释接口　解释模块负责回答用户提出的问题，包括与系统推理有关的问题和与推理无关的关于系统自身的问题。配管工程专家数据库将人机界面与解释程序模块分开考虑，它们均为人机交互程序。这里，人机界面由用户管理程序提供，它负责把用户输入的信息转换成配管工程专家数据库内规范化的表示形式，然后把这些内部表示交给相应的模块去处理，配管工程专家数据库输出的内部信息也由用户管理程序转换成用户易于理解的外部表示形式显示给用户。解释程序模块对推理路线和提问的含义给出必要的清晰的解释，是实现系统透明性的主要模块，在这里，它被编成几类功能模块，分别供不同的用户调用，如图9-23所示。

e. 知识获取模块　知识获取模块是专家系统中能将某专业领域内的事实性知识和领域专家所特有的经验性知识转化为计算机可利用的形式并送入知识库的功能模块。同时也负责知识库中知识的修改、删除和更新，并对知识库的完整性和一致性进行维护。在配管工程专家数据库中，基本上依靠管道设计专家和材料控制工程师共同合作把管道设计领域内的知识总结归纳出来，然后将它们规范化后输入管道等级库，对管道等级库内容的修改和扩充主要以人工方式进行，工作量比较大。知识获取功能模块是实现配管工程专家数据库灵活性的主要部分，它使配管专家可以修改管道等级库而不必了解管道等级库中知识的表示方法、管道等级库的组织结构等实现上的细节问题，这样大大地提高了配管工程专家数据库的可扩充性。

f. 图形支撑系统　图形支撑系统是指独立于配管工程专家数据库之外但又与其密不可分的应用软件，它以系统软件为基础，用来完成 CAD 作业过程中某些特定的任务。例如，美国 INTERGRAPH 公司的 PDS 软件、Rebis 公司的 Auto Plant 三维制图软件，它们都能够直接输出图纸和料表。

③ 配管工程专家数据库的工作方式

配管工程专家数据库采用了客户机/服务器（Client/Server）结构，充分利用 LPEC 内部的局域网资源，以 MSSQLSERVER 为网络数据库平台，运用 Delphi 和 Visual Basic 编程，作为网络版软件，它能适应多人次同时访问并进行各项工作，可满足大型石油化工装置的配管设计工作的需要，它提供的操作界面为汉字标示的按钮式界面，思路明确，通俗易懂，很容易掌握。配管工程专家数据库最低配置的运行环境如下。

a. 服务器端

i. 硬件：主频 PENTIUM 166 以上，内存 128M 以上，硬盘 4.3G 以上。

ii. 软件：中文 Windows NT 4.0，SQL SERRVER 6.5，OFFICE 97。

b. 普通用户端

i. 硬件：PC486 以上机型，内存 16M 以上，软件大约占 30～40M 空间。

ii. 软件：中文 MS Windows95/98/NT，MS OFFICE97。

配管工程专家数据库的用户管理程序首先对于不同的用户分别给定了权限和口令，以保证配管工程专家数据库的运行安全。如图9-23所示，配管工程专家数据库为四类用户提供了相应的服务，以下进行简要说明。需要指出的是，对于每一类用户都有相应的工作程序框图，限于篇幅不在这里一一罗列。

（2）三维制图用户　三维制图用户是指利用三维制图软件进行管道设计的用户，权限授予该装置的负责人。装置负责人首先根据需要选择是生成 PDS 还是 Auto Plant 专用数据库，然后调用相应的专用数据库生成程序，根据提示输入该装置的各项参数，通过程序确认该装置所需采用的管道等级表（例如 21 个）、隔热材料表（例如 1 个）、防腐材料表（例如 1 个），然后从管道等级库按照等级驱动调用管道元件数据库中的详细数据，调取的数据完全按照 PDS 或者 Auto Plant 专用数据库的固定格式存入硬盘，在三维制图软件中正确安装它们后就可直接使用。专用数据库的生成过程只需 30min 左右，这和手工建库的速度（该专业在茂名 VRDS 项目中手工为 PDS 制图软件建好一个相应的专用数据库 10 个人总共用了 30 天时间，而且每一个装置的专用数据库基本上不能重复利用）相比可谓天壤之别。

（3）非三维制图用户　非三维制图用户是指利用二维制图软件（如 AutoCAD14.0）或手工制图方式（目前极少使用）进行管道设计的用户，权限授予该装置的负责人。装置负责人首先根据程序提示输入该装置的各项参数，并设定该装置汇料数据输入用户的名称和口令，这些输入用户可同时上网调用汇料程序并按照程序提供的特定格式以单张图纸为单元输入图纸上管道元件的数量，输入、校对完毕并提交后，汇料程序会自动归类、累加，最后由装置负责人调用汇料程序，计算机会按照存档要求的标准格式驱动打印机打出管段材料表、区域和装置的管道材料表、管道设备材料规格表、支吊架汇总表、阀门规格表、阀门汇总表。汇料程序的投入使用，大大减少了手工汇料的工作环节和工作强度，缩短了工作周期，提高了工作效率和设计质量。例如，2000 年元月，该专业在延长油矿管理局永坪炼油厂产品精制及含硫污水汽提装置、联合 0.2Mt/a 柴油加氢精制、联合 0.15Mt/a 催化重整三套装置同时调用汇料程序，14 人同时上网，从输入数据到最终出表，只用了 6 天时间，减少了打字出版等中间环节，保证了三套装置按时存档。

（4）配管专家用户　配管专家用户是指管道设计专家和材料控制工程师，权限授予管道设计专家和材料控制工程师。一方面，管道设计专家需要在实践中不断总结提高自己的知识水平、验证自己处理问题的方法，他们获取的新知识可以通过调用知识获取程序输入到管道等级库中。另一方面，由于各类标准规范不断的修订、变更，以及新型管道元件、材料的采用，材料控制工程师也需要调用数据维护程序对管道元件数据库进行修改。很显然，知识获取和数据维护是密不可分的，例如，如果准备在某个等级表中使用压力表根阀，以取代以前"管嘴＋短管＋闸阀＋丝堵"的不合理结构，首先要由管道设计专家决定压力表根阀的形式、描述内容及代码，调用知识获取程序输入到管道等级库中，然后由材料控制工程师调用数据维护程序把相应的压力表根阀的规格、尺寸等详细信息输入到管道元件数据库中。

（5）普通用户　普通用户是指只能使用查询功能的用户，权限授予所有管道设计人员。管道设计人员可以在企业内部局域网上随时调用查询程序浏览管道等级表、隔热数据表、防腐数据表、管子及其元件的结构尺寸和简图、支吊架通用图、管道等级表的器材代号编制规定、设计总料单的附加余量系数表、管子及其元件的标准规范索引表、常用金属材料的化学成分和力学性能表、最小连接的结构尺寸表等。对于固定格式的设计文件，如"配管设计说明书"、"配管设计统一规定"、"管子及其元件订货技术要求"等，配管工程专家数据库分别设置了一个标准格式文本，每个具体装置的设计人可以查询标准格式文本并拷贝到本地硬盘，再进行适当的修改完善而获得相应的设计文件。普通用户通过查询不但能够学习和提高自己的设计水平，还能够提高工作效率，例如，二维制图时想知道公称直径 DN100 的闸阀配两片对焊法兰后单侧接一个长半径 90°弯头的结构尺寸，只需调用查询程序浏览最小连接的结构尺寸表就行了，不必查阅相关资料，也不必退出绘图程序。

配管工程专家数据库是一个功能齐全的配管设计工具，它的装置汇料和向 PDS，Auto Plant 两种三维制图软件生成专用数据库功能采用了等级驱动和逻辑代码标识的方式，方便了用户的二次开发，同时又减少了用户正常设计中操作和维护的工作量；其专家维护功能可以使用户对配管工程专家数据库的内容进行动态管理，以保证其专门知识的先进性和数据信息的有效性；其查询辅助设计功能为工程设计人员提供了有效的帮助，从而提高了其工程设计效率和设计水平。

配管工程专家数据库的建立使得管道设计专业的设计水平和设计质量都上了一个新台阶。但这仅仅是一个良好的开端，由于专家系统本质上是一个知识工程系统，知识获取、知识表示、知识存储和知识运用构成了专家系统工作的主要内容，其中知识获取是首要的前提，而在很多情况下，领域专家往往自己也难把自己的知识讲清楚，或者他们解决问题的知识未必就很好，故知识获取问题成为专家系统开发的"瓶颈"之一。目前，一些专家系统已经或多或少地具有了自动知识获取的功能，这也是配管工程专家数据库今后发展和努力的方向。

9.3.3 计算机绘图工具 AutoCAD

1982 年由 13 个程序员创立的美国 Autodesk 公司，成为世界上名列首位的 CAD 软件公司，AutoCAD 在中国亦成为占优势地位的 CAD 软件平台，围绕 AutoCAD 进行二次开发与技术服务，在世界范围内成长起数不胜数的软件企业。

1997 年 5 月，AutoCAD R14 版问世。它是一个纯 32 位软件，运行于已流行的 Windows 95 或 Windows NT 操作系统上，并以一系列的新特性赢得了大量用户。AutoCAD 2002 增强网络操作功能。

AutoCAD 2008 为用户提供了"AutoCAD 经典""二维草图与注释"和"三种空间建模"3 种工作空间模式，操作界面如图 9-24 所示，它主要由标题栏、菜单栏、工具栏、绘图窗口、文本窗口与命令提示行、状态栏等元素组成。该版本在原版本的强大功能之上进行了全面升级。

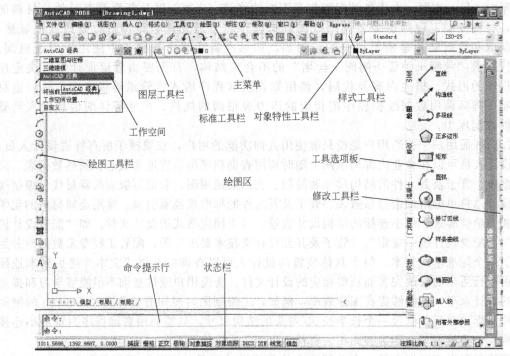

图 9-24　AutoCAD 2008 操作界面

9.3.3.1 AutoCAD 绘图软件的基本功能和特点

① 拥有友好的用户界面、方便的坐标输入功能、强大的图形编辑功能。

② 拥有强大的三维造型建模功能；提供了线框造型、表面造型、实体造型功能。不仅能建立和编辑规则的三维图形，又能处理空间自由曲线和自由曲面，还能进行着色渲染。

③ 拥有自动测量和标注尺寸功能和强有力的视图显示和图层控制功能。能自动测量和标注各种类型的尺寸、尺寸公差、形位公差，以及表面粗糙度等工程信息；操作者可从不同的位置和角度观察、处理所建立的实体，简化图形绘制和编辑。

④ 拥有数据交换功能和便于协同工作的外部引用功能。可借助多种图形文件格式与其他 CAD，CAM 系统数据交换，还可通过 ASE（AutoCAD SQL Extension）接口与一些关系数据库进行数据交换；可使从事同一工程项目的任何成员的子设计图发生变化的信息在总设计图上反映出来并自动更新。

⑤ 拥有可见即可得的图形输出功能和系统的网络技术发布技术。超级链接和发布到 Web，它们能让 CAD 用户迅速地共享最新设计信息。

对于化工而言，AutoCAD 主要用于绘制实验流程图、零件图、设备装配图、工厂管线配置图、带控制点流程图等各种图形。

9.3.3.2 化工工艺流程模拟仿真系统

随着科学的进步，化工生产日益高度复杂化、连续化，并且操作条件也越来越严格，由于生产装置高度复杂且价格昂贵，化工生产本身又具有一定的危险性，这对现场的操作人员、系统设计人员、管理人员及研究人员提出了更高的要求，所以开发具有培训功能的化工工艺流程仿真系统在当今化工生产领域具有重要的地位与意义。通过对化工工艺流程的仿真，可以掌握化工领域的高新技术，提高化工的研究手段和研究水平；降低化工研究的人力、物力、财力，尤其是大大降低了研究开发的危险性；为人员培训和演练提供高效手段，为来宾及领导参观提供安全保证。这里详细介绍了一种流程模拟仿真系统的构建过程。

（1）研究对象　如图 9-25 所示，该生产工艺流程主要由原料准备过程、合成脱酸过程、加胺蒸馏过程、废液处理过程四个部分组成。工艺流程简述如下。

物料 A、B 在干燥空气条件下，经合成脱酸得到粗品，得到的粗品在特定条件下与物料 C 蒸馏得到产品 D。系统产生的废气和废液经严格处理后排空。

（2）仿真模型建模原理　根据上述工艺流程及相关化学反应方程式，并结合实际情况通过编写基于规则的工艺流程脚本的方式建立起生产装置的系统模型。为了用三维视景仿真所感兴趣的工艺对象的行为，首先要对相关对象建立起数学

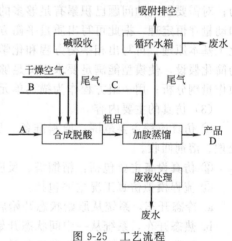

图 9-25　工艺流程

模型，所建的模型必须能定性和定量地描述对象的性质和行为，即形式化地表达所需要考察的各自变量与因变量间的关系，然后进行模型转换，将数学模型转化为仿真模型，并对仿真结果进行试验分析，如图 9-26 所示。

通常工艺模型的建立是进行流程模拟仿真的核心，根据视野的深度和广度，工艺模型可

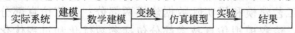

图 9-26　仿真结果的试验分析

建立在不同的层面上：基本物性、迁移与变化现象、单元操作设备、若干设备构成的过程、多层组合的复杂过程、多个复杂过程构成的综合系统。

① 变量集 其基本内涵，至少应该包括以下几类变量（变量集）：输入变量集（I）、输出变量集（R）、结构变量集（C）、操作变量集（O）、参数变量集（P）、目标变量集（M）。以精馏环节为例，包括：输入变量——进料组成、加热蒸汽和冷却水温度等；输出变量——塔顶、塔底或侧线产量、组成，塔板温度等；结构变量——塔板、换热器结构尺寸，塔板数、进料或侧线的位置等；操作变量——进料量、进料温度、回流比、再沸器加热蒸汽用量和温度等；参数变量——有些变量可在较小范围内调节，如热蒸汽温度等；目标变量——产品的产量或全部产品的经济价值等。

② 建立模拟仿真采用的方法 建立模拟仿真采用的方法有三大类：机理分析法，机理、经验方程法，机理与经验结合法。

a. 机理分析法 通过理论分析，得到能反映流程单元对象性质和行为规律的机理方程。

b. 经验方程法 选用关联方程，用流程单元对象行为的实测数据，经统计分析，确定关联方程的系数。

c. 机理与经验结合法 由理论分析得到一定程度的简化机理方程，再根据实测数据，用统计方法拟合方程的系数。

③ 建立模拟仿真模型原则 建立模拟仿真模型时，将根据以下几方面原则择优进行。

a. 选定模型的复杂程度，依据：使用模型研究问题时所需要的功能；达到使用目的所必需的精度；对象的时变特性及实时跟踪的要求；能使用的计算设备的速度和容量。

b. 建模时对理论分析的依赖程度，决定于与对象有关的基本理论发展的实际水平；所需要的各种物性数据能够取得的精度；检测技术能够达到的深入水平；对动态过程在线检测的精度水平。

c. 建模中是否需要选用统计方法的根据：理论分析尚不足以充分说明对象的性质和行为；对需要研究的问题已积累有足够多的实际数据。工艺建模的基础是质量守恒、能量守恒和动量守恒定理，据此可写出质量平衡方程、热量平衡方程和动量平衡方程，又根据化学和化工基本原理，可写出相平衡方程和化学反应物料平衡方程。建模的重要技巧在于提出合理的简化假设，使模型能满足要求而又足够简单；当平衡方程的各项，由多个变量组成时，必须作量纲分析；用一组方程作为描述单元对象系统的模型时，应对该系统作自由度分析。

（3）仿真的主要内容

① 仿真流程主要范围：原料准备、反应合成、纯化分离、真空系统、产品包装、废液处理、溶剂回收。

② 仿真设备主要包括：精馏塔、反应釜、换热器、输送泵、容器、管路等。

③ 流程模拟仿真工况主要包括：

a. 冷态开车，系统从原始状态开始启动；

b. 热态开车，系统从一中间状态开始启动；

c. 正常生产，系统处于正常状态下，根据需要，操作人员可进行工艺参数调整；

d. 停工过程，正常停车和紧急停车；

e. 事故处理，由于误操作引起的异常现象和倒吸、停水、停电、停气、设备管路堵塞等。

（4）支撑技术 主要涉及三个方面：数学建模、数值仿真、流程模拟仿真技术。数学建模部分的内容包括用工艺建模和用实际数据建模两部分；数值仿真部分的内容包括数值计算和对过程仿真的应用；流程模拟仿真技术部分包括参数优化和过程优化。

（5）仿真系统的实现方法 进行流程模拟仿真软件的设计和开发时，将充分体现面向对象的设计特点，采用基于类库的系统结构，由于涉及众多对象的管理和调度，考虑运用容器的方法对单元对象进行管理，运用线程的方法对相关对象进行调度，按照这样的要求进行处理，系统结构清晰合理，便于资源共享、功能扩充和系统维护。流程模拟仿真系统要完成与用户的交互、流程现象的仿真、数据的处理以及操作评价等功能，系统考虑设计相应的类来完成：单元构件类、流程仿真现象信息类、数据处理类、交互界面类和操作行为评价类等，其中单元构件类是系统主要的类，用于仿真相关化工单元构件的过程特性。

　　用来管理和调度这些相应类完成整体仿真任务的类是系统类，它位于最上层，其存在将简化流程模拟仿真系统的总体设计。基于类库的开发往往涉及大量的类实例（对象），如流体流向对象、流体物性对象、基本单元对象、流程仿真现象信息对象等，因为这些对象是构成系统的基本元素，如何管理和调用它们是系统开发的重要问题。

　　由于采用创建容器类的方法对同类对象进行封装与统一的管理，因此系统中含有许多相互独立的容器对象。有了结构清晰的容器对象，系统的结构更显得层次分明，系统类对基本单元对象、实验现象仿真对象等的调用，基本单元对象对流体流向对象、流体物性对象等的调用均是通过消息传递机制而独立完成。

　　(6) 仿真系统的主要功能　流程模拟仿真软件系统的核心功能：向视景仿真系统中的三维模型提供合理的工艺信息数据，以期建立起逼真的生产装置三维视景和反映出对应设备的动态运行情况；软件系统还具有一定的仿真培训功能（包括工艺操作参数调整、事故设定、操作评定等辅助功能）。

　　① 参数调整功能：允许操作人员对预定的重要工艺参数等进行调整，以便从更深的层次提高对工艺机理、过程流程操作的了解。

　　② 时标设定功能：用于设定模拟仿真软件运行的快慢节奏。

　　③ 事故设定功能：可以任意设定预选组态好的事故，事故设定好后，将在三维视景区出现事故现象。

　　④ 照相设定功能：模拟仿真软件具有照相"快门"的功能，可以记录软件运行过程中任一时刻的全部状态。

　　⑤ 运行暂停功能：模拟仿真软件在运行过程中的任何瞬间，都可以设定处于暂停状态，方便操作、讲解、观看等。

　　⑥ 操作评价功能：模拟仿真软件能针对操作人员的操作质量给出评价。

　　(7) 网络控制　系统采用最先进的 HLA/RTI（高层体系结构/运行支撑环境）分布式网络仿真体系规范。HLA主要由规则、对象模型模板及接口规范说明等三个部分组成。一个联邦成员中的各个成员之间的交互作用是通过HLA 中一个重要部件——RTI 提供的服务来实现的，即在一个联邦的执行过程中，所有的联邦成员应该按照 HLA 的接口规范说明所要求的方式同 RTI 进行数据交换，实现成员间的交互作用。HLA 的联邦构成采用对称的体系结构，

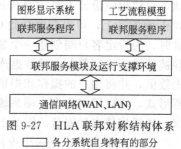

图 9-27　HLA 联邦对称结构体系
☐ 各分系统自身特有的部分
▨ 不同系统间可重用部分

如图 9-27 所示。在整个系统中所有的应用程序都是通过一个标准的接口形式进行交互作用，共享服务和资源，它是实现互操作的基础。按照 HLA 的规定，所用的联邦和联邦成员必须按照 OMT（Object Model Template，面向对象的开发方法）提供各自的 FOM（Federation Object Model，联邦对象模型）和 SOM（Simulation Object Model，仿真对象模型）。RTI 作为联邦执行的核心，其功能类似于某种特殊目的的分布式操作系统，为联邦成员提供运行时所需的服务。RTI 提供六种服务，即联邦管理、声明管理、对象管理、所有权管理、时间管理和数据分布管理。

在构建仿真系统的协同仿真环境时，重点工作将主要放在应用 RTI 及 SOM 与 FOM 对象的开发上。对于 FOM 与 SOM 开发过程可以分为五个阶段，即定义阶段、概念模型开发阶段、联邦设计阶段、联邦继承和测试阶段、联邦运行和分析阶段，并有以下五种开发工具及相应的使用途径分别用于上述五种不同阶段的开发。网络控制服务器是系统的主控模块，对系统的数据库、模型库和人机交互进行协调，数据的声明、管理及通信交给 RTI 来控制，以便实现仿真程序的顺利运行。通过底层的网络及相关体系结构的支持、人机交互界面，模型建立、模型调试、模型试验及模型运行结果可以实现快速准确地交换与更新。通过网络设备交换机将网络控制服务器和各客户端连接起来，并配以投影仪等输出设备构造出分布式仿真系统。采用该网络结构的优点是：有效使用资源、增进生产力、降低成本、提高可靠性、缩短响应时间。

9.3.4　建立和应用 CAD 网络系统

近年来，各类计算机辅助设计 CAD，在计算机研究与应用领域取得了迅速的发展。现有较成熟的该类系统一般比较庞大，多为基于单机原型发展而成，但由于该类系统专业化程度要求非常高，单个操作人员难以完成，迫切需要对其进行网络化协同操作改造，这就涉及网络协同改造的架构设计，保证协同操作的高可靠性以及协同用户的动态自由扩展。这里以 Web 服务概念体系为基础，构建了一个基于 Internet 的计算机支持的协同工作（computer supported cooperative work，CSCW）系统框架，充分利用 Web 服务所具有的良好动态扩展性和维护性，针对 Internet 上大量用户的加入情况，提出了一种以优先权控制的分层式协同设计过程模型。最后，基于系统框架，提出了一种集中控制式解决设计冲突的方法，以提高协同效率。

基于 Web 服务的图形 CAD 协同系统的总体框架如图 9-28 所示。该框架的客户端为浏览器访问形式，服务器端的 Web 服务器与数据库服务器相结合。框架的设计目的是以服务的形式，提供对图形 CAD 系统在 Web 服务器的集成应用管理，同时提供对该类 CAD 系统的专业化网络发布，以吸引全球相关领域的设计者参与使用。对于框架所支持的图形 CAD 系统，要求其设计基元是图形学对象，如建筑、纺织、图案和室内效果等领域的 CAD，这是由于该类 CAD 系统可以比较完善、统一地抽取协同设计操作命令与逻辑。因此，当符合此要求的 CAD 系统需采用网络化协同设计时，可以针对该 CAD 系统建立一个协同数据库，动态存储相应设计人员的操作过程、优先权、设计知识以及形式化表达的协同逻辑。而在 Web 服务器上，可以部署对此 CAD 系统的协同服务，其主要功能是在客户端有协同加入请求时，为特定客户端创建一个协同智能体（Agent），通过 Agent 与客户端交互。同时，这些被部署的协同服务连接数据库服务器中相应的协同数据库，获取设计规则、用户权限与优先数值，并将用户的操作和提供的知识更新到协同数据库。对于每个客户端，因为采用浏览器形式，所以可以将客户端系统打包成控件发布于服务器上，客户端有浏览请求时，根据要求，选择控件自动安装。图 9-28 中各功能实体的主要描述如下。

（1）Web 服务　是一个支持 Web 服务公共标准的 HTTP 服务器的运行态，常用的企业级应用服务器有 Web sphere/Web logic 等。

（2）CSCW DB 服务　是各网络化的协同图形。图 9-29 所示为 CSCW 体系架构中客户浏览器与服务器间的交互细节。作为 Web 服务器，Web2 sphere 的功能是将开发所得的协同设计 CAD 服务端程序部署于服务器上，同时发布客户端控件。作为 Web 服务的应用架构，Web sphere 内含 SOAP 服务器以及对服务的描述机制。服务提供者将编写的各类协同服务部署于 SOAP 服务器上，维护 SOAP 服务器的服务列表。在客户端，控件将客户界面操作转换为特定 CAD 系统的标准格式，包装成 XML 文档形式，以 SOAP 消息发送到服务

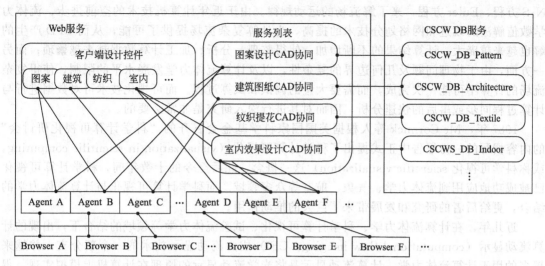

图 9-28　基于 Web 服务的图形 CAD 协同系统的总体框架

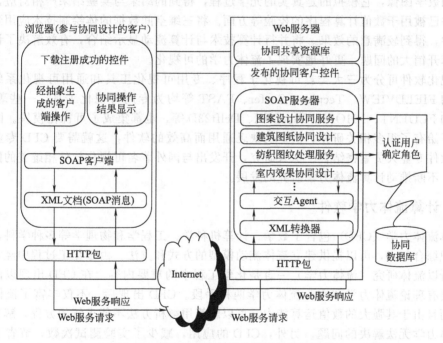

图 9-29　客户浏览器与服务器间的交互细节

器端，服务器接收并将消息还原成操作的标准格式，然后将这些操作交由 CAD 协同服务动态生成的交互 Agent 进行处理，并将处理结果传递给 CAD 协同服务的其他处理过程。这些过程先对用户进行角色认证，然后提取并分析协同数据库内的数据，做出记录和更新，最后将分析处理结果返回给交互 Agent，同样经 Agent 通过 SOAP 传回客户端，使其操作界面发生改变，获得协同操作的操作结果。

9.4　计算流体力学的发展及在化工中的应用

计算流体力学（computational fluid dynamics，CFD）通过求解流场中的基本方程，如

N_2S 方程、Euler 方程，来了解流场的运动规律。由于近年计算机技术的空前进步、流体力学数值解法的改进和网格划分技术的提高，为计算复杂流场提供了可能，从而 CFD 产生的解也越来越庞大，计算结果的不断增加，使得整理、分析、加工计算数据越来越繁琐；而另一方面，由于物理问题及几何边界的复杂性，以及计算流体力学发展水平的限制，使得复杂流场的计算不可能一次完成，而需要大量的调试和试算过程。而可视化技术可对数据进行与计算过程同步或事后的快速分析，因而对其进行深入研究是非常必要的。

1987 年，Mc Cormick 等人根据美国国家科学基金会召开的"科学计算可视化研讨会"的内容撰写的一份报告中正式提出了科学计算可视化（visualization in scientific computing，或称科学可视化 scientific visualization）这一概念，此后至今的十数年间，科学计算可视化已被成功地应用到流体力学、气象、航空等众多领域。而科学计算可视化与计算流体力学的结合，更给后者的研究和发展带来了巨大的推动作用。

近几年，在计算流体力学、科学计算可视化、试验流体力学等领域的结合下，出现的计算流动显示（computational flow imaging，CFI）成为流动显示技术的一个新分支，并越来越多的用于计算流体力学。计算流动显示是将光学流动显示的原理在计算机上模拟实现，得到相应的数学图像，它模拟的是真实的光学过程，得到的结果与实验结果严格对应，具有可比性，并已被用于数值计算程序的校验等方面。将三维空间数据的体绘制技术应用到计算流动显示中，得到较满意的效果。将并行计算技术与计算流动显示结合，有效解决了计算流动显示计算开销大的问题，更好地实现了流体力学的可视化。

可视化软件可分为三大类：可视化子程序、专用可视化工具和通用可视化系统；CFD中常用的 FIELDVIEW、Tecplot、Surfer、FAST 等均为专用可视化工具。一些著名 CFD软件，如 FLUENT、PHOENICS、CFX、Delft23D 等，也都集成了可视化模块。国内也从较早就开始有了很多相关研究，但是仍缺乏通用而高效的软件，这就需要 CFD 专业人员和计算机软件专业人员紧密结合、深入研究，开发出与国外著名可视化软件相媲美的国产化软件产品，不断推动计算流体力学研究的发展。

9.4.1　计算流体力学软件

计算流体力学（CFD）包含了数学、计算机科学、工程学和物理学等多种学科，这些学科的知识综合起来，可以提供建立流体流动模型的方式和方法。由于化工过程中经常会出现流体，所以流体研究（流体力学）一直是化学工程中的重要内容。在 CFD 出现以前，流体研究主要有理论流体力学和实验流体力学两种手段。CFD 出现后，不仅丰富了流体研究的手段，而且由于其强大的数值运算能力，可以解算用解析方法不能求解的方程，解决了某些理论流体力学无法解决的问题。另外，CFD 的应用，减少了实验测试次数，节省了大量资金和时间，并能解决某些由于实验技术所限，难以进行测量的问题。特别是大量的 CFD 软件的出现，大大减少了 CFD 研究的工作量，降低了对计算机知识的要求，使更多的研究者可以使用 CFD 这一工具研究流体问题，从而扩大了 CFD 的应用范围，推动了流体力学更深入发展。CFD 还不是一种很成熟的技术，通常需要处理复杂的物理现象，多种尺度，还有湍流和反应现象，难以找到合适的模型，对计算机的要求也较高。CFD 软件，即使是所谓的通用软件，也不是适合于所有流体力学问题，需要使用者根据研究的对象认真地选择合适的 CFD 软件及物理模型，使用它，并找出有价值的信息。尽管有缺点，作为一种新学科，CFD 将会随着技术的进步和发展而日趋成熟，并且将在化工领域获得更广泛的应用。

由于数值模拟相对于实验研究有独特的优点，比如成本低、周期短，能获得完整的数据，能模拟出实际运动过程中各种所测数据状态，对于设计、改造等商业或实验室应用起到重要的指导作用，所以计算流体力学技术得到了越来越多的作用，这促进商业计算流体力学软件的发展。自 1981 年英国的 CHAM 公司推出求解流动与传热问题的商业软件 PHOE-NICS 以后，迅速在国际软件产业中形成了通称为 CFD 的软件产业市场，其他的求解流动与传热问题的商业软件，如 FLUENT、STAR-CD、FLOW3D、CFX 等先后问世，目前全世界已有大约几十种求解流动和传热问题的商业软件。

（1）PHOENICS 软件　PHOENICS 是世界上第一个投放市场的 CFD 商用软件（1981），可以算是 CFD 商用软件的鼻祖。这一软件中所采用的一些基本算法，如 SIMPLE 方法、混合格式等，正是由该软件的创始人 D. B. Spalding 及其合作者 S. V. Patankar 等所提出的，对以后开发的商用软件有较大的影响。这一软件采用有限容积法，压力及速度耦合采用 SIMPLEST 算法，对两相纳入了 IPSA 算法（适用于两种介质互相穿透时）及 PSI-Cell 算法（离子跟踪法），代数方程组可以采用整场求解或点迭代、块迭代方法，同时纳入了块修正以加速收敛。该软件投放市场较早，因而曾经在工业界得到较广泛的应用。自 1997 年在中国推广以来，以其廉价和代理商成功的商业运作模式，在中国高校和研究单位得到了很好推广。其特点是计算能力强、模型简单、速度快，便于模拟前期的参数初值估算，以低速热流输运现象为主要模拟对象，尤其适用于单相模拟和管道流动计算。其包含有一定数量的湍流模型、多相流模型、化学反应模型。如将层流和湍流分别假设成两种流体的双流体模型 MFM，适用于狭小空间（如计算机模块间）的流动与传热模型 LVEL，用于暖通空调计算的专用模块 FLAIR 等。不足之处在于：计算模型较少，尤其是两相流模型，不适用于两相错流流动计算；所形成的模型网格要求正交贴体（可以使用非正交网格但易导致计算发散）；使用迎风一阶差分求值格式进行数值计算，不适合于精馏设备的模拟计算；以压力矫正法为基本解法，因而不适合高速可压缩流体的流动模拟；此外，它的后处理设计尚不完善，软件的功能总量少于其他软件。其最大优点是对计算机内存，运算速度等指标要求相对较低，其边界条件以源项形式表现于方程组中是它的一大特点。该软件的最新版本默认适用 QUICK 数值求解格式，软件推荐选用格式为 SMART 和 HQUICK 数值求解。由于缺乏使用群体和版本更新速度慢，以及其他新兴软件的不断涌现，使得其实际应用受到很大限制，目前应用较少。

（2）FLUENT 软件　FLUENT 软件针对每一种流动的物理问题的特点，采用时由于它的数值解法在计算速度、稳定性和精度方面达到最佳。可以计算流场、传热和化学反应。其思想实际上就是做很多模块，这样只要判断是哪一种流场和边界就可以拿已有的模型来计算。由于囊括了 Fluent Dynamic International、比利时 Polyflow 和 Fluent Dynamic International（FDI）的全部技术力量（前者是公认的在黏弹性和聚合物流动模拟方面占领先地位的公司，后者是基于有限元方法 CFD 软件方面领先的公司），因此 FLUENT 软件能推出多种优化的物理模型，如定常和非定常流动：层流（包括各种非牛顿流模型）；紊流（包括先进的紊流模型）；不可压缩和可压缩流动；传热；化学反应等。对每一种物理问题的流动特点，有适合它的数值解法，用户可对显式或隐式差分格式进行选择，以期在计算速度、稳定性和精度等方面达到最佳。FLUENT 将不同领域的计算软件组合起来，成为 CFD 计算软件群，软件之间可以方便地进行数值交换，并采用统一的前、后处理工具，这就省却了科研工作者在计算方法、编程、前后处理等方面投入重复、低效的劳动，而可以将主要精力和智慧用于物理问题本身的探索上。

（3）STAR-CD 软件　STAR-CD 是全球第一个采用完全非结构化网格技术和有限体积方法来研究工业领域中复杂流动的流体分析商用软件包，是由英国 Computational Dynamics 公司推出，软件名称是由 Simulation of Turbulent Flow in Arbitrary Regions 再加上公司名称 Computational Dynamics 的缩写组合而成。STAR-CD 最初是由流体力学鼻祖——英国帝国理工大学计算流体力学领域的专家教授开发的，他们根据传统传热基础理论，合作开发了基于有限体积法的非结构化网格计算程序。在完全不连续网格、滑移网格和网格修复等关键技术上，STAR-CD 又经过来自全球 10 多个国家、超过 200 名知名学者的不断补充和完善，成为同类软件中网格适应性、计算稳定性和收敛性最好的佼佼者。它是流体力学中通用性强、功能强大的一份商用软件，它不但可以为工业设计服务，亦可为科学研究所用。

(4) CFX 软件 CFX 软件是 CFD 领域的重要软件平台之一，在欧洲适用广泛。1995年进入中国市场，目前应用较为广泛。该软件主要由 3 部分组成：Build，Solver 和 Analyse。Build 主要是要求操作者建立问题的几何模型，与 FLUENT 不同的是，CFD 软件的前期处理模块与主体软件合二为一，并可以实现与 CAD 建立接口，功能非常强劲，网格生成器适用于复杂外形的模拟计算。Solver 主要是建立模拟程序，在给定边界条件下，求解方程。Analyse 是后处理分析，对计算结果进行各种图形、表格和色彩图形处理。该平台的最大特点是具有强大的前处理和后处理功能以及结果导出能力，具有较多的数学模型，比较适合于化工过程的模拟计算。

(5) FIDAP 软件 这是英语 Fluid Dynamics Analysis Package 的缩写，是于 1983 年由美国 Fluid Dynamics International 公司推出，是世界上第一个使用有限元法的 CFD 软件。可以接受如 I-DEAS、PATRAN、ANSYS 和 ICEMCFD 等著名生成网格的软件所产生的网格。该软件可以计算可压缩及不可压缩流，层流与湍流，单相与两相流，牛顿流体及非牛顿流体的流动、凝固与熔化问题等。有网格生成及计算结果可视化处理的功能。

上述各种软件各有特点，适用时应注意适宜的应用领域和应注意的问题。CFD 技术开发需要工程、物理、数学、计算机、图像处理等多学科人才的合作完成，是比较复杂和系统的工程。每一种软件都不是万能的，选择软件时要考虑具体问题的实际需要和特点，对每一种软件的使用应尽可能参考他人的文献和与其他使用者交流，以最大可能挖掘出所用软件的功能。

9.4.2 计算流体力学在化工领域的应用

计算流体力学的应用已经从最初的航空航天领域不断地扩展到船舶、海洋、化学、铸造、制冷、工业设计、城市规划设计、建筑消防设计、汽车等多个领域。在化工领域计算流体力学在解决工程实际问题方面具有重要的应用价值。下面主要介绍计算流体力学在化工设备方面的应用。

(1) 流化床 流化床最初的研究主要集中在对流化床整体运行的描述上，这些对流化床的设计和操作有重要意义。尽管有大量的实验室和工业数据，但是难以将其综合起来进行解释，因为实验室阶段，由于测量技术的限制不能获得足够的数据。流化床中的气-固流按照建模的长度和时间，可以分为三种：过程设备、计算单元、单个粒子。计算单元水平上的模型，气相和固相被看作可以相互渗透的连续介质，在奈维-斯托克斯方程中用局部平均变量代替点变量，用 CFD 解方程。这种连续逼近方法能提供气-固流体的有用信息，近些年成为流化过程建模的主要方法。这种方法的缺点是难以提供相间动量、能量、质量传递关联，无法建立反映单个粒子的离散流动特性模型。

(2) 搅拌 目前计算流体力学的搅拌的方法介绍如下两种方式：①采用将搅拌器作为黑箱（black box）处理的方法，即用实验方法测定搅拌器邻近区域的平均速度场，并以此为计算的边界条件，模拟涡轮搅拌器；②应用 CFD 研究搅拌的方法，即在计算搅拌釜流体之前，要把搅拌釜分成一些小单元，这一过程称为网格化。CFD 模拟能否成功取决于能否产生合适的网格。网格生成后，质量、能量和动量守恒方程以及表示湍流作用和发生化学反应而产生或消耗的物质的变量，都可以通过数值计算解得。计算的一个重要部分就是满足方程的边界条件，一般把壁面的流体速度定为 0。

（3）转盘萃取塔（RDC） 计算流体力学研究转盘萃取塔介绍如下两种方式；①用 CFD 探讨 RDC 中的两相流，其模型可以详尽描述萃取塔中液-液流动的多维扩散，可以计算出两相的速度场和局部体积分率，这些结果有助于深入解萃取过程；②使用 PHOENICS1.4 软件，能计算添加挡板前后转盘萃取塔内部流场的变化，可以经 LDV（laser doppler velocimetry，激光相位多普勒干涉仪）测试结果证明添加挡板对 RDC 传质效率的积极作用。

（4）填料塔 计算流体力学研究填料塔，用 CFD 研究精馏所用的规整填料。填料中存在一个传质和传热效率较低的特定区域，通过改变填料的形状，以加强流体的径向和轴向混合，CFD 计算表明，传热效率升高，根据这一结果设计出的新型填料，填料的效率较高。

（5）燃料喷嘴气体动力学 使用 CFD 研究喷嘴的流场，由于喷嘴旋流流场的复杂性，难以确定边界条件、生成网格，以及选定合适的湍流模型。用 ACE 软件分析了喷嘴出口流场，可以为设计和提高喷嘴效率提供有力的帮助。

（6）化学反应工程 CFD 在化学反应工程领域也得到了广泛应用。①使用 CFD 设计和优化新型高温太阳能化学反应器。CFD 模拟提供了计算速度、温度和压力场，以及粒子运动轨迹，而这些数据在高辐射（$>3000kW/m^2$）和高温（$>1500K$）条件下无法测量得到。CFD 模拟结果由冷模实验结果验证。Holgren 和 Anderson 用商用 CFD 软件 FIDAP，采用有限元法，模拟了用整块催化剂进行的催化燃烧、部分氧化和液相加氢等化学反应。并与实验结果进行了比较。该过程需采用绝热高压釜反应器。②使用 FLUENT 商用软件计算了反应器的三维模型。可以获得对高压釜反应器内部混合和反应的深入认识，包括反应器、旋转桨叶、聚合动力学、湍流模型，以及湍流反应速率模型。通过计算得到反应器中不同操作情况下的流线、浓度梯度和温度梯度。根据这些数据可以更好地认识反应过程，从而优化操作参数。

（7）干燥 从 20 世纪 50 年代开始，人们就多次尝试用数学方程描述喷雾干燥。在喷雾干燥中有很多复杂现象难以用数学方程的形式表达。这些现象包括喷雾的多分散性，雾沫夹带，分散相内部传热和传质问题。20 世纪 70 年代 Parti 和 Palancz 阐述了分散相和连续相之间的动量、热量和质量传递的规律，Gauvin 和 Katta 提出了一种考虑了雾沫夹带和雾化非均一性的模型，他们还给出了一个考虑了空气的轴向和切向速度分布模型的解。所有的雾沫夹带和干燥动力学之间的关系都是由实验得出的。此后，研究者们又提出了大量的模型，其中一些成功地应用于实际过程。Crowe 等人提出了单元内粒子源模型（PSI-cell model）。在对 PSI-cell 类型的模型改进和 CFD 软件使用的基础上，人们成功地预测并分析了喷雾干燥中流场的低频率振荡等现象。

9.5 生产控制与计算机管理系统

9.5.1 化工行业地理信息系统应用的特点

自 20 世纪 60 年代加拿大开发使用第一个地理信息系统，即 GIS（geograhpic information system）以来，该技术不断得到发展，其应用也逐步扩展至社会生活的各个领域。GIS 是以地理空间数据库为基础，采用地理模型方法，适时提供多种空间的和动态的地理信息，为地理研究和地理决策服务的信息系统，已被广泛用于资源管理、城市规划、应急救援等各个领域。

随着网络技术的不断发展，信息共享成为用户的迫切需求，利用 Internet 发布信息，为不同用户提供空间数据查询、联机分析处理与决策等功能是行业地理信息系统发展的一种趋势。运用 GIS 系统对化工企业复杂的管道、设备、安全环保设施等进行管理，通过丰富的地图表现形式，将企业各项资源和资源所处的状态直观地展现在用户面前，使企业管理层、集团公司和上级主管部门等不同层次用户及时、准确、具体、系统地了解企业资源和安全环保状况，同时通过建立基于 GIS 的辅助决策支持系统，对生产、安全管理及企业发展规划提供决策支持，可以大大提高决策的及时性和科学性，提高企业管理和决策水平。

国内外许多大型石油化工企业已经开始认识到企业的地理空间信息对企业加强管理的作用，尤其在安全环保要求较高的企业，纷纷建成了地理信息系统，并将地图数据与生产和经营中的各类信息集成，使企业的各类信息资源得到了有效利用。国内一些企业也先后建立了 GIS 系统用于企业管理，如中国石油化工集团公司（中石化）建立了以 GIS 为平台的安全生产管理信息系统，上海市燃气公司建立了燃气管网 GIS 系统，目前上海市正在建设的应急联动中心也以 GIS 系统作为基础信息共享平台的主要部分。GIS 已经被广泛应用于化工领域，在化工企业的资源管理、安全管理等方面发挥着积极作用。

9.5.2 化工行业制造执行管理系统应用的特点

国际联合会对制造执行管理系统（manufacturing execution system，MES）的定义如下：MES 能通过信息传递对从订单下达到产品完成的整个生产过程进行优化管理。当工厂发生实时事件时，MES 能对此及时作出反应、报告，并用当前的准确数据对它们进行指导和处理。这种对状态变化的迅速响应使 MES 能够减少企业内部没有附加值的活动，有效地指导工厂的生产运作过程，从而使其既能提高工厂及时交货能力，改善物料的流通性能，又能提高生产回报率。MES 还通过双向的直接通讯在企业内部和整个产品供应链中提供有关产品行为的关键任务信息。

从以上定义可看出 MES 的关键是强调整个生产过程的优化，它需要收集生产过程中大量的实时数据，并对实时事件及时处理。MES 作为一种生产模式，把制造系统的计划和进度安排、追踪、监视和控制、物料流动、质量管理、设备的控制等一体化考虑，以最终实现企业综合自动化。

MES-Suite 流程工业 MES 解决方案是中控 InPlant（Intelligent-Plant）工厂自动化整体解决方案的重要组成部分，是基于实时数据库 ESP-iSYS 和综合集成软件平台 ESP-PlantJet，符合 MESA/ISA 95 标准构架的 MES 软件套件，构筑企业综合自动化建设的中枢系统，为企业提供生产过程透明化管理的有效途径，提高企业生产效率，提高产品质量，降低能耗、物耗及生产成本，持续提升客户满意度。中控先后在化工、冶金、造纸、化纤、水泥、制药、电力等行业中承担了大量的 MES 系统建设项目。

9.5.3 企业资源计划系统

企业资源计划系统（enterprise resource planning，ERP）是指建立在信息技术基础上，以系统化的管理思想，为企业决策层及员工提供决策运行手段的管理平台。它是由美国著名的计算机技术咨询和评估集团 Garter Group 公司提出的一整套企业管理系统体系标准，其实质是在 MRP（manufacturing resources planning，制造资源计划）Ⅱ 基础上进一步发展而成的面向供应链（supply chain）的管理思想。ERP 系统集信息技术与先进的管理思想于一身，成为现代企业的运行模式，反映时代对企业合理调配资源，最大化地创造社会财富的要求，成为企业在信息时代生存、发展的基石。

针对化工行业本身所固有的特点，化工行业信息化建设的切入点应体现在先进的生产装置自动化控制、优化的工艺流程、高效的生产调度、优质的设备管理、精确及时的能量和物料衡算上，以达到生产工艺安全、稳定、长周期的目的。同时，通过信息技术的应用，加快企业技术创新、管理创新、体制创新的进展。化工企业信息化的重中之重是以管理信息化促进企业信息化，企业信息化应该回归到以"应用为主导"的主线上来，从应用入手，吸收国内外先进的生产管理理念，用以改善企业管理经营者的基本工作条件。化工企业信息化建设进入高级阶段的标准之一就是建设企业核心的业务管理和应用系统。而在这个阶段最有代表性的是企业内部的资源计划系统（ERP）。ERP是一种科学管理思想的计算机实现，它通常由产品研发和设计、作业控制、生产计划、投入品采购、市场营销、销售、库存、财务和人事等方面以及相应的模块组成，采取集成优化的方式进行管理。ERP不是机械地适应企业现有的流程，而是对企业流程中不合理的部分提出改进和优化建议，并能逐渐导致组织机构的合理设计和业务流程的优化重组。

习 题

9-1 结合文献举例说明分子模拟软件的应用。

9-2 稳态过程模拟和动态过程模拟的特点和区别是什么？用于化工过程模拟的软件有哪些？

9-3 查阅资料说明目前国内外在化工生产中利用CAD技术的现状，指出不足之处。

9-4 举例说明计算流体力学（CFD）在化工中的应用。

9-5 结合最新文献资料说明在某种精细化工产品生产中计算机辅助设计的应用。

第10章 技术经济评价

技术经济评价是在化工过程开发中对开发项目进行技术可靠性和经济合理性的考察，是化工过程开发中的重要环节。化工过程开发与设计的每一个步骤都必须经过技术经济评价，以便对技术方案和开发工作进行决策。只有通过技术经济评价证明开发项目的合理性时，才能转入下一步的开发研究。随着化工过程开发的进展，技术经济评价也一步步深入，最后应在基础设计的基础上形成最终的可行性研究报告。

10.1 评价的基本内容、方法和程序

10.1.1 评价的基本内容

化工过程开发与设计项目主要包括技术评价、经济评价、社会评价和环境评价。通过上述评价，预测项目实施后所产生的效果，从而改进和完善方案。以保证项目在技术上先进可靠，经济合理。对于重大项目或重点项目，还需做市场评价、生态评价、资源评价和能源评价等较为详细的工作。

（1）技术评价　投资项目技术方案的选择，必须能够最大限度地满足项目目标的实现。技术评价的重点是投资项目所采用的工艺技术及其设备选型。目的就是要按照经济合理的原则对项目所采用的技术方案进行分析、评价和选择，确保技术水平适当、技术结构合理，有利于项目目标的实现，以获得理想的投资效益。投资项目技术评价的主要内容是对工艺方案、设备选型方案和工程设计方案进行分析评价。

随着科学技术的不断进步，新技术、新工艺的不断涌现，工程项目的技术方案日趋多样化，从而增加了技术评价和决策的必要性和复杂性。因此，在项目的技术评价中，一方面必须尽可能利用国内外新的科学技术成果，促进现有企业的技术改造和技术更新；另一方面，也要必须考虑国情、国力和技术发展政策，实事求是地搞好多方案的比较和评价，以选择出最可行的技术方案。

① 先进性原则　投资项目技术的先进性表现在工艺的先进性、设备选型的先进性、设计方案及产品方案的先进性、技术经济基础指标参数的先进性。项目的先进性是通过各种技术指标体现出来的，一般包括劳动生产率，单位产品的原材料消耗、能源消耗、质量指标、占地面积和运输量等通用指标，另外还有适用于各部门、各行业特点的具体指标。所采用的技术指标应与国内外同类型企业的先进水平进行比较，以确定其先进程度。在评价技术的先进性时，还应考虑其合理性，主要包括设备规模容量、质量、工艺流程的合理性等。

② 技术可靠性原则　技术可靠性原则指评价项目开发方案实施后能满足下面几点要求：a. 长周期正常运行；b. 可在较大负荷范围内操作；c. 抗事故及抗波动能力强；d. 对原料的适应性强；e. 操作与维护简单容易，操作简单，切换容易，动设备较少且维修方便；f. 装置开停车容易，所需的时间短；g. 已经在工业规模试验装置上验证过的新技术，则应用的可靠性较高；h. 设计与施工者对该类工艺装置的设计次数越多，未工业化的新技术采用越

少，所设计装置的可靠性就越高。

③ 适用性原则　技术上的适用性是指拟采用的技术必须适应其特定的技术条件，可以迅速消化、投产、提高并能取得良好的经济效益。具有先进性的技术不一定就能适用，而不适用的技术是不可能取得良好的经济效益的。任何一项技术在实际应用中都要消耗一定的人力、物力、财力，都要借助于当时当地的具体条件，包括自然条件、技术条件、社会条件和经济条件等，评价项目的技术适用性必须充分考虑该技术所依存的这些条件，做到因地制宜，量力而行，注重实效。判断开发项目所采用的技术是否具有适用性，应综合考虑下列因素：a. 产品的功能与其结构能否匹配；b. 产品的技术参数与企业的技术能力及市场需求的技术层次能否匹配；c. 产品的技术参数与配套产品的技术参数是否相匹配；d. 是否符合国家、地区和部门的科技发展政策。在强调技术适用性的同时，必须根据我国的经济背景、社会背景和国际背景，以及项目在社会经济发展中的地位和作用而做出不同的抉择。

（2）经济评价　经济效益分析作为经济评价的核心部分，是项目能否成功的关键，但由于项目的复杂性，任何一种具体评价指标，都只能反映项目的某一侧面，单凭某一种指标难以达到全面评价的目的；况且，各个项目所欲达到的目标不尽相同，因而也应采用不同的指标予以反映。经济评价一般包括确定性评价和不确定性评价两大类。对一个项目而言，尤其是技术开发项目，必须同时进行确定性评价和不确定性评价。根据国家计委的《建设项目经济评价方法与参数》，项目经济评价分为财务评价和国民经济评价两个层次。

（3）社会评价　所谓社会评价是指项目开发成功以后，对生态、环境、当地经济、国民经济、人口、就业和人文环境的影响。大多数情况下，一些指标是好的，另一些指标可能不好。

社会评价指标，按其衡量方式可分为两类：一是用定量的价值形式表示的社会经济效益指标，主要有劳动就业效果、收入分配效果、外汇效益、产品国际竞争力、综合能耗效果、土地利用以及相关投资等指标，这部分可以用国民经济评价的一些指标来进行衡量；二是定性指标，主要有先进技术的引进、对社会基础设施、环境保护、生态平衡和资源利用的影响以及由此所引起的地区开发和经济发展、人口结构和经济结构的改变、人民生活以及科学文化水平的提高等。

（4）环境评价　环境评价主要考虑化工项目实施后可能对自然环境造成的污染，以及"三废"治理方案是否可行、是否会对生态环境造成破坏等问题。环境评价包括环境影响评价与环境质量评价。

环境影响评价是项目评价体系的重要组成部分。内容包括项目建设方案所需要的环境条件研究，影响项目建设环境因素的识别和分析，需要采取的保护对策和措施，以及相关的环境损失和环境效益经济分析。

环境影响评价是项目审批的依据，评价结论是否公正、科学至关重要。环境影响评价报告对建设项目建成后周围环境质量状况的评价结论是否可信，首先取决于工程分析是否正确、准确；其次取决于物料衡算，即获取该项目的排污数据，排污数据的准确可靠程度将直接影响项目环境影响评价的准确可靠程度。化工项目千变万化，评价承担的风险很大，进行准确的工程分析和物料衡算是关键。

环境质量评价指按照一定评价标准和评价方法对一定区域范围内的环境质量进行说明、评定和预测，其任务是认识环境，即在取得大量实际资料或者监测数据之后，将质与量的概念结合起来，从而对环境的性质做出定量的客观评价。环境质量评价的研究对象是区域性自然环境，其目的是为区域环境质量的保护和改善、区域污染的综合防治提供科学的基础和方法性建议，为各级政府和有关部门制定经济发展计划、制定能源政策、确定大型项目及区域规划提供环境保护的依据。

10.1.2 项目评价的方法和程序

(1) 项目评价的方法　新技术的开发和应用通常要投入大量的资源。无论是从政府公共决策的角度，还是从企业经营决策的角度，都需要对技术的投入、产出及其各种有利的和不利的影响进行权衡，评价其价值与风险，做出正确的决策。科技项目评价的重点在于：评价方法的确立以及评价工作过程的规范化体制的建设，包括事前评价、中期评价、事后评价、技术风险评价等。评价方法指的是在实际操作过程中的实施评价工作的技术、手段和工具。

指标评价法、同行评议法、经济评价法和过程评价法是各国普遍采用的评价方法。国内外常用的科技项目评价方法可以分为定性的和定量的两种，其中定性的主要有专家会议法（同行评议法）、Delphi 法、指标评价法以及面访与问卷法；定量的主要有经济评价法、层次分析法、多属性和多目标决策方法以及模糊综合评价法。

专家会议法（同行评议法）主要是某一或若干领域的专家采用一种标准，共同对涉及的相关领域内的一项事物进行评价，其结果对有关部门进行决策有重要的参考价值；指标评价法征求专家、业务机关和有关人员的意见和建议或在实践中检验，形成评价的指标体系，对评价的对象进行评定；Delphi 法征询专家，用信件背靠背评价、汇总、收敛；面访与问卷法对评价对象或是使用该项目的对象进行单面会谈或是问卷回收、汇总、收敛。总的来说，定性的方法操作简单，可以利用专家的知识，结论易于使用，但由于主观性比较强，多人评价时结论难以收敛，所以主要适用于战略层次的决策分析对象，如不能或难以量化的大系统、简单的小系统。

经济评价法属于技术经济评价法，主要通过价值分析、成本效益分析、价值功能分析、采用净现值（NPV）、内部收益率（IRR）等指标来计算比较得出结论。该方法含义明确，可比性强，但建立模型比较困难，数据难以预测，结论可能失真，所以主要适用于大中型投资建设项目、企业设备更新和新产品开发效益评价等。

层次分析法属于系统工程方法，针对多层次结构的系统，用相对量的比较，确定多个判断矩阵，取其特征跟所对应的特征向量作为权重，最后综合出总权重，并且排序，得出结论。该方法的可靠度比较高，误差小，评价对象的因素不能太多（一般不多于 9 个），否则结论不准确，所以主要适用于成本效益决策、资源分配次序、冲突分析等。

多属性和多目标决策方法属于多属性决策方法（MODM），主要通过化多为少、分层序列、直接求非劣解、重新排次序法来排序和评价。对评价对象描述比较精确、可以处理多决策者、多指标、动态的对象，但是为刚性的评价、无法涉及有模糊因素的对象，所以主要适用于优化系统的评价与决策，应用领域广泛。

模糊综合评价法属于模糊数学方法，引入隶属函数，实现把人类的直觉确定为具体系数的模糊综合评价矩阵中，在论域上评价对象属性值的隶属度，并将约束条件量化表示，进行数学解答，克服传统数学"唯一解"的弊端，根据不同可能性得出多个层次的问题解，符合现代管理"柔性管理"的思想，但不能解决评价指标间相关造成的信息重复问题。所以主要适用于消费者的偏好识别、决策中的专家系统等。

总结当前国内外常用的科技项目评价方法，定性的评价方法和经济评价法比较简单，易于操作，在实际中应用比较多。层次分析法、多属性和多目标决策方法以及模糊综合评价法用起来需要有很高的专业知识，属于定量的研究，一般对进行评价的人员要求很高。其中在定性的研究的时候，评价指标的制定是一项很复杂的工作，一般而言，指标的范围越宽，数量越多，则方案的差异越明显，越有利于判断和评价，但指标的确定也就越困难。因此，在确定指标时需要有关人员在全面分析信息的基础上拟定草案，经过广泛征求专家的意见和有关部门的意见，反复交换信息，进行统计处理、综合归纳和模拟试评价，最后才能确定指标评价体系。在进行定量的研究的时候，会遇到数据难收集、评价结果不精确、模型建立比较困难等问题。

（2）项目评价的程序 技术经济评价是化工过程开发与化工过程设计中非常重要的环节，其准确性和合理性直接影响到一个新项目或技改项目的取舍。技术经济评价贯穿整个化工过程开发与设计始终。从项目立项、小试、中试到工业化开发过程各阶段中，每一个步骤都必须经过技术经济评价，只有通过评价证明所取得的结果和所做出的结论在技术上可靠、经济上合理，才能进入下一个开发与设计的步骤。技术经济评价工作的关系如图 10-1 所示。

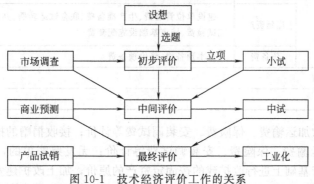

图 10-1 技术经济评价工作的关系

① 初步评价 初步评价是在确定选题即开发项目时决定取舍所进行的评价，又称为"立题评价"。评价的依据主要为文献资料和社会调查资料，有时也从简单的探索试验中收集一些数据和判据。如果评价做出肯定结论，则可以立题进行开发研究。

② 中间评价 中间评价是在化工过程开发中，对开发研究的各个阶段结果做出评价。其目的是判断阶段研究结果的可行性；决定继续投资进行下一阶段研究的必要性；以及对开发方案提出改进意见。评价依据是阶段研究报告和收集的有关技术经济资料。如果评价结果是肯定的，则可进行技术方案设计和确定进一步研究的内容；否则应中止开发研究工作。

③ 最终评价 最终评价又称为"工业化评价"或"项目评估"，是在开发工作后期进行的评价。目的是为了决定可否投资建设生产装置。评价的依据是开发研究报告、市场研究报告等技术经济资料。如果评价结论肯定，即可进行生产装置的设计、制造和建立。通过技术经济评价可以形成正确的设计思想，甚至发现设计的判据或数据不足。当对评价结论提出质疑时应将有关质疑的问题返回重新研究，补充研究数据或修正研究结果，并重新做出评价。

10.2 投 资 估 算

10.2.1 工程项目的投资估算

投资是建设一座工厂或一套装置，并使之投入正常生产和运行所需要的资金。投资估算内容包括工程项目总资金和工程项目总投资估算。表 10-1 为项目总资金的构成。

项目总投资由建设投资、建设期贷款利息和 30% 铺底流动资金组成，项目总投资是向上级领导机构报批投资。

工程项目投资一般又称工程项目总投资。它是由固定资产投资和流动资金两大部分组成。

（1）固定资产的投资计价 固定资产投资计价时，购入的按买价加上支付的运输费、保险费、包装费、安装成本和缴纳的税金等计价；自行建造的按建筑过程中实际发生的全部支出计价；投资者投入的按评估确认或者合同、协议约定的价值计价；融资租入的按租赁协议

表 10-1　项目总资金的构成

项目总资金	建设投资	固定资产费用 — 工程费用	主要生产项目、辅助生产项目、公用工程项目、服务性项目、厂外项目
		固定资产费用 — 其他固定资产费用	土地征用及拆迁补偿费、超限设备运输特殊措施费、工程保险费、锅炉和压力容器检验费、施工机构迁移费
		无形资产费用	勘察设计费、技术转让费、土地（场地）使用权
		递延资产	建设单位管理费、生产准备费、联合试运转费、办公及生活家具购置费、研究试验费、城市基础设施配套费
		预备费	基本预备费、涨价预备费
	建设期贷款利息		
	全额流动资金		

或者合同确定的价款加运输费、保险费、安装调试费等计价；接收捐赠的按发票账单所列金额加上由企业负担的运输费、保险费、安装调试费等计价；无发票账单的，按同类设备市价计价；在原有固定资产基础上进行改扩建的按固定资产的原价，加上改扩建发生的支出，减去改扩建过程中发生的固定资产变价收入后的余额计价；盘盈的按同类固定资产的重置完全价值计价；企业购建固定资产交纳的固定资产投资方向调节税、耕地占用税，计入固定资产价值。

(2) 无形资产计价　无形资产按照取得时的实际成本计价。投资者作为资本金或者合作条件投入的，按评估确认或者合同、协议约定的金额计价；购入的，按实际支付的价款计价；自行开发并且依法申请取得的，按开发过程中实际支出计价；接受捐赠的，按发票账单所列金额或者同类无形资产市价计价；除企业合并外，商誉不作价入账。

(3) 递延资产计价　开办费是指建设项目在筹建期间所发生的费用。包括工作人员的工资、补贴、差旅费、办公费、印刷费、注册登记费以及不计入固定资产和无形资产购建成本的汇兑损益、利息等支出。开办费从企业开始生产、经营月份的次月起，按照不短于 5 年的期限分期摊入管理费。

以经营租赁方式租入的固定资产改良支出，在租赁有效期内分期摊入制造费或管理费。

生产人员培训及提前进厂费，指新建工程或改扩建项目需要对生产运行的工人、技术人员和管理人员进行培训，安排提前进厂等所需费用。包括培训人员和提前进厂人员的工资、工资附加费、差旅费、实习费、招聘费、劳动保护费、书报费等。

装置试运转费，指新建或改、扩建工程完工后，在交付使用前，对全部设备装置进行整套联合试运转，直至符合设计规定的工程质量标准，符合投产要求为止所发生的费用。包括燃料费、材料费、动力费、施工单位参加联合试运转的人员的人工费、材料费、工器具及机械使用费、管理费等。

(4) 预备费估算　预备费（即不可预见费）是指在工程前期及在概（预）算编制中难以预料发生的工程项目和费用，主要指一般的设计变更及遗漏工程项目所增加的费用、一般自然灾害所造成的损失、在正常价格供应条件下发生的设备材料价差（不包括议价和国家政策性调价等）等。工程不可预见费可按下列费率计算。

计划任务书及可行性研究阶段，取工程总费用（包括其他费用）的 10%～15%。初步设计阶段取工程总费用的 5%～10%。施工图设计阶段取工程总费用的 3%～5%。

设备、材料涨价预备费，指在建设期间，在不可预见费中无法包括的设备、材料价格上涨而预留的补偿费用。设备和材料价格上涨指数，可结合工程特点、建设期限及市场情况等综合因素计算，或由各部门、各地区基本建设综合管理部门提供。

(5) 固定资产投资方向调节税估算 固定资产投资方向调节税，是指依照《中华人民共和国固定资产投资方向调节税暂行条例》的规定，应缴纳的费用。固定资产投资方向调节税根据国家产业政策和项目经济规模实行差别税率。固定资产投资项目按其单位工程分别确定适用的税率。税目、税率依照《中华人民共和国固定资产投资方向调节税暂行条例》所附的"固定资产投资方向调节税税目税率表"执行。

固定资产投资方向调节税设置了两个序列。

① 基本建设序列 考虑简便、易行原则，基本建设项目分为零税率、5%、15%、30%四个档次。税目税率未列出的固定资产投资（不包括更新改造投资），税率为 15%。

② 技术改造序列 为促进现有企业技术进步、鼓励把有限的资金真正用于设备更新和技术改造，投资方向调节税按技术改造项目建设投资中的建筑工程投资额征收。凡是单纯工艺改造和设备更新的项目（无建筑工程投资）以及在基本建设序列中享受零税率的产业和产品，在技术改造中都享受零税率，除此之外的其他项目按 10% 征税。

固定资产投资方向调节税，要根据建设项目所在省、市、自治区有关具体规定执行。

按照财政部《工业企业财务制度》的规定，企业购建固定资产交纳的固定资产投资方向调节税，计入固定资产价值。

(6) 建设期借款利息的计算 建设期借款利息是指项目建设投资中分年度使用金融部门等借款资金，在建设期内应计的借款利息。包括为项目融资而发生的借款利息、手续费、承诺费、管理费及其他财务费用等。借款利息的计算如下。

① 有效年利率 对国内、国外或境外借款，无论按年、季、月计息，均可简化为按年计息，即将名义年利率按计息时间折算成有效年利率。计算公式为

$$有效年利率 = \left(1 + \frac{r}{m}\right)^m - 1 \tag{10-1}$$

式中，r 为名义年利率；m 为每年计息次数。

② 利息计算方法

a. 借款利息计算 为简化计算，假定借款发生当年均在年中支用，按半年计息，其后年按全年计息。每年应计利息的近似值计算公式为

$$每年应计利息 = \left(年初借款本息累计 + \frac{本年借款额}{2}\right) \times 年利率 \tag{10-2}$$

b. 多种借款利息的计算 建设一个项目特别是大型或特大型项目往往要多方面筹措固定资产投资资金。由于资金来源的渠道不同，每笔借款的名义年利率也不相同。其利息的计算有两种方法，一种是每笔借款分别计算，计算公式如前面所述。另一种是计算出一个加权的有效年利率，用加权有效年利率来计算借款利息。

国外借款除支付利息外，还有贷款手续费、承诺费和管理费等财务费用。其利息的计算有两种方法，一种是按借款条件分别计算利息、承诺费、手续费、管理费等；另一种是简便计算，可将借款有效年利率适当提高进行计算。可行性研究可采用后一种。

借款利息计算要根据项目融资条件和金融部门的要求是采用名义年利率、有效年利率，还是采用单利、复利计息，视拟建项目具体情况确定。

(7) 流动资金 流动资金是指拟建项目建成投产后为维持正常生产，垫支给劳动对象、准备用于支付工资和其他生产费用等方面所必不可少的周转资金。

流动资金可理解为开始生产后为使工厂（或装置）能继续运转下去所需的资金，它在工程项目结束时可以收回，它包括原料库存、产品储存和在生产过程中半成品的费用、应收账款、应付账款、税金。流动资金的估算在可行性研究及工程设计阶段一般采用分项详细估算法，可用下列公式表示。

$$流动资金＝流动资产－流动负债 \tag{10-3}$$
$$流动资产＝现金＋应收账款＋存货 \tag{10-4}$$
$$流动负债＝应付账款＋预付账款 \tag{10-5}$$
$$流动资金本年增加额＝本年流动资金－上年流动资金 \tag{10-6}$$
$$应收账款＝年经营成本/周转次数 \tag{10-7}$$
$$应付账款＝(年外购原材料、燃料费＋年外购动力费用)/周转次数 \tag{10-8}$$

10.2.2　工艺装置投资估算方法

（1）概算法　在可行性研究阶段，工艺装置工作已达一定的深度，具有工艺流程图及主要工艺设备表，引进设备通过对外技术交流可以编制出引进设备一览表，根据这些设备表和各个设备的单价，可逐一算得主要设备的总费用。再根据数据，测算出工艺设备总费用，装置中其他专业设备费、安装材料费、设备和材料安装费也可以采用工程中累积的比例数逐一推算出，最后得到该工艺装置的投资。在此过程中，每个设备的单价，通常是按"概算"方法得出。

① 非标设备　按设备表上的设备重量（或按设备规格估测重量）及类型、规格，乘以统一计价标准的规定算得。或按设备制造厂询得的单价乘以设备重量测算。

② 通用设备　按国家、地方主管部门当年规定的现行产品出厂价格，或直接询价。

③ 引进设备　要求外国设备公司报价，或采用近期项目中同类设备的合同价乘以物价指数测算。

（2）指数法　在工程项目早期，通常是项目建议书阶段，常用指数法匡算装置投资。

① 规模指数法

$$C_2 = C_1 \left(\frac{S_2}{S_1} \right)^n \tag{10-9}$$

式中，C_1 为已建成工艺装置的建设投资；C_2 为拟建工艺装置的建设投资；S_1 为已建成工艺装置的建设规模；S_2 为拟建工艺装置的建设规模；n 为装置的规模指数。

装置的规模指数通常情况下取为 0.6。当采用增加装置设备大小达到扩大生产规模时，$n=0.6\sim0.7$；当采用增加装置设备数量达到扩大生产规模时，$n=0.8\sim1.0$；对于试验性生产装置和高温高压的工业性生产装置，$n=0.3\sim0.5$；对生产规模扩大 50 倍以上的装置，用指数法计算误差较大，一般不用。

规模指数法可用于估算某一特定的设备费用。如果一台新设备类似于生产能力不同的另一台设备，则后者的费用可利用"0.6 次方规律"方法得到。即式（10-9）中的 $n=0.6$。实际上各种设备的能力指数（类似于装置的规模指数）是不同的，表 10-2 列出的数据可供估算时参考，此外不同性质生产装置的规模指数如表 10-3 所示。

② 价格指数法

$$C_2 = C_1 \left(\frac{F_2}{F_1} \right) \tag{10-10}$$

式中，C_1 为已建成工艺装置的建设投资；C_2 为拟建工艺装置的建设投资；F_1 为已建成工艺装置建设时的价格指数；F_2 为拟建工艺装置建设时的价格指数。

价格指数是根据各种机器设备的价格以及所需的安装材料和人工费加上一部分间接费，按一定百分比根据物价变动情况编制的指数。

价格指数是应用较广的一种方法，例如美国的 Marshall & Swift 设备指数、工程新闻记录建设指数、Nelson 炼油厂建设指数和美国化学工程杂志编制的工厂价格指数等。以 Marshall & Swift 设备指数为例，1926 年设备指数为 100，1966 年为 253，1976 年为 472，1979 年为 561。

表 10-2 设备能力指数

设 备 名 称	表征生产能力的参数	参 数 范 围	能 力 指 数
离心压缩机	功率	20~100kW	0.8
		100~5000kW	0.5
往复式压缩机	功率	100~5000kW	0.7
泵	功率	1.5~200kW	0.65
离心机	直径	0.5~1.0m	1.0
板框式过滤机	过滤面积	5~50m²	0.6
框式过滤机	过滤面积	1~10m²	0.6
塔设备	产量	1~50t	0.63
加热炉	热负荷	1~10MW	0.7
管壳式换热器	传热面	10~1000m²	0.6
空冷器	传热面	100~5000m²	0.8
板式换热器	传热面	0.25~200m²	0.8
套管式换热器	传热面	0.25~200m²	0.65
翅片套管换热器	传热面	10~2000m²	0.8
夹套反应釜	体积	3~30m³	0.4
球罐	体积	40~15000m³	0.7
贮槽(锥式)	体积	100~500000m³	0.7
压力容器(立式)	体积	10~100m³	0.65

表 10-3 一些化工装置的规模指数

装置产品	能力指数	装置产品	能力指数	装置产品	能力指数
醋酸	0.68	磷酸	0.60	聚乙烯	0.65
丙酮	0.45	环氧乙烷	0.78	尿素	0.70
丁二烯	0.68	甲醛	0.55	氯乙烯	0.80
异戊二烯	0.55	过氧化氢	0.75	乙烯	0.83
甲醇	0.60	合成氨	0.53		

规模指数法和价格指数法适用于拟建设装置的基本工艺技术路线和已建成的装置基本相同，只是生产规模有所不同的工艺装置建设投资的估算。

(3) 估算法

① 比例估算法 比例估算法是通过调查同类项目的历史资料，先找出项目主要设备投资或者主要生产车间投资占项目总投资的比例，只要知道（或估出）拟建项目主要设备投资或主要生产车间投资，即可按比例估算出拟建项目的总投资。计算公式如下：

$$C = \frac{1}{K} \sum_{i=1}^{n} Q_i P_i \tag{10-11}$$

式中，C 为拟建项目固定资产投资额；K 为过去同类建设项目中主要设备投资或主要生产车间投资占项目总投资的比例；n 为设备种类数；Q_i 为第 i 种设备的质量（$i=1, 2, \cdots, n$）；P_i 为第 i 种设备的单价（$i=1, 2, \cdots, n$）。

② 百分比估价法 此种估价方法以拟建装置（项目）的设备费为基数，根据已建成同类装置统计而得的建筑工程费、安装工程费、其他费用等占设备费的百分比为依据，计算出相应的建筑工程费、安装工程费和其他费用，其费用总和即为装置（项目）的投资。计算公式如下：

$$C = E(1 + f_1 P_1 + f_2 P_2 + f_3 P_3) + I \tag{10-12}$$

式中，C 为拟建工程项目装置的投资；E 为根据拟建工程项目（装置）的设备表，按当时当地单价计算的各类设备和运杂费的总和；P_1、P_2、P_3 分别为已建工程项目中建筑工程费、安装工程费、其他费用占已建项目设备费的百分比；f_1、f_2、f_3 为由时间因素引起的定额价差、费用标准等综合调整系数；I 为工程建设其他费用。

③ 单位生产能力建设投资估算法　根据已如生产能力装置的建设投资求得单位能力（t/a）的建设投资，然后乘以拟建装置的生产能力，即得到拟建装置的建设投资。这种方法未考虑装置能力对建设投资的影响，即把装置的能力和建设投资看成线性关系，因此只适用于拟建装置和已建成装置能力接近的情况，否则将会造成很大偏差。

④ 经验系数法（系数法）　这是我国化工设计部门在长期实践中，积累了许多关于投资估算的经验和资料，总结得出一套系数而建立的经验公式，故称为经验系数法。这种方法是采用各种系数，在计算工艺设备投资的基础上，对界区内建设投资进行估算。估算公式如下：

$$I = (1.3 \sim 1.5)\left(\frac{A}{K} \times B\right) \tag{10-13}$$

式中，I 为拟建项目固定资产（工艺设备）投资；$1.3 \sim 1.5$ 为装置系数，对新产品开发项目取 1.5，老产品改造项目取 1.3；A 为工艺设备（项目）投资，可以根据已建项目设备一览表计算出全部工艺设备投资，并在现行价格基础上进行修正，即

$$A = (1.15 \sim 1.2) \times (1.1 \sim 1.2)a \tag{10-14}$$

式中，$1.15 \sim 1.2$ 为价格调整系数；$1.1 \sim 1.2$ 为安装费、运杂费系数；a 为设备按国家规定统一价格标准计算的价格；K 为设备因子，包括电器仪表、管道、保温等，取 $0.5 \sim 0.7$；B 为土建费用系数，一般取 $1.1 \sim 1.2$，最高达 1.4。

10.2.3　单元设备价格估算

对于标准设备的价格，国内目前最可靠的来源是直接从设备生产厂家获得报价，作为估算的依据。而非标设备的估价，主要是以预算定额为依据进行估算的。此外也可采用其他有关的估算方法。

10.2.3.1　以预算定额为依据的估算方法

本估算方法是在建设部 2000 年发布的《全国统一安装工程预算定额》的基础上，按造价分析的方法，研究成本、利润、税金后求得的。它类似于目前制造厂的计价方法，价格直观，便于与制造厂的计价对比，也适用于目前市场竞争的经济体制。

(1) 主材、主材系数、主材单价及主材费的计算方法

① 主材　系指构成设备实体的全部工程材料。但在估算中，并不要一一计算，主要计算三种对非标设备造价影响较大的材料——金属材料、焊条、油漆，零星材料则忽略不计，主要外购配套件按市场价加采购费及税金计入。

② 主材系数　系指制造每吨净设备所需的金属原材料质量。主材系数就是主材利用率的倒数，其计算公式为：

主材系数＝金属原材料质量/吨设备＝材料毛重/材料净重＝1/主材利用率　　(10-15)

该系数可在有关书籍中查到。

③ 主材单价　主材单价一律按市场价格计算。

化工用金属材料按 2001 年 8 月原冶金工业部颁发的价格表情况，板材单价：20 钢为 3000元/t；Q235 为 3000 元/t；16MnR 为 3300 元/t；0Cr18Ni9 为 15000 元/t；0Cr17Ni12Mn2 为

30000 元/t。

管材单价：流体管 20 钢按不同管径均价为 4200 元/t；高压锅炉管 20G 按不同管径均价为 6500 元/t；不锈钢管 1Cr18Ni9Ti 按不同管径均价为 28000 元/t；不锈钢管 1Cr18Ni10Ti 按不同管径均价为 27000 元/t。

④ 主材费　由以下几种材料费之和构成：

$$主材费＝金属材料费＋焊条费＋油漆费 \tag{10-16}$$
$$金属材料费/吨设备＝金属材料单价×主材系数 \tag{10-17}$$
$$焊条费/吨设备＝焊条单价×(焊条用量/吨设备) \tag{10-18}$$

其中，在不了解市场价的情况下，焊条单价可按基本金属材料（母材）单价的两倍进行估算，焊条用量/吨设备——在估算指标中列出，是根据预算定额综合求得的。

$$油漆费＝吨设备的油漆单价×(油漆用量/平方米)×(刷油面积/吨设备) \tag{10-19}$$

其中，按规定非标设备出厂刷红丹防锈漆两遍，因此，估算时只计算红丹防锈漆费。

⑤ 主材费计算举例。

例[10.1]　双椭圆封头容器主材系数为 1.25，焊条用量为 30kg/t，焊条单价以金属材料的两倍计，即 6 元/kg。每平方米设备刷红丹漆的价格为 $0.274kg/m^2$。

钢材费＝3000 元×1.25＝3750（元/t 设备）

焊条费＝6×30＝180（元/t 设备）

油漆费＝8.5×0.274×25.5＝60（元/t 设备）

式中，8.5 为油漆单价，元/kg；25.5 为刷油面积，m^2/t 设备。

设备合计主材费/t 设备＝3750＋180＋60＝3990（元/t 设备）

（2）辅助材料及费用计算方法　估算指标中的辅助材料系指制造非标设备过程中消耗的所有消耗性材料（如各种气体、炭精棒、钨针、钨棒、砂轮片、焦炭等），所有手段用料、胎夹具及一般包装材料。辅助材料在非标设备制造中所占的比重极少，没有必要逐一计算，估算时，以非标设备主材费乘以辅材系数确定。

（3）基本工日、工日系数、人机费单价及人机费计算方法

① 基本工日　就是预算定额的基本工日，不包括其他人工工日，也就是说按劳动定额计算的基本工日。

② 工日系数　以某一典型设备制造的基本工日为基准，其他设备制造的基本工日与典型设备制造的基本工日之比则为工日系数。工日系数分结构变更工日系数和材料变更工日系数及压力变更工日系数。

③ 人机费单价　人机费单价是随市场价格浮动的，目前大约为 80～120 元/工日。人机费单价与设备制造过程中使用的机械有关，与材料机械加工难度有关，是一个难以确定的数值。

a. 人机费单价与材料　铝材密度小、设备重量轻，不需使用重型吊装机械；铝材屈服强度低、抗拉强度低，机械加工比较容易；铝材由于焊接难度大，使用的人工较多，因而每工日机械含量偏少，因此，铝材人机费单价取低值，按 80 元/工日计。

碳钢材料机械加工性能为中等，人机费单价取中值，按 100 元/工日计。

不锈钢抗拉强度高，切削加工难度大，对焊接要求高，因而人机费单价取高值，不锈钢设备不分压力等级一律按 120 元/工日计。

b. 人机费单价与设备压力等级　常压碳钢容器取低值，按 80 元/工日计。

压力碳钢容器取中值，按 100 元/工日计。

④ 人机费　扣除材料费以后，设备的加工费就是人工费与机械费之和，本估算指标将二者结合在一起统称人机费。

$$人机费＝人机费单价×基本工日×结构系数×材料系数×压力系数 \quad (10\text{-}20)$$

（4）非标设备制造成本、利润及税金

① 成本 　　　　　　设备成本＝主材费＋辅材费＋人机费 $\quad (10\text{-}21)$

② 利润　利润是以成本为基数乘以利润系数求得的。

③ 税金　税金是以成本为基数乘以税金系数求得的。

（5）非标设备总造价

$$非标设备总造价＝成本＋利润＋税金 \quad (10\text{-}22)$$

10.2.3.2　设备质量关联式法

单元设备价格估算的基本方法是先根据设备的特性参数（容器的容积、换热器的传热面积、泵的功率等）决定设备的基准价格，然后由不同的材质、形式和压力等级等因素加以校正。该法得到的价格数据可比性强，可以编成计算机程序，使用方便。设备质量关联式法由已知的设备能力参数，先算出各类设备的质量，再根据质量乘以单价而得到设备费用。表 10-4～表 10-10 为容器、换热器及反应器、塔器的质量关联式与压力校正系数。

表 10-4　容器质量关联式

形　式	质量关联式	适用范围
平盖平底容器	$W = 0.2164 V^{0.5464} e^{\frac{V}{13.5}}$	$V = 0.1 \sim 0.8 m^3$
常压平盖或拱盖锥底容器	$W = 0.251 V^{0.42} e^{\frac{V}{8}}$	$V = 0.1 \sim 8 m^3$
立式椭圆封头容器	$W = C V^{0.848}$	$V = 0.5 \sim 50 m^3$；$p = 0.6 \sim 4.0 MPa$；C 见表 10-5
卧式椭圆形封头压力容器	$W = C V^{0.81}$	$V = 0.5 \sim 100 m^3$；$p = 0.6 \sim 4.0 MPa$；C 见表 10-6
球形压力容器	$W = C V^{0.998} e^{\frac{V}{64646.6}}$	$V = 0.5 \sim 2000 m^3$；$p = 0.45 \sim 3.0 MPa$；C 见表 10-7
拱顶储罐	$W = 0.2327 V^{0.6832} e^{\frac{V}{14056.2}}$	
浮顶储罐	$W = 0.2307 V^{0.764} e^{\frac{V}{13930.2}}$	

注：1. 质量包括壳体、封头、各种接管、人（手）孔、支架、耳式支座和鞍座。

2. W 为质量，$10^3 kg$；V 为容器容积，m^3。

表 10-5　压力校正系数 1

压力/MPa	0.6	1.0	1.6	2.5	4.0
C	0.31	0.371	0.48	0.67	0.91

表 10-6　压力校正系数 2

压力/MPa	0.6	1.0	1.6	2.5	4.0
C	0.34	0.47	0.58	0.83	1.19

表 10-7　压力校正系数 3

压力/MPa	0.45	0.8	1.0	1.6	2.2	3.0
C	0.08396	0.1085	0.1192	0.1646	0.2225	0.2922

表 10-8 换热器、反应器质量关联式

形式		质量关联式	压力校正系数 C					适用范围
列管、固定管板式		$W = CF^{0.583}\,e^{\frac{F}{371.4}}$	压力/MPa	0.6	1.0	1.6	2.5	$F = 3 \sim 400\,\text{m}^2$; $p = 0.6 \sim 2.5\text{MPa}$; $\phi 25 \times 2.5$
			C	0.16	0.1743	0.1927	0.2184	
浮头式	$\phi 19 \times 2$	$W = CF^{0.6152}\,e^{\frac{F}{2500}}$	压力/MPa	1.6	2.5	4.0		$F = 3 \sim 500\,\text{m}^2$; $p = 1.6 \sim 4.0\text{MPa}$
			C	$\phi 19 \times 2$	0.22	0.2471	0.288	
	$\phi 25 \times 2.5$	$W = CF^{0.5914}\,e^{\frac{F}{1000}}$		$\phi 25 \times 2.5$		0.244	0.2585	
U 形管式	$\phi 19 \times 2$	$W = CF^{0.5641}\,e^{\frac{F}{512.7}}$	压力/MPa	1.6	2.5	4.0	6.4	$F = 10 \sim 500\,\text{m}^2$; $p = 1.6 \sim 6.4\text{MPa}$
			C	$\phi 19 \times 2$	0.1635	0.1686	0.1988	0.2476
	$\phi 25 \times 2.5$	$W = CF^{0.4695}\,e^{\frac{F}{723.5}}$		$\phi 25 \times 2.5$	0.3506	0.3652	0.4163	0.4382
再沸器		$W = CF^{0.8391}$	压力/MPa	0.6	1.0	1.6		$F = 8 \sim 400\,\text{m}^2$; $p = 0.6 \sim 1.6\text{MPa}$
			C	0.0739	0.0791	0.08959		
反应器（包括带搅拌容器）		$W = CV^{0.7398}\,e^{\frac{F}{172.3}}$	压力/MPa	0.6	1.0	1.6		$V = 0.2 \sim 100\,\text{m}^3$; $p = 0.6 \sim 1.6\text{MPa}$
			C	1.1	1.2	1.46		

注：1. 质量包括接管、罐耳或支座。

2. 反应器质量包括夹套、罐体、各种物料接管、视镜、压力计接管、人（手）孔、放气口、安全口、罐耳、支脚。不包括内加热件。

3. F 为换热器换热面积，m^2；V 为反应器容积，m^3。

表 10-9 塔器质量关联式

形式	质量关联式	适 用 范 围
常减压塔	$W = CHD^{1.6643}$	$H = 7250 \sim 35036\,\text{mm}$；$D = 900 \sim 4500\,\text{mm}$；$t = 40 \sim 140\,℃$；$C = 0.3641 \sim 0.7255$
填料塔	$W = CHD^{1.6643}$	$H = 5126 \sim 56930\,\text{mm}$；$D = 324 \sim 2200\,\text{mm}$；$p = 0.021 \sim 3.4\text{MPa}$；$t = 20 \sim 150\,℃$；$C = 0.3642 \sim 0.7255$
筛板塔	$W = CHD^{1.327}$	$H = 7127 \sim 23050\,\text{mm}$；$D = 600 \sim 3200\,\text{mm}$；$p = 0.04 \sim 0.3\text{MPa}$；$t = 120 \sim 200\,℃$；$C = 0.2509 \sim 0.3611$
泡罩塔	$W = CHD^{1.327}$	$H = 3500 \sim 15030\,\text{mm}$；$D = 400 \sim 2000\,\text{mm}$；$p = 0.09 \sim 1.3\text{MPa}$；$t = 200 \sim 400\,℃$；塔盘数 $5 \sim 24$ 块；$C = 0.2973 \sim 0.4536$
浮阀塔	$W = CHD^{1.5110}$	$H = 8350 \sim 63000\,\text{mm}$；$D = 600 \sim 3600\,\text{mm}$；$p = 0.15 \sim 3\text{MPa}$；塔盘数 $8 \sim 119$ 块

注：1. 质量包括塔体、塔盘、裙座、平台、笼梯、各种物料接管、压力计接管、温度计接管、放空管、人（手）孔。

2. C 为压力校正系数，见表 10-10；H 为塔高，m；D 为塔径，m。

3. 计算出各类设备的质量后，再对设备单价进行询价或招标，即可得到静止设备的价格。

表 10-10 塔器压力校正系数

压力/MPa	0.05	0.1	0.5	1.0	1.6	2.5	4.0	6.4
C	0.2964	0.3414	0.4987	0.5847	0.6222	0.7255	0.8011	0.9422

10.3 产品成本估算

产品成本是企业用于生产某种产品所消耗费用的总和。它是判定产品价格的重要依据之一，也是考核企业生产经营管理水平的一项综合性指标。产品成本的高低决定着投资回收期的长短，也是化工过程开发中风险分析的依据，直接影响到一个新项目或技改项目的取舍。应该特别考虑到原料涨价、银行利率上涨、产品价格下跌、产品滞销等因素对产品成本的影响。考察这些因素单独变化或多种因素发生变化对项目投资收益率的影响程度，从而找出关键因素，以便采取相应的对策。

10.3.1 产品成本的构成

产品生产成本按其与产量变化的关系分为固定成本和可变成本。固定成本是指总成本中不随产量变化而变动的费用项目，例如固定资产折旧、车间经费、企业管理费等。可变成本是指总成本中随产量变化而变动的费用项目，例如原材料、燃料、动力等费用。

产品成本按费用发生的地点可分为车间成本、工厂成本、经营成本和销售成本。

国内化工项目产品成本的组成见图 10-2。

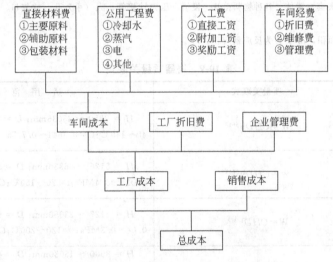

图 10-2　国内化工项目产品成本组成示意图

（1）车间成本　车间成本包括主要原料及辅助原料和包装材料费、人工费、公用工程费、维修费、车间折旧费和车间管理费。车间折旧费是车间固定资产的折旧费，车间管理费包括车间管理人员和辅助人员工资及附加费、办公费、劳动保护费等。

（2）工厂成本　由车间成本、工厂折旧费、企业管理费三部分组成。工厂折旧费是指全厂固定资产（除车间固定资产以外部分的）折旧费。企业管理费指企业管理人员和辅助人员的工资及工资附加费、企业办公费、对外联络费以及劳动保护费等。

（3）经营成本　指工厂成本加销售费用，扣除车间和工厂的折旧费后的成本。

（4）销售成本　指工厂成本加销售费用之和。销售费用指为销售产品而支付的广告费、推销费、销售管理费等。

10.3.2 成本费用估算

（1）直接材料费

$$每吨产品的原材料费＝原材料消耗定额×原材料价格 \tag{10-23}$$

$$原材料价格＝原材料出厂价＋运输费＋装卸费＋运输损耗＋库耗 \tag{10-24}$$

（2）公用工程费 公用工程是直接用于生产工艺过程的燃料、电力、蒸汽、工艺用水、冷却用水和生产用冷剂、压缩空气、惰性气体等。

$$公用工程费＝公用工程消耗×公用工程单价 \tag{10-25}$$

（3）人工费 人工费是直接从事产品生产操作的工人（不包括分析工、检修工等辅助工人）的工资及附加费。附加费是按生产工人工资比例提取的，用于劳动保险、医疗、福利及工会经费、补助金等。

应先根据工艺设备的种类、数量及控制方法设置若干操作岗位，再按三班制计算出工人定员，然后计算出人工费：

$$工人工资＝工人年平均工资×工人定员 \tag{10-26}$$

$$附加费＝工人工资×11\% \tag{10-27}$$

$$人工费＝工人工资＋附加费 \tag{10-28}$$

（4）副产品回收收入 副产品收入＝副产品销售收入－税金－销售费用 （10-29）

（5）车间经费

① 车间折旧费 折旧费＝（固定资产原值－固定资产残值）÷折旧年限 （10-30）

化工项目的折旧年限为 8～15 年。对化工过程开发进行评价时，一般不考虑报废时的固定资产残值。

② 车间维修费 车间维修费＝车间固定资产×（3%～6%） （10-31）

③ 车间管理费 车间管理费＝（原材料费＋公用工程费＋工人工资及附加＋折旧费＋维修费）×5% （10-32）

对化工过程开发进行评价时，车间经费也可按车间成本中的直接材料费、直接工资与其他直接支出费用的 15%～20% 估算。

（6）企业管理费 企业管理费＝车间成本×（3%～6%） （10-33）

（7）销售费 销售费可按销售收入的 1%～3% 估算。即

$$销售费＝销售收入×（1\%～3\%） \tag{10-34}$$

（8）财务费 财务费主要是贷款利息，可用贷款利率来估算。

10.4 经 济 评 价

为了扩大再生产，增加产品品种和产量，或提高产品质量和生产效率，常要建造新的设备、装置、车间甚至整个工厂，或对现有生产设备和装置进行技术改造。这些都要在实现预期目标并获得收益以前，预先投入一定数量的资金。这种为提高生产或取得经济效益而进行的资金投入即投资。

资金是有限的，为了节省并有效地使用投资，必须讲求经济效益，在做出投资决策之前，要认真进行可行性研究，并对投资项目的经济效益进行计算和分析。当可供选择的方案多于一个时，还要对各个方案的经济效益进行比较和选优。这种分析论证过程称为项目经济评价。经济评价的目的是为投资决策提供科学依据，减少和避免投资决策失误，提高经济效益。

项目经济评价根据评价视角的不同，又分为财务评价和国民经济评价两类。

财务评价是从企业角度出发，使用的是市场价格，在国家现行财税制度和市场条件下考察项目的费用、盈利、效益和借款偿还能力，特别着眼于投入资金给企业带来的盈利，即财务上的可行性。

国民经济评价则是从国家整体的、宏观的角度，计算和分析项目给国民经济带来的效益，特别是国民收入的增长额。在市场价格由于各种原因可能失真时，有时要采用与资源的最优配置相关联的影子价格来计算效益。

另外，工程项目对社会的贡献和所产生的负效应，有些是不能用货币计量的，也应该加以评价，称为社会评价。对于社会评价，本节不作讨论，而集中讨论项目的财务评价、国民经济评价以及不确定性分析与方案比较。

10.4.1 经济评价中的主要概念

（1）生产能力和销售量 在设计一个化工生产装置时预定的产量通常称为生产能力或设计产量。销售量是指实际销售出来产品的量。但在生产装置投产后，实际得到的产量（即生产产量）并不一定等于设计产量；另外生产出来的产品可能发生滞销、积压，因此销售量也不一定等于生产产量。

在技术经济评价过程中，要注意区别生产能力（设计产量）、生产产量和销售量。但在初步技术经济评价过程中，有时可以假定销售量等于生产产量也等于生产能力。

（2）销售收入和产值 销售收入是产品作为商品实现销售后得到的收入。

$$销售收入＝单价×销售量 \tag{10-35}$$

此处产品单价按实现销售时的交易价格计算。若是预测销售收入，则按预测市场价格计算。

产值是指产品的年产量与产品单价的乘积。

$$产值＝单价×年产量 \tag{10-36}$$

（3）固定资产投资额与总投资额 固定资产投资额：是指工程设备费、安装费、土建费等与工程建设其他费用和不可预见费的总和，即固定资金。

总投资额：指固定资产投资额（固定资金）、流动资金、各种税额和建设期利息的和。

总投资额与生产能力之比，称为单位生产能力投资额。

$$项目总投资额＝固定资产投资＋投资方向调节税＋建设期利息＋流动资金 \tag{10-37}$$

（4）增值税与所得税 增值税：纳税人在特定时期生产或销售产品及提供劳动各环节所得的收入，大于购买原料支付金额的差额即为增值部分（新增价值）。对此增值因素形成的征税课目称为增值税。

估算公式： $$增值税额＝（销售收入－购买原料支出）×17\% \tag{10-38}$$

实际公式： $$应纳增值税额＝销售额×17\%－当期进项税额 \tag{10-39}$$

式中当期进项税额是指"购进增值税发票"，是由增值税专用发票注明的，而不是计算出来的。

增值税是一种价外税，应纳税金不包括在商品价格之内。增值税是企业向客户收取并上缴国家的，是在商品销售后，无论是否收到款项，是否盈利，均应上缴的税款。

所得税：指企业在获得利润情况下，按一定税率向国家上缴的税额。我国所得税率为企业毛利的33%。即

$$所得税额＝企业毛利×33\% \tag{10-40}$$

（5）利润与净利润 利润（又称毛利），是指销售总收入与总成本和增值税额的差值，它和增值税额两项之和，即称为利税。

$$利润＝销售收入－总成本－增值税额 \tag{10-41}$$
$$年利润总额＝年产品销售收入－年产品销售税金及附加－年总成本费用 \tag{10-42}$$
$$净利润＝利润－所得税额＝利润×(1-33\%) \tag{10-43}$$

(6) 时值与现值　时值：指资金在其使用过程中某一时刻的价值。

现值：在工程建设中，都是以资金的时值来购买各种设备和原料的，由于工程建设时间较长，需要把发生在将来不同时间的资金换算成当前的价值，此过程称为"折现"。按照"折现"的方法计算出来的资金金额称为现值。

时值与现值的关系式如下

$$P=kQ \tag{10-44}$$

式中，P 为现值；Q 为 n 年后发生的资金时值；k 为折现因子，$k=1/(1+i)^n$；i 为年利率；n 为年数。

10.4.2 财务评价

财务评价的目的和任务可以归纳为：考察拟建项目的财务盈利能力；为企业制定资金规划、合理地筹集和使用资金服务；为协调企业利益和国家利益提供依据；为中外合资项目的外方合营者做出决策提供依据，因为，对外方合营者，财务盈利性是其决策的最重要依据。

10.4.2.1 财务评价的盈利能力分析

财务评价的盈利能力分析分为静态指标和动态指标。

静态指标有：投资利润率，投资利税率，资本金净利润率和投资回收期。动态指标有：财务净现值和财务内部收益率。

(1) 投资利润率　　投资利润率 $=\dfrac{年（平均）利润总额}{投资总额}×100\%$ \hfill (10-45)

$$年（平均）利润总额＝年（平均）产品销售收入－年（平均）总成本费用$$
$$－年（平均）销售税金 \tag{10-46}$$
$$投资总额＝建设投资＋建设期利息＋流动资金 \tag{10-47}$$

在财务评价中，将投资利润率与行业投资利润率相比，以判别项目的单位的投资盈利能力是否达到本行业的平均水平。

(2) 投资利税率　　投资利税率 $=\dfrac{年平均利税总额}{投资总额}×100\%$ \hfill (10-48)

$$年平均利税总额＝年平均利润总额＋年平均销售税金 \tag{10-49}$$

在财务评价中，将投资利税率与行业投资利税率相比，以判别项目的单位投资对国家积累贡献是否达到本行业的平均水平。

(3) 资本金净利润率　　资本金净利润率 $=\dfrac{年平均所得税后利润}{注册资本}×100\%$ \hfill (10-50)

它反映投入项目的资本金的盈利能力。

(4) 投资回收期 (P_t)　　投资回收期是以项目的净收益抵偿全部投资（包括建设投资和流动资金）所需的时间，一般自建设开始年算起，如果从投产年算起，应注明。其表达式为

$$\sum_{t=1}^{P_t}(CI-CO)_t=0 \tag{10-51}$$

式中，CI 为年现金流入量；CO 为年现金流出量；$(CI-CO)_t$ 为第 t 年净现金流量。

投资回收期可用财务现金流量表（全部投资）累计净现金流量计算求得，详细计算公式为

$$投资回收期（P_t）＝累计净现金流量开始出现正值年份$$
$$-1+\left(\dfrac{最后一年累计净现金流量的绝对值}{最后一年净现金流量}\right) \tag{10-52}$$

财务评价中求出的投资回收期（P_t）与行业的基准投资回收期（P_c）比较，当 $P_t \leqslant P_c$ 时，表明项目投资能在规定的时间内收回。

（5）**财务净现值**（$FNPV$） 财务净现值是指项目按行业的基准收益率或设定的折现率（i_c）将计算期内各年的净现金流量折现到建设初期的现值之和。其计算式为

$$FNPV = \sum_{t=1}^{n} (CI - CO)_t (1 + i_c)^{-t} \tag{10-53}$$

财务净现值大于零或等于零的项目是可行的。在比较设计方案时，应选择净现值大的方案。当各方案投资额不同时，需用净现值率的大小来衡量。

净现值率（$FNPVR$）是项目净现值与全部投资现值之比，即单位投资现值的净现值。表达式为

$$FNPVR = \frac{FNPV}{I_P} \tag{10-54}$$

式中，I_P 为全部投资（建设投资和流动资金）的现值。

（6）**财务内部收益率**（$FIRR$） 财务内部收益率是指项目在整个计算期内各年净现金流量现值累计等于零时的折现率，它反映项目所占用资金的盈利率，是考察项目盈利能力的主要动态评价指标。其表达式为

$$\sum_{t=1}^{n} (CI - CO)_t (1 + FIRR)^{-t} = 0 \tag{10-55}$$

式中，n 为计算期。

在财务评价中将求出的全部投资或自有资金（投资者的实际出资）的财务内部收益率（$FIRR$）与化工行业的基准收益率或设定的折现率（i_c）比较，当 $FIRR \geqslant i_c$ 时，即认为其盈利能力已满足最低要求，在财务上是可以考虑接受的。

10.4.2.2 财务评价的清偿能力分析

项目清偿能力分析是考察计算期内，各年的财务状况及偿债能力。用借款偿还期、资产负债率、流动比率和速动比率等指标表示。

（1）**借款偿还期** 是指在国家财政规定及项目具体财务条件下，项目投产后使用可用作还款的利润、折旧、摊销及其他收益额偿还固定资产借款本金和建设期利息所需要的时间。

固定资产投资国内借款偿还期可按下式计算

$$I_d = \sum_{t=1}^{P_d} R_t \tag{10-56}$$

式中，I_d 为固定资产投资借款本金和建设期利息之和；P_d 为借款偿还期（从借款开始年计算，当从投产年算起时应予注明）；R_t 为第 t 年可用于还款的资金。

固定资产投资国外或境外借款偿还期涉及利用外资的项目，其国外或境外借款的还本付息，应按已经明确的或预计可能的借款偿还条件（包括偿还方式、宽限期限）计算。当借款偿还期满足贷款机构的要求期限时，即认为项目是有清偿能力的。

（2）**资产负债率** 是反映项目利用债权人提供的资金进行经营活动的能力和债权人发放贷款的安全程度。其计算式为

$$资产负债率 = \frac{负债总额}{全部资产总额} \times 100\% \tag{10-57}$$

（3）**流动比率** 是反映项目流动资产在短期债务到期以前，可以变为现金用于偿还流动负债的能力。

$$流动比率 = \frac{流动资产}{流动负债} \times 100\% \tag{10-58}$$

（4）速动比率　是反映项目流动资产中，可以立即用于偿付流动负债的能力。

$$速动比率＝\frac{速动资产}{流动负债}\times100\% \qquad (10\text{-}59)$$

$$速动资产＝流动资产－存货 \qquad (10\text{-}60)$$

财务评价所用的计算报表有基本报表和辅助报表。可参考有关资料。

10.4.3　不确定性分析与方案比较

不确定性分析是项目经济评价的重要组成部分。所谓不确定性分析就是对经济生活中客观存在的各种不确定因素的变化可能对建设项目的经济效益所产生的影响进行的分析和研究。

建设项目经济评价中不确定性因素的存在，主要有两个方面的原因。一是受客观经济环境的影响。项目经济评价是在不确定性的环境中进行的，所研究的问题都是未来的问题，所要考虑的因素都会随着时间、地点、条件的变化而变化。如建设工期的延长，投资总额及资金来源的变化，技术工艺和设备性能的改变，产品市场价格的下跌，原辅材料的涨价，以及国家经济政策的变化等。这样，项目经济评价的结果必然包含着许多不确定性因素。另一方面，项目经济评价要受到主观上的制约。项目经济评价是在手段不完善的情况下进行的，评价时必须使用一系列的参数、指标、数据，同时还往往对某些条件作一些假设，从而使得评价工作本身带有很多的主观随意性，也使项目的研究带上了不确定性。

综上所述，不确定性分析实质上是对建设项目的不利因素进行分析，是对建设项目可能经受的风险程度进行的预测。不确定性分析的主要作用就在于通过对不确定性因素及风险程度的研究，暴露拟建项目可能出现的不利情况，避免或缩小不利因素给项目经济评价带来的误差，以提高可行性研究的保证程度，确保建设项目的成功。

为使评估结果可靠，在确定性分析后，必须再考察要素变动对项目效益的影响。这对投资大、寿命长、对国民经济影响大的项目尤有必要。这些分析将集中回答一系列"如果项目经济数据发生变动，项目效益会如何变化"等问题，在国外也称为"WHAT IF"分析。该分析包括三种情况：第一，人们对于经济要素的取值没有把握，只能求出要素取值的一定范围，在此范围内项目可行；超出此范围，项目不可行，这叫做盈亏平衡分析；第二，人们能预测出某经济要素变动的区间，但无法知道变动的概率，则可以根据该区间重新审查方案的效益指标（如回收期、净现值等），找出影响效益最大的所谓敏感性因素，这是敏感性分析；第三，人们不仅能预测要素变动的区间，还能估计出变动的概率，从而求出方案效益指标变动的大小和对应的概率，这样的分析就是风险分析。前两种分析也统称不确定性分析。盈亏平衡分析仅用于对项目的财务评价中，敏感性分析和风险分析（或称概率分析）可用于财务评价，也可用于项目的国民经济评价。

10.4.3.1　盈亏平衡分析

（1）盈亏平衡分析的含义　盈亏平衡分析是通过计算盈亏平衡点（BEP）分析项目成本与收益平衡关系的一种方法。盈亏平衡点通常根据正常生产年份的产品产量或销售量、可变成本、固定成本、产品价格和销售税金等数据计算，用生产能力利用率或产销量表示。其计算式为

$$BEP（生产能力利用率）＝\frac{年固定总成本}{年产品销售收入－年可变总成本－年销售税金}\times100\% \qquad (10\text{-}61)$$

或

$$BEP（产销量）＝\frac{年固定总成本}{单位产品价格－单位产品可变成本－单位产品销售税金} \qquad (10\text{-}62)$$

该值小，说明项目适应市场需求变化的能力大，抗风险能力强。盈亏平衡见图 10-3。

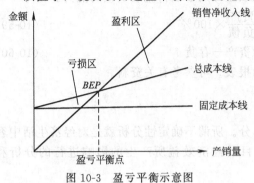

图 10-3　盈亏平衡示意图

从图 10-3 可以看出，盈亏平衡点越低，项目的盈利越大，说明项目适应市场变化的能力越大，抗风险能力也越强。

盈亏平衡分析方法的成立是以一些重要的假设为前提的。为了在项目经济评价中正确地使用这一方法，有必要了解这些重要假设。

① 假设企业的产销平衡，即项目投产后的生产量和销售量相等。因为如果产销量不相等，计算销售收入及销售税金时用的是销售数量，计算成本时用的是生产量，二者不在一个水平上，计算企业利润时势必要进行调整，这就会使得盈亏平衡分析变得十分复杂。

② 假设固定成本总额与产销量的变化无关，基本维持在一个稳定的水平上。而实际生产中，固定成本自然不是绝对固定的。

③ 假设在产销量发生变动时，产品单位售价及销售税率和单位变动成本不变。这样一来，全部销售收入及销售税金和变动成本总额都将随着产销量的增减呈等比例的变动，它们之间就保持着一种正的线性函数关系，见图 10-3。当然，实际的情况复杂得多，成本、收入和产销量之间可能存在着不完全的线性关系或者是完全的非线性关系。

④ 假设企业生产和销售的产品品种结构不变，也就是说，各种产品的产销额在全部产品的产销额中所占的比重是稳定的。

综上所述，盈亏平衡分析是以一系列重要假设为条件的，有了这些假设，可以使分析工作大大简化。但是假设的东西毕竟不是实际，因此分析所得的结果必然会出现一定程度的偏差。所以只能把盈亏平衡分析当作其他评价方法的一种辅助手段。这一点应该引起分析人员的注意。

（2）盈亏平衡分析的应用　盈亏平衡分析在项目经济评价中的应用主要有以下几个方面。

① 在已知单位变动成本、固定成本总额和单位产品售价的情况下，可先预测保本的产销量，然后再根据市场预测的结果判断项目的风险程度。一般借助于经营安全率指标来测定。经营安全率的计算公式如下：

$$经营安全率 = \frac{市场预测的年销售量 - 盈亏平衡点的产销量}{市场预测的年销售量} \times 100\% \qquad (10\text{-}63)$$

经营安全率越大，表明企业生产经营状况越好，拟建项目越安全可靠。一般来说，经营安全率在 30% 以上，说明企业生产经营状况良好；25%～30% 表明较为良好；15%～25% 表示不太好，要警惕；10% 以下表示很危险。

② 当已知保本的产销量时，可计算保本时的生产能力利用率指标。这个指标表示达到盈亏平衡时实际利用的生产能力占项目设计生产能力的比率。这个比率越小，说明项目适应市场变化的能力和抵御风险的能力越强。反之，说明企业要利用较多的生产能力才能保本，项目承受风险的能力较弱。保本时的生产能力利用率指标的计算公式如下：

$$保本时生产能力利用率 = \frac{盈亏平衡点的产销量}{设计年产量} \times 100\%$$

$$= \frac{年固定总成本}{单位产品价格 - 单位产品可变成本 - 单位产品销售税金}$$

$$\times \frac{1}{设计年产量} \times 100\%$$

$$=\frac{年固定总成本}{年产品销售收入－年可变成本－年销售税金}\times100\% \qquad (10\text{-}64)$$

③ 在已知项目产品的产销量、单位销售价格和固定成本总额的情况下，可预测保本要求的单位变动成本额，然后与项目产品实际可能发生的单位变动成本相比较，从而判断拟建项目有无成本过高的风险。保本单位变动成本的测算公式如下：

$$保本时的单位变动成本＝单位产品价格－单位产品销售税金－\frac{年固定总成本}{产品年销售量}$$

$$(10\text{-}65)$$

④ 当已知项目产品的产销量、单位产品变动成本及年固定总成本时，可测算保本的产品销售价格，并将此最低售价与市场预测中得到的价格信息相比较，以判断拟建项目在产品价格方面所能承受的风险。盈亏平衡时的产品售价按以下公式计算：

$$盈亏平衡时的单位产品售价＝单位产品变动成本＋单位产品销售税金＋\frac{年固定总成本}{产品年销售量}$$

$$(10\text{-}66)$$

10.4.3.2　敏感性分析

敏感性分析就是通过分析和预测经济评价中的各种不确定因素发生变化时，对项目经济评价指标的影响，从而找出敏感性因素，并确定其影响的程度。在项目计算期内可能发生变化的因素主要有：建设投资、产品产量、产品售价、主要原材料供应及价格、动力价格、建设工期及外汇汇率等。敏感性分析就是要分析预测这些因素单独变化或多因素变化时对项目内部收益率、静态投资回收期和借款偿还期等的影响。这些影响应是用数字、图表或曲线的形式进行描述，使决策者了解不确定因素对项目评价的影响程度，确定不确定性因素变化的临界值，以便采取防范措施，从而提高决策的准确性和可靠性。

（1）敏感性分析的常规做法　项目经济评价敏感性分析一般多做单因素敏感分析，即是指每次只变动一个因素，而其他因素保持不变时所进行的敏感性分析。因此，在敏感性分析以前，应先找出各种不确定因素，然后设定某因素而其他因素不变，考查各种经济指标的变化。因素的变化可以用相对值也可以用绝对值表示，相对值是使每个因素从其原始取值变动一个幅度，±5%、±10%等，计算每项变动时经济评价指标的影响，根据不同因素相对变化时经济评价指标影响的大小，可以得到各个因素的敏感性程度排序。用绝对值变化也可以得到同样的结论。项目经济指标的变动一般是计算项目的内部收益率或投资回收期随不确定性因素变化而发生的变化，再将变动后经济指标排序，找出对项目影响较大的因素，称为项目的敏感性因素。

敏感性分析图是一种直观表示不确定性因素对目标影响程度的分析方法。通过绘制敏感性分析图可以直观地表示各种不确定性因素对项目的影响程度，找出其变化的临界值，即该不确定性因素允许变动的最大幅度，或称极限变化。不确定性因素的变化超过了这个极限，项目由可行变为不可行，将这个幅度与可能发生的变化幅度比较，若前者大于后者，则表明项目经济效益对该因素不敏感，项目承担的风险不大。敏感性分析图的做法是：将不确定性因素变化率作为横轴，以某个评价指标，如项目的内部收益率为纵轴作图，可以得到一条曲线（取点范围小时近似为直线），只要将曲线延长与内部收益率基准线相交，其交点就是每种不确定因素变化的临界值。图 10-4 为敏感性分析示意图。如某项目的产品销售价格降低幅度不能超过 13%；主要原料价格的上涨幅度不得超过 10%；固定资产投资的上涨幅度不能超过 20%，否则项目将不可行。

例 [10.2] 某化工厂有一技术改造项目，根据项目基本参数计算的投资回收期为

5.8 年（从投资投入年份算起），产品销售量、成本及固定资产投资等因素分别按±10％、±20％的不确定性所计算的不同回收期列于表 10-11 中。

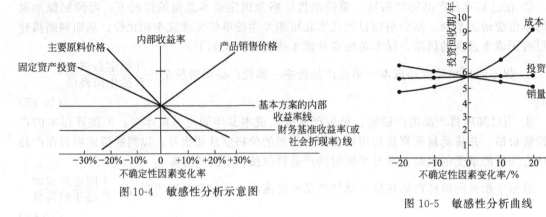

图 10-4　敏感性分析示意图

图 10-5　敏感性分析曲线

表 10-11　不确定性因素对投资回收期的影响

序号	分析指标值 ＼ 变动因素	变动率						
		＋20％	＋10％	0	−10％	−20％	平均＋1％	平均−1％
1	产品成本	9.09	6.88	5.8	5.14	4.71	＋0.16	−0.05
2	产品销量	5.26	5.49	5.8	6.24	6.58	−0.03	＋0.04
3	投资	5.92	5.85	5.8	5.72	5.65	＋0.006	−0.008

根据表 10-11 数据绘制敏感性分析曲线，如图 10-5 所示。

由表 10-11 或图 10-5 可见，投资回收期指标对投资及产品销量不太敏感，而对产品成本因素最敏感。在因素不变的情况下，只要产品成本平均增加 1％（原材料涨价和提高职工工资），投资回收期平均延长 0.16 年；产品成本降低 1％，投资回收期平均缩短 0.05 年。其单位变动率都大于产品销量和投资额因素的变动率。因此，可以认为产品成本是个敏感因素。但变动幅度不算太大，说明该技改项目具有一定的适应市场变化的能力和抗风险的能力。

（2）敏感性分析的作用　在可行性研究报告中，敏感性分析通常包括财务敏感性分析和国民经济敏感性分析。前者考察的是敏感性因素对财务评价指标的影响，后者考察的是敏感性因素对国民经济评价指标的影响。敏感性分析的作用：①研究掌握敏感因素的变动引起项目经济评价指标的变化范围或敏感因素的允许变化区间；②找出影响项目经济生命力的最关键因素，并进一步分析与之相关的预测或估算数据可能产生不确定性的根源；③通过对化工建设项目可能出现的最有利与最不利的经济指标变化范围进行分析，以寻找替代方案或对原方案采取控制措施。

10.4.3.3　概率分析

通过盈亏平衡分析和敏感性分析，进一步了解不确定性因素的变化对项目经济效益产生的影响，为方案的选择和投资决策提供了更进一步的依据。但这些方法仍然具有一定的局限性，它们是在假定这些因素发生的条件下所进行的分析。而实际上，这些因素的变化并不一定会发生，只有发生的可能性。也许，有些对项目经济效益产生较大影响的因素变化几乎不可能发生，对这些因素变化的担忧就显然是不必要的。要解决诸如发生可能性大小的问题，就需进一步应用概率分析的方法。

概率分析法的关键是确定那些随机变量的各种不同数值的概率。一般有两种途径：一是根据大量的历史数据进行分析；一是通过与同类项目的比较，由经济分析人员根据自己的知识和经验做出判断。但无论选择哪种途径，都要有足够的信息资料，并对这些信息资料进行深入的分析研究。

一个项目中不确定因素发生的概率确定了，这个项目的经济评价指标就随之确定，不确定因素通过概率分析的数量化而转化成为确定因素。概率分析是使用概率方法研究项目不确定因素对项目经济评价指标影响的定量分析方法。概率分析的一般计算方法是：①列出各种要考虑的不确定性因素（敏感因素）；②设想各不确定性因素可能发生的情况，即其数值发生变化的各种情况；③分别确定每种情况的可能性即概率；④分别求出各可能发生事件的净现值、加权平均净现值，然后求出净现值的期望值；⑤求出净现值大于或等于零的累计概率。累计概率值越大，项目所承担的风险就越小，也可以通过模拟法测算项目评价指标（如内部收益率）的概率分布。

纵观以上概率分析过程，可以发现随着不确定性因素的不同，能得到多个概率分析的结论，而这必然会给最后的决策带来混乱。为了解决这个问题，世界银行提出了以下简化处理办法。即首先找出几个最主要的不确定性因素，并分别确定它们的最大可能出现值（期望值），然后根据这几个因素的最可能出现值算出一个内部收益率。同时，再分别以其中一个因素的最悲观的概率值与其余几个不确定性因素的最可能出现值相配合，算出各组的内部收益率。最后根据这几个不确定性因素最悲观的值，算出一个内部收益率。在计算出以上这些内部收益率后，如果最后那个立足于最悲观情况下的内部收益率仍然高于基准收益率的话，那么这个项目就显然是可取的。如果这个内部收益率明显地低于基准收益率，那就要对中间那几种情况再进行具体分析，看哪一种情况出现的可能性最大，然后再做出决定。

10.4.3.4 方案比较

（1）多方案比较的含义　方案比较是寻求合理的经济和技术决策的必要手段，也是项目经济评价工作的重要组成部分。在项目可行性研究过程中，各项主要经济和技术决策（如建厂规模、工艺流程、主要设备选型、原材料、燃料供应方式、厂区布置和厂址选择，以及资金筹措等），均应根据实际情况提出各种可能的方案，并进行经济论证比较，做出抉择。必要时应考虑外部效益和费用。

方案比较原则上应通过国民经济评价来确定。但对于产出物基本相同，投入物构成基本一致的方案比选时，为了简化计算，在不会与国民经济评价结果发生矛盾的条件下，也可通过财务评价确定。

方案比较可按各个方案所含的全部因素（相同因素和不同因素），计算各方案的全部经济效益，进行全面的对比；也可就不同因素计算相对经济效益，进行局部比较。但不管是哪种情况，多方案比较都必须注意保持各个方案的可比性，如各方案时间上的可比性，收益与费用的性质和计算范围的可比性等。此外，还应注意在某些情况下，因使用不同的指标进行比较会导致相反的结论。但是如果使用净现值指标与使用内部收益率指标评价结论发生矛盾，经验表明，只要资金可供量许可，净现值指标所显示的结论是正确的。如果使用净现值指标与差额投资内部收益率指标，那么两者比选的结论总是一致的。

（2）方案比较的方法　方案比较可采用净现值法、差额投资内部收益率法、费用现值比较法和年费用最小法等。过程工业企业一般采用净现值法和差额投资内部收益率法或简化的静态方案比较。

方案比较可按各方案所含的全部因素或仅就不同因素进行，比较时应注意保持各方案的可比性。

① 净现值法　投资额相同，应选净现值大的方案。投资额不同，需进一步用净现值率来衡量。

② 差额投资内部收益率法　是两个比较方案各年净现金流量差额的现值之和等于零时的折现率。表达式为

$$\sum_{t=1}^{n} \left[(CI-CO)_2 - (CI-CO)_1 \right]_t \cdot (1 + \Delta IRR)^{-t} = 0 \tag{10-67}$$

式中，$(CI-CO)_2$ 为投资大的方案的净现金流量；$(CI-CO)_1$ 为投资小的方案的净现金流量；ΔIRR 为项目的差额投资内部收益率（可用试差法求得）。

差额投资内部收益率大于或等于基准收益率或社会折现率时，投资大的方案较优；小于基准收益率或社会折现率时，投资大的方案较差。

③ 简化的静态方案比较　采用静态差额投资收益率（R_a）或静态差额投资回收期（P_a）法。表达式为

$$\text{静态差额投资收益率 } R_a = \frac{C_1' - C_2'}{I_2 - I_1} \times 100\% \tag{10-68}$$

$$\text{静态差额投资回收期 } P_a = \frac{I_2 - I_1}{C_1' - C_2'} \tag{10-69}$$

当两个方案产量相同时，C_1' 和 C_2' 分别为两个比较方案的年经营总成本；I_1 和 I_2 则为其相应的投资（包括固定资产和流动资金）。当两个方案的产量不同时，C_1' 和 C_2' 分别为其单位产品经营成本，I_1 和 I_2 为单位产品投资。

当静态差额投资收益率大于社会折现率或行业财务基准收益率（i_c）或投资回收期短于行业基准回收期（P_c）时，投资大的方案较优。

10.4.4　项目国民经济评价

财务评价是从企业的角度出发的盈利分析，对企业来说，可作为判断应否投资的依据，但是财务评价只看项目对企业的经济效益而未考虑国家整体的经济效益和国家对该项目所投入的费用，这就使得从企业角度和从国家整体角度评价建设项目时并非都具有一致的结论，因而，在作财务评价的同时还需要进行国民经济评价。

国家计委在《关于建设项目评价工作的暂行规定》中指出：建设项目的经济评价一般应分别进行财务评价和国民经济评价。

表 10-12 列出了项目的财务评价和国民经济评价的结果可能出现的情况和应做出的抉择，表中"＋"表示好，"－"表示不好。

表 10-12　财务评价和国民经济评价的结果可能出现的情况和应做出的抉择

评价种类	评 价 结 果			
项目财务评价	＋	＋	－	－
项目国民经济评价	＋	－	＋	－
抉择	可行	不可行	考虑给予补贴、优惠后可行	不可行

对企业来讲的首要条件是项目在财务上可行。当然，有些在国民经济评价结果可行而财务评价不可行的项目，如果国家采取补贴、优惠措施后也可能使项目在财务上成为可行。但是，国家不可能也没有那么大的财力对所有这些情况给予优惠和补贴；只可能对极少数的有特殊需要的项目或对国民经济意义重大的项目给予特殊的照顾。因此，对一般的项目而言，应该先进行财务评价。当财务评价得出不可行的结论后，也就没有必要进行国民经济评价了。因此，对一般项目，进行可行性研究的合理程序是：先作项目的财务评价，在项目被证

实在财务上可行之后，再进行难度较大和工作量较大的国民经济评价。少数确对国家有重大意义的重大项目，则先进行项目的国民经济评价。若国民经济评价可行，再进行财务评价。如果发现国民经济评价可行，而财务评价不可行的情况，可研究由国家给予优惠政策，使它在财务上具有生存能力。

10.4.4.1 财务评价和国民经济评价的区别

（1）两种评价的角度不同 财务评价是从企业的财务角度来考虑货币的收支和盈利情况及借款清偿能力等以确定投资项目的财务可行性，而国民经济评价则是从国家整体的（或社会的）角度来考察项目需要国家付出的代价和它对国家的贡献来确定项目的宏观可行性。

（2）两种评价所采用的价格不同 在财务评价中，计算投入和产出的价值采用的是现行价格，而在国民经济评价中，采用的则是由国家计委公布的影子价格。

（3）两种评价对效益与费用的划分不同 项目的财务评价是以企业为界的。一切流入、流出这个界限的实际收支就是财务评价的效益和费用。因而，税金、国内贷款的利息是投入（即费用），而来自国家的补贴是产出（即效益）。而国民经济评价则着眼于项目对国家的贡献和国家为此所支付的代价，是以国家为界的。因而，税金、国内借款利息和国家给予的补贴等项均不计入费用和效益。

（4）两种评价采用的主要参数不同 财务评价采用官方汇率，并以因行业而异的标准投资收益率为折现率，而国民经济评价则采用国家统一测算发布的影子汇率，用国家统一测算发布的社会折现率为折现率。

10.4.4.2 国民经济评价的方法

国民经济评价一般以经济内部收益率为指标，根据项目的特点和需要，也可以采用经济净现值和经济净现率等指标。在进行国民经济评价时，主要包括如下评价指标。

（1）经济净现值（ENPV） 经济净现值是反映工程项目对国民经济所做贡献的一项绝对指标，它是把工程项目在整个寿命周期内各年的国民经济净效益（也称社会盈余），用一个标准的社会折现率折算为现值之和。而经济净现值率则是反映工程项目单位投资为国民经济所做净贡献的相对指标，它是经济净现值与投资现值之比。两者的计算公式分别为：

$$ENPV = \sum_{t=1}^{n} (CI-CO)_t (1+i_s)^{-t} \tag{10-70}$$

$$ENPVR = \frac{ENPV}{I_p} \tag{10-71}$$

式中，$ENPV$ 为经济净现值；$ENPVR$ 为经济净现值率；i_s 为社会折现率；I_p 为总投资的现值；CI 为经济效益流入量；CO 为费用流出量；$(CI-CO)_t$ 为第 t 年的净效益流量；n 为计算期。

经济净现值大于零的项目，表示国家为项目付出代价后，除得到符合社会折现率的社会盈余外，还可以得到超额社会盈余。当进行多个方案比较时，以其经济净现值最大者为优。如果各个方案的投资额不同，还要进一步计算经济净现值率，作为选择最优方案的辅助指标。

（2）经济内部收益率（EIRR） 它是反映工程项目对国民经济贡献的相对指标，它是使经济净现值等于零时的折现率。其表达式为

$$\sum_{t=1}^{n} (CI-CO)_t (1+EIRR)^{-t} = 0 \tag{10-72}$$

式中，$EIRR$ 为经济内部收益率。

经济内部收益率的含义、计算方式和过程与财务内部收益率基本相同。一般说来，经济内部收益率大于或等于社会折现率的项目是可以考虑接受的。

（3）投资净效益率　指项目达到设计生产能力后的一个正常年份内，其年净效益与项目全部投资的比率，是反映项目投产后单位投资对国民经济所作的年净贡献的静态指标。对在生产期内各年的净效益变化幅度较大的项目，应计算生产期平均净效益与全部投资的比率。

一般情况下，投资净效益率大于社会折现率的项目可行。

（4）净外汇效果——经济外汇净现值（ENPVF）　经济外汇净现值是分析、评价项目实施后对国家外汇状况影响的重要指标，其表达式为

$$ENPVE = \sum_{t=1}^{n} (FI - FO)_t (1+i)^{-t} \tag{10-73}$$

式中，FI 为外汇流入量；FO 为外汇流出量；$(FI-FO)_t$ 为第 t 年的净外汇流量；i 为折现率，一般可取外汇贷款利率；n 为计算期。

（5）换汇成本　它是指工程项目生产期内各年出口产品的生产成本总额与产品出口销售收入总额之比。亦即换取 1 美元外汇所消耗的人民币金额。其计算公式为：

$$换汇成本 = \frac{生产期内替代进口产品生产成本总额/万元}{生产期内替代进口产品生产销量收入总额/万元} \tag{10-74}$$

（6）国民收入分配指标　计算公式为

$$个人收入分配率 = \frac{年个人收入额}{年国民收入额} \times 100\% \tag{10-75}$$

$$企业收入分配额 = \frac{年企业收入额}{年国民收入额} \times 100\% \tag{10-76}$$

$$地方收入分配额 = \frac{年地方收入额}{年国民收入额} \times 100\% \tag{10-77}$$

$$国家收入分配额 = \frac{年国家收入额}{年国民收入额} \times 100\% \tag{10-78}$$

国民收入分配指标反映了工程项目创造国民收入在国家、地方、企业和个人之间的分配比例，它用以评价国家收入的初次分配水平是否合理。

（7）就业效果指标　计算公式为

$$单位投资就业人数 = \frac{项目新安置的就业人员数/人}{项目总投资/万元} \times 100\% \tag{10-79}$$

就业效果指标可以用以反映工程项目投资的社会就业水平及其效果。

10.4.4.3　国民经济评价结果的判断

把项目的经济内部收益率和社会折现率进行比较，当项目经济内部收益率大于社会折现率，则项目通过了国民经济评价，反之，则表示项目是不可行的。有时也可用经济净现值来判断，当经济净现值（采用社会折现率）大于零时，项目是可行的，当经济净现值小于零时，项目不可行。

把计算的经济换汇成本或节汇成本和影子汇率进行比较，当其小于影子汇率时，说明项目出口或替代进口换取单位美元而消耗的国内资源较小，其差额即为获得单位美元所节约的国内资源，项目的产品适合于出口（或替代进口）；当其大于影子汇率时，说明为获得单位美元消耗国内资源太多，项目的产品不利于出口。

习　　题

10-1　技术评价的主要内容和评价要点是什么？

10-2　工艺装置估算的方法有哪些，其特点是什么？

10-3　单元设备价格估算的方法有哪些，比较其优缺点。

10-4　财务评价的目的是什么，其评价指标是什么？

10-5　不确定性分析是什么，为什么要进行不确定性分析？

10-6　盈亏平衡分析的作用是什么，常以哪些方式表示盈亏平衡。

10-7　什么是敏感性分析，举出敏感性分析在化工生产中的应用实例。

10-8　概率分析的作用是什么，盈亏平衡分析、敏感性分析和概率分析三者之间有何联系。

10-9　方案比较的目的与方法是什么。

第 11 章 化工过程开发与技术转让中的相关问题

技术开发是使科技转化为生产力的重要环节，通过技术开发可以加快从科研成果到工业化的速度，可使一定的投资发挥最大经济效益。在化工过程开发中加强知识产权制度建设，是增强企业市场竞争力、提高国家核心竞争力的迫切需要，也是扩大对外开放、实现互利互赢的迫切需要。

我国现今实行科技成果鉴定的制度，正确判别科技成果的质量和水平，加速科技成果推广应用。专利是保护和鼓励发明创造，推动技术进步，促进技术交流与经济发展的法律制度，成为技术成果转化的一个重要组成部分。知识产权是人们对于自己在科学技术、文化等领域中创造的精神财富而享有的权利。在化工领域中的技术转让中，做好化工技术成果的鉴定、专利和知识产权的保护等工作已成为在化工过程开发与技术转让中的重要问题之一。

11.1 科技成果鉴定

为了加强科技成果鉴定工作的管理，正确判别科技成果的质量和水平，加速科技成果推广应用，我国现今实行科技成果鉴定的制度。我国的科技成果鉴定制度源于 20 世纪 50 年代末，截至 1994 年 10 月，先后发布了三部科学技术成果鉴定办法。尤其是第三部鉴定办法，大大压缩了鉴定范围，即只对国家、省、部科技计划内的应用技术成果和少数计划外的重大应用技术成果才予以鉴定。同时，对鉴定专家的选聘及鉴定专家的法律责任做出规定，并增加了有关科学道德和职业道德的条款，旨在确保鉴定的科学性和公正性。

11.1.1 鉴定范围与形式

1994 年 10 月 26 日国家科委发出第 19 号令，发布了新的《科学技术成果鉴定办法》（共 7 章），自 1995 年 1 月 1 日起施行。现将《科学技术成果鉴定办法》（以下简称本办法）摘登如下。

（1）鉴定范围

① 列入国家和省、自治区、直辖市以及国务院有关部门科技计划（以下简称科技计划）内的应用技术成果，以及少数科技计划外的重大应用技术成果，按照本办法进行鉴定。科技计划内的基础性研究、软科学研究等其他科技成果的验收和评价方法，由国家科委另行规定。

② 不组织鉴定的科研成果：

a. 基础理论研究成果；

b. 软科学研究成果；

c. 已申请专利的应用技术成果；

d. 已转让实施的应用技术成果；

e. 企业、事业单位自行开发的一般应用技术成果；

f. 国家法律、法规规定，必须经过法定的专门机构审查确认的科技成果。

③ 违反国家法律、法规规定，对社会公共利益或者环境和资源造成危害的项目，不受理鉴定申请。正在进行鉴定的，应当停止鉴定；已经通过鉴定的，应当撤销。

(2) 鉴定的组织

① 鉴定由国家科委或者省、自治区、直辖市科学技术委员会以及国务院有关部门的科技成果管理机构（以下简称组织鉴定单位）负责组织。必要时可以授权省级人民政府有关主管部门组织鉴定，或者委托有关单位（以下简称主持鉴定单位）主持鉴定。

② 组织鉴定单位和主持鉴定单位可以根据科技成果的特点选择下列鉴定形式。

a. 检测鉴定：指由专业技术检测机构通过检验、测试性能指标等方式，对科技成果进行评价。

b. 会议鉴定：指由同行专家采用会议形式对科技成果作出评价。需要进行现场考察、测试，并经过讨论答辩才能作出评价的科技成果，可以采用会议鉴定形式。

c. 函审鉴定：指同行专家通过书面审查有关技术资料，对科技成果作出评价。不需要进行现场考察、测试和答辩即可作出评价的科技成果，可以采用函审鉴定形式。

③ 采用检测鉴定时，由组织鉴定单位或者主持鉴定单位指定经过省、自治区、直辖市或者国务院有关部门认定的专业技术检测机构进行检验、测试。专业技术检测机构出具的检测报告是检测鉴定的主要依据。必要时，组织鉴定单位或者主持鉴定单位可以会同检测机构聘请 3～5 名同行专家，成立检测鉴定专家小组，提出综合评价意见。

④ 采用会议鉴定时，由组织鉴定单位或者主持鉴定单位聘请同行专家 7～15 人组成鉴定委员会。鉴定委员会到会专家不得少于应聘专家的 4/5，鉴定结论必须经鉴定委员会专家2/3 以上多数或者到会专家的 3/4 以上多数通过。

⑤ 采用函审鉴定时，由组织鉴定单位或者主持鉴定单位聘请同行专家 5～9 人组成函审组。提出函审意见的专家不得少于应聘专家的 4/5，鉴定结论必须依据函审组专家 3/4 以上多数意见形成。

⑥ 组织鉴定单位或者主持鉴定单位聘请的同行专家应当具备下列条件：

a. 具有高级技术职务（特殊情况下可聘请不多于 1/4 的具有中级技术职务的中青年科技骨干）；

b. 对被鉴定科技成果所属专业有较丰富的理论知识和实践经验，熟悉国内外该领域技术发展的状况；

c. 具有良好的科学道德和职业道德。

被鉴定科技成果的完成单位、任务下达单位或者委托单位的人员不得作为同行专家参加对该成果的鉴定。公安、安全、国防等特殊部门确因保密需要的，可以另行规定。非特殊情况，组织鉴定单位和主持鉴定单位一般不聘请非专业人员担任鉴定委员会、检测专家小组或者函审组成员。

11.1.2　认定的程序

(1) 需鉴定的科技成果，由成果完成单位或者个人根据任务来源或者隶属关系，向其主管机关申请鉴定。隶属关系不明确的，科技成果完成单位或者个人可以向其所在地区的省、自治区、直辖市科学技术委员会申请鉴定。

(2) 申请科技成果鉴定，应当符合本办法第六条［见 11.1.1 节 (1) 的①］的规定，并具备下列条件：

① 已完成合同约定或者计划任务书规定任务要求；

② 不存在科技成果完成单位或者人员名次排列异议和权属方面的争议；

③ 技术资料齐全，并符合档案管理部门的要求；

④ 有经国家科委或者省、自治区、直辖市科委或者国务院有关部门认定的科技信息机构出具的查新结论报告。

(3) 组织鉴定单位应当在收到鉴定申请之日起 30 天内，明确是否受理鉴定申请，并作出答复。对符合鉴定条件的，应当批准并通知申请鉴定单位。对不符合鉴定条件的，不予受理。对特别重大的科技成果，受理申请的科技成果管理机构可以报请上一级科技成果管理机构组织鉴定。

(4) 参加鉴定工作的专家，由组织鉴定单位从国家科委或者本省、自治区、直辖市科学技术委员会，国务院有关部门的科技成果鉴定评审专家库中遴选，申请鉴定单位不得自行推荐和聘请。

(5) 组织鉴定单位或者主持鉴定单位应当在确定的鉴定日期前 10 天，将被鉴定科技成果的技术资料送达承担鉴定任务的专家。

(6) 参加鉴定工作的专家，在收到技术资料后，应当认真进行审查，并准备鉴定意见。

(7) 科技成果鉴定的主要内容

① 是否完成合同或计划任务书要求的指标；

② 技术资料是否齐全完整，并符合规定；

③ 应用技术成果的创造性、先进性和成熟程度；

④ 应用技术成果的应用价值及推广的条件和前景；

⑤ 存在的问题及改进意见。

(8) 鉴定结论不写明"存在问题"和"改进意见"的，应退回重新鉴定，予以补正。

(9) 组织鉴定单位和主持鉴定单位应当对鉴定结论进行审核，并签署具体意见。鉴定结论不符合本办法有关规定的，组织鉴定单位或者主持鉴定单位应当及时指出，并责成鉴定委员会或者检测机构、函审组改正。

(10) 经鉴定通过的科技成果，由组织鉴定单位颁发《科学技术成果鉴定证书》。

(11) 科技成果鉴定的文件、材料，分别由组织鉴定单位和申请鉴定单位按照科技档案管理部门的规定归档。

11.2 专　利

11.2.1 专利制度的基本特征

现代专利制度是一种通过授予专利权，保护和鼓励发明创造，推动技术进步，促进技术交流与经济发展的法律制度。这项制度具有以下几个基本特征。

(1) 鼓励创新　专利制度最核心的内容是专利性的规定，这成为专利有效性的标准。而专利鼓励新的发明创造，这不仅指国民智慧的发挥，而且包括新技术引进和改进，只有这样才能有效地推动技术进步，实现创新，才能带动经济和社会发展，这是专利制度所要达到的主要目的。这也是专利制度区别于其他制度的主要内容。

(2) 产权约束　专利权是一种财产权。对这种无形财产所拥有的专有权不是自然产生的，而是由国家主管机关代表国家依照专利法的规定，经审查合格后授予的。发明人、设计人依法取得这种权利后，其发明创造的专有权就受到法律保护，任何单位或个人未经专利人的许可都不得为生产经营目的制造、使用、许诺销售、销售、进口其专利产品，或使用其专利方法以及使用、销售依照该专利方法直接获得的产品，另外，专利权人有权阻止他人未经其许可，为上述用途进口其专利产品或者进口依照其专利方法直接获得的产品。

（3）科学审查 所谓科学审查，是指对提出专利申请的发明创造进行形式和包括发明创造定义、新颖性、创造性、实用性等专利性条件的审查。世界上最先采用审查制的是美国，1790 年美国制定的专利法作了明文规定。目前世界上绝大多数国家对发明专利都实行审查。对实用新型和外观设计专利一般各国都只进行形式审查，对其专利性条件，只在有争议的情况下，经请求才予以进行审查。

（4）内容公开 "公开性"是专利制度的一个重要特征，也是专利制度的最大优点之一。"公开"是指任何单位或个人在申请专利时，将其发明创造的主要内容写成详细的说明书交给国家专利局，经审查合格后，将发明创造内容以公开专利说明书的形式向世界公开通报。专利说明书主要具有两个方面的作用。一是具有法律文件作用，公开宣布专利技术归谁所有。对科研工作者来说，专利说明书是必须查阅的资料。否则，如果重复别人已经取得专利权的研究工作，即使成功了，成果也得不到法律保护，并且还造成人力、物力、财力上的浪费。二是具有技术情报信息的作用，这是最可靠、最及时、最全面的技术情报。专利文献具有系统性和规范性，可以了解工业产品和生产方法的状况、技术趋势和市场走向，以及各经济实体的实力和竞争态势。发明创造内容以专利说明书形式公开后，人们看了可以互相启发，在此基础上研制出更新更高水平的技术成果。这正是专利制度所起的一个积极作用。

11.2.2 专利权

专利权即专利人的权利。专利权人作为专利权的主体，对专利这项财产具有所有权。专利权人的权利包括两个方面。一是精神方面：主要是在专利文件上写明自己是发明人或者设计人的权利，以及在其专利产品上或其产品的包装上标明专利标记和专利号的权利。二是物质方面：在获得专利权后进行实施或转让专利权取得经济效益的权利。专利权人所享有的专利权，其主要内容有制造权、使用权、许诺销售权、销售权、进口权、转让权和许可使用权。专利权还包括禁止权、放弃权、标记权等。其具体的权利分述如下。

① 自己实施其专利的权利：一个人申请了专利并获得了专利权，当然希望专利得以实施，专利实施可以许可他人实施也可以自己实施。

② 许可他人实施其专利的权利。

③ 禁止他人实施其专利的权利：我国专利法第 11 条第 1 款规定："发明和实用新型专利权被授予后，除法律另有规定的外，任何单位或者个人未经专利权人许可，不得为生产经营目的制造、使用、销售其专利产品，或者使用其专利方法以及使用、销售依照该专利方法直接获得的产品。"第 11 条第 2 款规定："外观设计专利权人被授予专利权后，任何单位或者个人未经专利权人许可，不得为生产经营目的制造、销售其外观设计专利产品。"这就是说，专利权人既有权许可他人实施，也有权禁止他人实施其专利。如果专利权人已许可某单位或个人（如 A 方）实施，除合同另有约定外，其他人则不得实施其专利。

④ 转让专利权的权利：根据专利法第 10 条第 1 款规定："专利申请权和专利权可以转让。"专利转让与许可他人实施专利的区别在于：转让是所有权的转移；许可，专利权人只允许被许可人得到使用专利的权利，专利的所有权并没有转移。

⑤ 在其专利产品或包装上标明专利标记和专利号的权利：根据专利法第 15 条规定："专利权人有权在其专利产品或者该产品的包装上标明专利标记和专利号。"

⑥ 在专利实施中获得经济收益的权利：一项专利得以实施，专利权人不光在事业上得到成功，而且也希望获得经济收益，这是对投资、劳动的补偿和回报。

⑦ 请求法律保护、提起专利诉讼的权利：专利法第 60 条规定："对未经专利权人许可，

实施其专利的侵权行为，专利权人或者利害关系人可以请求专利管理机关进行处理，也可以直接向人民法院起诉。"

⑧ 放弃其专利的权利：一个人既可拥有专利权，也可以放弃其专利权。当放弃专利权后，该项专利就不成为专利了，其拥有的一切专利权将丧失，同时，也可以不履行其义务。

专利权人也有义务，其义务就是缴纳年费。尽管专利有法定年限，如：发明为 20 年，实用新型与外观设计为 10 年。但并非在法定年限内该专利都有效，专利权人必须每年向专利局缴纳年费，否则其专利权将终止，同时也丧失了专利权人的一切权利。

11.2.3 专利类别与基本条件

(1) 专利的类别

① 发明　发明是指专利法保护的主要对象。它是一种技术思想或技术，二者都是运用自然规律做出的成果。技术是指经过实践可以直接应用于国民经济部门的成果；而技术思想则是出于抽象和概念性的阶段，但至少要具备将来有成为技术的可能性。显然，化工过程开发所获得的成果，都是经过实践检验，属于"技术"范畴。

可以取得专利的发明分为两大类：一类是产品，一类是方法。产品发明是指以有形形式出现的发明，例如机器、仪器、设备、装置、用具和制造的物质等。这种发明可以是一种独立的产品，也可以是其他产品的一部分。方法发明是用于制造一种产品的、包含有一系列步骤的技术方案，但也可以限于使用一种产品的、包含有一系列步骤的技术方案，但也可以限于制造或使用一种产品的中间阶段。

② 实用新型　实用新型是对产品的形状、构造或其组合作出新的设计。专利法要求发明的创造性水平比较高，要求有突出的实质性特点和显著进步，对于实用新型则只要求有实质性特点和进步即可。实用新型只适用于产品，而不适用于工艺方法。

③ 外观设计　外观设计是对产品的形状、图案、色彩或者结合作出的富有美感并且适合于工业上应用的设计。

(2) 专利的三项基本条件　根据专利法规定，被授予专利权的发明或实用新型，应当具备新颖性、创造性和实用性三项基本条件。

① 新颖性　新颖性是指在申请日以前没有同样的发明或者实用新型在国内外出版刊物上公开发表过、在国内公开使用过或者以其他方式为公众所知，也没有同样的发明或者实用新型由他人向国务院行政部门提出过申请并且记载在申请日以后的专利申请文件中。这就是"申请在先"的原则：两个以上的申请人分别就相同的发明创造申请专利，专利权授予最先申请者。

申请专利的发明创造在申请日以前六个月内，有下列情形的，不丧失新颖性。

a. 在中国政府主办或者承认的国际博览会上首次展出的；

b. 在规定的学术会议或者技术会议上首次发表的；

c. 他人未经申请人同意而泄露其内容的。

② 创造性　创造性是指同申请日以前已有的技术相比，该发明有突出的实质性特点和显著的进步，该实用新型有实质特点和进步。以及确实表现于创造性的构思，技术上的显著特点。

③ 实用性　实用性是指该发明或者实用新型能够制造或使用，并且能够产生积极效果。如增加产量、提高质量、节约、提高稳定性、简化过程、改善条件、防治污染等。

此外，被授予专利权的外观设计，即包括工业品的形状、图案、色彩等，应当与申请日以前在国内外出版刊物上公开发表过或者在国内公开使用过的外观设计不相同和不相近似，并不与他人在先取得的合法权利相冲突。

我国专利法第二十五条规定，对下列各项不授予专利权。

① 科学发现；

② 智力活动的规则和方法；

③ 疾病的诊断和治疗方法；

④ 动物和植物的品种；

⑤ 用原子核变换方法获得的物质。

对于化工工作者而言，不仅化工产品生产工艺可以申请专利权，取得化学物质也能申请获得专利。

11.2.4　如何申请专利

申请专利者按照法律规定，向专利局提出申请。专利局进行复查，对符合规定的申请，按照一定的程序要求办理批准，颁发专利证书，发明正式成为专利才能得到专利权保护。

按照专利法规定，申请人在确定自己的发明创造需要申请专利之后，必须以书面形式向国家知识产权局专利局提出申请。当面递交或挂号邮寄专利申请文件均可。申请发明或实用新型专利时，应提交发明或实用新型专利请求书、权利要求书、说明书、说明书附图（有些发明专利可以省略）、说明书摘要、摘要附图（有些发明专利可省略）各一式两份，上述各申请文件均须打印成规范文本，文字和附图均应为黑色。申请外观设计专利时，应提交外观设计专利请求书、外观设计图或照片各一式两份，必要时可提交外观设计简要说明一式两份。国家知识产权局专利局正式受理专利申请之日为专利申请日。申请人可以自己直接到国家知识产权局专利局申请专利，也可以委托专利代理机构代办专利申请。

国务院专利行政部门收到专利申请文件之日为申请日，若申请文件是邮寄的，以国务院专利行政部门收到专利申请文件的邮戳日为申请日，对于相同的发明专利，采用"申请在先"的原则。若申请人自发明或者实用新型在国外第一次提出专利申请日起十二个月内，或者外观设计在国外第一次提出专利申请日起六个月内，又在中国提出相同主题的申请，依照该国同中国签订的协议或者共同参加的国际条约，或者依照承认优先权的原则，享有优先权。发明或者实用新型专利申请在中国提出专利申请权之日起十二个月内又向国务院专利行政部门就相同主题提出专利申请的，可以享有优先权。

对于属于一个总的发明构思的两项以上的发明或者实用新型，可以作为一件申请提出。对于一件外观设计专利申请应当限于一种产品所使用的一项外观设计。用于同一类别并且成套出售或者使用的产品的两项以上的外观设计，可以作为一件申请提出。

11.3　知识产权保护

随着我国加入世界贸易组织（WTO），我国经济正在融入世界经济的主流，我国知识产权保护的水平也在不断提高，逐步向国际水准靠拢。化工行业的各科研、企业、经营部门有必要了解与化工产品相关的知识产权保护权项及侵权检索的方法和内容，懂得如何在知识产权保护允许的条件下，尽可能利用、借鉴他人的成果，同时又防止侵犯受保护的知识产权。

知识产权是人们对于自己在科学技术、文化等领域中创造的精神财富而享有的权利。化学工业产权包括化学化工的专利权、商品权、服务标志、厂商名称、货源标志、制止不正当竞争。其主要特点是专用性、地域性、法定时间性、公开性和可复制性。

国际上对化学工业技术及产品的知识产权保护，主要采用专利保护。目前代表专利权保护国际趋势的是世界贸易组织"乌拉圭回合"《与贸易有关的知识产权协议》（TRIPS）草案。

该协议规定专利应适用所有技术领域的发明，不论其是产品还是方法，专利保护期不应低于自申请之日起 20 年。同时还规定在 TRIPS 生效以后，允许发展中国家缔约方可有十年过渡时间，在过渡期内承担这类发明专利申请义务，过渡期满后，实施追溯保护等规定。除此之外，世界知识产权组织对实施保护的主要法规还有《建立世界知识产权组织公约》、《保护工业产权巴黎公约》、《关于处罚假冒或欺骗产品的原产地名称的马德里协定》、《与贸易有关的知识产权包括冒牌货贸易协定》等。

11.3.1 知识产权的保护范围

知识产权涉及新思维方面的法律权利。一般知识产权是一种由国家在特定年限里授予个人的、能得到国家保护的权利，以制止未经授权许可的他人商业性地利用其"拥有"的新思维。

知识产权是一种无形财产，它的保护范围无法依其本身确定，需要法律给予特别的规定。在限定的保护范围内，权利人对自己的知识产品可行使各种专有权利；超过这个范围，专利权人的权利失去效力，即不得排斥第三人对知识产权的合法使用。例如我国专利法中规定，专利权人的专有实施权的范围以专利申请中权利要求的内容为准。即根据专利权所覆盖的发明创造技术特征和技术幅度来确定。因此知识产权的专有性只能在法定范围内有效。

(1) 知识产权基本特征

① 知识产权是无形财产。它的公开和传播必须借助于书刊、录音、录像等载体。

② 专有性。知识产权是受法律保护的一种独占权，具有排他性。不经知识产权所有者许可，任何人不得利用，否则构成侵权，受到法律制裁。

③ 地域性。在一国获得的知识产权只在该国范围受到法律保护。如果权利人想要在其他国家获得这种专有权，必须依照其他国家的法律，另行提出申请。其他国家是否授予这种专有权，只能依照该国法律决定。

④ 时间性。知识产权都有法定保护期限，一旦保护期限届满，则权利自行终止。

(2) 传统的知识产权保护范围

① 工业产权。包括专利权、商标权、实用新型设计、工业品外观设计、原产地标记以及制止不正当竞争等。

② 版权以及与其有联系的邻接权。包括文化、音乐、艺术、摄影及电影摄影等作用。

(3) 目前有争议的知识产权保护范围

① 药品的授予专利与受到特别限制的问题；

② 电脑程序受不受到保护的问题；

③ 工程基因产品是否可取得专利的问题；

④ 角色销售权保护问题；

⑤ 对电脑的软件的保护权应限于制定的密码设计还是应该扩大至计算机程序的"外型和感觉"方面。

11.3.2 侵犯知识产权的行为特征

目前，知识产权已经成为一个国家和民族促进经济发展和社会进步，参与国际竞争的重要战略武器，以及各国企业争夺市场、谋求利润的主要工具。由于知识产权蕴含着巨大的经济财富，使得一些不法分子铤而走险，侵犯知识产权犯罪活动不断增多。涉及侵犯知识产权的犯罪主要有 7 个：假冒注册商标罪，销售假冒注册商标的商品罪，非法制造、销售非法制造的注册商标标识罪，侵犯著作权罪，假冒专利罪，侵犯商业秘密罪，销售侵权复制品罪，应该说这 7 个罪比较完整地体现了中国的知识产权的刑事司法保护。

2004 年 12 月 22 日，最高人民法院和最高人民检察院《关于办理侵犯知识产权刑事案件具体应用法律若干问题的解释》开始施行，对于侵犯知识产权的定罪量刑作了具体规定。当前侵犯知识产权犯罪呈现以下几大特点。

① 集中性　侵犯商标专用权犯罪最为突出。1998～2003 年，全国公安机关共立此类案件占立案总数的 80%，涉案金额占涉案总额的 64%。在这些案件当中，由于假冒名牌产品投入成本低、获利巨大，通过假冒驰名商标获取暴利成为一个显著的特点。

② 快速增长性　侵犯商业秘密案件最为明显。1998～2003 年，全国公安机关共立此类案件占立案总数的 9%，涉案金额占侵犯涉案总额的 32%。由于商业秘密在市场竞争中所起的作用越来越突出，有些企业人员将自己掌握的原单位商业秘密作为个人资本提供给新单位；有些企业不惜以重金收买有关人员，将他人商业秘密据为己有。甚至有些不法分子以应聘方式进入科技含量较高的公司内部，窃取核心商业秘密后，另起炉灶获取高额利润。

③ 地域性　东部沿海的经济发达地区。从全国范围来看侵犯知识产权犯罪，东部沿海地区比中西部地区情况严重；从局部地区来看，也是经济发达地区比经济欠发达地区严重。这是因为可以便利地购买到又便于运输进行侵犯知识产权犯罪所需的设备、原材料，具备侵犯知识产权犯罪技能的人员与消费市场均在发达地区。

④ 专业化　犯罪手段和对象呈科技化的趋势。侵犯知识产权犯罪正在向电信、技术市场、人才市场、电子商务等新兴经济领域渗透，犯罪活动过程中所使用的生产设备和生产技术越来越先进，制假水平越来越高，犯罪手段和对象呈专业化、科技化的趋势。例如，现已出现了利用网络侵犯商业秘密、侵犯新型科技产品、假冒液晶屏、仿冒激光全息标志等智能化、科技化水平较高的案例。

⑤ 隐蔽性　犯罪嫌疑人作案手法狡猾。此类犯罪活动已是作案成员等级分明、分工明确并形成"产、供、销"一条龙，犯罪手法日益隐蔽、狡猾，反侦查意识越来越强。有化整为零、流动生产、遥控指挥、装备精良等特点。

⑥ 国际性　跨国跨境犯罪突出。有的是一些境外不法分子向境内不法分子下定单，提供假冒产品的样式，然后又指定其将该假冒品出口到某一特定国家。有的是一些境外不法分子以来料加工为掩护，在内地开办工厂，实际上是在生产假冒商品，之后，又将假冒品运送至境外销售。

11.3.3　化工产品侵权检索

侵权检索是以国际联机检索作为重要手段的一种预防性检索，在实行了专利制度的国家，特别是知识产权保护制度完善的国家，其工矿企业在决定采用一种新工艺或准备将一种新产品投放市场前，或进出口某项技术，或科研部门进行立项之前，均需进行此类检索，全面了解专利现状，弄清楚是否为专利产品，是否在有效期内，以避免专利侵权或支付不必要的专利费用。因此这类检索不仅要求查全，对发明的关键特点进行分析，对比判断，还必须尽可能查出同等专利，从而准确掌握有关专利的活动情况。

(1) 检索途径　通常利用世界上两大著名的专利文献数据库即国际专利文献中心数据库(INPADOCFile 345)、英国德温特出版公司的专利文献数据库（WPI 和 WPIL）以及化学文献数据库（CA Search）就可以较好地完成专利侵权检索。

侵权检索的性质决定了检索的高查全率。上述三个数据库由于内部结构不同，收录范围不同，因此，在查全过程中，选择数据库不能一概而论。例如，针对某一化工产品的侵权问题开展的侵权检索，需了解世界上有哪些厂商申请了专利也可直接用主题词或分类形式进行检索。WPI、WPIL 内的每条记录包含有题目、文摘、分类等主题检索字段，其中化学结构片断词代码，对于检索化学结构物质以及查找所给出的某个物质的类似物等的专利文献是十分重要的，是提供此类检索最理想的数据库。CA Search 是用化学名、分子式查得 CAS 登记号后，检索主文档以查出那些明确公开过该物质的所有专利，将其作为检索 WPI 数据库的入口，进一步获取同等专利、优先权等文献。相比之下，INPADOC 可供进行主题检索的字段有题目和分类，检索深度大大低于 WPI、WPIL。因此专利侵权检索的第一步往往由 WPI、WPIL 开始。要想较全面地了解某一专利活动的情况，又必须通过 INPADOC。由此可见，在进行侵权检索时必须很好利用上述几个大数据库，相互配合，相互补充，才能检索得比较全面，将侵权的可能性降到最低。

（2）检索内容 侵权检索的内容主要包括同族专利、专利有效期、专利权项及法律状态。

同族专利是专利权人同时在两个或两个以上国家取得同一项发明的专利。这种在不同国家申请取得的内容相同的同族专利对于侵权检索是十分重要的。因此只有较全面地检索到某项专利的同族专利，才能更好掌握某项专利的活动情况，以防造成侵权。

专利有效期是侵权检索的一项重点内容。每条专利只在有效期限内才受法律保护。因此，侵权检索的一项重点内容就是要查明余下的专利有效期。在检索专利有效期限时，特别是某专利的同族专利的有效期限时，使用 INPADOC 较为方便，用户不需获得专利原文献就可了解到专利的申请日。

专利权项是专利申请人要求专利局对其发明给予法律保护的项目，最原始专利的权项最宽，侵权检索一定要查到最原始的专利，以便分析权项。检索时，INPADOC、WPI、WPIL 都有基本专利与同族专利之分，前者基本专利是指最早公告专利，而 WPI、WPIL 的基本专利则指最早在"主要"国家公告的专利。

法律状态是一项专利的发生、发展和消亡的过程，即一项专利产生后是否因侵权而被撤销专利权或因不交年费而自动放弃专利权或因异议而缩小权利、权项等，这也是侵权检索一定要了解的。仅仅查检专利说明只能得到专利产生的情况，而要获得一项专利的法律状态，就需在 INPADOC 中得到解决，通过联机检索 INPADOC 数据库即可很方便地得到 11 个国家有关的法律状态。

11.4 成果转化与技术合同

加快科技成果转化既是技术创新的关键环节，也是激活高新技术产业化源头的需要，更是形成新世纪我国经济发展新增长点的战略举措。

11.4.1 科技成果转化的几个原则

科技成果转化为现实生产力的过程，是一项十分复杂的社会系统工程。它涉及科技成果本身的质量及转化机制的协同配套，又涉及政策、市场、体制和管理等社会诸多方面能否协同运作的问题。按照产业结构调整和升级的规律，发展具有优势的战略性产业必须以项目为载体。因此，为推进科技成果转化和产业化进程，必须遵循一定的原则，制定有关成果转化的政策法规。并建立集政策支撑与市场导向于一体的推进科技成果转化的专门工作机构，以取得最大的社会效益、技术效益和经济效益。

一般来说，科技成果转化工作应遵循的重要原则，包括效应原则、科技与经济一体化原则、强度原则等。效应原则包括形成以下效应：推动科技成果转化和科技企业蓬勃发展的效应；产业结构调整加速向高新技术产业倾斜的效应；投资聚焦高新技术产业的效应；促进各类所有制企业平等发展，共同成为科技成果转化主体的效应；"产学研金政"五位一体推动科技成果转化的效应。

科技与经济一体化原则主要应注意三个有机结合，即科技成果转化政策导向的连续性和开拓性相结合、政府扶持与市场运作机制相结合、成果转化政策创新性与操作性相结合。几个结合，集中体现了新经济的时代特征和科技与经济一体化发展的特色。在科技成果转化的支持强度上，主要从六个方面加大力度。

① 在营造科技创业投资环境上，加大科技与资本结合的政策支持力度。

我国资本市场较为单一，政府资金支持科技创新仍占有很大比重，社会资本投入较少，科技创业投资环境的营造仍处于起始阶段，因此资金问题仍成为科技成果转化中急需突破的重要瓶颈之一。应鼓励境内外各类资本（特别是民间资本），建立创业投资机构。

② 在鼓励外商转让先进技术方面，加大对外开放的力度。

要突破原有政策的诸多限制，让外资企业平等地享受个别优惠政策，以有利于外资企业自行转化更多的先进技术，也有利于外商增加在地方上的科技投入，更有利于科技企业和研究机构聘用外籍专家，推动各种所有制企业瞄准国际先进水平和技术前沿项目，积极地创造性地开展成果转化，活跃技术创新。

③ 在激活创新机制上，加大技术要素参与分配的力度。

人才是最根本、最活跃的生产力要素，必须在分配制度的安排上，注重人力资本的要素，体现知识劳动的价值。科技人员应实施"工资＋奖金＋股权＋权益收入"的多元化分配方式。要使企业实现所有权、决策权和经营权的三权分离。对技术资本化、资本人格化、要素分配细分化的原则，要有明确的政策规定，应突出鼓励股权投资、成果转让和自行转化三种成果转化方式，形成以股权、权益和奖励为主要内容的三种收益方式，并且鼓励各类所有制企业实行"期权期股"制度，形成对科技人员的长期激励与短期激励的有效结合，充分体现知识劳动的资本价值，激励经营者和科技人员的创新创业精神。

④ 在创新主体建设上，加大支持企业技术开发的力度。

要制定相应政策，使之有利于塑造以各类所有制企业为主体的技术创新动力形成，有利于推动具有自主知识产权的科技成果转化。

⑤ 在构筑科技成果转化的人才高地上，加大吸引国内外优秀技术和经营人才的力度。

要制定相应的政策，如从无形资产入股、股权、奖励等方面作出明确规定，国有企业可将前三年国有净资产增值中不高于 35％ 的部分作为股份，奖励有贡献的员工特别是科技人员和经营管理人员。对鼓励境内外企业开展技术开发和成果转化工作，从资金扶持、分摊成本、减免税收、进口设备免征关税、聘用外籍专家薪金列支成本、职称评审、人才基金、简化人才流动手续以及知识产权费用的资助等，应有更优惠的制度安排，有利于形成海纳百川的技术创新和成果转化的人才高地，使科技成果转化在全国开花结果并融入世界，生机勃勃地引导新经济的发展。

⑥ 在科技成果转化的重点上，加大对以信息化为主导的高新技术成果的支持力度。

信息化带动产业化是国家"十五"发展的指导思想，推动以信息化为重点的高新技术产业发展，应为科技与经济发展的重中之重。要集中优势力量，突出重点领域，锁定关键项目，实现重点突破，"有所为，有所不为"，加速科技成果转化为现实生产力。

11.4.2　技术合同内容、特点、认定和分类

技术合同是当事人就技术开发、转让、咨询或者服务订立的确立相互之间权利和义务的合同。技术合同的当事人是技术合同的法律关系主体，它们之间依法订立的技术合同均受到法律保护。技术合同当事人之间的技术贸易行为，即技术开发、转让、咨询或者服务等行为是技术合同的法律关系客体。其中技术是指人类在认识自然和改造自然的反复实践过程中积

累起来的有关生产劳动的经验、技巧和知识的总称。凡是有利于开发新型产品、提高产品质量、降低产品成本、改善经营管理、提高社会经济效益和生态效益的技术，都可以通过技术合同进行开发、转让、推广和应用，不受学科、行业或地区的限制。

(1) 技术合同的内容　一份规范、完整的技术合同通常应规定以下内容：

① 项目名称；

② 标的的内容、范围和要求；

③ 履行的计划、进度、期限、地点、地域和方法；

④ 技术情报和资料的保密；

⑤ 风险责任的承担；

⑥ 技术成果的归属和收益的分成方法；

⑦ 验收标准和方法；

⑧ 价款、报酬或者使用费及其支付方法；

⑨ 违约金或者损失赔偿的计算方法；

⑩ 解决争议的方法；

⑪ 名词和术语的解释，与合同履行有关的技术背景资料、可行性论证和技术评价报告、项目任务书和计划书、技术标准、技术规范、原始设计和工艺文件，以及其他技术文档，按照当事人的约定可以作为合同的组成部分。

当然，不同类型的技术合同，其常发漏洞不同，约束重点也有相应差别。

在技术开发合同中，要特别明确所开发技术的权利归属，以及该技术的使用范围；在技术转让合同中，约定的重点应当是技术的实用性、可行性以及该技术的使用范围；在技术咨询合同中双方当事人应对所涉及技术问题，咨询报告的内容、期限、质量进行详细约定，尤其对咨询报告的内容、期限、质量进行详细约定，尤其对咨询报告可能出现的虚假、延误问题应当明确违约责任以及技术服务合同应该明确工作条件。

(2) 技术合同的分类　按法律关系客体的不同，可以将技术合同划分为技术开发合同、技术转让合同、技术咨询合同和技术服务合同四大类。

① 技术开发合同　依据《中华人民共和国合同法》(以下简称《合同法》) 第 330 条第 2 款规定，技术开发合同的类型有两种：委托开发合同和合作开发合同。

委托开发合同，是指当事人一方委托另一方进行新技术的研究开发所订立的合同。一方当事人按照另一方当事人的要求完成研究开发工作，并提交开发成果，另一方当事人接受开发成果支付约定的报酬。完成研究开发工作的一方是研究开发人；接受成果、支付报酬的一方是委托人。

合作开发合同，是当事人就共同进行研究开发所订立的合同。合作开发合同的各方以共同参加研究开发工作为前提，可以共同进行全部研究开发工作，也可以约定分工，分别承担相应的部分。

② 技术转让合同　技术转让合同是指当事人就专利权转让、专利申请权转让、专利实施许可、非专利技术的转让所订立的合同。

③ 技术咨询合同　技术咨询合同是指当事人一方以技术知识为另一方就特定技术项目提供可行性论证、技术预测、专题技术调查、分析评析报告等订立的合同。

④ 技术服务合同　技术服务合同是指当事人一方以技术知识为另一方就特定技术问题所订立的合同，不包括建设工程和承揽合同。即是指当事人一方以技术知识为另一方提供技术服务，另一方支付报酬的合同。

(3) 技术合同的特点及与其他合同的区别

① 技术合同的标的是无形资产，是知识形态的特殊商品。技术合同的标的不是有形物，

而是凝聚着人类智力劳动的技术成果或者智力性劳务。

② 技术合同的标的是一次性的智力劳动产品，是非周期性、非成批生产的商品。

③ 技术合同标的的所有权交换方式遵循工业产权方面的一些特殊准则。如一项技术知识可以在不同空间同时被许多人使用，技术转让方把某项技术转让出去后，仍然保留有该项技术的所有权，受让方得到的实际上是使用权。

④ 履行技术合同往往还会派生出其他权能，如发明权、专利权等。

⑤ 技术合同标的价格的计算方法与支付方式有自己的特殊性。技术商品的价值不能用一般商品的价值法则计算，因为它是一种知识性的一次产品，其所需的生产时间难以精确计算，所花费的生产费用与技术成果价值高低不一定成正比。技术商品价格的确定通常综合取决于许多因素，如耗费的劳动量、技术状态、使用后的经济和社会效益、风险的大小、市场的供求、双方的谈判水平等。

(4) 技术合同认定登记　根据《技术合同认定登记管理办法》（国科发政字 ［2000］ 063 号）第 5 条和第 6 条规定，进行技术合同认定登记。未申请认定登记和未予登记的技术合同，不得享受国家对有关促进科技成果转化规定的税收、信贷和奖励等方面的优惠政策。

技术合同认定登记应经历五个步骤。一是申请。技术合同依法成立后，由合同卖方当事人（技术开发方、转让方、顾问方和服务方）向所在地区的技术合同登记机构提出申请登记。二是受理。技术合同登记机构在对合同形式、签章手续及有关附件、证照进行初步查验，确定符合《合同法》、《技术合同认定登记管理办法》、《技术合同认定规则》等要求的予以受理。三是审查认定。技术合同登记机构审查和认定申请登记的合同是否属于技术合同、属于何种技术合同、并核定技术性收入。四是办法登记。技术合同登记机构根据《技术合同认定规则》的规定，对符合技术合同条件的技术合同进行分类，填写技术合同登记表，编列技术合同登记序号，加盖技术合同登记专用章，发给当事人技术合同登记证明。对于非技术合同或不予登记的合同应在合同文本上注明"未予登记"的字样。五是核定技术性收入。核定的技术交易额要在技术合同中单独载明。技术开发合同或者技术转让合同包含技术咨询、技术服务内容的，技术咨询、技术服务所得的报酬，可以计入技术交易额。

技术合同依法成立并经技术合同登记机构认定登记后，如当事人协商一致变更登记事项或技术合同主要条款的，负有主要责任的一方当事人，应向原登记机构申请变更登记。登记机构应对原登记事项或主要条款变更后的技术合同进行审查。符合认定条件的、准予变更登记机构认定的技术合同。当事人协商一致同意解除原技术合同的，负有登记责任的一方当事人应到原登记机构办理注销登记手续，并退回原登记证明。

经认定登记的技术合同，有弄虚作假或被宣布无效的合同等情形的，有关技术合同登记机构应办理撤销登记，并通知有关当事人。已经办理申请科技贷款、减免税金手续或提取奖酬金的，还应当通知有关部门追缴税金、追回科技贷款和奖酬金，由所在地科技行政部门予以通报批评，追究当事人或者直接责任人员的法律责任。

技术合同卖方当事人申请技术合同认定登记后，可以申请办理奖酬金计提。申请时，申请人须持有相关认定登记后的技术合同文本、奖酬金申请表、成本核算单、技术合同酬金手册等材料向技术合同认定登记机构申请审批。

11.4.3　技术合同签订中要注意的问题

(1) 选好项目　开发项目直接关系到合同双方的投资规模技术先进性及市场前景等重大问题，在选项目时要注意是否属国家鼓励或限制或禁止类项目，又要注意是否已列入国家开发计划之列。

(2) 明确项目的技术内容、形式和要求　明确项目的技术内容、形式和要求是技术开发合同最基本、最重要的条款之一。技术开发合同的标的是指当事人通过履行合同要完成的科学技术成果。当事人应该明确开发项目的技术领域，说明成果工业化开发序，载明开发成果的科技水平，衡量及评定主要技术指标和经济指标。标的技术的内容直接关系到合同其他条款的执行，签约双方应可能准确、全面地约定。

（3）拟制研究开发计划　为了保证开发工作能够顺利完成，当事人应该约定一个比较周密、合理的工作计划。工作计划中应包括开发期限、地点、方式。

（4）确定研究开发经费或者项目投资的额度及其支付、结算方式　当事人双方应在本款中明确开发合同中研究开发经费或者项目投资数额的来源，也就是要明确约定经费由哪一方提供。如果是合作开发，则应写明各自提供经费的形式、比例、时间等。涉及以试验装备、器材、样品和现有技术成果等进行投资，则应依法进行估价并明确其所有权。

（5）利用研究开发经费购置的设备、器材、资料的财产权属　对于在研究开发工作中购置的设备器材、资料的权属，双方当事人应在合同中约定清楚。

（6）合同应确定履行的期限、地点和方式。

（7）技术情报和资料的保密措施。

（8）风险责任的承担　风险责任是技术开发合同应约定的重要内容。当事人双方应在预见性分析的基础上，根据实际情况对合同的风险责任，区别不同情况，作出合理的约定。

（9）技术成果的归属和分享　技术成果的归属和分享是指在技术开发合同中所产生的技术发现、技术发明创造和其他技术成果权益归谁所有、如何使用以及由此产生的利益如何分配的问题。技术成果的权属极易引起技术开发合同纠纷。因此成果的归属和分享是技术开发合同的一个特殊条款，当事人应当在合同中对包括著作权、专利权、非专利技术使用权、转让权如何使用、归谁所有，利益如何分配作出约定。

（10）明确验收标准　明确验收标准是指技术开发合同实施完成后，当事人双方确认所完成的技术成果是否符合和达到合同标的约定的技术指标和经济指标。合同条款的技术指标和参数应明确载明开发的技术在该技术领域内所要达到的技术标准和参数。例如国家标准、部标、行业标准、具体设计要求、技术先进程度等技术标准和数据。还包括所需开发的新工艺、新产品、新技术要求等内容。如果所开发的技术项目是按国际标准进行设计的，或者指标、参数涉及国际标准，应在本条款中注明国际标准的项目名称、标准号及颁布日期，以便在合同验收、鉴定时查阅参考。

（11）报酬的计算和支付报酬　报酬的计算和支付报酬是指本项目开发成果的使用费和研究开发人员的科研补贴。双方当事人应在本款中明确约定报酬的总金额和报酬来源。实行经费包干方式，研究开发人的报酬应包含在结余的研究开发经费中，委托人不另行支付报酬。在合同实行实报实销方式时，当事人应明确约定研究开发人报酬的金额为多少、支付的形式和时限等。

（12）违约金或者损失赔偿额的计算方法　当事人违反合同造成研究开发工作停滞、失误或者失败的，应当支付违约金或者赔偿损失。

（13）名词和术语的解释　为了避免关键的名词和术语在理解、认识使用上发生误解影响到当事人准确地实施技术开发合同，当事人有必要在本条款中对合同出现的一些技术名词和术语做一些说明和注解。就列入国家计划的科学技术项目订立的合同应当附项目计划、任务书以及主管机关的批准文件。

总之，技术开发合同既涉及专业技术又涉及诸多法律问题，在合同签署之前应尽可能征求专业人员和律师意见，通过用合同方式来有效约束双方行为，促使开发项目健康发展，尽快获取投资回报。

习　题

11-1　什么是专利？它有何特点？专利保护起什么作用？

11-2　什么是商业秘密？侵犯商业秘密的行为有哪些？

11-3　举例说明专利文献在化工过程开发中的作用。

11-4　什么是知识产权？侵犯知识产权的基本特点有哪些？

11-5　举例说明知识产权保护在化工过程开发中的作用。

11-6　科技成果为什么要进行鉴定，鉴定要注意的问题有哪些？

11-7　作为化工开发工作者，在签订技术合同时要注意哪些重大问题？

附　录

附录 1　常用正交表

1. 二水平表

(1) L₄(2³)

列号\试验号	1	2	3	列号\试验号	1	2	3
1	1	1	1	3	2	1	2
2	1	2	2	4	2	2	1

注：任两列的交互列为第三列。

(2) L₈(2⁷)

列号\试验号	1	2	3	4	5	6	7
1	1	1	1	1	1	1	1
2	1	1	1	2	2	2	2
3	1	2	2	1	1	2	2
4	1	2	2	2	2	1	1
5	2	1	2	1	2	1	2
6	2	1	2	2	1	2	1
7	2	2	1	1	2	2	1
8	2	2	1	2	1	1	2

L₈(2⁷)两列间的交互列

1	2	3	4	5	6	7	列号
(1)	3	2	5	4	7	6	1
	(2)	1	6	7	4	5	2
		(3)	7	6	5	4	3
			(4)	1	2	3	4
				(5)	3	2	5
					(6)	1	6
						(7)	7

(3) L₁₂(2¹¹)

列号\试验号	1	2	3	4	5	6	7	8	9	10	11
1	1	1	1	1	1	1	1	1	1	1	1
2	1	1	1	1	1	2	2	2	2	2	2
3	1	1	2	2	2	1	1	1	2	2	2
4	1	2	1	2	2	1	2	2	1	1	2
5	1	2	2	1	2	2	1	2	1	2	1

（续）

列号\试验号	1	2	3	4	5	6	7	8	9	10	11
6	1	2	2	2	1	2	2	1	2	1	1
7	2	1	2	2	1	1	2	2	1	2	1
8	2	1	2	1	2	2	2	1	1	1	2
9	2	1	1	2	2	2	1	2	2	1	1
10	2	2	2	1	1	1	1	2	2	1	2
11	2	2	1	2	1	2	1	1	2	2	2
12	2	2	1	1	2	1	2	1	2	2	1

（4）$L_{16}(2^{15})$

列号\试验号	1	2	3	4	5	6	7	8	9	10	11	12	13	14	15
1	1	1	1	1	1	1	1	1	1	1	1	1	1	1	1
2	1	1	1	1	1	1	1	2	2	2	2	2	2	2	2
3	1	1	1	2	2	2	2	1	1	1	1	2	2	2	2
4	1	1	1	2	2	2	2	2	2	2	2	1	1	1	1
5	1	2	2	1	1	2	2	1	1	2	2	1	1	2	2
6	1	2	2	1	1	2	2	2	2	1	1	2	2	1	1
7	1	2	2	2	2	1	1	1	1	2	2	2	2	1	1
8	1	2	2	2	2	1	1	2	2	1	1	1	1	2	2
9	2	1	2	1	2	1	2	1	2	1	2	1	2	1	2
10	2	1	2	1	2	1	2	2	1	2	1	2	1	2	1
11	2	1	2	2	1	2	1	1	2	1	2	2	1	2	1
12	2	1	2	2	1	2	1	2	1	2	1	1	2	1	2
13	2	2	1	1	2	2	1	1	2	2	1	1	2	2	1
14	2	2	1	1	2	2	1	2	1	1	2	2	1	1	2
15	2	2	1	2	1	1	2	1	2	2	1	2	1	1	2
16	2	2	1	2	1	1	2	2	1	1	2	1	2	2	1

$L_{16}(2^{15})$两列间的交互列

1	2	3	4	5	6	7	8	9	10	11	12	13	14	15	列号
(1)	3	2	5	4	7	6	9	8	11	10	13	12	15	14	1
	(2)	1	6	7	4	5	10	11	8	9	14	15	12	13	2
		(3)	7	6	5	4	11	10	9	8	15	14	13	12	3
			(4)	1	2	3	12	13	14	15	8	9	10	11	4
				(5)	3	2	13	12	15	14	9	8	11	10	5
					(6)	1	14	15	12	13	10	11	8	9	6
						(7)	15	14	13	12	11	10	9	8	7
							(8)	1	2	3	4	5	6	7	8
								(9)	3	2	5	4	7	6	9
									(10)	1	6	7	4	5	10
										(11)	7	6	5	4	11
											(12)	1	2	3	12
												(13)	3	2	13
													(14)	1	14
														(15)	15

2. 三水平表

(5) $L_9(3^4)$

试验号 \ 列号	1	2	3	4	试验号 \ 列号	1	2	3	4
1	1	1	1	1	6	2	3	1	2
2	1	2	2	2	7	3	1	3	2
3	1	3	3	3	8	3	2	1	3
4	2	1	2	3	9	3	3	2	1
5	2	2	3	1					

注：任两列的交互列是另外两列。

(6) $L_{27}(3^{13})$

试验号 \ 列号	1	2	3	4	5	6	7	8	9	10	11	12	13
1	1	1	1	1	1	1	1	1	1	1	1	1	1
2	1	1	1	1	2	2	2	2	2	2	2	2	2
3	1	1	1	1	3	3	3	3	3	3	3	3	3
4	1	2	2	2	1	1	1	2	2	2	3	3	3
5	1	2	2	2	2	2	2	3	3	3	1	1	1
6	1	2	2	2	3	3	3	1	1	1	2	2	2
7	1	3	3	3	1	1	1	3	3	3	2	2	2
8	1	3	3	3	2	2	2	1	1	1	3	3	3
9	1	3	3	3	3	3	3	2	2	2	1	1	1
10	2	1	2	3	1	2	3	1	2	3	1	2	3
11	2	1	2	3	2	3	1	2	3	1	2	3	1
12	2	1	2	3	3	1	2	3	1	2	3	1	2
13	2	2	3	1	1	2	3	2	3	1	3	1	2
14	2	2	3	1	2	3	1	3	1	2	1	2	3
15	2	2	3	1	3	1	2	1	2	3	2	3	1
16	2	3	1	2	1	2	3	3	1	2	2	3	1
17	2	3	1	2	2	3	1	1	2	3	3	1	2
18	2	3	1	2	3	1	2	2	3	1	1	2	3
19	3	1	3	2	1	3	2	1	3	2	1	3	2
20	3	1	3	2	2	1	3	2	1	3	2	1	3
21	3	1	3	2	3	2	1	3	2	1	3	2	1
22	3	2	1	3	1	3	2	2	1	3	3	2	1
23	3	2	1	3	2	1	3	3	2	1	1	3	2
24	3	2	1	3	3	2	1	1	3	2	2	1	3
25	3	3	2	1	1	3	2	3	2	1	2	1	3
26	3	3	2	1	2	1	3	1	3	2	3	2	1
27	3	3	2	1	3	2	1	2	1	3	1	3	2

$L_{27}(3^{13})$ 两列间的交互列

1	2	3	4	5	6	7	8	9	10	11	12	13	列号
(1)	3	2	2	6	5	5	10	11	8	9	8	9	1
		4	4	3	7	7	6	12	13	12	13	10	11
	(2)	1	1	8	10	11	5	5	6	7	7	6	2
		4	3	9	13	12	9	8	13	12	11	10	
		(3)	1	10	9	8	7	6	5	5	6	7	9
			2	11	12	13	13	12	11	10	9	8	
			(4)	12	8	9	6	7	7	6	5	5	4
				13	11	10	11	10	9	8	13	12	
				(5)	1	1	2	2	3	3	4	4	5
					7	6	9	8	11	10	13	12	
					(6)	1	4	3	2	4	3	2	6

（续）

1	2	3	4	5	6	7	8	9	10	11	12	13	列号
						5	11	12	13	8	9	10	
							3	4	4	2	2	3	7
						(7)	13	10	9	12	11	8	
							(8)	2	1	4	1	3	8
								5	12	6	10	7	
								(9)	4	1	3	1	9
									7	13	6	11	
									(10)	3	1	2	10
										5	8	6	
										(11)	2	1	11
											7	9	
											(12)	4	12
												5	
												(13)	13

3. 四水平表

（7）$L_{16}(4^5)$

列号 试验号	1	2	3	4	5
1	1	1	1	1	1
2	1	2	2	2	2
3	1	3	3	3	3
4	1	4	4	4	4
5	2	1	2	3	4
6	2	2	1	4	3
7	2	3	4	1	2
8	2	4	3	2	1
9	3	1	3	4	2
10	3	2	4	3	1
11	3	3	1	2	4
12	3	4	2	1	3
13	4	1	4	2	3
14	4	2	3	1	4
15	4	3	2	4	1
16	4	4	1	3	2

注：任两列的交互列是另外三列。

附录2　工艺流程设计图例

1. 工艺流程图中设备、机器图例（HG 20519.31—92）

类别	代号	图　　例
塔	T	填料塔　　板式塔　　喷洒塔

类别	代号	图　例
反应器	R	 固定床反应器　　列管式反应器　　流化床反应器　反应釜(带搅拌、夹套)
工业炉	F	 箱式炉　　　　圆筒炉　　　　　圆筒炉
换热器	E	 换热器(简图)　　　　　固定管板式列管换热器 U形管式换热器　　　　浮头式列管换热器 套管式换热器　　　　　釜式换热器
泵	P	 离心泵　　水环式真空泵　　旋转泵　齿轮泵 液下泵　　　　喷射泵　　　　旋涡泵

续表

类别	代号	图　　　例
压缩机	C	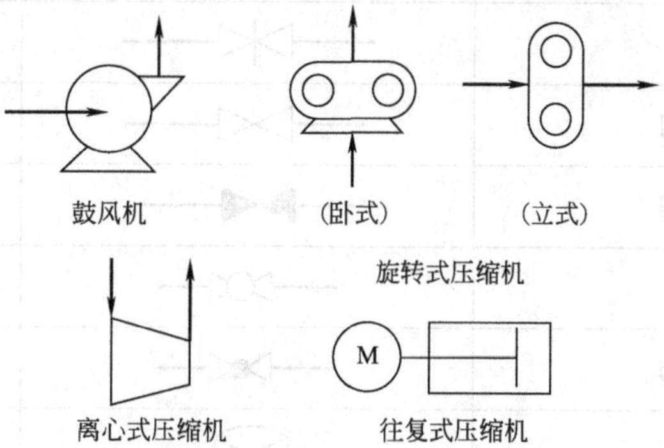 鼓风机　　　（卧式）　　　（立式） 旋转式压缩机 离心式压缩机　　　往复式压缩机
容器	V	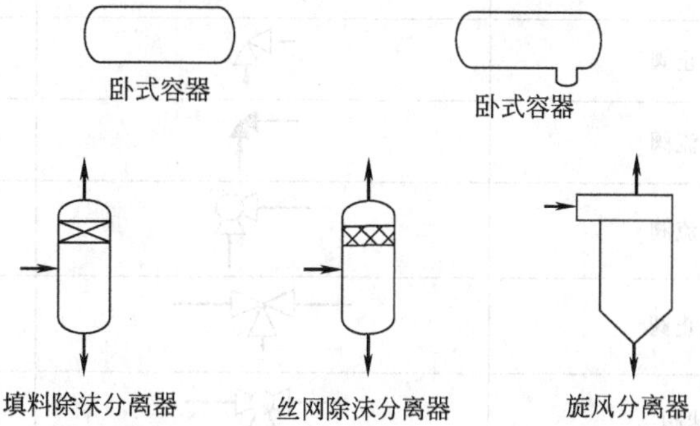 卧式容器　　　　卧式容器 填料除沫分离器　　丝网除沫分离器　　旋风分离器

2. 工艺流程图中管道、管件及阀门的图例（HG 20519.32—92）

名　　称	图　　例	备　　注
工艺物料管道	————	粗实线
辅助物料管道	————	中实线
引线、装备、管件、阀门、仪表等图例	 ————	细实线
原有管道	 —·—·—	管线宽度与其相接的新管线宽度相同
可拆管道	 — — —	
伴热（冷）管道	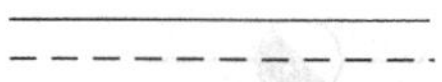 ----------	
电伴热管道	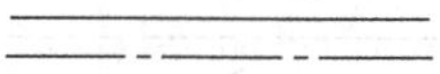 —··—··—	
翅片管	 ++++++++	
柔性管	 ∿∿∿∿∿	
夹套管	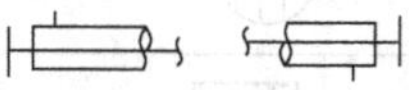 ⊐─⊐ ⊏─⊏	
管道隔热层	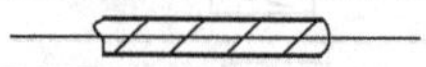 ▭	
管道交叉（不相连）	 ─┤├─ ─┆┆─	
管道相连	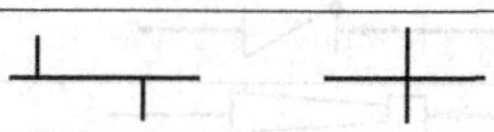 ─┴─ ─┼─	
流向箭头	──→	
坡度	 V=0.3%	

名　称	图　例	备　注
闸阀		
截止阀		
节流阀		
球阀		
旋塞阀		
隔膜阀		
角式截止阀		
角式节流阀		
角式节流阀		
三通截止阀		
三通球阀		
三通旋塞阀		
四通截止阀		
四通球阀		
四通旋塞阀		
疏水阀		
直流截止阀		
底阀		
减压阀		
蝶阀		
升降式止回阀		
喷射器		
文氏管		

续表

名　称	图　例	备　注
Y形过滤器		
锥形过滤器		方框 5mm×5mm
T形过滤器		方框 5mm×5mm
罐式(篮式过滤器)		方框 5mm×5mm
膨胀节		
喷淋管		
焊接连接		仅用于表示装备管口与管道为焊接连接
螺纹管帽		
法兰连接		
软管接头		
管端盲板		
管端法兰(盖)		
管帽		
旋起式止回阀		
同心异径管		
偏心异径管	底平　　　顶平	
圆形盲板	正常开启　　正常关闭	
8字形盲板	正常关闭　　正常开启	
防空帽(管)	帽　　　　管	
漏斗	敞口　　　封闭	
截止阀	C.S.O	未经批准,不得关闭(加锁或铅封)
截止阀	C.S.C	未经批准,不得开启(加锁或铅封)

参 考 文 献

[1] 武汉大学主编. 化工过程开发概要. 第 2 版. 北京：高等教育出版社，2002.

[2] 王红林，陈砺编著. 化工设计. 广州：华南理工大学出版社，2001.

[3] 孙履厚主编. 精细化工的开发与设计. 北京：中国石化出版社. 1995.

[4] 黄璐，王保国编. 化工设计. 北京：化学工业出版社，2000.

[5] 娄爱娟，吴志泉，吴叙美编著. 化工设计. 上海：华东理工大学出版社，2002.

[6] 黄振仁，魏新利主编. 过程装备成套技术. 北京：化学工业出版社，2001.

[7] 于遵宏等编. 化工过程开发. 上海：华东理工大学出版社，1996.

[8] 陈魁编. 实验设计与分析. 北京：清华大学出版社，1996.

[9] 郑穹编著. 化工过程开发与工艺设计基础. 武汉：武汉大学出版社，2000.

[10] 刘文卿编著. 实验设计. 北京：清华大学出版社，2005.

[11] 陈声宗主编. 化工过程开发与设计. 北京：化学工业出版社，2005.

[12] 李云雁，胡传荣编著. 试验设计与数据处理. 北京：化学工业出版社，2005.

[13] 刘振学，黄仁和，田爱民. 实验设计与数据处理. 北京：化学工业出版社，2005.

[14] 何少华，文竹青，娄涛编著. 试验设计与数据处理. 长沙：国防科技大学出版社，2002.

[15] 匡国柱，史启才主编. 化工单元过程及设备课程设计. 北京：化学工业出版社，2002

[16] 倪进方主编. 化工过程设计. 北京：化学工业出版社，2001.

[17] 陈中亮主编. 化工计算机计算. 北京：化学工业出版社，2000.

[18] 李炽章编著. 化工原理计算机辅助计算. 上海：华东化工学院出版社，1991.

[19] 张浩勤，章亚东，陈卫航主编. 化工过程开发与设计. 北京：化学工业出版社，2002.

[20] 葛婉华，陈鸣德编. 化工计算. 北京：化学工业出版社，2002.

[21] 陈敏恒，丛德滋，方图南编. 化工原理. 北京：化学工业出版社，1996.

[22] 王静康主编. 化工过程设计（化工设计 第二版）. 北京：化学工业出版社，2006.

[23] 廖传华，顾国亮，袁连山主编. 工业化学过程与计算. 北京：化学工业出版社，2005.

[24] 杨友麟，项曙光编著. 化工过程模拟与优化. 北京：化学工业出版社，2006.

[25] 黄英主编. 化工过程设计. 西安：西北工业大学出版社，2005.

[26] 邓修，吴俊生编著. 化工分离工程. 北京：科学出版社，2000.

[27] 张瑞生，王弘武，朱宏宇编著. 过程系统工程概论. 北京：科学出版社，2001.

[28] 黄振仁，魏新利主编. 过程装备成套技术设计指南. 北京：化学工业出版社，2003.

[29] 杨基和，蒋培华. 化工工程设计概论. 北京：中国石化出版社，2007.

[30] 张钟宪编著. 化工过程开发概论. 北京：首都师范大学出版社，2005.

[31] 周岩主编. AutoCAD 2008 基础教程. 北京：清华大学出版社，2007.

[32] 宋航，付超. 化工技术经济. 北京：化学工业出版社，2002.

[33] 邝生鲁主编. 化学工程师技术全书. 北京：化学工业出版社，2002.

[34] 苏健民主编. 化工技术经济. 第 2 版. 北京：化学工业出版社，2002.

[35] 杨友麒，石磊. 环境影响最小化的化工过程综合. 化工学报，2001，52（2）.

[36] 覃卫东. 4Cs 理论在化工产品营销中的运用及效果分析. 湖南大学学报（社会科学版），2001，15（2）.

[37] 王瑜. 市场营销理论的新发展. 江苏经贸职业技术学院学报，2006（4）.

[38] 张卫中，尹光志，唐建新等. 指数平滑技术在重庆市煤炭需求预测中的应用. 重庆大学学报（自然科学版），2006，29（1）.

[39] 夏春霞，闫亚明，邓蜀平等. PAN 基炭纤维市场需求预测. 化工技术经济，2001（5）.

[40] 才让加. 化学数据的一元线性回归分析. 青海师范大学学报（自然科学版），2005（2）.

[41] 徐明德，李维杰. 线性回归分析与能源需求预测. 内蒙古师范大学学报自然科学（汉文版），2003，32（1）.

[42] 王冰. 市场需求弹性理论及其在市场经济中的重要性. 经济问题，2002（1）.

［43］ 耿永志，刘凤军. 试析需求弹性理论在经济决策中的应用. 武汉化工学院学报，2005，27（3）.

［44］ 晏一平. 中外专利信息网络检索工具的比较研究. 图书情报工作，2005，49（9）.

［45］ 李安学，李一军. 化工产品开发策略探讨. 化工进展，2002，21（8）.

［46］ 罗利华，季春. 化工课题科技查新工作中数据库系统与网络资源的选择与利用. 科技与经济，2006，19（114）.

［47］ 白颐. 我国"十一五"期间石化和化工行业发展预测与建议. 中国石化，2007（2）.

［48］ 胡红亮，周萍，龚春红. 中国科技计划项目管理现状与对策. 科技管理研究，2006（8）.

［49］ 方开泰，马长兴，李长坤. 正交设计的最新发展和应用-回归分析在正交设计的应用. 数理统计与管理，1999，18（2）.

［50］ 汪富初. 优选法在化学中的灵活应用. 陕西师范大学学报（自然科学版），2001，29（5）.

［51］ 孙影. SPSS13.0软件在化学正交设计试验中的应用. 化学教育，2006（8）.

［52］ 吴雪妹. 氯乙烯精馏中低沸塔系统的物料衡算——电算法. 聚氯乙烯，2001（1）.

［53］ 刘俏，范圣第. 基于MATLAB的化工计算. 计算机应用与软件，2005，22（12）.

［54］ 唐锦文. 甲醇精馏工艺模拟计算及分析. 化工设计，2006，16（2）.

［55］ 马瑞兰，金铃编. 化工制图. 上海：上海科学技术文献出版社，2001.

［56］ 杨萍，邓敏. ASPEN PLUS在氯碱工程设计中的应用——氯氢处理流程模拟开发. 氯碱工业，2001（1）.

［57］ 雒廷亮，程平，鲁丰乐等. 磷钨杂多酸催化剂制备工艺的放大研究. 河南化工，2006，23（12）.

［58］ 刘期崇，夏代宽，段天平等. 外环流氨化反应器数学模型及其放大. 化工学报，2002，51（1）.

［59］ 负小银，林伟刚，吴少华等. 双级料腿循环流化床中颗粒停留时间分布的研究. 中国电机工程学报，2003，23（5）.

［60］ 吴敏，樊利民，马珺. 化工中试设计中的危险识别与控制. 化工生产与技术，2005，12（2）.

［61］ 张大船. 配管技术专家系统在管道工程设计中的应用. 炼油设计，2001（3）.

［62］ 张志檩. 化工智能化生产技术及其应用进展. 化工进展，2005，24（10）.

［63］ 王俊冬，罗学科，杨方廷. 某化工工艺流程模拟仿真系统的构建. 中国科技信息，2005（5）.

［64］ 潘吟飞，许端清，陈纯. 基于Web服务的图形CAD网络化协同设计框架. 计算机集成制造系统，2005，11（5）.

［65］ 欧阳芳平，徐慧，郭爱敏等. 分子模拟方法及其在分子生物学中的应用. 生物信息，2005（3）.

［66］ 朱宇，陆小华，丁皓等. 分子模拟在化工应用中的若干问题及思考. 化工学报，2004，55（8）.

［67］ 倪华芳. GIS系统及其在化工企业管理中的应用. 自动化仪表，2005，26（3）.

［68］ 邹小宝. 管理实务在化工企业的应用. 化工管理，2007（8）.

［69］ 葛薇，赵辉，王军武等. 化工工程中的计算流体力学. 计算机与应用化学，2006，23（1）.

［70］ 黄永春，唐军，谢清若. 计算流体力学在化学工程中的应用. 现代化工，2007（5）.

［71］ 尹晔东，王运东，费维扬. 计算流体力学（CFD）在化学工程中的应用. 石化技术，2000，7（3）.

［72］ 肖革非，游达明. 化工投资项目的不确定性分析. 化工设计，2001，11（5）.

［73］ 曲立，吕晓岚. 国内外科技项目评价方法比较. 企业经济，2005（9）.

［74］ 仝允桓，谈毅，饶祖海. 技术评价方法的有效性分析. 中国地质大学学报（社会科学版），2004，4（3）.

［75］ 罗建华，翁建兴. 我国专利管理现状及发展对策的探讨. 科技管理研究，2005（9）.

［76］ 陶笑龄. 化工产品的知识产权保护及其侵权检索. 湖北化工，2002（2）.

［77］ 欧洲专利局和日本特许厅专利统计调查工作简介. 专利统计简报，2007，22.

［78］ 王芳，昌友权. 吉林省化工行业及典型企业知识产权情况调查报告. 工业技术经济，2007，26（1）.

［79］ 范丽娜. 中国内地专利的空间分布及其影响因素分析. 北京师范大学学报，2005（2）.